Lab Volt 전기기기의 실험

신재화 · 권명현 · 김근수 · 김진선 · 박강식
손재현 · 신혜경 · 이승연 · 조선기 · 최명규

제3판 개정

문 운 당

머 리 말

본 실험교재는 Lab-Volt회사의 실험장비 중에서 직류기, 동기기, 변압기, 유도기, 교류정류자 전동기 등 전기기기에 관한 실험교제로서 원리, 특성, 용도 및 실험방법을 다루었다. “SCR 속도제어”는 실험하는데 많은 시간이 요구되고 또한 한 학기에 실험테마 45개를 실험하는 데에는 주당 4시간이라도 부족하기 때문에 4판에서는 삭제하였다. “SCR 속도제어”는 삭제하고 6장에서는 이 장비로 실험할 수 있는 역률에 관한 실험을 추가하였다.

교재의 구성은 대학에서 배우는 전기기기 교재의 목차 순서대로 되어있기 때문에 2학기에 걸쳐서 전기기기과목과 전기기기실험이 편성되어 있는 대학에서는 이론과 실험을 동시에 진행할 수 있으므로 전기기기를 이해하는데 수월하게끔 구성하였다.

실험을 할 때에는 본 교재의 실험순서대로 실험을 진행하며, 실험장비의 사용전압은 120 [V_{ac}] −208[V_{ac}]와 같이 높은 전압을 사용하므로 전원을 켠 상태로 결선을 하지 않도록 주의 해주시기 바라며 실험완료시에는 반드시 전원을 꺼 주시기 바랍니다.

실험순서대로 실험을 진행할 때 현재 실험의 내용이나 목적을 알고 있으면서 실험장비를 다루도록 실험순서 중간 중간에 소제목을 넣었다.

연구 및 검토에서는 본 실험을 통해서 얻을 수 있는 응용력에 관한 문제와 기사시험 예상문제를 다루었다.

본 교제를 통해서 전기기기의 원리를 이해하는데 큰 도움이 되길 바라면서

저자 일동

본 Lab-Volt 전기기기실험교재에서 실험하는데 필요한 Lab-Volt장치

모델 명	장 치 명	수 량	정격
8134-20 8110-20 8150-10	7.5 Module Bench Top Console	1 ea 선택 선택	
8211-00	DC Motor/Generator	1 ea	175W, 1,800rpm 120V, M(2.8A), G(1A)
8221-00	FOUR-POLE Squirrel Cage Induction Motor	1 ea	175W, 1,670rpm 208V, 1.2A
8231-00	THREE-PHASE Wound Rotor Induction Motor	1 ea	175W, 1,500rpm 208V, 1.3A
8241-00	Synchronous Motor/Generator	1 ea	120W, 1,800rpm 208V, M(0.8A),G(0.33A)
8251-00	Split-phase Capacitor Start Motor=CAPACITOR-START MOTOR	1 ea	175W, 1,715rpm 120V, 4.6A, 60Hz
8253-00	Capacitor-Run Motor	1 ea	175W, 1,715rpm 120V, 2.8A
8254-00	Universal Motor	1 ea	175W, 1,800rpm 120V, 3A AC/DC
8255-00	Repulsion Start Induction Motor	1 ea	175W, 1,570rpm 120V, 4.7A
8311-00	Variable Resistance Resistance 28.5[Ω]	2 ea	1,200Ω.600Ω.300Ω 3set
8321-00	Variable Inductance	1 ea	〃
8331-00	Variable Capacitance	2 ea	〃
8341-00	Single Phase Transformer	3 ea	0.5/0.3/0.5A 60VA-120/208/120V
8348-00	3 Phase Transformer	3 ea	250VA-208/208-1.2A
8412-00	DC Volt-Ammeter	1 ea	20/200V, 500mA, 2.5/5A
8425-00	AC Ammeter	2 ea	0.5/2.5/8A, 2set 0.5/2.5/8/25A, 1set
8426-00	AC Voltmeter	2 ea	125/250V 3set
8431-20	Single Phase Wattmeter	1 ea	750W-150 -10A
8441-20	Three Phase Wattmeter	1 ea	300W/300W, 250V-2A
8621-00	Synchronizing Module	1 ea	240V-2A
8731-00	Three Phase Rheostat	1 ea	192W-2A 16Ω
8821-20	Power Supply	1 ea	60Hz
8911-00	Electrodynamometer	1 ea	
8931-00	Electrical Tachometer	1 ea	0-27lbf · in 250-5000rpm
8920-40	Hand Tachometer	1 ea	7500rpm
8942-00	Timing Belt	1 ea	
8951-00	Connection Leads Set	1 set	

전원공급 장치의 설명

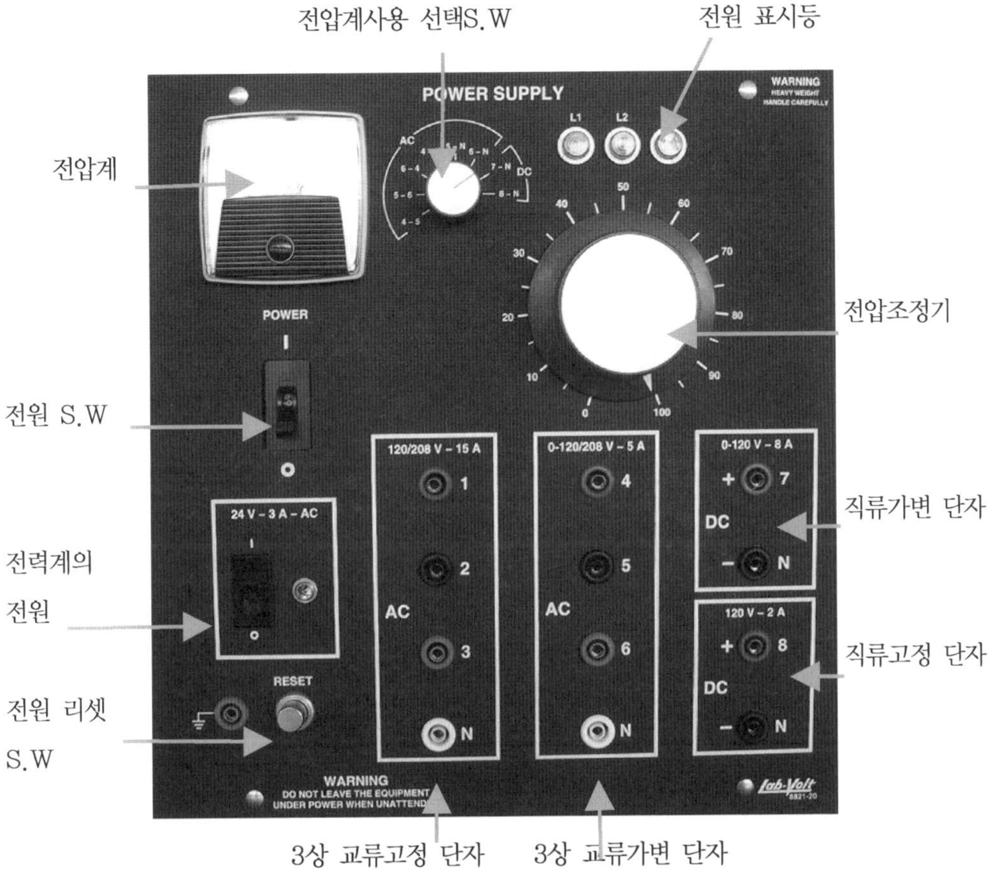

교류 고정단자는 $3\phi 4l$식으로 상전압 및 각 단자전압은 다음과 같다.

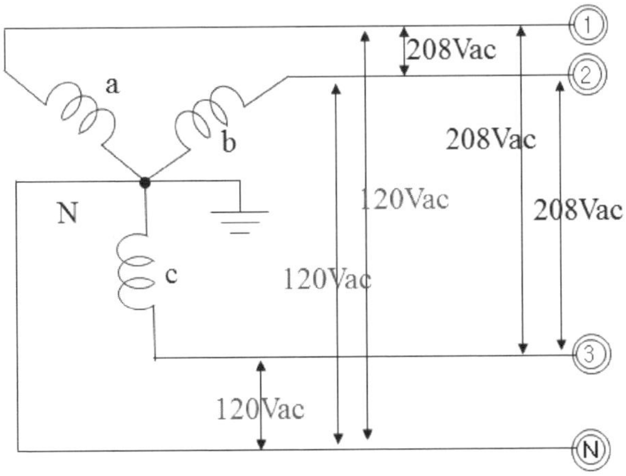

목 차

1장 직 류 기

2장 동 기 기

3장 변 압 기

실험 1. 직류 발전기/전동기의 구조와 권선의 저항측정

1) 실험 목적

1. 직류발전기/전동기의 구조를 관찰하고 브러시의 중성축 위치 파악
2. 권선의 저항을 측정

2) 개 요

직류 전압계와 직류 전류계를 사용하여 권선의 전압과 전류를 측정해서 발전기의 각 권선저항을 계산하는 방법을 **전압강하법**이라고 한다.

직류기는 전동기 또는 발전기로서 동작할 수 있다. 전동기는 전기적 에너지를 기계적 에너지로 바꾸는 반면, 발전기는 기계적 에너지를 전기적 에너지로 바꾼다. 따라서 발전기가 전기를 발생시키기 위해서는 기계적으로 구동시켜 주어야 한다.

3) 장비 및 부품

전원공급장치(0−120[V_{ac}], 120[V_{dc}])	EMS 8821	직류 전동기/발전기	EMS 8211
직류전압전류계 (20/200[V_{dc}], 500[mA_{dc}], 2.5/5[A_{dc}])	EMS 8412	리드선	EMS 8951
		교류전압계(125[V_{ac}])	EMS 8426

4) 실험 순서

1. 직류 전동기/발전기의 구조를 살펴본다.

전기자권선, 자극(4개), 분권계자권선 (공칭 전류(0.3[A])가 흐르므로 굵기가 가늘은 권선), 직권계자권선 (공칭 전류(3[A])전류가 흐르므로 굵은 권선), 정류자, 정류자편(75개), 브러시(2개)로 되어 있다.

2. 분권계자권선은 단자 5와 6으로 연결되고, 직권계자권선은 단자 3과 4로 연결된다. 브러시는 단자 1과 2로 연결된다.(브러시사이에는 정류자와 전기자권선이 있다)

3. 분권계자 전류를 조절하기 위하여 계자저항기(가감저항기)가 단자 7과 8으로 연결되며 정격 저항값은 500[Ω]이다.

*** 브러시의 중성축 위치 찾기**

브러시의 중성축 위치는 전동기 계철에 적색으로 표시되어 있으며, 브러시는 브러시 조정 레버를 적색선의 우측 또는 좌측으로 이동시킬 수 있도록 되어 있다.

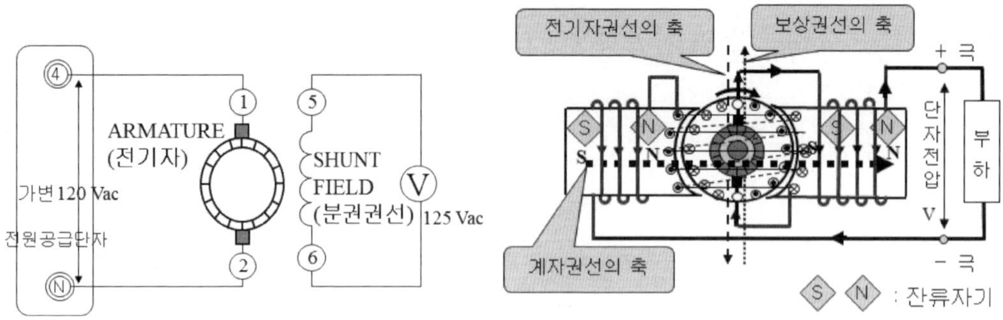

(a) (b) 직류 직권발전기에서 각 권선의 축

[그림 1-1] 브러시의 중성축 위치 찾기

4. [그림 1-1]의 (a)와 같이 회로를 결선하고, 모듈표면판 뒤의 브러시 위치조정레버를 시계방향으로 끝까지 이동시킨다. 전원공급 장치의 **전압계 스위치**를 4-N위치에 놓고 전원을 켠다. 분권계자권선의 전압이 대략 80[V_{ac}]가 될 때까지 전압 조정기를 서서히 돌린다.(이 때 전기자권선에 공급된 교류전압은 변압기와 같은 유도작용에 의해 분권권선에도 교류전압이 유도된다).

5. 브러시 위치조정레버를 반시계방향으로 이동시켜 가면 분권계자권선의 교류전압은 0[V_{ac}]으로 떨어졌다가 다시 점점 증가하게 된다. 전압이 0[V_{ac}]이 되는 위치가 바로 중성축이다.(이 상태가 [그림 1-1]의 (b)와 같이 전기자권선의 축과 분권권선의 축이 수직일 때이며 상호인덕턴스가 0인 경우라서 분권권선에는 전압이 0[V]가 된다. 이런 현상을 기억해 두면 교류 정류자전동기를 이해하는데 도움이 된다.) 브러시는 항상 중성축 위치에 두어야 정류가 잘 된다. 전압 조정기를 0으로 놓고 전원을 끈다.

6. 각 권선의 저항과 손실을 계산한다.

[그림 1-2]와 같이 연결하고 전원공급 장치를 켜고 분권계자권선에 0.3[A_{dc}](공칭전류값)가 될 때까지 직류전압을 서서히 증가시킨 다음 전압을 측정하고 전압을 0[V_{dc}]으로 한 후에 전원을 끈다.

설명 : 분권 계자전압 $V_f = (\quad)[V_{dc}]$

설명 : 분권 계자저항 $R_f = \dfrac{(V_f)[V]}{(I_f)[A]} = \dfrac{(\quad)[V]}{(\quad)[A]} = (\quad)[\Omega]$

설명 : 분권 계자동손 $P_f = I_f^2 R_f = (\quad)^2 \times (\quad) = (\quad)[W]$

7. [그림 1-3]과 같이 연결하고 전원공급 장치를 켜고 직권계자권선에 3[A_{dc}](공칭전류값)가 될 때까지 직류전압을 서서히 증가시킨 다음 전압을 측정하고 전압을 0[V_{dc}] 으로 한 후에 전원을 끈다.

설명 : 직권 계자전압 $V_s = (\quad)[V_{dc}]$

설명 : 직권 계자저항 $R_s = \dfrac{(V_s)[V]}{(I_s)[A]} = \dfrac{(\quad)[V]}{(\quad)[A]} = (\quad)[\Omega]$

설명 : 직권 계자동손 $P_s = I_s^{\,2} R_s = (\quad)^2 \times (\quad) = (\quad)[W]$

8. [그림 1-4]와 같이 연결하고 전원공급 장치를 켜고 전기자권선에 3[A_{dc}](공칭전 류 값)가 될 때까지 직류전압을 서서히 증가시킨 다음 전압을 측정하고 전압을 0[V_{dc}]으로 한 후에 전원을 끈다. (이 때 전기자가 회전하는데 그 이유는 분권이나 직권권선에 잔류자속이 있기 때문이며 전기자를 드라이버로 고정시키고 실험한다.)

설명 : 전기자 전압 $V_a = (\quad)[V_{dc}]$

설명 : 전기자 저항 $R_a = \dfrac{(V_a)[V]}{(I_a)[A]} = \dfrac{(\quad)[V]}{(\quad)[A]} = (\quad)[\Omega]$

설명 : 전기자 동손 $P_a = I_a^{\,2} R_a = (\quad)^2 \times (\quad) = (\quad)[W]$

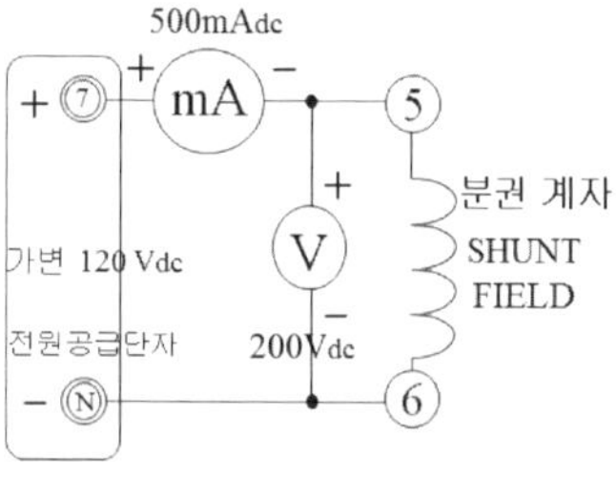

[그림 1-2]

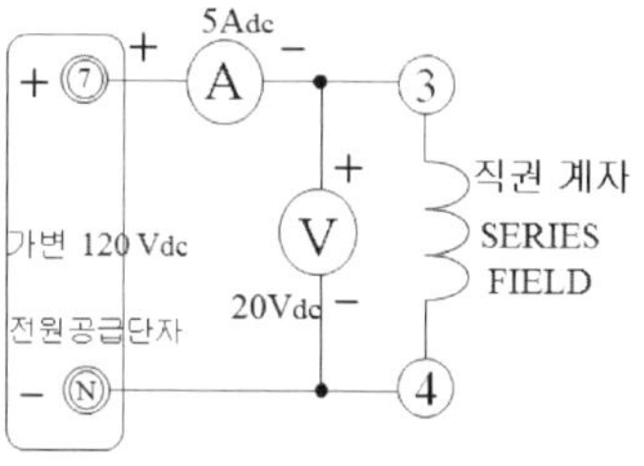

[그림 1-3]

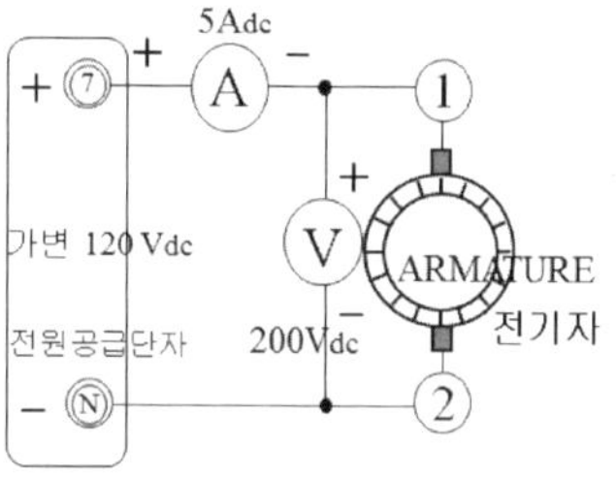

[그림 1-4]

9. 전기자 권선을 좌측으로 약 90° 회전시키면 브러시는 실험순서 8일 때와는 다른 정류자편과 접촉하게 된다. 실험순서 8을 반복한다.

설명 : $V_a = (\quad)[V_{dc}]$, $R_a = \dfrac{(V_a)[V]}{(I_a)[A]} = \dfrac{(\quad)[V]}{(\quad)[A]} = (\quad)[\Omega]$,

$P_a = I_a^{\,2} R_a = (\quad)^2 \times (\quad) = (\quad)[W]$

10. 전기자를 좌측으로 15° 더 회전시키고 실험순서 8을 반복한다.

설명 : $V_a = (\quad)[V_{dc}]$, $R_a = \dfrac{(V_a)[V]}{(I_a)[A]} = \dfrac{(\quad)[V]}{(\quad)[A]} = (\quad)[\Omega]$,

$P_a = I_a^{\,2} R_a = (\quad)^2 \times (\quad) = (\quad)[W]$

11. (브러시를 포함한) 전기자 저항은 실질적으로 전기자의 모든 회전위치에서 같은가? 그 이유를 전기자, 정류자와 브러시를 그려서 설명하시오.
(참조 [그림 1-5])
설명 : 예. [그림 1-5]와 같이 전기자 권선은 정류자 주위를 돌면서 폐회로를 이루고 있으므로 전기자 저항은 실질적으로 전기자의 모든 회전위치에서 같다.

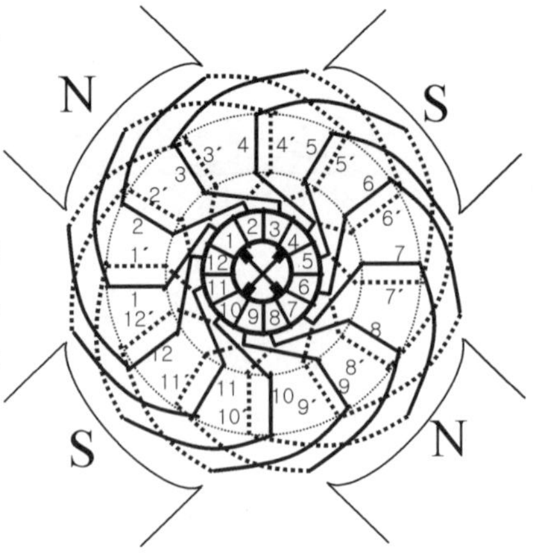

[그림 1-5] 전기자, 정류자와 브러시

5) 연구 및 검토

1. 만일 분권계자권선이 120[V_{dc}]에 의해 여자 된다면 발전기의 분권 계자전류는?
설명 : $I_f = \dfrac{V_f[\mathrm{V}]}{R_f[\Omega]} = \dfrac{(\quad)[\mathrm{V}]}{(\quad)[\Omega]} = (\quad)[\mathrm{A_{dc}}]$

2. 만일 발전기의 직권 계자권선에 3[A_{dc}]의 전류가 흐른다면 전압강하의 값은?
설명 : $V = IR_s = (\quad)\times(\quad) = (\quad)[\mathrm{V_{dc}}]$

3. 계자저항기를 분권권선과 직렬로 연결하고 120[V_{dc}]전압이 걸리면 얻을 수 있는 분권계자전류의 변화는?
설명 : 최소 분권 계자전류 $I_f = \dfrac{V_f[\mathrm{V}]}{R_f[\Omega] + \text{계자저항 } FR[\Omega]} = \dfrac{(\quad)[\mathrm{V}]}{(\quad)+(\quad)} = (\quad)[\mathrm{A_{dc}}]$,
최대 분권 계자전류 $I_f = \dfrac{V_f[\mathrm{V}]}{R_f[\Omega] + \text{계자저항 } FR[\Omega]} = \dfrac{(\quad)[\mathrm{V}]}{(\quad)+(\quad)} = (\quad)[\mathrm{A_{dc}}]$

4. 발전기의 브러시가 구리대신 탄소(카본)으로 만들어지는 이유는?
설명 : ______

5. 브러시가 중성축에 있을 때 전기자권선의 축과 분권권선의 축은 서로 어떤 위치로 구성되어 있는가?
설명 : ______

6. 직류 발전기의 중성축 위치를 찾는 방법은?
설명 : 참조 [그림 1-1]

실험 2. 직류 타여자 발전기

1) 실험 목적

1. 직류 타여자 발전기의 무부하, 전부하 특성실험
2. 타여자 발전기의 포화곡선
3. 타여자 발전기의 단자 전압(V) 대 부하전류(I) 곡선(외부특성곡선)

2) 개 요

전기기기를 대용량으로 하기 위해서는 영구자석대신에 전자석을 사용하는데, 전자석은 철심에 계자권선을 감고 계자권선에 전류가 흐르면 전자석이 되는데 이런 작용을 **여자**라고 하며 이 전류를 **계자(여자)전류** (I_f)라고 한다.

계자전류가 전기자와 분리된 외부 직류전원으로부터 공급되는 경우의 발전기를 **타여자 발전기**라 하는 반면 계자전류가 발전기 자체의 전기자로부터 공급되는 발전기를 **자여자 발전기**라 한다.

계자권선에 직류 계자전류에 의해 여자될 때 자속($\Phi \propto k\, I_f$)은 계자전류에 비례한다. 만일, 전기자 축에 전해진 기계력에 의해 전기자가 회전하면, 전기자 권선은 자속Φ을 끊고 전압이 유도된다. 회전수를 $n\,[\mathrm{rps}]$라 하면 직류발전기의 전기자에는 유도 기전력 $E = k\Phi n\,[\mathrm{V}]$가 유도된다. 이 유도 기전력은 교류이므로 직류로 바꾸는 역할은 정류자와 브러시가 한다.

[그림 2-1]은 타여자 발전기의 그림이며 부하전류 I는 전기자전류 I_a와 같으며, 전기자회로의 저항 R_a에 의한 전압강하 $R_a I_a\,[\mathrm{V}]$라고 하면 단자전압 $V[\mathrm{V}]$는 다음과 같다.

$$V = E - R_a I_a\,[\mathrm{V}]$$

무부하에서의 전류($I_o = I_a$)는 흐르지 않으므로 무부하 단자전압은 $V_o = E[\mathrm{V}]$가 된다.

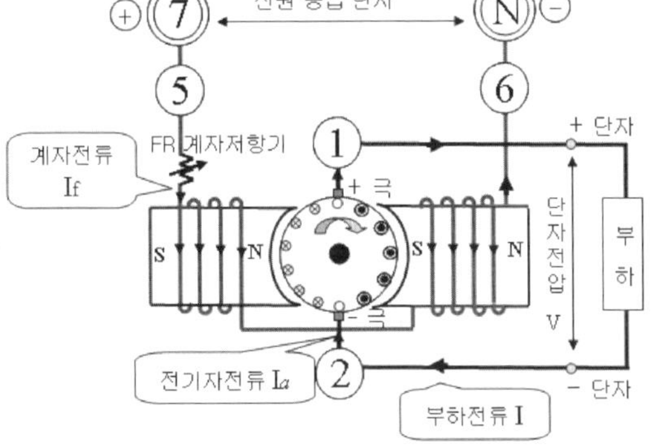

(a) 타여자 발전기의 실제그림

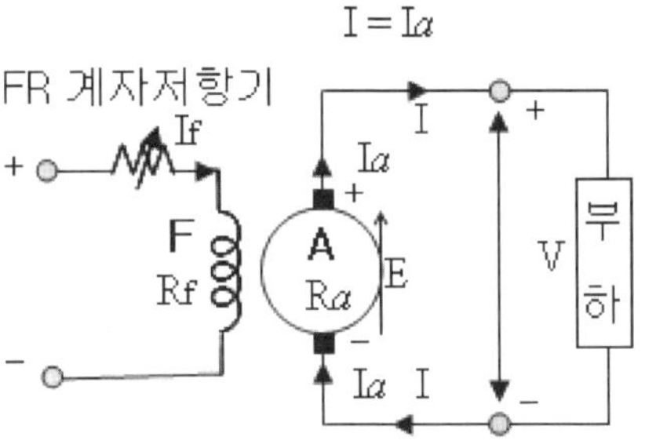

(b) 기호로 그린 타여자 발전기

[그림 2-1] 타여자 발전기

3) 장비 및 부품

전원공급장치(120/208[V_{ac}], 3ϕ, 120[V_{dc}],	EMS 8821	저항기	EMS 8311
직류전압전류계(200[V_{dc}],500[mA_{dc}],2.5[A_{dc}])	EMS 8412	리드선	EMS 8951
직류 전동기/발전기	EMS 8211	타이밍 벨트	EMS 8942
동기전동기/발전기	EMS 8241	**직류전류계** 500[mA_{dc}]	**별도** I_f 측정

4) 실험 순서

1. 동기전동기는 일정속도로 운전하므로 직류발전기를 기계적으로 구동하는데 쓰인다. 전원공급 장치, 동기기를 사용하여 [그림 2-2]와 같이 결선한다.
   이 순간 전원을 공급하지 말 것!

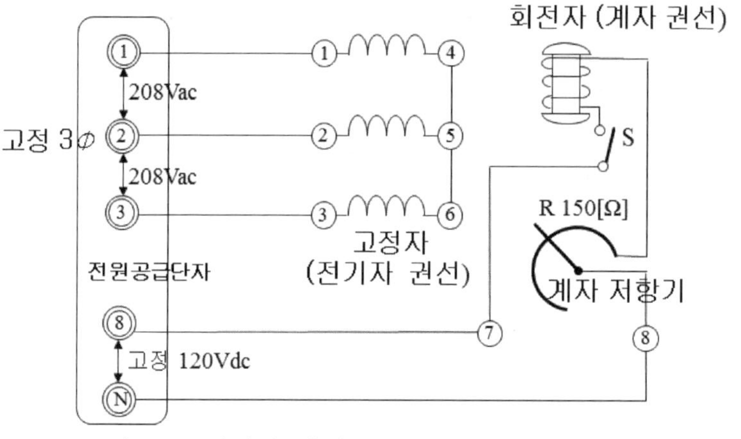

[그림 2-2] 타여자 발전기를 구동하는 동기전동기

2. 전원공급 장치의 단자 ①, ②, ③은 동기전동기의 고정자 권선(Y결선)에 3상전력을 공급한다. 전원공급 장치의 고정 120[V_{dc}] 단자 ⑧과 Ⓝ은 동기전동기의 회전자(계자)권선에 직류 계자전류 I_f을 공급한다. 계자저항기를 회전부분의 중간 위치에 놓는다.

* 무부하 특성곡선

3. a) 직류 전동기, 직류전압/전류계, 저항기를 사용하여 [그림 2-3]과 같이 결선한다.
   b) 발전기의 분권계자 단자(5와 6)을 **별도의 직류전류계** 500[mA_{dc}]와 직렬로 연결해서 전원공급 장치의 가변 120[V_{dc}] 단자 ⑦과 Ⓝ에 연결한다.
   c) 전기자 단자(1과 2)에 200[V_{dc}] 전압계를 연결한다.
   d) 타이밍 벨트를 사용하여 동기 전동기를 직류발전기에 커플링 한다.
   e) 브러시가 중성축 위치에 놓여 있는가를 살펴본다.

4. a) 전원을 켠다. 동기전동기는 시계방향으로 회전해야 한다. 이 때는 **제동권선 {참조 [그림 15-1] 제동권선}**에 의해 **농형 유도전동기로 기동**해서 회전하는 상태임. (만일 반시계방향으로 회전하면 동기 전동기의 고정자 결선 (단자 1, 2, 3)중 두 선을 바꿈으로써 동기 전동기는 시계방향으로 회전한다.)

b) 만일 동기전동기에 스위치 S가 있으면 이 때에 닫는다. 그러면 **동기전동기**로 운전하는 상태임.

c) 전원공급 장치의 전압조정기를 회전시켜 가면서 각각의 계자전류 I_f에 해당하는 전기자의 유도 기전력 E를 측정해서 [표 1]에 기록하고 [그림 2-4]에 직류 타여자 발전기의 E 대 I_f 특성곡선(무부하 특성곡선)을 그린다.

d) 전압을 0[V_{dc}]으로 한 후에 전원을 끈다.

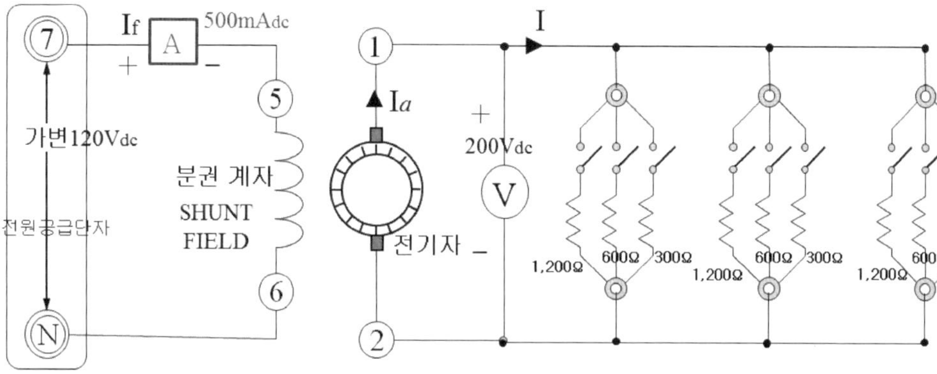

[그림 2-3] 직류 타여자 발전기의 무부하 실험

[표 1] 무부하 실험 결과

I_f[mA_{dc}]	$V_o = E$[V]
0	잔류자기만 존재
50	
100	
150	
200	
250	
300	
350	
400	

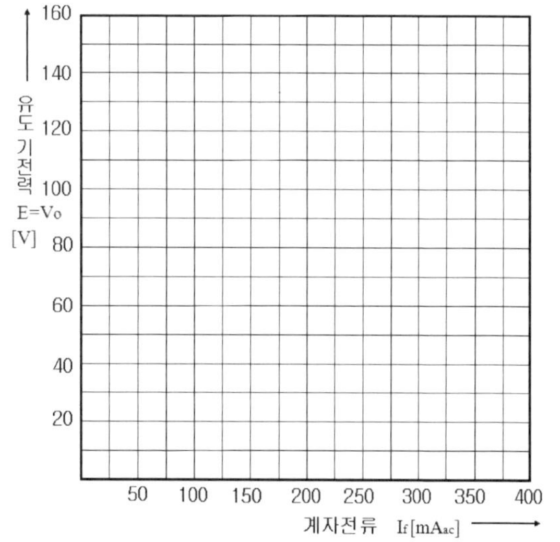

[그림 2-4] 직류 타여자 발전기의 무부하 특성곡선

e) 계자전류가 0[A_{dc}]임에도 불구하고 전기자의 유도 기전력 E가 유도되는 이유를 설명하여라.

설명 : ______________________________

f) 계자전류가 증가함에 따라 곡선이 구부러지는 이유를 설명하라.

설명 : ______________________________

*** 계자의 극성을 바꾼 경우**

5. a) [그림 2-5]의 (b)와 같이 계자권선의 단자 5와 6의 연결을 바꿈으로써 계자의 극성이 바뀐다.

b) 200[V_{dc}] 전압계의 극성을 바꾸어 연결한다.(지침이 시계방향으로 회전하면 단자②가 +극임)

c) 전원을 켠 후, 계자전류 I_f가 300[mA_{dc}]로 되도록 전압 조정기를 조정한다.

d) 무부하시 단자전압을 측정해서 기록한다. $V_o = E =$ _____ [V_{dc}]

e) 극성이 바뀐 것을 제외하고는, 무부하시 단자전압은 실험순서 4의 값과 같은가?

설명 : ______

f) 전압을 0[V_{dc}]으로 한 후에 전원을 끈다.

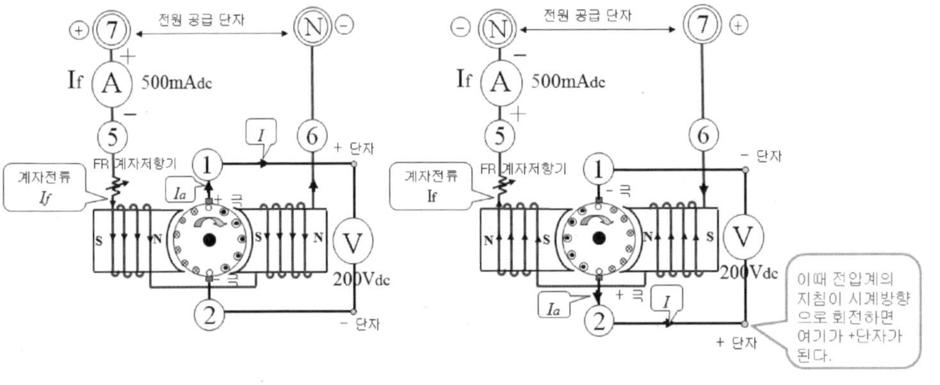

(a) 계자의 극성을 바꾸기 전 (b) 계자의 극성을 바꾼 후

[그림 2-5] 계자의 극성을 바꾼 경우

*** 회전방향을 바꾼경우**

6. a) [그림 2-6]의 (b)와 같이 결선하고, 동기 전동기로의 고정자 결선 (단자 1, 2, 3) 중 두 선을 바꿈으로써 동기 전동기의 회전 방향을 역으로 한다.

b) 200[V_{dc}] 전압계의 극성을 바꾸어 연결한다.(지침이 시계방향으로 회전하면 단자 ②가 +극임)

c) 전원을 켠 후, 계자전류 I_f가 300[mA_{dc}]로 되도록 전압 조정기를 조정한다.

d) 무부하시 단자전압을 측정해서 기록한다. $V_o = E =$ ______ [V_{dc}]

e) 극성이 바뀐 것을 제외하고는, 무부하시 단자전압은 실험순서 5의 값과 같은가?

설명 : ______________________________

f) 전압을 0[V_{dc}]으로 한 후에 전원을 끈다.

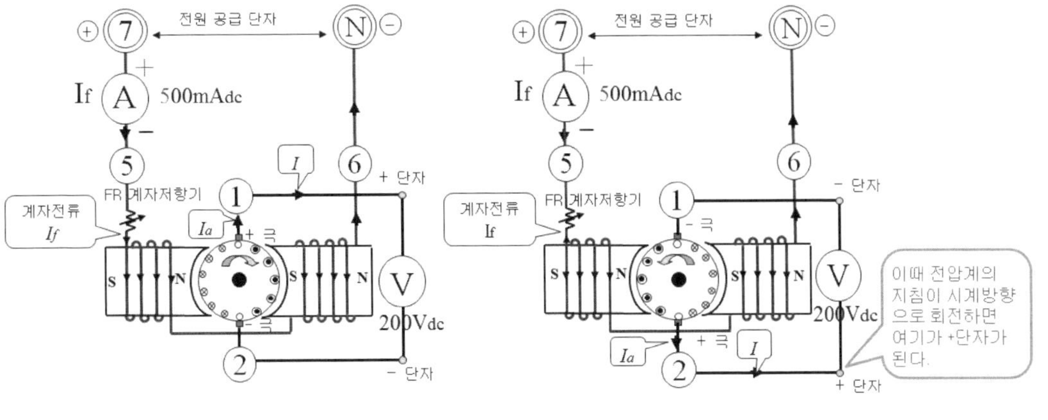

(a) 시계방향으로 회전시 (b) 반 시계방향으로 회전시

[그림 2-6] 회전방향을 바꾼 경우

* 외부특성곡선

7. 저항기를 사용하여 [그림 2-7]과 같이 결선한다.
전체 부하저항이 120[Ω](300[Ω]과 600[Ω], 300[Ω]병렬)이 되도록 저항스위치를 닫는다.

8. a) 전원을 켠다. 동기전동기는 시계방향으로 회전해야 한다. 만일 동기전동기에 스위치 S가 있으면 이 때에 닫는다.
b) 발전기가 120[V_{dc}]의 유도기전력이 될 때까지 계자전류 I_f를 조정한다.
전기자 전류 I_a는 1[A_{dc}]를 나타내야 한다.
c) 분권 계자전류 I_f를 기록한다. I_f = 320 [mA_{dc}]
이것은 직류발전기의 정격출력(120[V] × 1[A] = 120[W])에서의 계자전류 I_f이다.
d) [표 1]의 각 저항 값들에 해당되는 출력 $P_o = V \times I = (\quad)$[W]을 계산한다.

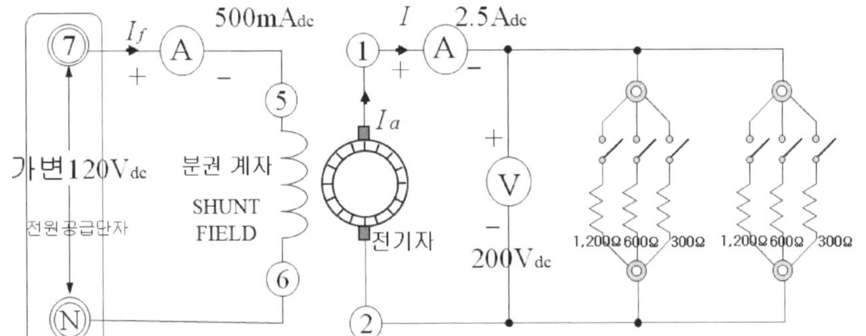

[그림 2-7] 직류 타여자 발전기의 부하 실험

9\. a) 실험순서 8에서 얻은 계자전류 I_f 는 그대로 유지시키며, [표 2]에 나열된 각 값들을 얻기 위하여 부하저항을 조정한다.

b) [표 2]에 열거한 각 저항 값들을 해당되는 V와 $I_a = I$를 측정해서 기록하고, [표2]의 측정값을 이용해서 [그림 2-8]에 V 대 $I_a = I$ 곡선(외부특성곡선)을 나타내어라.

c) 전압을 0[V_{dc}]으로 한 후에 전원을 끈다.

10\. [표 2]에 열거된 각 값에 해당되는 전력을 계산한다.

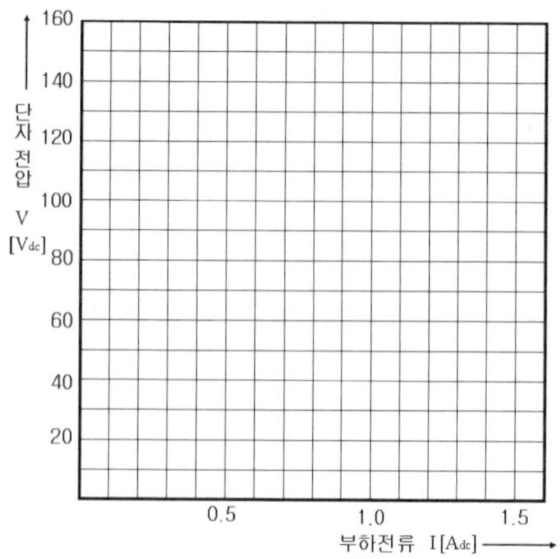

[그림 2-8] 외부특성곡선

[표 2] 부하 실험의 결과

	부하저항 $R_L[\Omega]$	부하전류 I [A_{dc}]	단자전압 V [V_{dc}]	출력 P_o [W]
무부하시	∞[Ω]	$I_o = 0$	$(V_o = E)$=	
부하시	600[Ω]	$I =$	단자전압(V)=	
"	300[Ω]	$I =$	단자전압(V)=	
"	200[Ω] (300[Ω], 600[Ω]병렬)	$I =$	단자전압(V)=	
"	150[Ω] (300[Ω]과 300[Ω]병렬)	$I =$	단자전압(V)=	
"	120[Ω] (300[Ω]과 600[Ω], 300[Ω]병렬)	전부하전류 $I_n =$	단자전압(V)=	정격출력P_n [W]
과부하시	100[Ω] (1,200[Ω], 300[Ω]과 1,200[Ω], 600[Ω], 300[Ω]병렬)	$I =$	단자전압(V)=	
"	80[Ω] (1,200[Ω]과 1,200[Ω], 600[Ω], 300[Ω]과 1,200[Ω], 600[Ω], 300[Ω]병렬)	$I =$	단자전압(V)=	
"	75[Ω] (600[Ω]과 1,200[Ω], 600[Ω], 300[Ω]과 1,200[Ω], 600[Ω], 300[Ω]병렬)	$I =$	단자전압(V)=	

*** 타여자 발전기의 전기자 단자를 단락한 경우**

11\. a) 전기자 단자(1과 2)를 단락시킨다.

b) 타여자 발전기의 계자전류가 0[A_{dc}]로 되도록 전원공급 장치의 전압 조정기를 반시계방향으로 돌린다.

c) 전원을 켠다.

d) 동기 전동기가 정지할 정도(이 때 소리가 요란함)까지 타여자 발전기의 계자전류(I_f)를 점차적으로 증가 시킨다. 정지할 정도까지 타여자 발전기의 계자전류 I_f의 값은? I_f = 500 [mA_{dc}]

e) 전압을 0[V_{dc}]으로 한 후에 전원을 끈다.

f) 타여자 발전기에서 전기자를 단락하면 동기 전동기가 정지하게 되는 이유를 설명하시오.(참조 [그림 2-9])

설명 : 발전기에 기계적인 힘을 가하여 회전시키면 [그림 2-10]과 같이 플레밍의 오른손법칙을 적용하면 기전력이 유도되고, 전기자권선에는 전기자전류가 흐른다. 이 전류와 자계와의 작용하는 힘의 방향은 [그림 2-11]과 같이 플레밍의 왼손법칙을 적용하면 발전기의 회전방향과는 반대가 된다.
따라서 전기자 전류가 증가하면 전동기를 정지시킬 만큼 강한 제동효과가 생긴다.

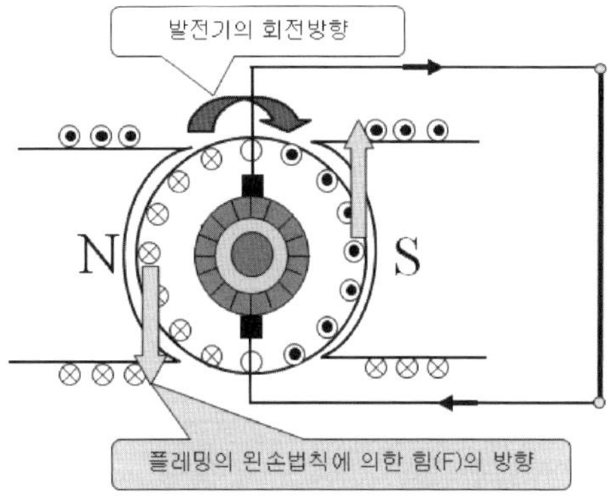

[그림 2-9] 발전기의 회전방향과 힘의 방향

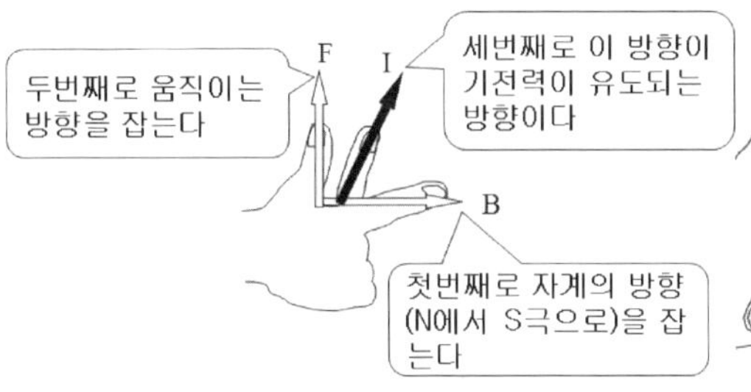

[그림 2-10] 플레밍의 오른손법칙

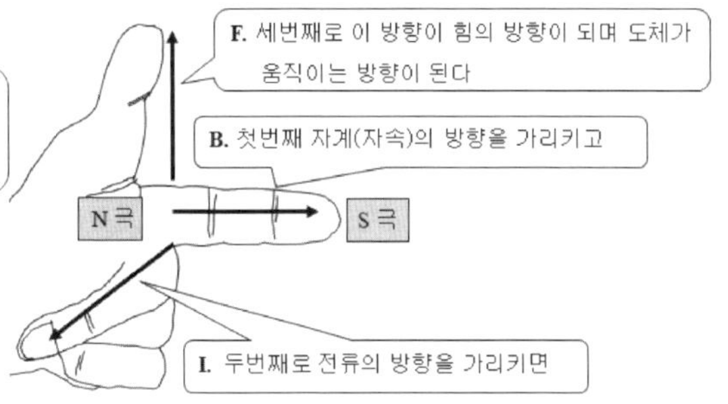

[그림 2-11] 플레밍의 왼손법칙

5). 연구 및 검토

1. 직류 타여자 발전기에서 유도 기전력 E의 극성을 바꾸는 두 가지 방법은?
   설명 : ______________________________
   ____

2. 무부하로부터 전부하(1.0[A_{dc}])까지의 전압 변동률을 계산하시오.

$$\text{설명 : 전압 변동률} = \frac{V_o - V_n}{V_n} \times 100 = \frac{(\quad) - (\quad)}{(\quad)} \times 100 = (\qquad)[\%]$$

실험 3. 직류 분권발전기

1) 실험 목적

1. 직류 자여자 분권발전기의 무부하, 전부하 특성실험
2. 자여자 분권발전기의 결선
3. 분권발전기의 단자 전압(V) 대 부하전류(I) 곡선(외부특성곡선)

2) 개 요

타여자 발전기는 적용분야가 광범위하지만 계자권선을 여자시키려면 외부의 직류 전원을 필요로 하는 단점이 있다. 비용 등의 문제로 인해 직류 자여자발전기가 더 많이 쓰인다.

자여자 발전기에서 계자권선는 계자권선의 연결법에 따라 분권, 직권, 복권발전기로 분류되며 각 발전기의 특성은 달라진다.

자여자 발전기들은 계자극의 잔류자기로 인한 자여자가 가능하며 전기자가 회전할 때 약간의 전압이 전기자 권선에 유도된다. 계자권선이 전기자와 병렬로 연결될 때 약간의 계자전류가 흐른다. 이 계자전류가 적절한 방향으로 흐르고 있다면, 잔류자기를 보충해서 전기자 유도 기전력 E을 더 증가시키며 결국은 전압이 상승한다.

[그림 3-1]은 분권 발전기의 그림이며 부하전류 I, 전기자전류 I_a 및 계자전류 I_f의 관계는 $I_a = I + I_f$가 된다.

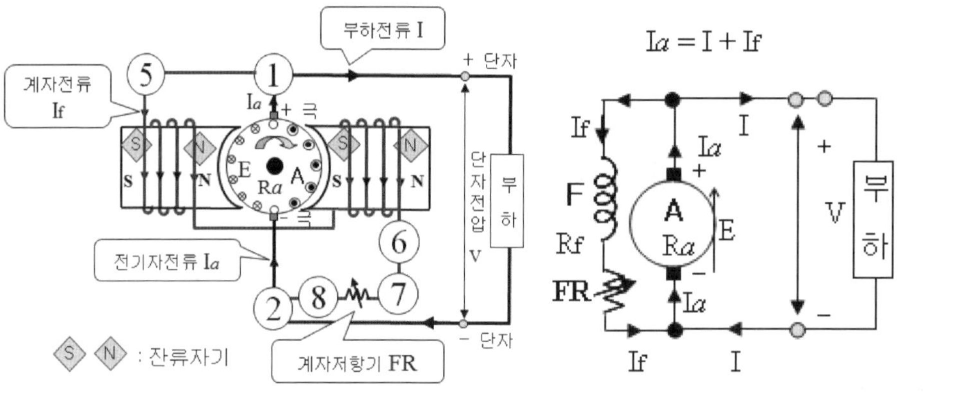

(a) 분권발전기의 실제그림 (b) 기호로 그린 분권 발전기

[그림 3-1] 분권 발전기

3) 장비 및 부품

전원공급장치(120/208[V_{ac}], 3ϕ 120[V_{dc}],	EMS 8821	동기전동기/발전기	EMS 8241
직류전압전류계(200[V_{dc}], 2.5[A_{dc}])	EMS 8412	저항기	EMS 8311
직류 전동기/발전기	EMS 8211	리드선	EMS 8951
		타이밍 벨트	EMS 8942

4) 실험 순서

1. 동기전동기는 회전속도가 일정하므로($N = N_s = \frac{120f}{P} = \frac{120 \times 60}{4} = 1,800[\text{rpm}]$) 직류발전기를 기계적으로 구동하는데 쓰인다.
   전원공급 장치, 동기전동기를 사용하여 [그림 3-2]와 같이 결선한다.

2. 전원공급 장치의 단자 ①, ②, ③은 동기전동기의 고정자 권선(Y결선)에 3ϕ 전력을 공급한다. 전원공급 장치의 단자 ⑧과 Ⓝ은 동기전동기의 회전자(계자)권선에 직류 계자 전류(I_f)을 공급한다.
   동기전동기의 계자저항기를 회전부분의 중간 위치에 놓는다.

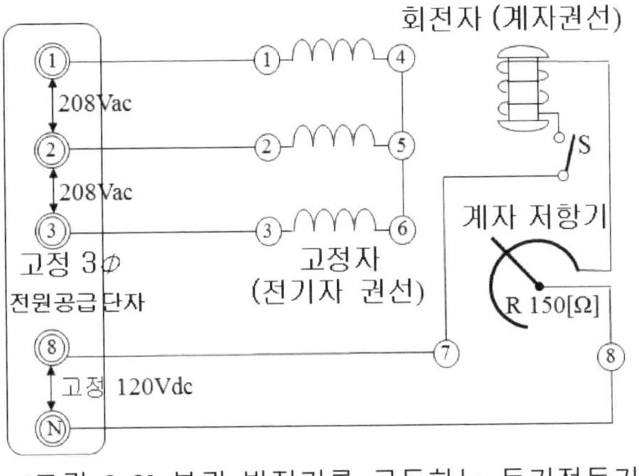

[그림 3-2] 분권 발전기를 구동하는 동기전동기

3. a) 직류 발전기, 직류전압전류계, 저항기를 사용하여 [그림 3-3]과 같이 결선한다.
   b) 타이밍 벨트를 사용하여 동기전동기와 직류 분권발전기를 커플링 한다.
   c) 브러시가 중성축 위치에 있는가를 확인한다.

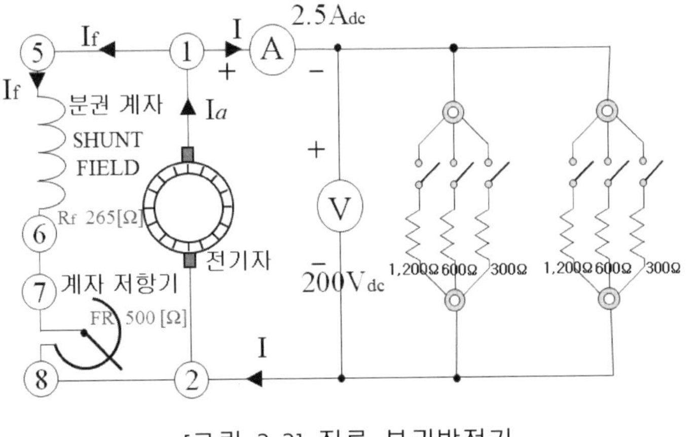

[그림 3-3] 직류 분권발전기

* 무부하 실험

4. a) 전원을 켠다. 동기전동기는 시계방향으로 회전해야 한다.
(만일 반시계방향으로 회전하면 동기 전동기의 고정자 결선 (단자 1, 2, 3)중 두 선을 바꿈으로써 동기 전동기는 시계방향으로 회전한다.)
b) 만일 동기전동기에 스위치 S가 있으면, 이때에는 닫는다.
c) 직류발전기의 계자전류를 최대로 하려고 계자 저항기를 시계방향으로 끝까지 돌린다.(최소 계자 저항 0[Ω])
d) 부하 저항기의 모든 스위치를 열고 무부하 상태로 한다.
e) 전기자의 유도기전력(E)을 측정한다. $E = V_o =$ ______ [V_{dc}]
f) 만일 전압계의 지시가 없으면, 전원을 끈 후에 분권계자 단자 (5와 6)의 연결을 바꾼다.

5. 분권발전기의 계자저항기를 변화시킬 때 전기자의 유도 기전력 E가 어떻게 변화하는가를 살펴보고 설명하시오.
설명 : ____

* 부하 실험

6. a) 부하저항의 스위치를 부하저항이 120[Ω](300[Ω]과 600[Ω], 300[Ω]병렬)이 되도록 조정한다. 발전기가 120[V_{dc}]의 출력전압을 발생할 때까지 계자저항기를 조정한다. 부하 전류 I가 1[A_{dc}]를 가리켜야 한다.
b) 이것이 직류 분권발전기의 정격출력 P_n [W](120[V_{dc}] × 1[A_{dc}] = 120[W])을 얻기 위한 계자저항기의 위치이다.

7. a) [표 1]에 나열된 부하 저항값이 되도록 저항을 조절한다.
b) [표 1]에 열거한 각 저항값들에 해당되는 V와 I를 측정해서 [표 1]에 기록한다.
c) 전원을 끈다.
d) [표 1]에 열거한 각 저항값들에 해당되는 출력 $P_o = V \times I = (\quad)$[W] 을 계산한다.
e) [그림 3-4]에 직류 분권 발전기의 $V-I$ 곡선(외부특성곡선)을 나타내어라.

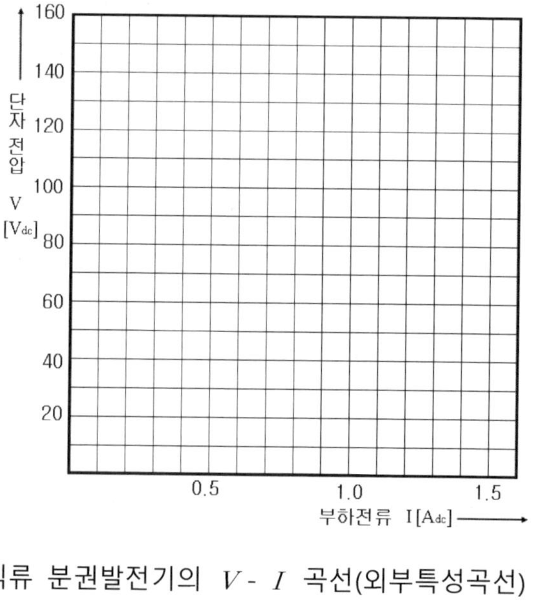

[그림 3-4] 직류 분권발전기의 V - I 곡선(외부특성곡선)

f) 부하에서 전부하(1.0[Adc])까지의 변동률을 계산한다.

설명 : 전압 변동률 = $\frac{V_o - V_n}{V_n} \times 100 = \frac{(\quad)-(\quad)}{(\quad)} \times 100 =$ ______ [%]

[표 1] 부하 실험의 결과

	부하저항 R_L [Ω]	부하전류 I [Adc]	단자전압 V [Vdc]	출력 P_o [W]
무부하시	∞[Ω]	$I_o = 0$	$((V_o = E) =$	
부하시	600[Ω]	$I =$	단자전압(V) =	
"	300[Ω]	$I =$	단자전압(V) =	
"	200[Ω] (300[Ω], 600[Ω]병렬)	$I =$	단자전압(V) =	
"	150[Ω] (300[Ω]과 300[Ω]병렬)	$I =$	단자전압(V) =	
"	120[Ω] (300[Ω]과 600[Ω], 300[Ω]병렬)	전부하전류 $I_n =$	단자전압(V) =	정격출력 P_n [W]
과부하시	100[Ω] (1,200[Ω], 300[Ω]과 1,200[Ω], 600[Ω], 300[Ω]병렬)	$I =$	단자전압(V) =	
"	80[Ω] (1,200[Ω]과 1,200[Ω], 600[Ω], 300[Ω]과 1,200[Ω], 600[Ω], 300[Ω]병렬)	$I =$	단자전압(V) =	
"	75[Ω] (600[Ω]과 1,200[Ω], 600[Ω], 300[Ω]과 1,200[Ω], 600[Ω], 300[Ω]병렬)	$I =$	단자전압(V) =	

*** 회전방향을 바꾼 경우**

8. a) 동기전동기의 고정자 결선(단자 1, 2, 3)중 어느 두 단자를 바꿈으로서 동기 전동기의 회전방향을 역으로 한다.

b) 모든 저항스위치를 열어서 발전기 부하를 제거한다.

c) 전원을 켠다. 발전기 전압은 형성되었는가? 설명하시오. 설명 : ______________

d) 전원을 끈다.

f) 분권발전기를 역회전하면 [그림 3-5]의 (b)와 같이 잔류자기에 의해서 유도된 계자전류가 (a)상태와 반대 방향으로 흘러서 생긴 자속이 잔류자기를 소멸시키므로 기전력이 유도되지 않는다.

그러므로 [그림 3-5]의 계자권선 단자 5에 +, 단자 6에 −전압을 외부에서 공급해서 잔류자기를 만든 후에 시계방향으로 회전하면 기전력이 유도된다.

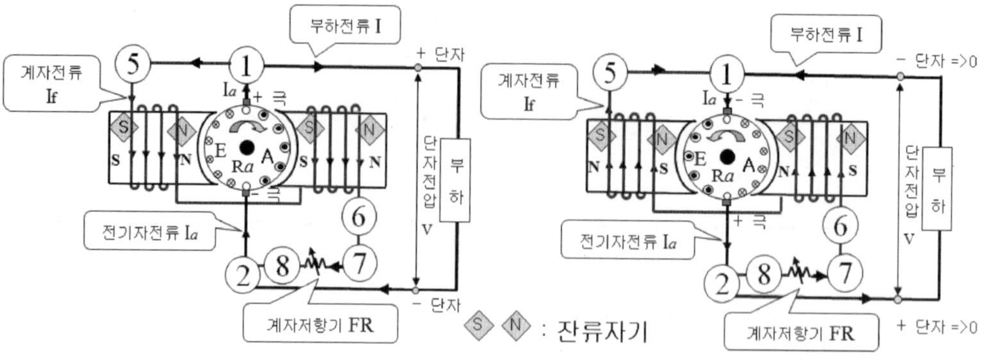

(a) 시계방향으로 회전시 (b) 반시계방향으로 회전시(잔류자기가 소멸됨)

[그림 3-5] 분권발전기의 회전방향 변경시

5) 연구 및 검토

1. 만일 자여자 발전기에서 모든 잔류자기가 소멸되었다면, 전압이 발생하는가?
   설명 : ______________________________
2. 모든 잔류자기를 잃은 발전기를 정상으로 동작시키려면 어떻게 하는가?
   설명 : ______________________________
3. 오랫동안 발전기를 사용하지 않으면 잔류자기가 서서히 소멸되는가?
   설명 : ______________________________
4. 분권 발전기의 전압변동률과 타여자 발전기의 전압변동률을 비교한다.
   설명 : ______________________________
5. 분권 발전기와 타여자 발전기의 전압변동률에서 차이가 나타나는 이유는?
   설명 : ______________________________

   ____

6. 분권 발전기의 운전 중에 분권 계자권선의 단자를 순간적으로 개방하면 어떤 현상이 발생되는가? 또한 이에 대한 대책은?(참조 [그림 3-문6])
   설명 : ______________________________

   ____

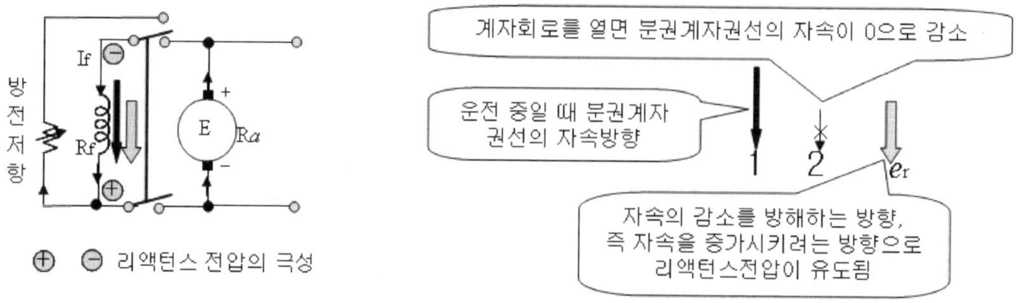

[그림 3-문6] 방전저항과 계자개폐기

실험 4. 직류 직권 발전기

1) 실험 목적

1. 직류 직권발전기의 특성실험
2. 직권발전기의 결선법
3. 직권발전기의 단자 전압(V) 대 부하전류(I) 곡선(외부특성곡선)

2) 개 요

계자권선이 전기자권선과 직렬로 연결될 때, 이 발전기를 직권 발전기라 한다. 직권 발전기의 계자권선이 흐르는 계자전류 I_f는 전기자 전류 I_a, 부하 전류 I와 같다.

$I_a = I_f = I$, $V = E - I_a(R_a + R_s)$, 또는 $V = IR_L$

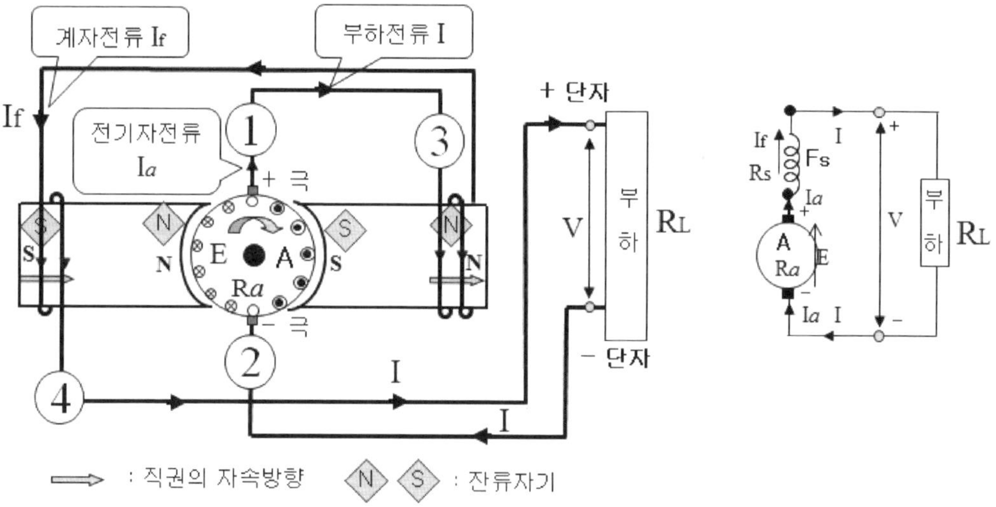

(a) 직권발전기의 실제그림 (b) 기호로 그린 직권 발전기

[그림 4-1] 직권발전기

무부하에서 발전기는 잔류자기에 의한 최소 유도 기전력만을 발생하게 된다.

부하가 높은 저항을 가지면 계자전류가 적게 흐르기 때문에 유도 기전력도 적게 발생된다. 만일 부하전류 I가 증가하면 계자전류 I_f는 증가하고 자계는 강해지며 발전기의 유도 기전력 E는 증가한다. 직권발전기에서 부하전류의 변화는 발전기의 출력전압에 큰 영향을 미친다. 그러므로 직권발전기는 전압변동률이 크다.

3) 장비 및 부품

전원공급장치(120/208[V_{ac}], 3ϕ, 120[V_{dc}],	EMS 8821	동기전동기/발전기	EMS 8241
직류전압전류계(20/200[V_{dc}], 2.5[A_{dc}])	EMS 8412	저항기 2대	EMS 8311
직류 전동기/발전기	EMS 8211	리드선	EMS 8951
저항기 28.5[Ω] 또는 저항기 2set 전체병렬	별도	타이밍 벨트	EMS 8942

4) 실험 순서

1. 동기전동기는 일정속도로 회전하며 직류발전기를 구동하는데 사용한다.
   전원공급 장치, 동기전동기를 사용하여 [그림 4-2]와 같이 결선한다.
   이 순간 전력을 공급하지 말 것!
2. a) 전원공급 장치의 단자 ①, ②, ③은 동기전동기의 고정자 권선(Y결선)에 3ϕ 전력을 공급한다.
   b) 전원공급 장치의 고정 120[V_{dc}] 단자 ⑧과 Ⓝ은 동기전동기의 회전자(계자)권선에 직류 계자전류 I_f 을 공급한다.
   c) 동기전동기의 계자저항기를 회전부분의 중간 위치에 놓는다.

3. a) 직류 발전기, 직류전압전류계, 저항기를 사용하여 [그림 4-3]과 같이 결선한다.
   b) 타이밍 벨트를 사용하여 동기전동기와 직류발전기를 커플링 한다.
   c) 브러시가 중성축 위치에 놓여있는가를 확인한다.
   d) 무 부하상태로 하기 위해 저항기의 모든 스위치를 열어둔다.

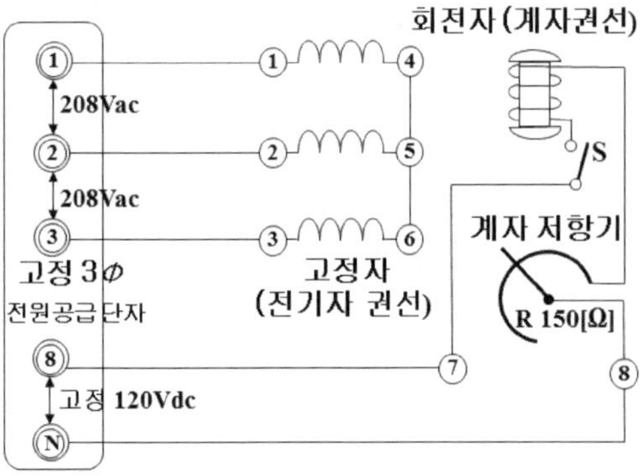

[그림 4-2] 직권 발전기를 구동하는 동기전동기

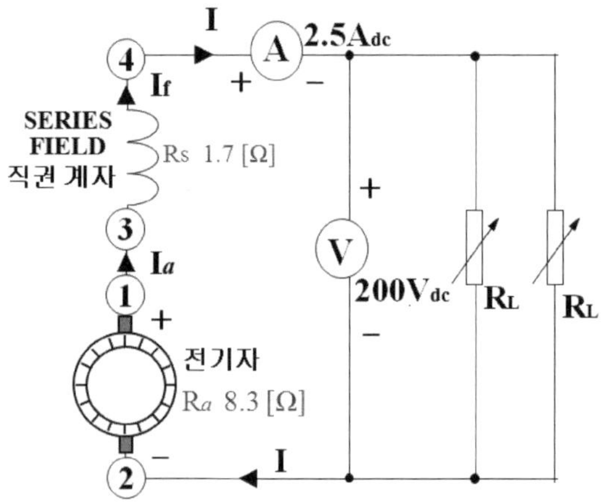

[그림 4-3] 직권 발전기

* 직권 발전기의 무 부하실험

4. a) 전원을 켠다. 동기전동기는 시계방향으로 회전해야 한다.

(만일 반시계방향으로 회전하면 동기 전동기의 고정자 결선 (단자 1, 2, 3)중 두 선을 바꿈으로써 동기 전동기는 시계방향으로 회전한다.)

b) 만일 동기전동기에 스위치 S가 있으면, 이 순간에 닫는다.

c) 무 부하상태에서의 전압계의 지시는 발전기의 유도 기전력(E)을 나타내는데 측정해서 [표 1]에 기록한다. E = ____ [V_{dc}]

d) 이 발전기의 유도 기전력(E)은 무엇에 의해 발생하는가?

설명 : ______________________________

[표 1] 직권 발전기의 부하실험 결과

	부하저항 R_L [Ω]	부하전류 I [A_{dc}]	단자전압 V [V_{dc}]	출력 P_o [W]
무부하시	∞[Ω]	$I_o = 0$	$(V_o = E) =$	
부하시	40.0[Ω] (1,200과 1,200, 600, 300과 1,200, 600, 300 병렬) (1,200과 1,200, 600, 300과 1,200, 600, 300 병렬)	$I =$	단자전압 $V =$	
"	37.5[Ω] (600과 1,200, 600, 300과 1,200, 600, 300 병렬) (600과 1,200, 600, 300과 1,200, 600, 300 병렬)	$I =$	$V =$	
"	35.3[Ω] (300과 600, 300과 1,200, 600, 300 병렬) (300과 600, 300과 1,200, 600, 300 병렬)	$I =$	$V =$	
"	33.3[Ω] (300과 1,200, 600, 300과 1,200, 600, 300 병렬) (300과 1,200, 600, 300과 1,200, 600, 300 병렬)	전부하전류 $I_n =$	$V =$	정격출력 P_n [W]
과부하시	31.5[Ω] (1,200, 300과 1,200, 600, 300과 1,200, 600, 300 병렬) (1,200, 300과 1,200, 600, 300과 1,200, 600, 300 병렬)	$I =$	$V =$	
"	30.0[Ω] (600, 300과 1,200, 600, 300과 1,200, 600, 300 병렬) (600, 300과 1,200, 600, 300과 1,200, 600, 300 병렬)	$I =$	$V =$	
"	28.5[Ω] (제작한 저항), 또는 (1,200, 600, 300과 1,200, 600, 300과 1,200, 600, 300 병렬) (1,200, 600, 300과 1,200, 600, 300과 1,200, 600, 300 병렬)	$I =$	$V =$	

*** 직권 발전기의 부하실험**

5. a) [표 1]에 열거된 각 값들을 얻기 위해 부하저항을 조절한다.
   b) [표 1]에 열거된 각 각의 부하저항 값에 해당되는 V와 I를 측정해서 [표 1]에 기록한다.
   c) 전원을 끈다.
   d) [표 1]에 열거된 각 저항 값들에 해당하는 전력을 계산해서 [표 1]에 기록한다.

6. [그림 4-4]에 [표 1]의 값을 사용해서 단자 전압(V) 대 부하전류(I)곡선(외부특성 곡선)을 그린다.

7. 무부하로부터 전부하(1.0[A_{dc}])까지의 변동률을 계산한다.
   설명 : 전압 변동률

$$= \frac{V_o - V_n}{V_n} \times 100$$

$$= \frac{(\quad) - (\quad)}{(\quad)} \times 100 = (\quad)[\%]$$

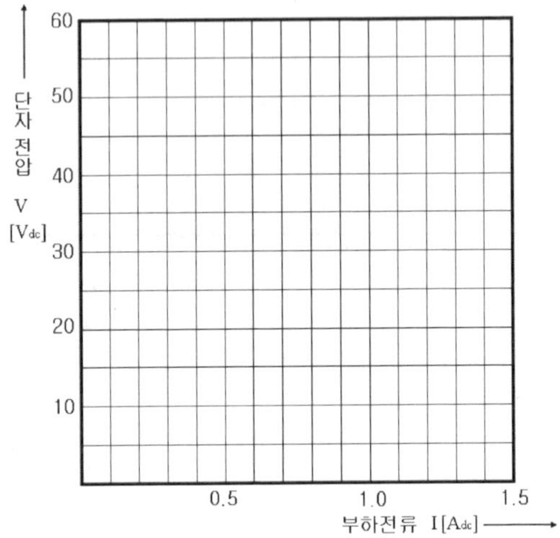

[그림 4-4] 단자 전압(V) 대 부하전류(I) 곡선(외부특성곡선)

*** 직권발전기를 반시계방향으로 회전시**

직권발전기를 역회전하면 [그림 4-5]의 (b)와 같이 잔류자기가 소멸되므로 (c)와 같이 기전력이 유도되지 않는다.

그러므로 (d)와 같이 계자권선 단자 3에 +, 단자 4에 −전압을 외부에서 직류를 흐르게 해서 잔류자기를 만든 후에 정상회전방향으로 회전하면 기전력이 유도된다.

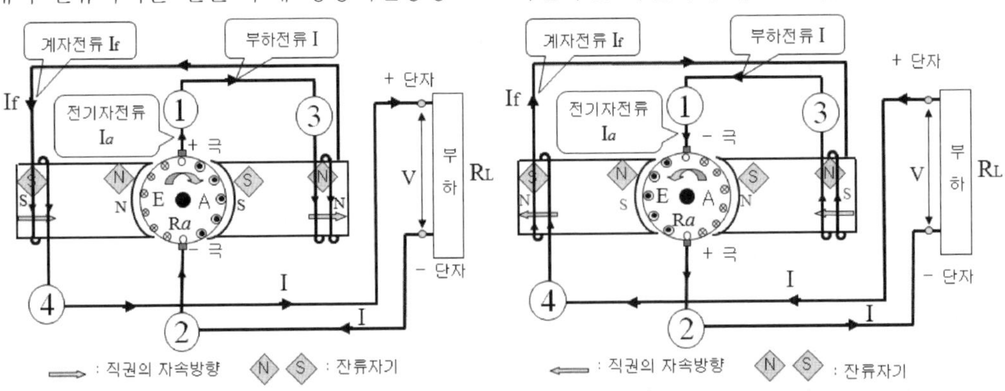

(a) 시계방향으로 회전시　　(b) 반 시계방향으로 회전시(잔류자기가 소멸됨)

[그림 4-5] 직권발전기의 회전방향 변경시

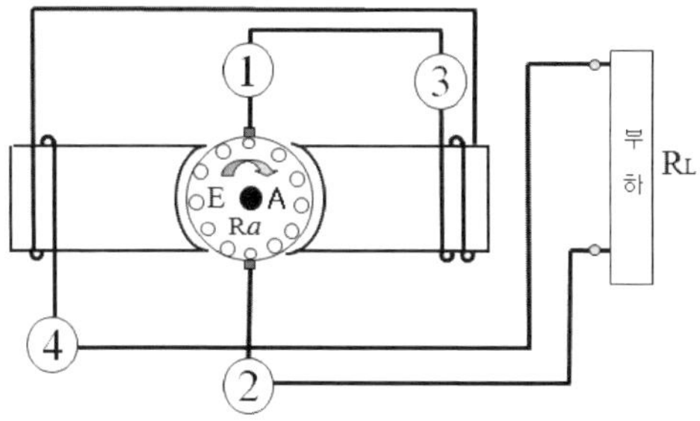

(c) 잔류자기 소멸

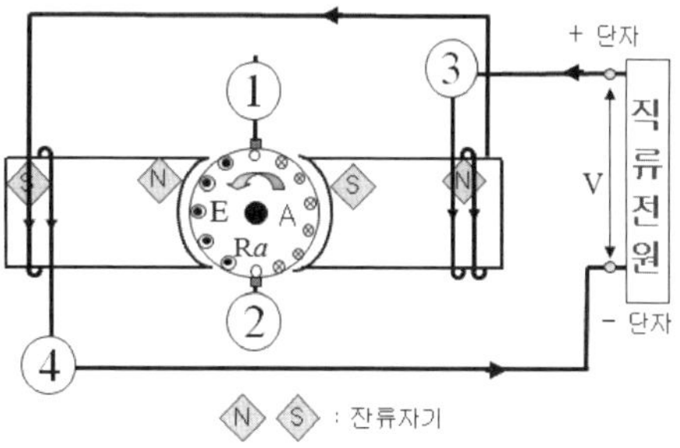

(d) 계자권선에 직류를 흘려서 잔류자기를 형성하는 방법

[그림 4-5] 직권발전기의 회전방향 변경시 (계속)

* 직권발전기를 승압기로 사용하는 경우

직권발전기는 직류 배전시스템에서 전압을 증가시키는 **승압기**로 사용된다. [그림 4-6]에서는 전원공급 장치는 저항 R_l 을 가진 송전선을 통해 부하 R_L 에 직류전력을 공급한다. 부하의 전압은 선전류의 크기에 따라 크게 변동한다.

이러한 부하전압의 변동은 [그림 4-7]과 같이 직권발전기를 추가시킴으로서 시정될 수 있다.

부하전류가 증가함에 따라 발전기 전압이 증가하여서 송전선 저항 R_l 의 전압강하를 보상한다. 그리하여 부하 R_L 에는 상대적으로 일정한 전압이 유지된다.

* 송전선에 승압기가 없을 때 실험 <u>[실험 생략 가능]</u>

8. a) [그림 4-6]과 같이 결선한다.
   동기전동기와 직권발전기는 그대로 커플링 시킨 채, 전원공급 장치와 동기전동기의 결선을 분리시킨다. (동기전동기와 직권발전기는 사용하지 않는 상태)
   b) 두 대의 저항기를 병렬로 하고 모든 저항기의 스위치를 닫음으로써 R_l (전송선의 저항)을 28.5[Ω]이 되도록 조정한다. {28.5[Ω] **(제작한 저항),** 또는 (1,200, 600, 300과 1,200, 600, 300과 1,200, 600, 300 병렬)과(1,200, 600, 300과 1,200, 600, 300과 1,200, 600, 300 병렬)}
9. a) 전원을 켠 후 전압계 V_1 이 120[V_{dc}]를 가리키도록 조정한다.
   b) [표 2]에 열거된 값들을 얻기 위해 부하저항 R_L 을 조정한다.
   c) [표 2]의 부하저항 값에 해당되는 V_2와 I를 측정해서 기록한다.
   d) 전압을 0[V_{dc}]으로 한 후에 전원을 끈다.
10. 무부하로부터 전부하(1.0[A_{dc}])까지의 부하 R_L 의 전압변동률은?

설명 : 전압 변동률 = $\dfrac{V_o - V_n}{V_n} \times 100 = \dfrac{(\quad) - (\quad)}{(\quad)} \times 100 = (\quad)[\%]$

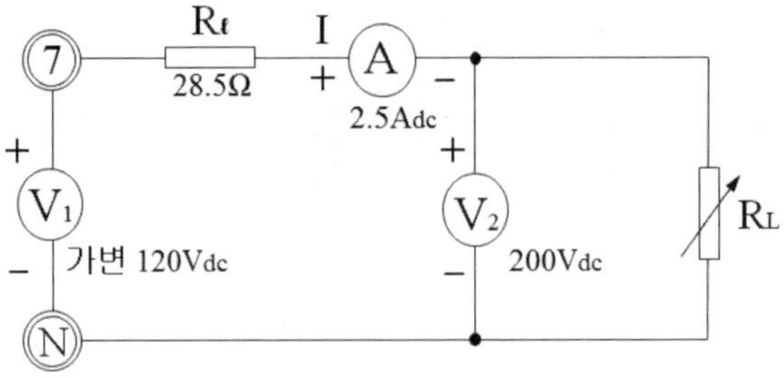

[그림 4-6] 송전선에 승압기가 없을 때

[표 2] 실험결과

R_L [Ω]	승압기가 없을 때		승압기를 사용할 때	
	I [A_{dc}]	V_2 [V_{dc}]	I [A_{dc}]	V_2 [V_{dc}]
∞				
600 [Ω]				
240 [Ω] (1,200, 300 병렬)				
150 [Ω] (1,200과 1,200, 600, 300 병렬)				
100 [Ω] (1,200, 300과 1,200, 600, 300 병렬)				
80 [Ω] (1,200과 1,200, 600, 300과 1,200, 600, 300 병렬)				

*** 송전선에 승압기를 사용할 때 실험 [실험 생략 가능]**

11. a) [그림 4-7]과 같이 회로에 직권발전기를 연결시킨다.
  b) 전원공급 장치를 동기 전동기에 연결시킨다. (동기전동기와 직권발전기를 사용하는 상태)

12. a) 전원을 켠다. 동기전동기는 시계방향으로 회전해야 한다.
  (만일 반시계방향으로 회전하면 동기 전동기의 고정자 결선 (단자 1, 2, 3)중 두 선을 바꿈으로써 동기 전동기는 시계방향으로 회전한다.)
  b) 부하전압 V_2 가 무부하시의 120[V_{dc}]와 일치하도록 전원전압 V_1 을 조정한다.
  c) 실험순서 9를 반복하여 결과치를 [표 2]에 기록한다. 전원전압 V_1 은 일정하다.

♣ 주　목 : 부하전압 V_2 의 변화가 실험순서 7보다 크면, 전원을 끈 후 직권계자권선의 단자 3과 4를 바꾸어서 연결한다.

13. 직권 발전기가 없는 경우와 직권 발전기가 있는 경우의 전압변동을 비교하시오.
  설명 : ______________________________

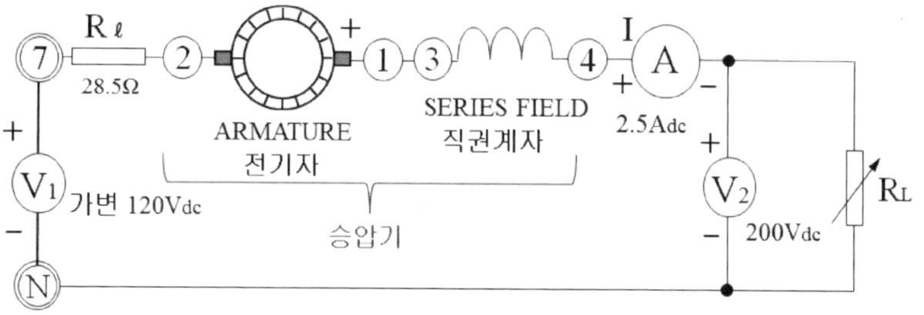

[그림 4-7] 송전선에 승압기를 사용할 때

5) 연구 및 검토

1. 만일 직류발전기가 부하에 180[W]를 전달하면, 발전기의 구동에 필요한 동기전동 기의 출력은 몇 [HP]인가? (발전기 효율은 100[%], 1[HP]=746[W])

설명 : $\text{발전기 출력} = \frac{180[W]}{746} = \qquad [HP]$

$$\text{발전기 효율} = \frac{\text{발전기 출력}}{\text{발전기 입력}} \times 100[\%] \text{에서}$$

$$\text{발전기입력(동기전동기의 출력)} = \frac{\text{발전기 출력}}{\text{발전기 효율}} \times 100[\%] = \frac{(\quad)}{(\quad)} \times 100[\%] = \qquad [HP]$$

2. 부하가 걸려 있는 직권 발전기를 역회전하면 어떤 현상이 일어나는가? (참조 [그림 4-5])

설명 : [그림 4-5]의 (b)와 같이 직권발전기를 역회전하면 잔류자기가 소멸되므로 기전력이 유도되지 않는다. 그러므로 계자권선 단자 3에 +, 단자 4에 −전압을 외부에서 직류를 흐르게 해서 잔류자기를 만든 후에 정상회전방향으로 회전하면 기전력이 유도된다.

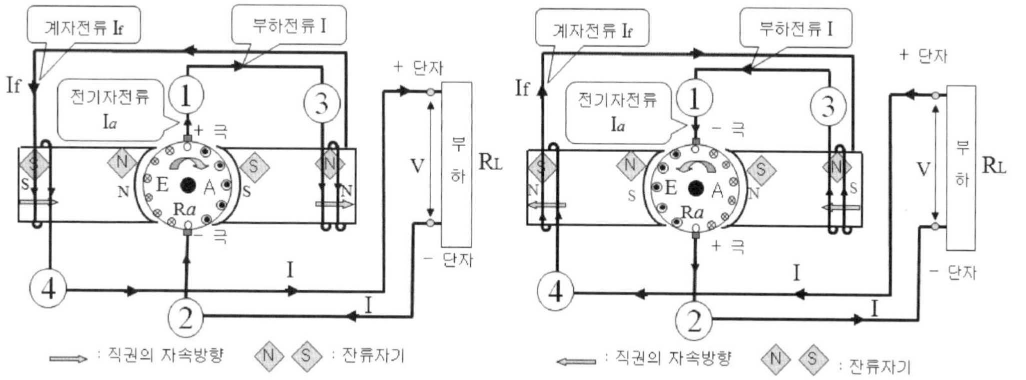

(a) 시계방향으로 회전시 (b) 반 시계방향으로 회전시(잔류자기가 소멸됨)

[그림 4-5] 직권발전기의 회전방향 변경시

실험 5. 직류 복권 발전기

1) 실험 목적

1. 직류 복권발전기의 무부하, 전부하 특성실험
2. 가동복권 및 차동복권발전기의 결선법
3. 직류 복권발전기의 외부특성곡선

2) 개 요

분권발전기의 단점은 무부하로부터 전부하까지의 부하 전류변화가 출력전압의 변화시킨다. 식 $V = E - I_a R_a$ 에서 단자전압 V가 낮아지면 계자전류($I_f = \frac{V}{R_f}$)도 감소하고 따라서 자속($\Phi \propto k I_f$)도 감소해서 유도 기전력($E = k\Phi n[\mathrm{V}]$)이 감소하게 된다.

가동 복권발전기의 분권 및 직권 계자권선은 자속들이 상호간에 합해질 수 있도록 연결된 발전기이다.

직권계자권선이 적절한 권선수를 가질 때 직권권선의 자속 $\Phi_s\,[\mathrm{Wb}]$의 증가가 분권권선의 자속 $\Phi_f\,[\mathrm{Wb}]$감소를 보충해주면 합성자속은 변화가 없으며 부하가 무 부하에서 전부하로 갈 때 출력전압에도 거의 변화가 없다. 이를 **평복권**이라고 하고, **평복권**보다 직권권수가 더 많은 것을 **과복권**이라 한다.

분권계자의 자속에 반대 방향으로 직권자속이 발생되도록 연결되었다면, 이를 **차동 복권발전기**라 한다. 차동 복권발전기는 저조한 변동률을 가지며, 일정 출력전압보다는 일정 출력전류가 더 중요시되는 용접 및 아크등에 쓰인다.

내분권 복권발전기의 경우 단자전압 V는

$$V = E - I_a R_a - IR_s$$
$$= k(\Phi_f \pm \Phi_s)n - I_a R_a - IR_s\,[\mathrm{V}]$$

단, R_a : 전기자권선의 저항[Ω], R_s : 직권계자권선의 저항[Ω], I_a : 전기자전류

I : 부하전류, n : 회전수[rps],

$\Phi_f\,[\mathrm{Wb}]$: 분권권선의 자속, $\Phi_s\,[\mathrm{Wb}]$: 직권권선의 자속,

$E = k(\Phi_f + \Phi_s)n$ 는 가동복권, $E = k(\Phi_f - \Phi_s)n$ 는 차동복권일 때이다.

가동복권이나 차동복권에서 항상 $\Phi_f > \Phi_s$ 의 관계가 된다.

3) 장비 및 부품

전원공급장치(120/208[V_{ac}], 3ϕ, 120[V_{dc}],	EMS 8821	동기전동기/	EMS 8241
직류전압전류계(200[V_{dc}], 2.5[A_{dc}])	EMS 8412	저항기	EMS 8311
직류 전동기/발전기	EMS 8211	리드선	EMS 8951
		타이밍 벨트	EMS 8942

4) 실험 순서

1. 동기전동기는 일정속도로 동작하므로 직류발전기를 기계적으로 구동하는데 쓰인다. 전원공급 장치, 동기전동기를 사용하여 [그림 5-1]과 같이 결선한다.

2. a) 전원공급 장치의 단자 ①, ②, ③은 동기전동기의 고정자 권선(Y결선) 1, 2, 3에 3ϕ전력을 공급한다.
   b) 전원공급 장치의 고정 120[V_{dc}] 단자 ⑧과 Ⓝ은 동기전동기의 회전자(계자)권선에 직류 계자전류 I_f 을 공급한다.
   c) 계자저항기를 회전부분의 중간위치에 놓는다.

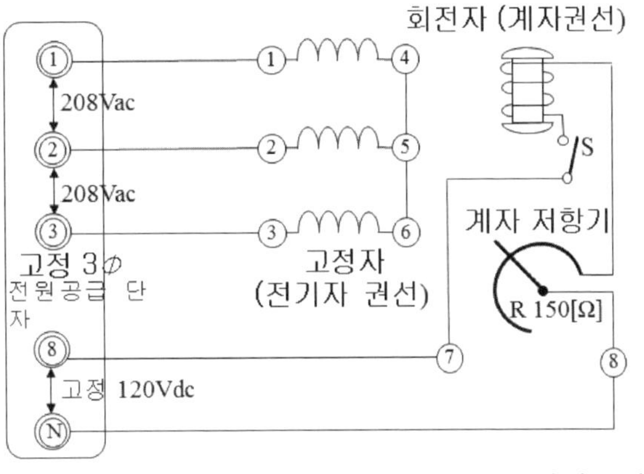

[그림 5-1] 복권 발전기를 구동하는 동기전동기

* 가동복권발전기의 무부하실험

3. a) 직류 발전기, 직류전압/전류계, 저항기를 사용하여 [그림 5-2]와 같이 결선한다.
   b) 타이밍 벨트를 사용하여 동기전동기와 직류발전기를 커플링 한다.
   c) 직류발전기의 계자전류를 최대로 하려고 직류발전기의 계자 저항기를 시계방향으로 끝까지 돌린다.(최소 계자 저항 0[Ω])
   d) 브러시가 중성축 위치에 놓여 있는가를 살펴본다.
   e) 무부하 상태로 하기 위해 부하 저항기의 모든 스위치를 열어둔다.

4. a) 전원을 켠다. 동기전동기는 시계방향으로 회전해야 한다.
   (만일 반시계방향으로 회전하면 동기 전동기의 고정자 결선 (단자 1, 2, 3)중 두 선을 바꿈으로써 동기 전동기는 시계방향으로 회전한다.)
   b) 만일 동기전동기에 스위치S가 있으면, 이때에 닫아야 한다.
   c) 가동 복권발전기의 유도 기전력 E는 전압계에 나타나는가? 설명 : ______
   d) 만일 유도 기전력 E가 0[V_{dc}]이면 전원을 끈 후 동기전동기의 고정자 결선 중 두 결선을 바꿔 연결한다.(동기전동기의 회전방향을 바꾸기 위해서)
   e) 무 부하에서 계자전류를 최대가 일 때의 유도 기전력을 측정한다. E =______[V_{dc}]

5. 계자저항기를 변화시킬 때 유도기전력 E가 어떻게 변화하는가를 살펴본다.
   설명 : ____

____

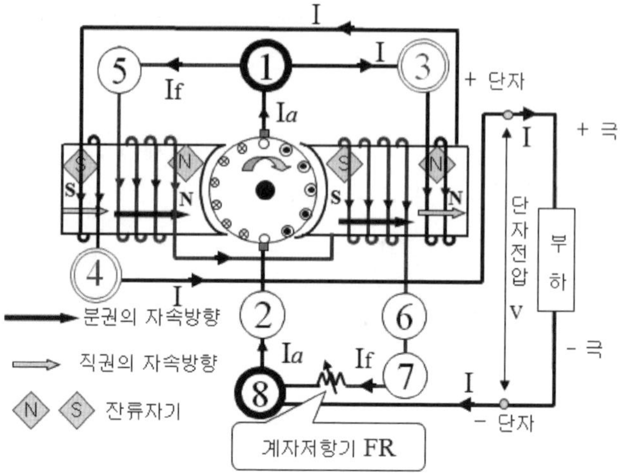

(a) 내분권 가동 복권발전기의 실제그림

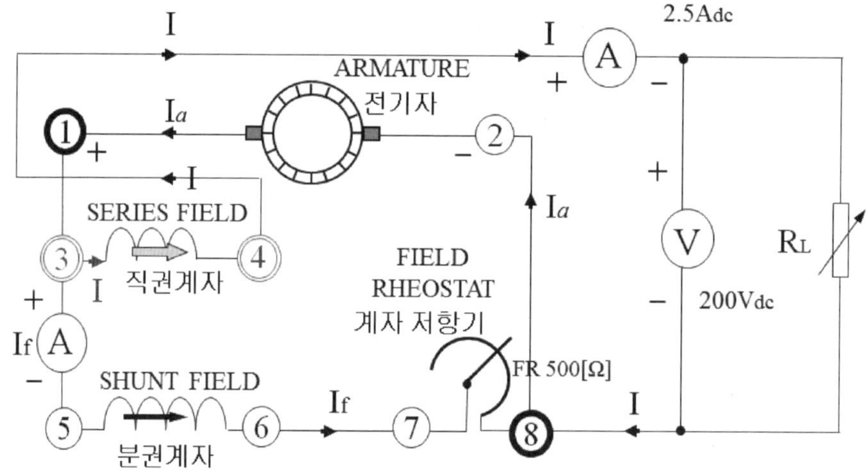

(b) 기호로 그린 내분권 가동 복권발전기

[그림 5-2] 내분권 가동 복권발전기

* 가동 복권발전기의 부하실험

6. 무 부하전류 (I_o = 0[A_{dc}]일 때)에서 120[V_{dc}]의 유도 기전력 E를 얻기 위해 계자저항기를 조절한 다음에 고정시킨다. 즉 계자전류와 Φ_f 를 일정하게 한다.

7. a) [표 1]에 나열된 각 저항값을 얻기 위하여 부하저항을 조절한다.
   b) [표 1]에 열거한 각 저항값에 해당되는 단자전압 V와 I를 측정해서 기록한다.
   c) 전원을 끈다.
   d) [표 1]에 열거한 각 저항값에 해당되는 출력을 계산한다.

[표 1] 가동복권발전기의 측정값

	부하저항 R_L [Ω]	부하전류 [A_{dc}]	단자전압 V [V_{dc}]	출력 P_o [W]
무부하시	∞[Ω]	$I_o = 0$	$(V_o = E)=$	
부하시	600[Ω]	$I=$	단자전압(V)=	
"	300[Ω]	$I=$	단자전압(V)=	
"	200[Ω](300[Ω], 600[Ω]병렬)	$I=$	단자전압(V)=	
"	150[Ω](300[Ω]과300[Ω]병렬)	$I=$	단자전압(V)=	
"	120[Ω] (300[Ω]과 600[Ω], 300[Ω]병렬)	전부하전류 $I_n =$	단자전압(V)=	정격출력 P_n [W]
과부하시	100[Ω](1,200[Ω], 300[Ω]과 1,200[Ω], 600[Ω], 300[Ω]병렬)	$I=$	단자전압(V)=	
"	80[Ω](1,200[Ω]과 1,200[Ω], 600[Ω], 300[Ω]과 1,200[Ω], 600[Ω], 300[Ω]병렬)	$I=$	단자전압(V)=	
"	75[Ω](600[Ω]과 1,200[Ω], 600[Ω], 300[Ω]과 1,200[Ω], 600[Ω], 300[Ω]병렬)	$I=$	단자전압(V)=	

8. [그림 5-3]에 가동 복권발전기의 단자 전압(V) 대 부하전류(I)곡선(외부특성곡선)을 그린다. [표 1]의 측정값을 이용한다.

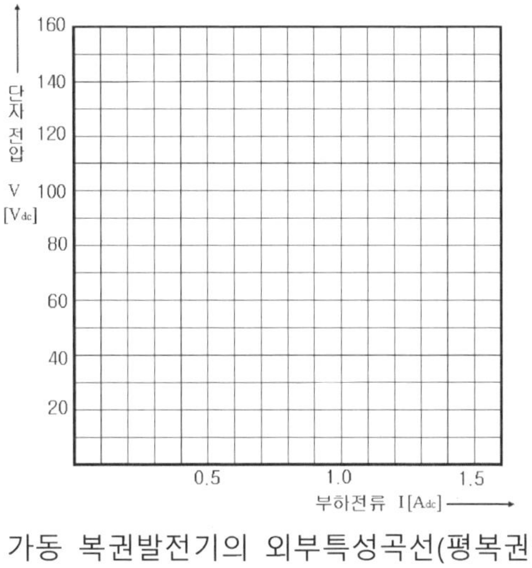

[그림 5-3] 가동 복권발전기의 외부특성곡선(평복권인 상태)

*** 차동 복권발전기의 실험**

9. a) 직권계자 단자의 연결을 바꾸어서, 직권계자에 계자전류가 반대방향으로 흐르게 한다. 가동복권이나 차동복권에서 항상 $\Phi_f > \Phi_s$ 의 관계가 된다.

   b) [그림 5-4]와 같이 결선한다.

10. a) 전원을 켠다.

   b) 무부하 전류 (I_o = 0[A_{dc}]일 때)에서 120[V_{dc}]의 유도 기전력 E_o 를 얻기 위해 계자저항기를 조절한 다음에 고정시킨다. 즉 계자전류와 Φ_f 를 일정하게 한다.

11. a) [표 2]에 나열된 각 저항값을 얻기 위하여 부하저항을 조절한다.

   b) [표 2]에 열거한 각 저항값에 해당되는 V와 I를 측정해서 기록한다.

   c) 전원공급 장치의 스위치를 끈다.

   d) [표 2]에 열거한 각 저항값에 해당되는 출력을 계산한다.

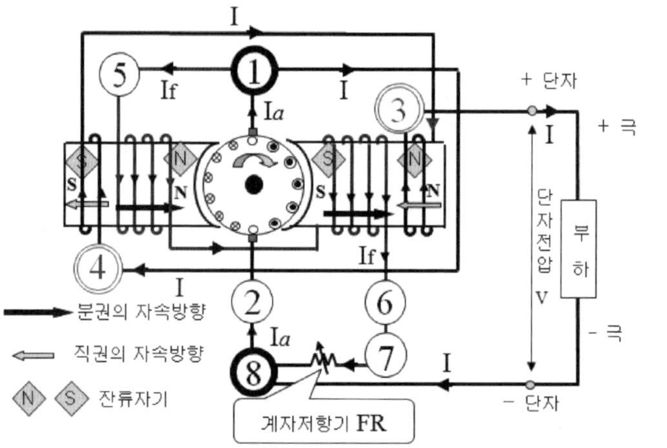

(a) 내분권 차동 복권발전기의 실제그림

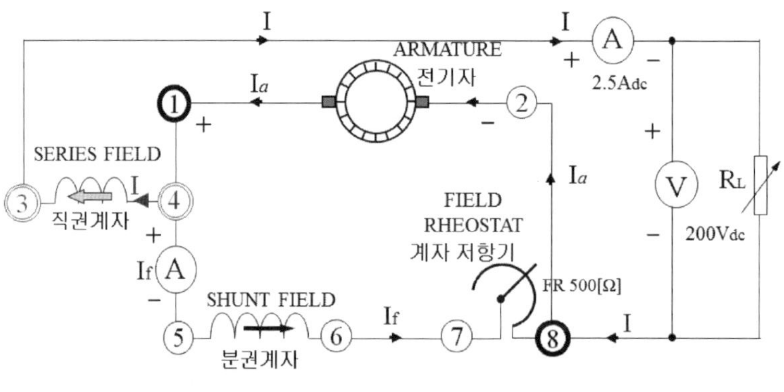

(b) 기호로 그린 내분권 차동 복권발전기

[그림 5-4] 내분권 차동 복권발전기

[표 2] 차동 복권발전기의 측정값

	부하저항 R_L [Ω]	부하전류 [A_{dc}]	단자전압 V [V_{dc}]	출력 P_o [W]
무부하시	∞[Ω]	$I_o = 0$	$(V_o = E)$=	
부하시	600[Ω]	I =	단자전압(V)=	
"	300[Ω]	I =	단자전압(V)=	
"	200[Ω](300[Ω], 600[Ω]병렬)	I =	단자전압(V)=	
"	150[Ω](300[Ω]과 300[Ω]병렬)	I =	단자전압(V)=	
"	120[Ω] (300[Ω]과 600[Ω], 300[Ω]병렬)	I =	단자전압(V)=	
"	100[Ω] (1,200[Ω], 300[Ω]과 1,200[Ω], 600[Ω], 300[Ω]병렬)	I =	단자전압(V)=	
"	80[Ω] (1,200[Ω]과 1,200[Ω], 600[Ω], 300[Ω]과 1,200[Ω], 600[Ω], 300[Ω]병렬)	I =	단자전압(V)=	
"	75[Ω] (600[Ω]과 1,200[Ω], 600[Ω], 300[Ω]과 1,200[Ω], 600[Ω], 300[Ω]병렬)	I =	단자전압(V)=	

12. [그림 5-5]에 차동 복권발전기의 단자 전압(V) 대 부하전류(I)곡선(외부특성곡선)을 그린다. [표 2]의 측정값을 이용한다.

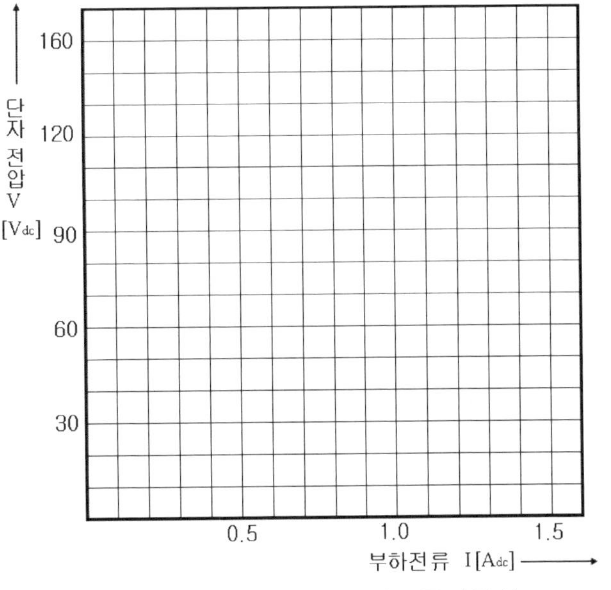

[그림 5-5] 차동 복권발전기의 외부특성곡선

5) 연구 및 검토

1. 차동 복권발전기의 어느 전압 범위에서 부하전류가 일정한가?
   설명 : ______ [V_{dc}]에서 _____ [V_{dc}]

2. 가동 복권발전기의 무 부하에서 전부하(1.0[A_{dc}])까지 전압변동률을 계산한다.
   설명 : 전압 변동률 = $\dfrac{V_o - V_n}{V_n} \times 100 = \dfrac{(\quad)-(\quad)}{(\quad)} \times 100 = (\quad)[\%]$

3. 가동 복권발전기 · 자여자 분권발전기 · 타여자 발전기의 전압변동률을 비교한다.
   설명 : ______

4. 가동 복권발전기에서 부하가 증가됨에도 불구하고 전압이 감소되지 않는 이유는?
   설명 : ______

5. 부하가 걸려 있는 내분권 가동 복권발전기를 역회전하면 어떤 현상이 일어나는가?
   (참조 [그림 5-문5])
   설명 : ______

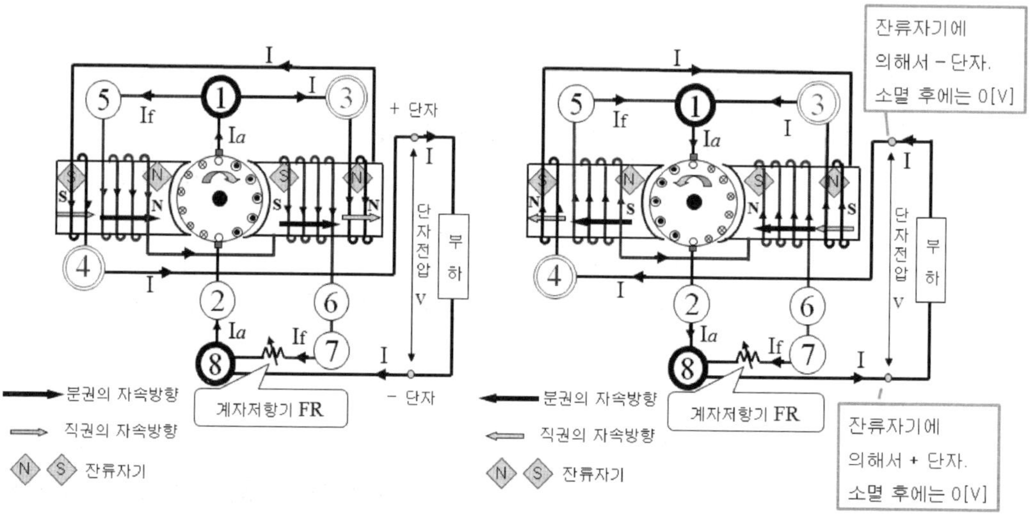

(a) 시계방향으로 회전시 (b) 반시계방향으로 회전시 (잔류자기가 소멸됨)

[그림 5- 문5] 내분권 가동 복권발전기의 회전방향 변경시

실험 6. 직권, 분권 전동기의 운전특성

1) 실험 목적

직권, 분권 전동기의 운전특성

2) 개 요

직류전동기의 고정자는 각 자극당 계자권선을 갖고 있는데 직류 계자전류가 흐르면 자극이 형성된다. 전기자, 자극, 공극과 계철 등과 함께 자기회로를 이루고 있는데, 전기자권선에 전류가 흐르면 **플레밍의 왼손법칙**에 따라 토크를 발생시켜 전기자권선은 회전하게 된다.

정류자는 전기자권선에 연결되어 있으며 고정부분의 브러시로부터 직류를 받아서 같은 자극아래에 있는 전기자권선에는 항상 같은 방향으로 전류가 흐르도록 하므로 회전자는 항상 같은 방향으로 회전하게 된다. (여기서 정류자는 직류를 **전류(轉流)**시키는 역할을 하고 있다) 만일 직류전동기에 정류자가 사용되지 않는다면 회전자는 회전을 하지 못한다.

직류전동기를 운전하기 위해서는 고정자에 있는 분권계자권선 또는 직권계자권선에 자계(자속 Φ[Wb])을 형성해주고 전기자에 전류가 흐르면 토크가 발생되면서 전동기는 회전을 하게 된다. 토크의 값은 $\tau = k_1 \Phi I_a$의 식에 의하며 자속과 전기자전류에 비례한다.

전기자회로의 저항을 R_a[Ω], 전기자전류를 I_a[A], 매초의 회전수를 n[rps]라 하면 **역기전력** $E = V - I_a R_a$, $E = k\Phi n$[V]가 된다.

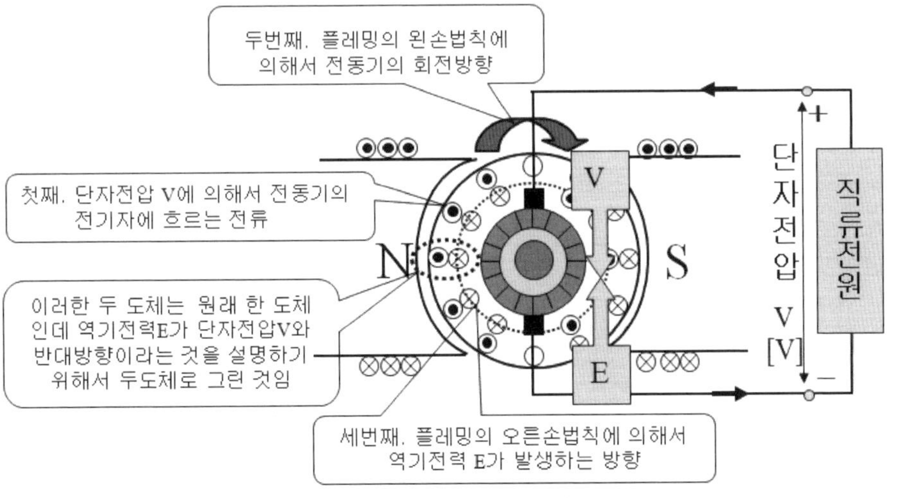

[그림 6-1] 역기전력

전동기의 속도는 $n = k\dfrac{E}{\Phi} = k\dfrac{V - I_a R_a}{\Phi}$ [rps]에 의하여 전기자 전압과 계자자속에 따라 결정된다. 따라서 계자자속이 0일 경우 속도는 위험할 정도까지 상승하게 됨을 알 수 있다.

기동시($n=0$)에 전기자전류는 $I_a = \dfrac{V-E}{R_a} = \dfrac{V - k\Phi n}{R_a}$ [A]에서 매우 증가하게 된다.

그러므로 기동시 큰 기동전류를 방지하기 위하여 전기자권선에 직렬로 기동저항 ST를 넣어준다. $I_a = \dfrac{V - k\Phi n}{(R_a) + (\text{기동저항}\ ST)}$ [A_{dc}]

3) 장비 및 부품

전원공급장치 (0-120/208[V_{ac}])	EMS 8821	직류 전동기/발전기	EMS 8211
직류전압전류계(200[V_{dc}])	EMS 8412	리드선	EMS 8951
		회전 속도계	EMS 8920

4) 실험 순서

*** 직권 전동기**

3. [그림 6-2]의 (b)와 같이 전기자와 직권계자권선을 직렬로 연결해서 전원의 가변 120[V_{dc}] 단자 ⑦과 Ⓝ에 연결하고, 전원을 켜고 전압을 120[V_{dc}]로 조정한다.

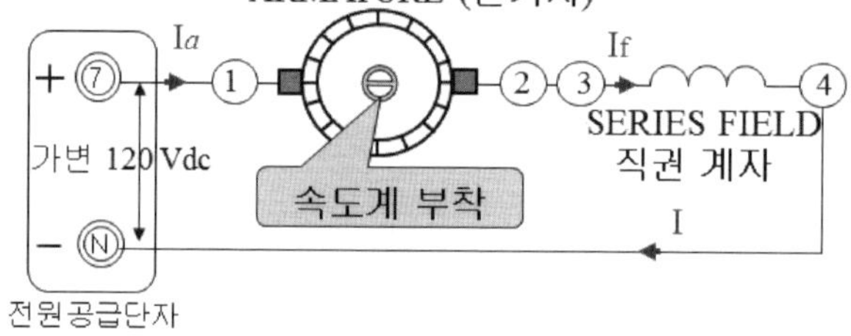

(a) 직권 전동기

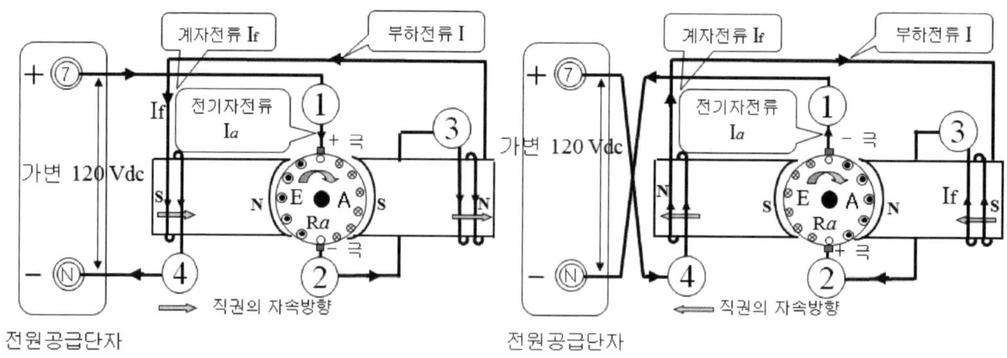

(b) 직권 전동기의 실제그림

(c) 직권 전동기에서 전원 단자를 바꾼 경우

[그림 6-2] 직권 전동기

4. a) 전동기가 회전하면 회전속도계를 사용하여 1분당 회전수[rpm]와 회전방향을 측정한다.

N = ________ [rpm]　　　회전방향 : ______ 방향

b) **전압을 감소**시키면 속도는 어떻게 변하는가?　　　설명 : ________________

*** 직권 전동기의 <u>전원 단자</u>를 바꾼 경우**

5. 전압을 0[V_{dc}]으로 한 후에 전원을 끈다. [그림 6-2]의 (c)와 같이 전원공급 장치의 단자 ⑦과 Ⓝ을 서로 바꾸고, 전원을 켠 후, 120[V_{dc}]에 맞추고 속도와 회전방향을 측정한다.　　N = ______ [rpm],　회전방향 : ______ 방향

*** 직권 전동기의 <u>전기자 단자</u>를 바꾼 경우**

6. 전원을 끄고, [그림 6-3]과 같이 전기자 단자(1과 2)를 바꾸어서 연결한 후에 실험순서 3과 4를 반복하고 전원을 끈다.

N = ______ [rpm],　　　회전방향 : ________ 방향

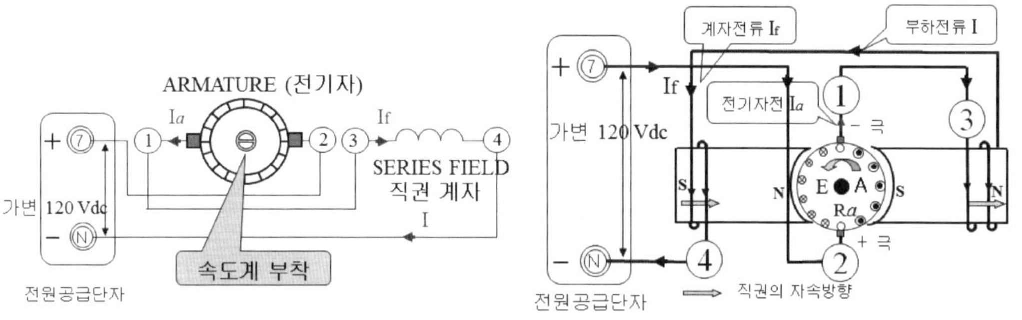

[그림 6-3] 직권 전동기에서 전기자 단자를 바꾼 경우

*** 분권 전동기**

7. [그림 6-4]와 같이 계자저항기를 분권권선과 직렬로 연결하고, 이것을 다시 전기자와 병렬로 연결한다.

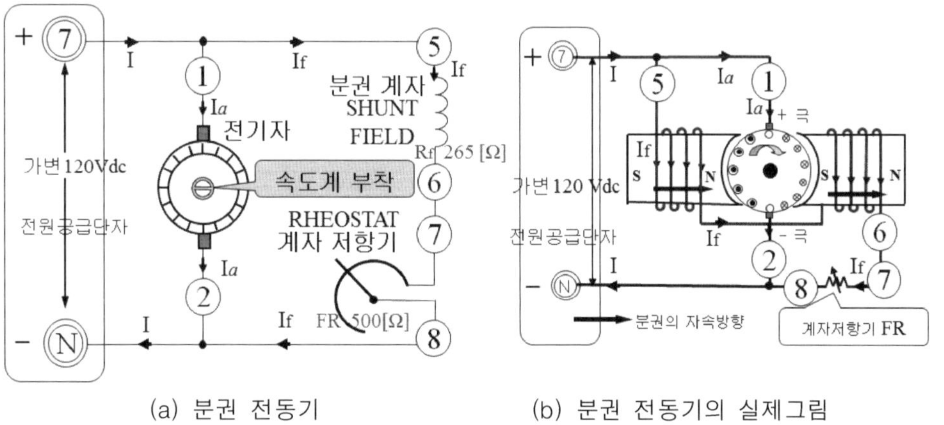

(a) 분권 전동기　　　　(b) 분권 전동기의 실제그림

[그림 6-4] 분권 전동기

a) 전동기의 **계자전류를 최대**로 하려고 계자 저항기를 시계방향으로 끝까지 돌린다(최소 계자저항 0[Ω]). 전원을 켠 후, 120[V_{dc}]에 맞추고 속도를 측정한다.

N = ______ [rpm]

b) 전동기의 **계자전류를 최소**로 하려고 계자저항기를 반시계방향으로 끝까지 돌린다(최대 계자저항 500[Ω]). 속도와 회전방향은?

N = ______ [rpm], 회전방향 : ______ 방향

*** 분권 전동기의 <u>전원 단자</u>를 바꾼 경우**

8. 전압을 0[V_{dc}]으로 한 후에 전원을 끈다. [그림 6-5]와 같이 전원공급 장치의 단자 ⑦과 Ⓝ을 서로 바꾸고, 전원을 켠 후, 120[V_{dc}]에 맞추고 속도와 회전방향을 측정한다.

N = ______ [rpm] 회전방향 : ______ 방향

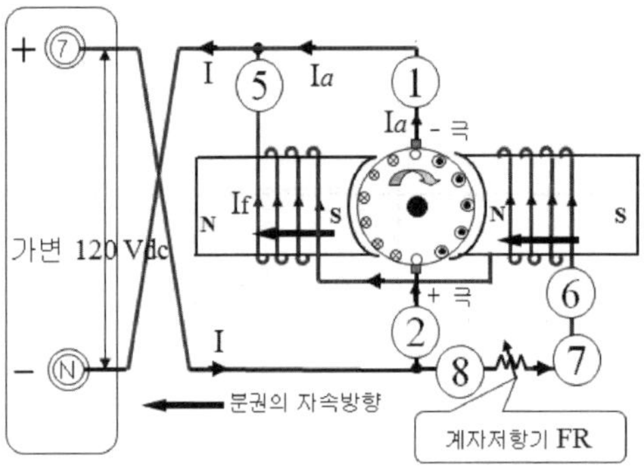

[그림 6-5] 전원 단자를 바꾼 경우

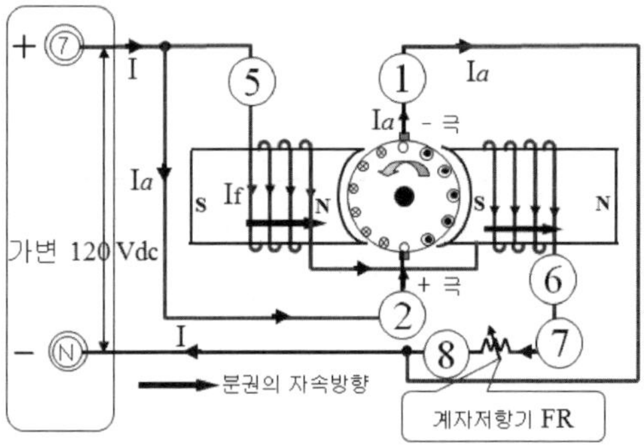

[그림 6-6] 전기자 단자를 바꾼 경우

*** 분권 전동기의 <u>전기자 단자</u>를 바꾼 경우**

9. 전압을 0[V_{dc}]으로 한 후에 전원을 끈다. [그림 6-6]과 같이 전기자의 접속단자 1과 2를 서로 바꾸고, 전원을 켠 후, 120[V_{dc}]에 맞추고 속도와 회전방향을 측정한다.

N = ______ [rpm] 회전방향 : ______ 방향

*** 타여자 전동기**

10. [그림 6-7]과 같이 결선한다. 계자권선에는 120[V_{dc}] 고정 직류단자 ⑧과 Ⓝ에 연결되고, 전기자는 가변 120[V_{dc}] 단자 ⑦과 Ⓝ에 연결된다.

전원을 켜고 전기자 전압을 [표 1]의 전압으로 조정하면서 각 각 속도를 기록하고 [그림 6-8]에 곡선을 그린다.

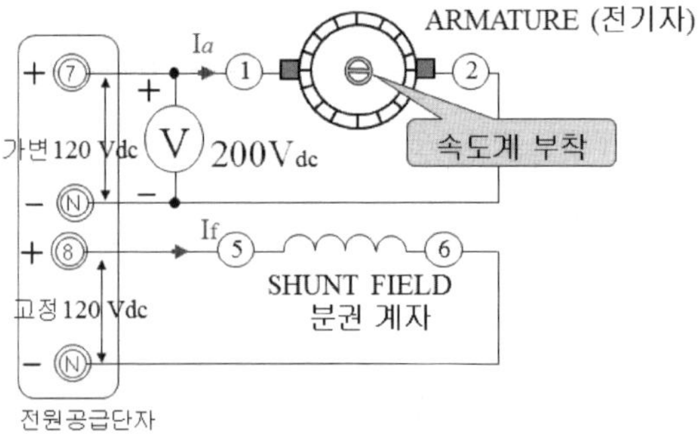

[그림 6-7] 타여자 전동기

[표 1] 타여자 전동기의 속도

전압[V_{dc}]	속도[rpm]
0	
30	
60	
90	
120	

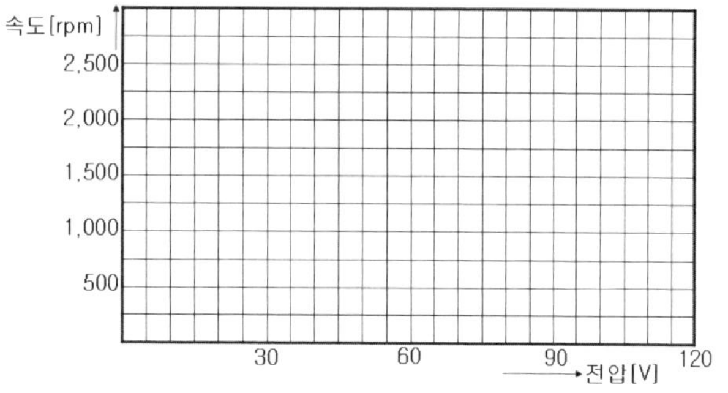

[그림 6-8] 타여자 전동기의 속도곡선

5) 연구 및 검토

1. 만일 전기자에만 전류가 흐른다면 전동기는 회전하겠는가?
   설명 : ______________________________

2. 무부하 상태의 직류 직권전동기에 전력을 공급하면 위험하게 되는 이유는?
   설명 : ______________________________
   ____
   ____

3. 직류 분권전동기의 회전방향을 바꿀 수 있는 두 가지 방법은?
   설명 : ______________________________

4. 직류 전동기의 속도를 변화시키는 두 가지 방법은?
   설명 : ______________________________

5. 타여자 전동기에서 전기자전압이 2배로 될 때 전동기의 속도도 대략 2배로 되는가? 그 이유는?
   설명 : ______________________________
   ____

6. 만일 전기자 단자에 120[V_{dc}]전압을 걸면 몇 [A]의 전류가 흐르는가? 이렇게 큰 전류는 전기자권선을 소손할 우려가 있기 때문에 기동시 큰 기동전류를 방지하기 위 하여 전기자권선에 직렬로 넣어주는 가변저항을 무엇이라고 하는가?
   단, 전기자 저항 R_a를 8.3[Ω]이라고 하자.

   설명 : $I = \dfrac{(V - k\Phi n)\,[\mathrm{V}]}{(R_a) + (\text{기동저항}\ ST)} = \dfrac{(\quad)[\mathrm{V}]}{(\quad) + (\quad)} = (\quad)[A_{dc}]$, 가변저항= ________

7. 공칭전압 또는 공칭전류의 의미는?
   설명 : ______________________________

실험 7. 전기 동력계

1) 실험 목적

1. 전기 동력계의 사용법

2) 개 요

전기 동력계는 전동기가 발생하는 기계적인 **출력**이나 **토크**를 측정하는데 쓰이는 장비이다.

전기동력계는 **고정자와 농형회전자**로 구성된다. 다른 전기기계 장치와는 달리 고정자도 회전할 수 있으며 그 회전은 나선형스프링에 의해 제한된다.

전기동력계의 **토크 조정기**를 시계방향으로 회전하면 교류전압이 증가하게 되고 이 교류는 정류기(브리지회로, 단상 전파정류기)를 통해 직류로 변환해서 전기동력계의 고정자에 있는 계자권선에 자계를 증가시켜준다. 즉 자계가 증가하면 피측정기(전동기)에 기계적인 부하를 증가시켜주는 상태가 된다.

토크를 측정하려는 전동기가 회전하면 타이밍 벨트에 의해 커플링 된 전기동력계의 회전자도 회전하게 되며, 회전자에는 전압이 유도된다.(이 때는 일종의 발전기와 같다) 회전자에 전압이 유도되면 전류가 흐르는데 이 전류와 고정자의 자속과 작용으로 발생하는 토크는 고정자를 회전자와 같은 방향으로 돌게끔 작용한다.

전기동력계의 고정자가 회전하는 토크는 0에서 27[lbf·in]까지 눈금으로 측정할 수 있으므로 과부하에서도 견딜 수 있다. 전동기의 출력은 전동기의 속도와 전기동력계에 의해서 측정된 토크에 의해서 계산할 수 있다.

*** 측정값의 환산방법**

1[lbf] = 4.448[N], 1[in] = 0.025[m]이므로 1[lbf·in] = 0.113 [N·m]이다.

$$\text{토크}\ \tau = (\quad)[\mathrm{lbf\cdot in}] \times 0.113 = (\quad)[\mathrm{N\cdot m}]$$

$$\text{출력} = \frac{1.59 \times (\quad)[\mathrm{rpm}] \times (\quad)[\mathrm{lbf\cdot in}]}{100{,}000} = (\quad)[\mathrm{HP}]$$

$$\text{출력 : } P_o = (\quad)[\mathrm{HP}] \times 746 = (\quad)[\mathrm{W}]$$

[참고] 저울지시가 W [kg]로 나타날 때는

토크 $\tau = WL\,[\mathrm{kg \cdot m}] = 9.8\,WL\,[\mathrm{N \cdot m}]$, 단, $1\,[\mathrm{kg \cdot m}] = 9.8\,[\mathrm{N \cdot m}]$

W : 저울지시 [kg], L : 아암의 길이[m]

$$\text{전동기 출력}\quad P_o = \omega\tau = 2\pi \times \frac{N}{60} \times 9.8 \times W \times L[\mathrm{W}] = 1.026\,LNW\,[\mathrm{W}]$$

3) 장비 및 부품

전원공급장치 (0-120[V_{ac}], 120[V_{dc}])	EMS 8821	전기동력계	EMS 8911
직류 전동기/발전기	EMS 8211	리드선	EMS 8951
직류전압전류계(200[V_{dc}], 5[A_{dc}])	EMS 8412	회전 속도계	EMS 8920
		타이밍 벨트	EMS 8942

4) 실험 순서

*** 전기 동력계로 분권 전동기의 출력과 토크측정**

1. [그림 7-1]과 같이 계자저항기를 분권권선과 직렬로 연결하고, 이것을 다시 전기자와 병렬로 연결한다. 전동기의 계자전류를 최대로 하려고 계자 저항기를 시계방향으로 끝까지 돌린다.(최소 계자 저항 0[Ω])

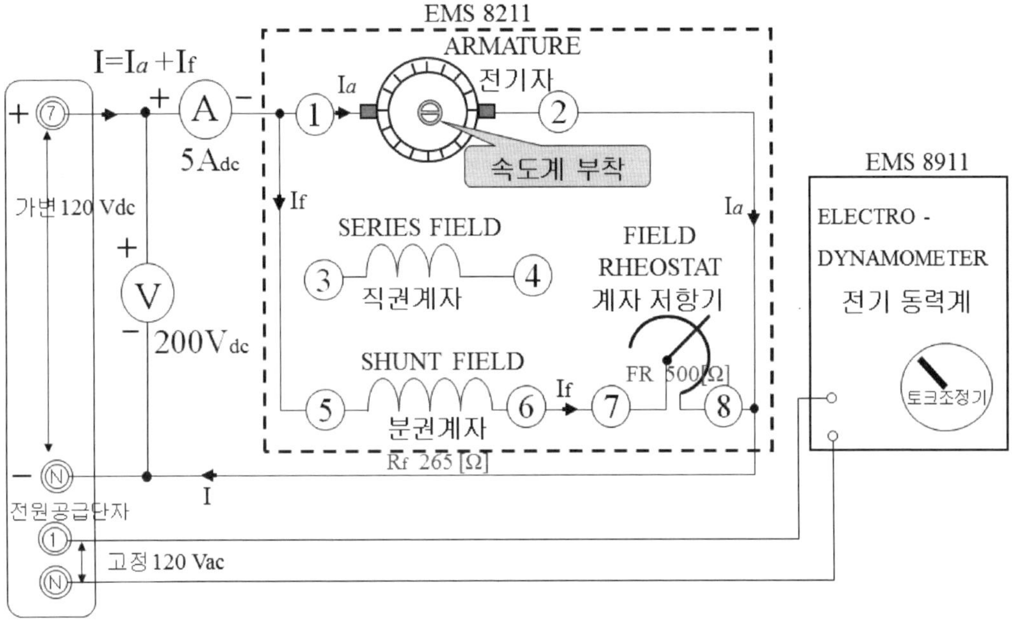

[그림 7-1] 전기 동력계로 분권 전동기의 출력과 토크측정

<u>전기동력계</u>

2. a) 전기동력계의 구조, 나선형의 스프링, 기계적 멈춤쇠, 고정자 권선 등을 살펴본다.

   b) 전원공급 장치의 고정 120[V_{ac}] 단자 ①과 Ⓝ의 교류가 브리지 정류기를 통해서 직류로 바꾸어서 계자권선에 흐르게 하는 2개의 선을 살펴본다.

3. a) 타이밍벨트를 이용하여 분권전동기와 전기동력계를 커플링 한다.
   b) 전기동력계의 계자단자를 전원공급 장치의 고정 120[V_{ac}]단자 ①과 Ⓝ에 연결한다.
   c) 분권전동기에 기계적인 부하를 최소로 걸어주기 위해서 전기동력계의 토크조절기를 반시계방향으로 끝까지 돌린다. 그러면 I_f 가 최소이고 전기동력계의 Φ 가 최소가 되어 τ 는 최소가 된다.

4. 전원공급 장치를 켠 후 120[V_{dc}]에 맞추고 전동기가 시계방향으로 회전하는가를 살펴본다. 만일 반시계방향으로 회전하는 경우에는 전기자의 단자(1과 2)를 서로 바꾸고 실험하면 회전방향이 바뀌게 된다. (전기동력계의 토크 측정은 시계방향의 회전일 경우만 가능하다)
   분권 전동기가 1,800[rpm]의 속도로 회전하도록 계자저항기를 조정해둔다.

5. 토크의 눈금이 9 [lbf·in]가 될 때까지 전기동력계의 토크조절기를 시계방향으로 돌려서 분권전동기에 걸리는 기계적 부하를 증가시킨다.

6. 전기동력계의 토크가 9 [lbf·in]일 때의 분권전동기 전류와 속도를 측정하고, 출력을 계산하시오.
   I = ________ [A_{dc}], 속 도 = ________ [rpm]
   $$출력 = \frac{1.59\times(\quad)[rpm]\times(\quad)[lbf\cdot in]}{100,000} = (\quad)[HP]$$

7. 전기동력계의 토크조절기를 시계방향으로 돌려서 전동기가 멈출 때까지 부하를 점차로 증가시킨다. 신속히 탈출토크을 측정한 후 신속히 전원을 끈다.
   탈출토크 = __________ [lbf·in]

5) 연구 및 검토

1. 전기동력계와 프로니 브레이크 중 어느 것이 사용하기에 더 용이한가?
   설명 : ____________

2. 전동기의 출력을 측정하기 위해 전기동력계를 직결하였고 전동기가 3,600[rpm]으로 회전하였다. 이 때 동력계가 346.9 [lbf·in]를 지시하였다면 출력 P_o [kW]는 얼마인가 ?

   설명 : $$출력 = \frac{1.59\times(\quad)[rpm]\times(\quad)[lbf\cdot in]}{100,000} = (\quad)[HP]$$
   출력 : $P_o = 746\times(\quad)[HP] = (\quad)[W] = (\quad)[kW]$

실험 8. 직류 분권전동기의 토크 대 속도특성

1) 실험 목적

직류 분권전동기의 토크 대 속도특성과 효율을 구한다.

2) 개 요

모든 직류전동기의 속도는 주로 전기자 전압과 자속에 의해 좌우된다.

$$n = k\frac{E}{\Phi} = k\frac{V - I_a R_a}{\Phi}\ [\mathrm{rps}]$$

직류 분권전동기의 경우, 전기자권선과 계자권선은 모두 직류전원에 병렬로 연결된다. 만일 직류전압이 일정하다면 전기자전압과 계자자속은 일정하다. 따라서 분권전동기는 일정속도로 운전된다.

분권전동기에서 기계적인 부하가 증가함에 따라 부하전류 I가 증가하고, $I_a = I - I_f$ 이므로 전기자전류 I_a가 증가해서 속도는 감소한다. 이런 속도의 감소는 전기자권선의 저항에 달려있다.

다른 모든 에너지변환장치와 마찬가지로 직류분권전동기의 효율도 100[%]가 안 된다. 다시 말해서 전동기에 공급된 모든 전력이 기계적으로 전환되지는 않는다. 입력과 출력사이의 전력차이는 손실(마찰손, 히스테리시스손, 와류손 등)으로서 열의 형태로서 소모된다.

3) 장비 및 부품

전원공급장치 (0-120[V_{ac}], 120[V_{dc}])	EMS 8821	전기동력계	EMS 8911
직류 전동기/발전기	EMS 8211	리드선	EMS 8951
직류전압전류계(200[V_{dc}], 5[A_{dc}])	EMS 8412	회전 속도계	EMS 8920
		타이밍 벨트	EMS 8942

4) 실험 순서

1. [그림 8-1]과 같이 계자저항기를 분권권선과 직렬로 연결하고, 이것을 다시 전기자와 병렬로 연결한 후에 전원공급 장치의 가변 120[V_{dc}] 단자 ⑦과 Ⓝ에 연결된다.

전동기의 계자전류를 최대로 하려고 계자 저항기를 시계방향으로 끝까지 돌린다. (최소 계자 저항 0[Ω]) 최저속도

전기 동력계는 전원공급 장치의 고정 120[V_{ac}] 단자 ①과 Ⓝ으로 연결된다.

타이밍 벨트를 사용하여 직류전동기에 전기동력계를 커플링 한다.

2. 브러시가 중성축 위치에 있는가를 확인한다.

3. 전동기에 기계적인 부하를 최소로 걸어주기 위해서 전기동력계의 토크조절기를 반시계방향으로 끝까지 돌린다.

4. 전원을 켠다. 가변 직류전압이 120[V_{dc}]가 되도록 조절한다. (만일 회전방향이 시계방향이 아니면, 전원을 끈 다음에 분권계자 단자를 서로 바꾼다).

5. a) 무부하시에 전동기 속도가 1,800[rpm]이 되도록 계자저항기를 조정한다.(전압계 상에 정확히 120[V_{dc}]가 나타나도록 한다.)

   b) 전동기 속도가 1,800[rpm]이 되었을 때 전류를 측정해서 [표 1]에 기록한다.

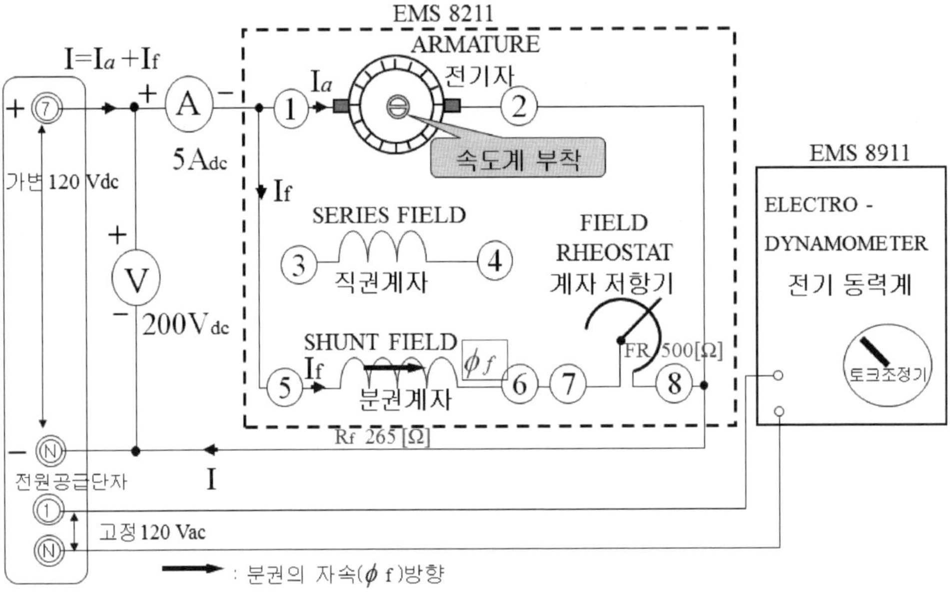

[그림 8-1] 직류 분권전동기의 실험

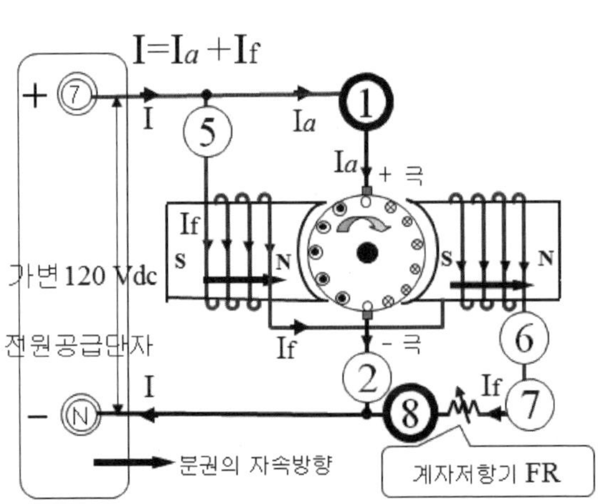

[그림 8-2] 직류 분권전동기의 실제그림

6. a) 전기동력계의 토크조절기를 시계방향으로 회전시키며 [표 1]의 토크 값에 대한 전류와 속도를 측정하고 [표 1]에 기록한다.
(정확히 120[V_{dc}]를 유지하기 위해 필요시는 전원공급 장치를 재조정한다)
b) 전압을 0[V_{dc}]으로 한 후에 전원공급 장치를 끈다.

7. [그림 8-3]에 토크 대 속도특성을 그린다.
8. 속도 변동률(전부하시의 토크가 9 [lbf·in]일 때)을 계산한다.

설명 : $\text{속도변동률} = \dfrac{\text{무부하 속도} - \text{전부하 속도}}{\text{전부하 속도}} \times 100 = \dfrac{(\quad) - (\quad)}{(\quad)} \times 100 = (\quad)[\%]$

[표 1] 직류 분권전동기의 실험결과

전압 [V_{dc}]	전류 [A_{dc}]	속도[rpm]	토크 [lbf·in]
120			0
120			3
120			6
120			9정격부하
120			12

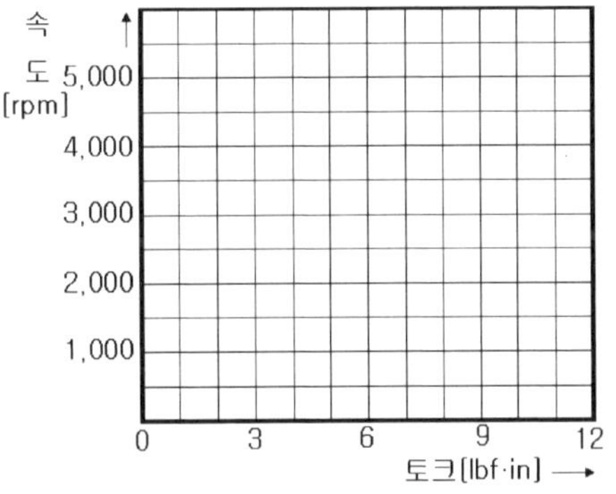

[그림 8-3] 직류 분권전동기의 토크 대 속도특성

*** 최대 기동토크측정**

9. 분권 전동기에 최대 기동부하를 걸기 위해서 전기동력계의 토크조절기를 시계방향으로 끝까지 돌린다.

10. 전원을 켠 후 전동기에 3[A]의 전류가 흐를 때까지 직류전압을 점차적으로 증가시킨 후 직류전압과 토크를 측정한다.(전동기는 매우 천천히 돌거나 정지한다.)
전압을 0[V_{dc}]으로 한 후에 전원공급 장치를 끈다.

직류전압 V_{dc} = ______[V_{dc}], 토크 = __________ [lbf·in]

11. 실험순서 10에서 전류는 전동기의 단자저항에 의해서만 제한된다. 직류전압이 120[V_{dc}]를 전동기에 공급하여 기동할 때의 기동전류를 계산하여 보라.

설명 : $\text{분권전동기의 단자저항} = \dfrac{(\quad)[V]}{(\quad)[A]} = (\quad)[\Omega]$

$\text{기동전류} = \dfrac{(\quad)[V]}{(\quad)[\Omega]} = (\quad)[A]$

5) 연구 및 검토

1. 전 부하시의 토크가 9 [lbf·in]일 때, 분권전동기에서 발생된 출력을 계산하시오.

   설명 : 출력 $\text{출력} = \dfrac{1.59\times(\quad)[\text{rpm}]\times(\quad)[\text{lbf}\cdot\text{in}]}{100{,}000} = (\quad)[\text{HP}]$

2. 1[HP]이 746[W]일 때, 분권전동기의 출력은 몇 [W]인가?

   설명 : $P_o = (\quad)[\text{HP}]\times(\quad) = (\quad)[\text{W}]$

   {참고 모듈판 표시 $P_n = 175[\text{W}]$}

3. 이 때 분권전동기의 전기적 입력은 몇[W]인가?

   설명 : $P_{in} = (\quad)[\text{V}]\times(\quad)[\text{A}] = (\quad)[\text{W}]$

4. 분권전동기의 효율은?

   설명 : $\text{효율} = \dfrac{\text{출력}[\text{W}]}{\text{입력}[\text{W}]}\times 100 = \dfrac{(\quad)}{(\quad)}\times 100 = (\quad)[\%]$

5. 분권전동기의 손실은 몇[W]인가?

   설명 : 손실=(　　)－(　　)＝(　　)[W]

6. 분권전동기의 손실들이 발생할 수 있는 곳들을 열거하시오.

   설명 : ______________________________

   ____

7. 만일 냉각 팬이 전동기의 축에 장착된다면 손실은 감소하겠는가?

   설명 : ______________________________

8. 전동기에서 손실이 바람직하지 않은 두 가지 이유를 열거하시오.

   설명 : ______________________________

9. 기동전류는 전부하 전류와 비교할 때 몇 배인가?

   설명 : $\dfrac{\text{기동전류}(\quad)[\text{A}]}{\text{전부하전류}(\quad)[\text{A}]} = (\quad)\text{배}$

실험 9. 직류 직권전동기의 토크 대 속도특성

1) 실험 목적

직류 직권전동기의 토크 대 속도특성과 효율을 구한다.

2) 개 요

직류 분권전동기는 무 부하에서부터 전 부하까지 전기자 전압과 자속은 변화가 없기 때문에 거의 일정속도를 유지한다. 하지만, 직권전동기의 경우에는 전류가 $I_a = I_f = I$이므로, 자속은 전기자권선을 통해서 흐르는 전류 I_a에 의해서 형성되며, 그 결과 전동기의 부하가 적을 때에는 전류가 작게 흐르므로 자속도 약해지고, 전동기 부하가 많을 때에는 전류가 크게 흐르므로 자속도 커지게 된다.

그러므로 직권전동기의 속도는 $n = k\dfrac{E}{\Phi} = k\dfrac{V - I_a R_a}{\Phi}$ [rps]에서처럼 전적으로 부하전류에 의해 결정된다. 부하가 많이 걸릴 때에는 속도가 느리고, 무부하시에는 매우 빠른 속도가 된다. 사실상 많은 직권전동기들이 무부하 상태에서 운전을 하면 너무 빠르게 회전하므로 원심력에 의해 회전자가 분리되는 위험성이 있다.

모든 직류전동기의 토크는 전기자 전류와 자속의 곱($\tau = k_1 \Phi I_a \propto k_1 I_a^{\,2}$)에 달려있다. 따라서 직권전동기의 경우, 기동시에 큰 전류가 흐르므로 기동토크도 매우 크다. 직권전동기는 큰 관성부하의 기동에 적합하며 특히 전기 버스, 기차 등에서 사용된다.

3) 장비 및 부품

전원공급장치 (0−120[V_{ac}], 120[V_{dc}])	EMS 8821	전기동력계	EMS 8911
직류 전동기/발전기	EMS 8211	리드선	EMS 8951
직류전압전류계(200[V_{dc}], 5[A_{dc}])	EMS 8412	회전 속도계	EMS 8920
		타이밍 벨트	EMS 8942

4) 실험 순서

1. [그림 9-1]과 같이 결선하고 타이밍벨트를 사용하여 직류전동기를 전기동력계에 커플링 한다. 이 전동기는 직권 전동기로 사용하기 위해 연결되었으며 (분권계자권선과 계자저항기는 사용되지 않았음), 전원공급 장치의 가변 120[V_{dc}]단자 ⑦과 Ⓝ에 연결된다.

   전기동력계는 전원공급 장치의 고정 120[V_{ac}] 단자 ①과 Ⓝ에 연결된다.

2. 직권전동기에 최소 기동부하를 공급하기 위해 전기동력계의 토크조절기를 반시계 방향으로 끝까지 돌린다.

3. a) 전원을 켠다. 전동기가 회전을 할 때까지 직류전압을 점차적으로 증가시킨다.
(만일 반 시계 방향으로 회전을 하면 전원을 끄고 직권계자권선의 접속을 바꾼다.)
b) 직류전압이 정확히 120[V_{dc}]가 되도록 조정한다.

4. a) 전기동력계의 토크조절기를 시계방향으로 회전시키며 [표 1]의 토크 값에 대한 전류와 속도를 측정하고 해서 [표 1]에 기록한다.
정확히 120[V_{dc}]를 유지하기 위해 필요시는 전원공급 장치를 재조정한다.
b) 전압을 0[V_{dc}]으로 한 후에 전원공급 장치를 끈다.

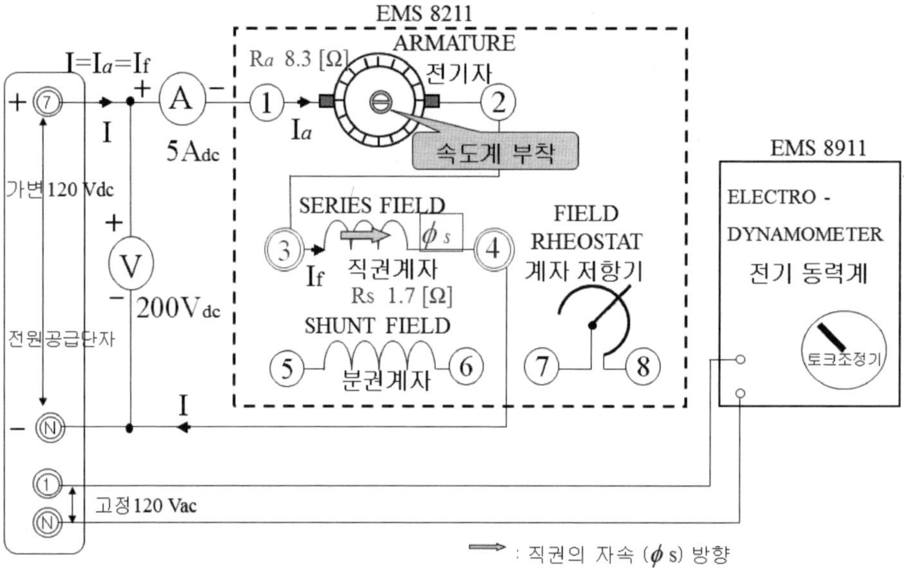

[그림 9-1] 직류 직권전동기의 실험

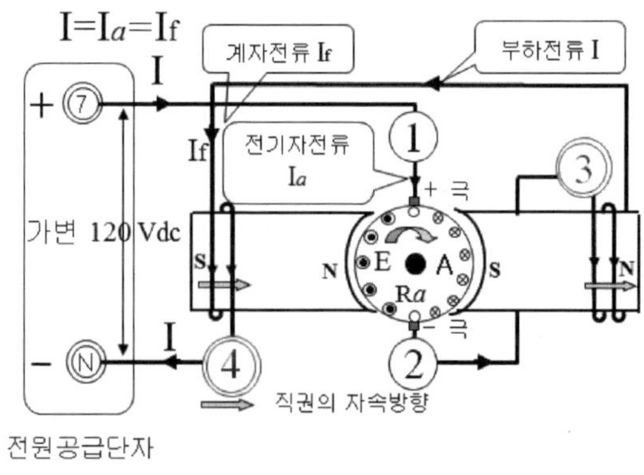

[그림 9-2] 직류 직권전동기의 실제그림

[표 1] 직류 직권전동기의 실험결과

전압 [V_{dc}]	전류 [A_{dc}]	속도[rpm]	토크 [lbf·in]
120			0
120			3
120			6
120			9 정격부하
120			12

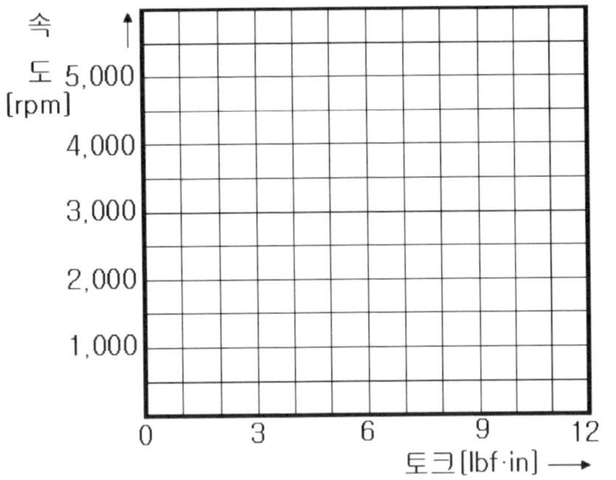

[그림 9-3] 직류 직권전동기의 토크 대 속도특성

5. [그림 9-3]에 토크 대 속도특성을 그린다.

6. 속도 변동률(전부하시의 토크가 9 [lbf·in]일 때)을 계산한다.

설명 : $\text{속도변동률} = \dfrac{\text{무부하 속도} - \text{전부하 속도}}{\text{전부하 속도}} \times 100 = \dfrac{(\quad) - (\quad)}{(\quad)} \times 100 = (\quad)[\%]$

*** 최대 기동토크측정**

7. 직권전동기에 최대 기동부하를 공급하기 위해 전기동력계의 토크조절기를 시계 방향으로 끝까지 돌린다.

8. 전원을 켠 후 전동기에 3[A]의 전류가 흐를 때까지 직류전압을 점차적으로 증가시킨 후 직류전압과 토크를 측정한다. 이 때 전동기는 천천히 돌아야 한다.

전압을 0[V_{dc}]으로 한 후에 전원공급 장치를 끈다.

직류전압 = ______[V_{dc}], 기동토크 = ________ [lbf·in]

9. 실험순서 8에서 전류는 전동기의 단자저항에 의해서만 제한된다. 직류전압이 120[V_{dc}]를 전동기에 공급하여 기동할 때의 기동전류를 계산하여 보라.

설명 : $\text{직권전동기의 단자저항} = \dfrac{(\quad)[V]}{(\quad)[A]} = (\quad)[\Omega]$

$\text{기동전류} = \dfrac{(\quad)[V]}{(\quad)[\Omega]} = (\quad)[A]$

5). 연구 및 검토

1. 전부하시의 토크가 9 [lbf·in]일 때, 직권전동기에서 발생된 출력을 계산하시오.

설명 : 출력 $출력 = \frac{1.59 \times (\quad\quad)[rpm] \times (\quad\quad)[lbf \cdot in]}{100,000} = (\quad\quad)[HP]$

2. 1[HP]이 746[W]일 때, 직권전동기의 출력은 몇 [W]인가?

설명 : $P_o = (\quad\quad)[HP] \times (\quad\quad) = (\quad\quad)[W]$

3. 이 때의 직권전동기의 전기적 입력은 몇[W]인가?

설명 : $P_{in} = (\quad\quad)[V] \times (\quad\quad)[A] = (\quad\quad)[W]$

4. 직권전동기의 효율은?

설명 : $효율 = \frac{출력[W]}{입력[W]} \times 100 = \frac{(\quad\quad)}{(\quad\quad)} \times 100 = (\quad\quad)[\%]$

5. 직권전동기의 손실은 몇[W]인가?

설명 : 손실=(　　　) − (　　　) = (　　　)[W]

6. 기동전류는 전부하 전류와 비교할 때 몇 배인가?

설명 : $\frac{기동전류\ (\quad\quad)[A]}{전부하전류(\quad\quad)[A]} = (\quad\quad)배$

7. 직류 분권전동기와 직류 직권전동기를 아래의 관점에서 비교하시오.(〈 , 〉로 표시)

a) 기동토크　설명 : 직권 전동기 (　　　) 분권 전동기

b) 기동전류　설명 : 직권 전동기 (　　　) 분권 전동기

c) 효율　설명 : 직권 전동기 (　　　) 분권 전동기

d) 속도변동률　설명 : 직권 전동기 (　　　) 분권 전동기

실험 10. 가동 복권전동기의 토크 대 속도특성

1) 실험 목적

가동 복권전동기의 토크 대 속도특성과 효율을 구한다.

2) 개 요

직류 복권전동기는 분권계자권선과 직권계자권선을 사용하는 전동기로써 두 계자권선의 기자력[AT : 암페어 턴수]에 대한 비율을 선정하는 방법에 따라 분권전동기와 직권전동기의 중간특성을 임의로 얻을 수 있다. 분권계자권선이 있으므로 무부하가 되어도 직권전동기와 같은 위험한 속도로 회전하지는 않는다.

복권전동기의 경우 부하전류는 $I = I_a + I_f$로 되며, **외분권**을 표준으로 한다.

외분권에서는 직권권선에 전기자전류 I_a 가 흐른다.

외분권 복권전동기의 경우 단자전압 V는

$$V = E + I_a R_a + I_a R_s = k(\Phi_f \pm \Phi_s)n + I_a(R_a + R_s)\,[\mathrm{V}]$$

단, R_a : 전기자권선의 저항[Ω], R_s : 직권계자권선의 저항[Ω], I_a : 전기자전류

I : 부하전류, n : 회전수[rps], Φ_f : 분권권선의 자속, Φ_s : 직권권선의 자속,

$E = k(\Phi_f + \Phi_s)n$ 는 가동복권, $E = k(\Phi_f - \Phi_s)n$ 는 차동복권일 때이다.

가동복권이나 차동복권에서 항상 $\Phi_f > \Phi_s$ 의 관계가 된다.

분권의 자속 ϕ_f의 방향과 직권의 자속 ϕ_s의 방향이 같은 방향인 복권전동기를 **가동(화동)복권전동기**라하고, 반대방향으로 된 것을 **차동 복권전동기**라고 한다.

3) 장비 및 부품

전원공급장치 (0-120[V_{ac}], 120[V_{dc}])	EMS 8821	전기동력계	EMS 8911
직류 전동기/발전기	EMS 8211	리드선	EMS 8951
직류전압전류계(200[V_{dc}], 5[A_{dc}])	EMS 8412	회전 속도계	EMS 8920
		타이밍 벨트	EMS 8942

4) 실험 순서

1. [그림 10-1]과 같이 회로를 결선하고 타이밍벨트를 사용하여 직류전동기를 전기동력계에 커플링 한다. 이 전동기는 외분권 가동복권전동기로 운전하기위해서 {분권계자 권선과 계자저항기는 직렬로 연결한 것}을 {전기자 권선과 직권계자 권선은 직 렬로 연결한 것}과 병렬로 연결되었다.

전원공급 장치의 가변 120[V_{dc}] 단자 ⑦과 Ⓝ에 연결된다. 전기동력계는 전원공급 장치의 고정 120[V_{ac}]의 단자 ①과 Ⓝ에 연결된다.

2. 전동기에 최소 기동부하를 걸어주기 위해서 전기동력계의 토크조절기를 반시계방향으로 끝까지 돌린다.

3. 전원을 켠다. 전동기가 시계방향으로 회전을 시작하는 것을 확인하며 직류전압을 점차적으로 증가시킨다.

4. 입력전압이 정확히 120[V_{dc}]일 때 무부하 전동기 속도가 1,800[rpm]이 되게끔 분권계자저항기를 조정한다.

5. a) 전기동력계의 토크조절기를 시계방향으로 회전시키며 [표 1]의 토크값에 대한 전류와 속도를 측정하고 해서 [표 1]에 기록한다.

정확히 120[V_{dc}]를 유지하기 위해 필요시는 전원공급 장치를 재조정한다.

b) 전압을 0[V_{dc}]으로 한 후에 전원공급 장치를 끈다.

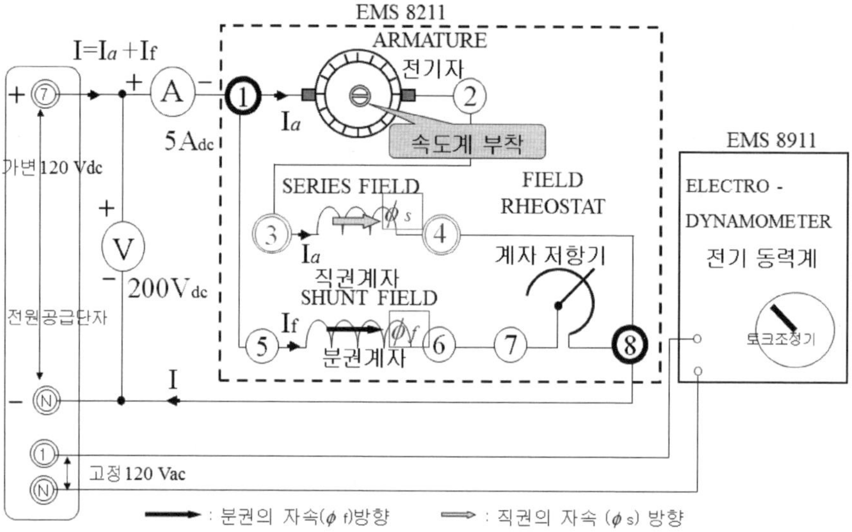

[그림 10-1] 외분권 가동복권전동기

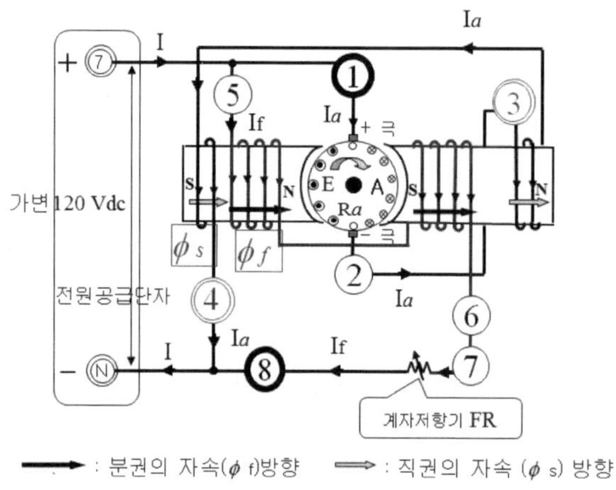

[그림 10-2] 외분권 가동복권전동기의 실제그림

[그림 10-2] 외분권 가동복권전동기의 실제그림에서는 분권의 자속 ϕ_f의 방향과 직권의 자속 ϕ_s의 방향이 같은 것을 알 수 있다.

6. [그림 10-3]의 그래프에 [표 1]의 토크 대 속도특성을 그린다.

[표 1] 가동복권전동기의 실험결과

전압 [V_{dc}]	전류 [A_{dc}]	속도[rpm]	토크 [lbf·in]
120			0
120			3
120			6
120			9 정격부하
120			12

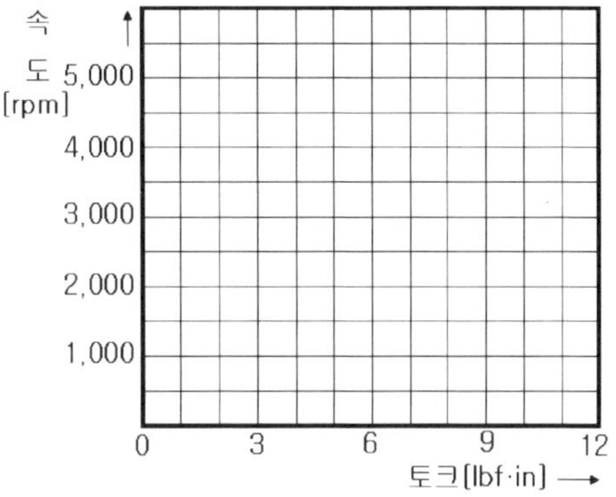

[그림 10-3] 가동복권전동기의 토크 대 속도특성

7. 속도 변동률(전부하시의 토크가 9 [lbf·in]일 때)을 계산한다.

설명 : $\text{속도변동률} = \dfrac{\text{무부하 속도} - \text{전부하 속도}}{\text{전부하 속도}} \times 100 = \dfrac{(\quad) - (\quad)}{(\quad)} \times 100 = (\ )[\%]$

*** 최대 기동토크측정**

8. 가동복권 전동기에 최대 기동부하를 걸기위해서 전기동력계의 토크조절기를 시계방향으로 끝까지 돌린다.

9. 전원을 켠 후, 전동기에 3[A]의 전류가 흐를 때까지 직류전압을 점차적으로 증가시킨 후 직류전압과 토크를 측정한다. 이 때 전동기는 천천히 돌거나 또는 돌지 않아야 한다.

전압을 0[V_{dc}]으로 한 후에 전원을 끈다.

직류전압 = _____[V_{dc}], 토크 = ________[lbf·in]

10. 실험순서 9에서 전류는 가동 복권전동기의 단자저항에 의해서만 제한된다. 직류전압 120[V_{dc}]를 전동기에 공급해서 기동할 때의 기동전류를 계산하여 보라.

설명 : $\text{복권전동기의 단자저항} = \dfrac{(\quad)[V]}{(\quad)[A]} = (\quad)[\Omega]$

$\text{기동전류} = \dfrac{(\quad)[V]}{(\quad)[\Omega]} = (\quad)[A]$

* 외분권 차동복권전동기의 구조설명

[그림 10-1]의 외분권 가동복권전동기에서 직권계자권선의 단자 3과 4를 바꾸어서 결선하면 [그림 10-4]의 외분권 차동복권전동기가 된다.

[그림 10-5]의 외분권 차동복권전동기의 실제그림에서는 분권의 자속 ϕ_f의 방향과 직권의 자속 ϕ_s의 방향이 반대방향으로 된 것을 알 수 있다.

차동복권전동기의 자속의 크기는 $\phi_f > \phi_s$이다.

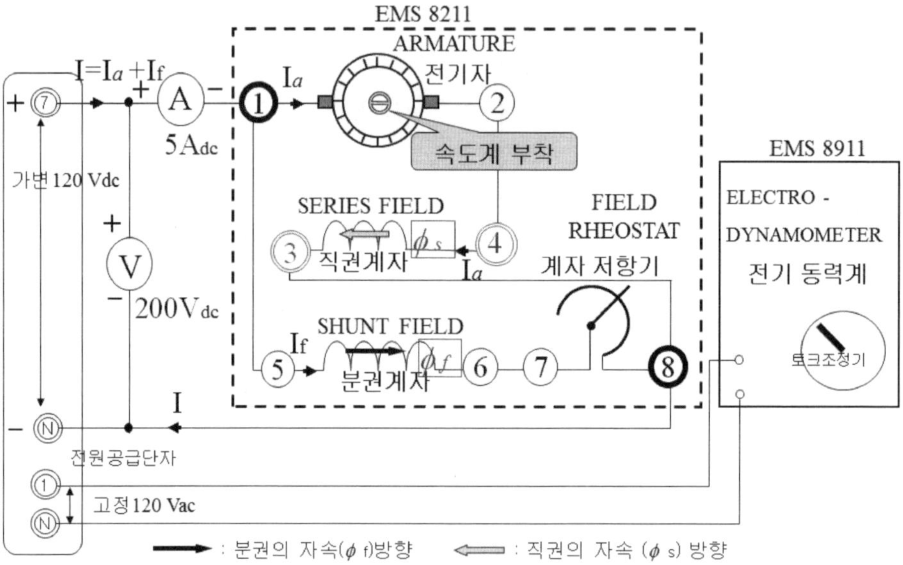

[그림 10-4] 외분권 차동복권전동기

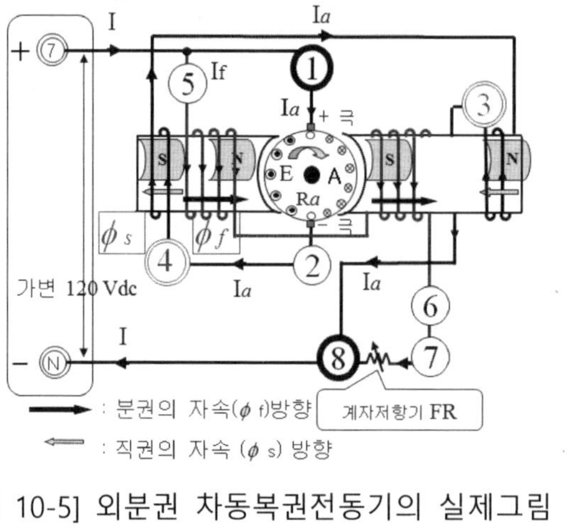

[그림 10-5] 외분권 차동복권전동기의 실제그림

*** 외분권 차동복권전동기가 반시계방향으로 회전하는 이유**

[그림 10-6]과 같이 외분권 차동복권전동기로 운전하면 반시계방향으로 회전하기 때문에 실험을 할 수 없다.

{반시계방향으로 회전하는 이유는 직권계자권선의 저항($R_s = 1,7[\Omega]$)와 전기자권선의 저항($R_a = 8.3[\Omega]$)은 분권계자권선의 저항($R_f = 265[\Omega]$)에 비해 매우 적으므로 직권계자권선에 큰 전류가 흘러서 [그림 10-6]과 같이 자속의 크기는 $\phi_f < \phi_s$가 되어 자극의 극성이 바뀌므로 반시계방향으로 회전하게 된다.}

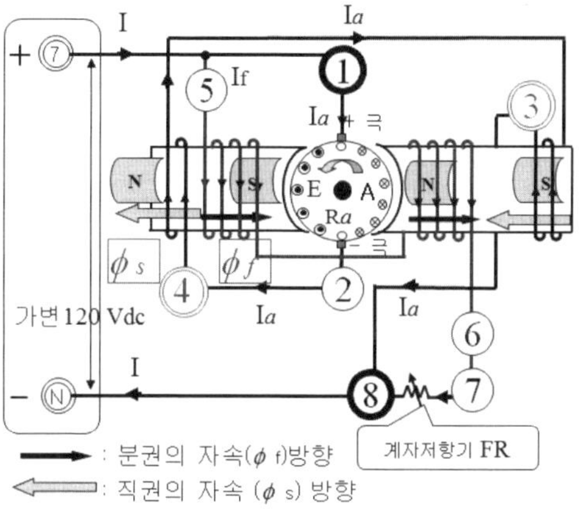

[그림 10-6] 외분권 차동복권전동기가 반시계방향으로 회전하는 이유

5) 연구 및 검토

1. 전부하시의 토크가 9[lbf·in]일 때, 가동복권전동기에서 발생된 출력을 계산하시오.

   설명 : 출력 $P_o = \dfrac{1.59\times(\qquad)[\text{rpm}]\times(\qquad)[\text{lbf}\cdot\text{in}]}{100,000}$ =(　　　)[HP]

2. 1[HP]이 746[W]일 때, 가동 복권전동기의 출력은 몇 [W]인가?

   설명 : P_o =(　　　)[HP] ×(　　　)=(　　　)[W]

3. 이 때의 가동 복권전동기의 전기적 입력은 몇[W]인가?

   설명 : P_{in} =(　　)[V]×(　　)[A]=(　　)[W]

4. 가동 복권전동기의 효율은?

   설명 : 효율 $= \dfrac{\text{출력}[W]}{\text{입력}[W]}\times 100 = \dfrac{(\qquad)}{(\qquad)}\times 100 = (\qquad)[\%]$

5. 가동 복권전동기의 손실은 몇[W]인가?

   설명 : 손실=(　　)−(　　)=(　　)[W]

6. 기동전류는 일반 전부하 전류와 비교할 때 몇 배인가?

설명 : $\frac{\text{기동전류 (\quad\quad)[A]}}{\text{전부하전류 (\quad\quad)[A]}}$ = (　　　)배

7. 가동 복권전동기는 분권전동기보다 안정되고, 그 기동특성도 좋았는데 그 이유는?

설명 : ______________________

8. 복권, 분권, 직권전동기를 아래의 관점에서 비교하여라.

a) 기동토크 설명 : ______________________

b) 기동전류 설명 : ______________________

c) 효율 설명 : ______________________

d) 속도변동률 설명 : ______________________

9. 다음의 직류발전기에 동일극성의 전압을 가하고, 직류전동기로 사용할 때 발전기의 회전방향은 어느 방향으로 회전하는가?

① 분권발전기　　② 직권발전기　　③ 가동복권발전기

설명 : ① 분권발전기 : B지점을 단락하면 전기자에만 전류의 방향이 바뀌므로 회전방향은 같은 방향

② 직권발전기 : A지점을 개방하면 전기자와 계자의 전류방향이 바뀌므로 회전방향은 반대 방향

③가동복권발전기 : [그림 10-문9]와 같이 회전방향은 같은 방향이며 차동복권전동기가 됨

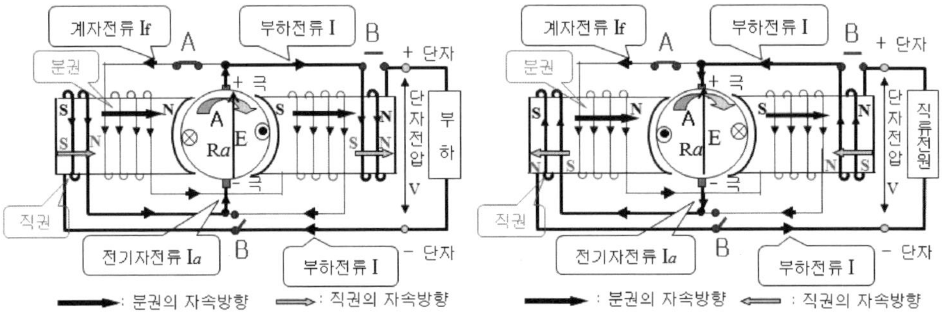

(a) 가동복권발전기　　(b) 차동복권 전동기

[그림 10-문9] 가동복권 발전기와 차동복권 전동기

10. [그림 10-문10] (a)의 결선은 [그림 10-1]와 같이 외분권 가동복권전동기로 결선한 것이며, 계자저항기와 직렬로 연결된 분권계자권선의 단자를 1과 4에 연결된 것을 [그림10-문10]의 (b)와 같이 단자 1와 2에 연결하면 내분권 가동복권전동기가 된다.
외분권 가동복권전동기와 내분권 가동복권 전동기의 차이점에 관하여 설명하라.
설명 : ______________________________

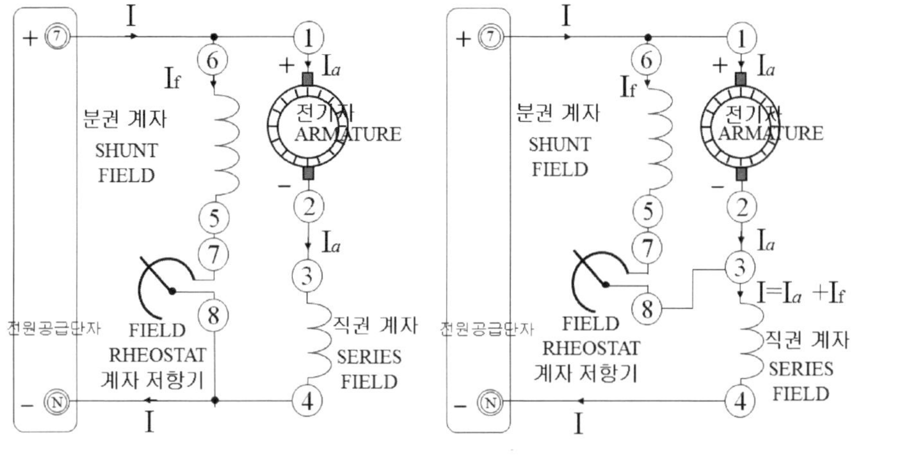

(a) 외분권 가동복권전동기 (b) 내분권 가동복권전동기

[그림 10-문10]

11. [그림 10-문10]의 (a) 외분권 가동복권전동기와 (b) 내분권 가동복권전동기를 [그림10-문11]에 (a) 외분권 차동복권전동기와 (b) 내분권 차동복권전동기로 그려보시오. 설명 : [그림 10-문11]의 그림과 같음

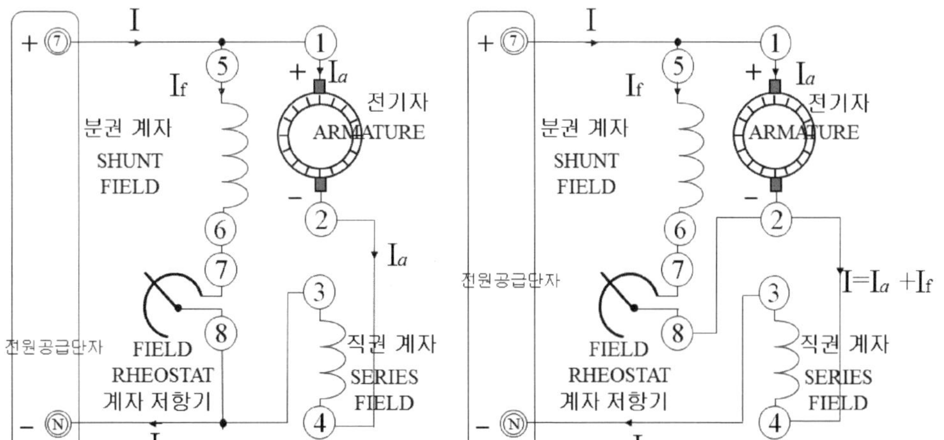

(a) 외분권 차동복권전동기 (b) 내분권 차동복권전동기

[그림 10-문11]

실험 11. 동기 발전기의 무부하 포화곡선과 단락곡선

1) 실험 목적

1. 3상 동기 발전기의 무부하 포화곡선
2. 3상 동기 발전기의 단락곡선

2) 개 요

동기발전기는 교류전압을 발생시키는데, 이 교류전압의 주파수는 회전속도에 비례 한다. ($f = \frac{N_s \times P}{120}$[Hz], P : 극수, N_s : 동기속도)

동기발전기의 속도가 일정할 때, 출력전압과 자속 Φ[Wb]은 계자전류에 비례한다.

1상의 권수가 w 이면, 1상의 유도기전력 E는 $E = 4.44 f w \Phi$ 이다.

직류 계자전류 I_f [A_{dc}]를 점진적으로 증가시키면, 자속은 마침내 동기발전기 내의 철심을 포화시킬 정도의 높은 값에 도달하게 한다. 철심의 포화라는 것은 자속이 직류 계자전류의 증가에 비례해서 증가하지 않고 소량의 자속증가가 일어나는 것을 말한다.

동기발전기의 3상은 상호간에 같은 간격(기계적)으로 위치하므로, 발생전압간의 위상 차이는 120° 이다.

1. 무부하포화곡선

발전기를 무부하 상태에서 정격속도로 운전하고, 계자전류를 0[A]에서 천천히 증가시킨 경우의 무부하 단자전압 V_o [V_{ac}]와 계자전류 I_f [A_{dc}]의 관계를 나타내는 곡선을 무부하포화곡선이라 한다.

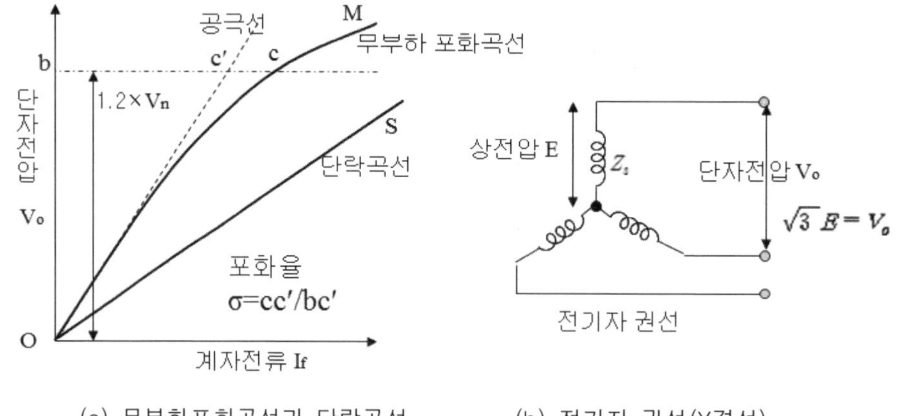

(a) 무부화포화곡선과 단락곡선 (b) 전기자 권선(Y결선)

[그림 11-1] 무부화포화곡선 및 포화계수

2. 3상 단락곡선

정격 출력전압을 발생하는 동기발전기가 갑자기 단락되면, 전기자 반작용이 순간적으로는 나타나지 않기 때문에 단락하는 순간 단락전류를 제한하는 것은 전기자권선의 저항을 무시한 전기자 누설리액턴스 x_l 뿐이므로, 대단히 큰 과도전류(또는 돌발단락전류 $I_s = \dfrac{E}{x_l}$)가 흐르게 된다. 또 몇 초 뒤에는 전기자 반작용 리액턴스 x_a 가 나타나서 과도전류는 급속히 감쇠하고 결국에는 동기리액턴스 x_s 에 의하여 지속단락전류($I_s = \dfrac{E}{x_l + x_a} = \dfrac{E}{x_s}$)로 된다.

동기발전기의 단자를 단락해 두고 정격속도로 운전하여, 계자전류를 천천히 증가시킨 경우의 단락전류 $I_s[\mathrm{A_{ac}}]$ 와 $I_f[\mathrm{A_{dc}}]$ 의 관계를 표시하는 곡선을 단락곡선이라고 한다. [그림 11-1]의 (a)에서 곡선 OS 는 이를 나타낸 것이며 거의 직선이다.

무부하 포화곡선상에 점 c 를 정격전압 V_n[Vac]의 1.2배로 취하고, 점 c 에 횡축으로 평행선을 긋고 종축과의 교점을 b 로 한다. 다음에 점 0 에서 곡선 OM 에 접선(**공극선**)을 그어서 선 bc 와의 교점을 c' 라 하면 포화계수는 $\sigma = \dfrac{\overline{cc'}}{\overline{bc'}}$ 이다.

3. **동기임피던스(Z_s)**

정격 상전압 E_n[V](성형결선일 때에는 $V_n / \sqrt{3}$)와 이 E_n 을 유도하는데 필요한 것이 계자전류일 때의 3상 단락전류 I_s[A]와의 비로 하여 구해진다.

$$Z_s = \frac{E_n}{I_s} = \frac{V_n / \sqrt{3}}{I_s}, \quad Z_s = r_a + jx_s = r_a + j(x_l + x_a)$$

r_a : 전기자권선의 저항

3) 장비 및 부품

전원공급 장치 (0-120/120[V_{dc}])	EMS 8821	동기 스위치	EMS 8621
동기전동기/발전기	EMS 8241	리드선	EMS 8951
직류 전동기/발전기	EMS 8211	교류전류계 (2.5[A_{ac}])	EMS 8425
교류전압계 (250/250/250[V_{ac}])	EMS 8426	타이밍 벨트	EMS 8942
직류전압전류계(2.5[A_{dc}])	EMS 8412	테스터	별도

4) 실험 순서

1. 동기발전기, 직류 분권전동기, 전원공급 장치, 전압계, 전류계 등을 사용하여 [그림 11-2]와 같이 결선한다.

동기 발전기의 구동용으로 사용하는 직류 분권전동기의 결선은 전원공급 장치의 고정 120[V_{dc}] 단자 ⑧과 Ⓝ으로 결선된다.

동기 발전기의 회전자는 전원공급 장치의 가변 120[V_{dc}] 단자 ⑦과 Ⓝ에 결선된다.

2. a) 타이밍벨트를 사용하여 직류 분권전동기와 동기 발전기를 커플링 한다.
b) 직류 분권전동기의 계자전류를 최대로 하려고 계자 저항기를 시계방향으로 끝까지 돌린다.(최소 계자 저항 0[Ω]) 최저속도
c) 동기 발전기의 계자전류를 최소로 하려고 계자 저항기를 반시계방향으로 끝까지 돌린다. (최대저항 150[Ω])

*** 3상 동기 발전기의 무부하 포화곡선**

3. a) 전원을 켠다. 분권전동기의 속도는 항상 1,800[rpm]이 되도록 분권전동기의 계자 저항기를 조정한 후에 고정시킨다.
b) 동기발전기의 계자전류(I_f)가 0[A_{dc}]인 상태에서도, 선간전압 V_{1-3}(전압계V_1), V_{1-2}(전압계V_2), V_{2-3}(전압계V_3)를 측정해서 [표 1]에 기록한다.

4. a) 만일 동기발전기에 스위치 S가 장착되어 있으면, 이 순간 닫는다.
b) 동기발전기의 계자전류(I_f)를 0[A_{dc}]으로 부터 0.1[A_{dc}]까지 증가시킨다.
c) 세 개의 선간전압 V_{1-3}, V_{1-2}, V_{2-3}를 측정한 후 [표 1]에 기록한다.
d) [표 1]에 열거된 각 직류 계자전류(I_f)에 대해 (c)를 반복한다.
e) 전원을 끈다.

5. [표 1]에 열거된 각 계자전류(I_f [A_{dc}])에 대해 동기 발전기의 평균 선간전압(V [V_{ac}])을 계산한 후 기록한다.

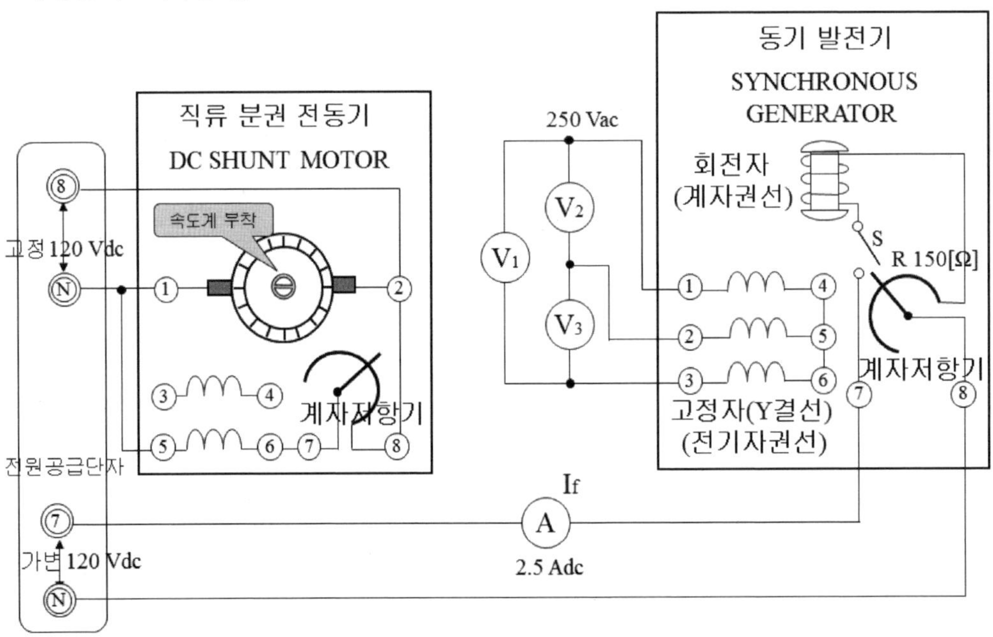

[그림 11-2] 동기 발전기의 무부하 포화곡선 실험

[표 1] 동기 발전기의 무부하 실험결과

I_f [A_{dc}]	전압계V_1 V_{1-3}[V_{ac}]	전압계V_2 V_{1-2}[V_{ac}]	전압계V_3 V_{2-3}[V_{ac}]	평균 선간전압 V_l [V_{ac}]	실험순서 8의 단락전류측정 I_s [A_{ac}]	동기임피던스 $Z_s = \frac{\frac{V_l}{\sqrt{3}}}{I_s}$ [Ω]
0.0						
0.1						
0.2						
0.3						
0.4						
0.5						
	V_{1-2} = 208[V_{ac}]일 때 I_f = 0.58 [A_{dc}]				실험순서 8의 c)	
0.6						
0.7						
0.8						
0.85~0.9						

*** 선간전압과 상전압의 측정**

6. a) 전원을 켠 후, 선간전압 V_{1-3} = 208[V_{ac}]가 될 때까지 직류 계자전류 I_f를 조절하기 위해 계자저항기를 조절한다. I_f, V_{1-2}, V_{2-3}를 측정해서 기록한다.

I_f = ______[A_{dc}], V_{1-3} = ______[V_{ac}], V_{1-2} =______[V_{ac}], V_{2-3} =______[V_{ac}]

상전압의 측정 ①

Y 결선된 고정자권선의 각 상전압을 측정해서 기록한다.(상전압을 **테스터**로 측정)

E_{1-4} = ______[V_{ac}], E_{2-5} = ______[V_{ac}], E_{3-6} =______[V_{ac}]

상전압의 측정 ②

계자저항기를 현 위치에 고정하고, 전원을 끈다. 세 개의 교류전압계를 고정자권선의 상전압을 측정하기위해 재 결선한다. 전원을 켠다. 각 상전압을 측정해서 기록한다.

b) 전원을 끈다.

*** 동기 발전기의 단락곡선**

7. 동기스위치를 사용하여 [그림 11-3]과 같이 결선한다.

8. a) 동기스위치를 열어둔다(우측으로 닫으면 off됨).

b) 전원을 켠 후, 직류 전동기의 속도는 항상 1,800[rpm]이 되도록 분권전동기의 계자저항기를 조정한 후에 고정시킨다. V_{1-2} = 208[V_{ac}]가 될 때까지 동기발전기의 계자전류 I_f를 조정한다. 동기스위치에 있는 세 개의 램프에 불이 켜져야 한다.

(그 이유는 램프가 Y결선상태이고, 고정자도 Y결선상태이므로 램프에는 상전압이 걸려있기 때문이다.)

c) 동기발전기의 계자전류 I_f 를 측정한다. I_f = 0.58 [A_{dc}]

d) 동기발전기의 계자전류 I_f 가 0[A_{dc}]로 되도록 전원공급 장치를 조절한다.

e) 동기스위치를 닫아서(좌측으로 닫으면 on됨) 동기 발전기의 고정자를 단락시키고, 전기자 단락전류 I_s 의 움직임에 주목한다.

f) 동기발전기의 계자전류 I_f 를 증가시켜가며 단락전류 I_s 를 측정한 후 [표 1]에 기록한다. 증가된 I_s 의 피크값은? I_s = ____ [A_{ac}]

g) 전압을 0[V_{dc}]으로 한 후에 전원을 끈다.

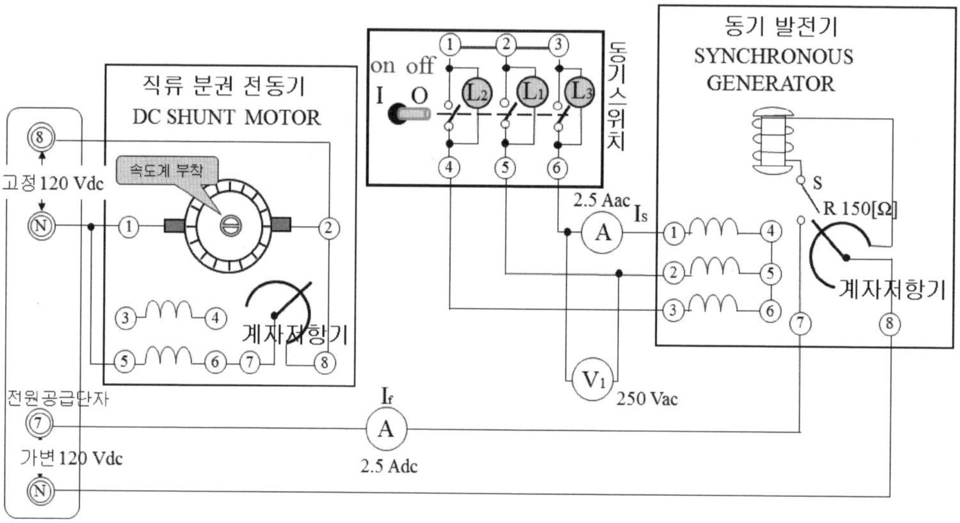

[그림 11-3] 동기 발전기의 단락곡선 실험

9. [표 1]의 [그림 11-4]에 곡선그림을 그리시오.

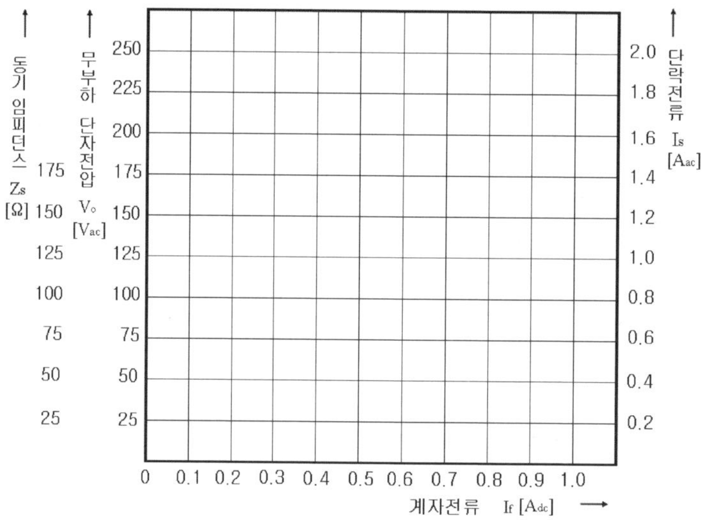

[그림 11-4] 3상 동기 발전기의 무부하 포화곡선과 단락곡선

5) 연구 및 검토

1. 동기 발전기에서 직류 계자전류 I_f 가 없는 상태에서도 교류전압이 발생되는 이유를 설명하시오.

   설명 : ____

2. 동기발전기에서 Y결선된 고정자권선의 각 선간전압은 상전압의 몇 배인가?

   설명 : $\dfrac{\text{선간전압}}{\text{상전압}} = \dfrac{(\quad)}{(\quad)} = (\qquad)$ 배가 됨

3. a) [표 1]의 결과치를 이용하여, [그림 11-4]에 유도기전력(평균전압값) 대 계자전류 (I_f)값의 그래프(무부하포화곡선)를 그린다. 단락곡선과 동기임피던스곡선도 그린다.

   b) 몇 볼트까지 그래프가 직선으로 나타나는가? $V =$ ______ $[V_{ac}]$

   c) 동기기의 계자전류 I_f 가 증가할 때 전압이 완만하게 증가하는 이유는?

   설명 : ____

   ____

   d) 무부하 포화곡선상에 정격전압 208[V]의 1.2배는 249[V]이지만 이 실험에서는 최대의 유도기전력인 상태에서 **포화계수**를 구하시오.

   설명 : 포화계수 $\sigma = \dfrac{(\quad - \quad)}{(\quad)} = (\qquad)$ 이다.

4. 직류 분권 발전기에 비해, 동기 발전기는 지속된 단락회로에서 덜 소손하게 되는 이유를 설명하시오.

   설명 : ____

   ____

   ____

5. 3상 동기발전기의 결선은 일반적으로 Y 접속으로 하고 △ 접속을 사용하지 않는다. 그 이유를 설명하시오.

   설명 : ____

   ____

6. 회전계자형 동기발전기란 어떤 구조의 발전기이며, 회전계자형을 주로 사용하는 이유는?

   설명 : (a) ____

   ____

   (b) ____

   (c) ____

실험 12. 동기 발전기의 전기자 반작용

1) 실험 목적

1. 저항부하R, 유도성부하X_L, 용량성부하X_C에서 동기 발전기의 전기자 반작용
2. 동기 발전기의 외부특성곡선과 전압변동률
3. 불평형 부하 출력전압에 미치는 효과

2) 개 요

동기 발전기의 출력전압은 공극 내의 전체 자속에 달려있다.

무부하시에 자속은 직류계자전류에 의해서만 형성된다. 반면, 부하시 공극의 자속은 회전자의 기자력[AT(ampere−turn)]과 고정자의 기자력[AT(ampere−turn)]에 의해 결정된다.

1. 전기자반작용

3상 동기발전기의 전기자권선에 평형 3상 교류전류가 흐르면 유도전동기의 경우와 같이 동기속도로 회전하는 회전자계가 생긴다. 이 회전자계는 자극과 항상 일정한 관계위치를 유지하면서 회전하며, 대부분은 직접 계자의 기자력에 영향을 미쳐서 전기자의 유도기전력을 변화시키는데 이 작용을 **전기자 반작용**이라고 한다.

(a) 전기자전류가 무부하유도기전력 E_o과 같은 위상의 경우(R만의 부하)

이 경우에는 [그림 12−1]의 (a)와 같이 전기자의 기자력 F_a는 계자의 기자력 F_f와 공간적으로 $\frac{\pi}{2}$(전기각) 만큼 떨어져 있으므로 계자에 대하여 **교차자화작용**(또는 **횡축반작용**)을 미치고, F_f와 F_a의 합성기자력은 F_r이 되어서 F_r에 의한 정현파의 자속분포가 생긴다.

(b) 전기자전류가 무부하유도기전력 E_o 보다 $\frac{\pi}{2}$ 뒤진 경우(X_L만의 부하)

그림 (b)와 같이 F_a는 F_f와 공간적으로 π 만큼 위치가 떨어져 있으므로 F_a는 **직축반작용**중 **감자작용**을 하여 합성기자력 F_r은 F_f보다 적게 되어서 유도기전력 E는 E_o보다 감소한다.

(c) 전기자전류가 무부하유도기전력 E_o 보다 $\frac{\pi}{2}$ 앞선 경우(X_c만의 부하)

그림 (c)와 같이 F_a는 F_f와 동일한 위치에 생기며 F_a는 **직축반작용**중 **자화작용**(또는 **증자작용**)을 하여 합성기자력 F_r은 F_f보다 커지고 E는 E_o보다 커진다.

이상으로 그림 (a), (b), (c)의 관계는 부하에 따라 생기며, 각각 F_f, F_a 의 공간각도를 유지한 상태대로 회전한다.

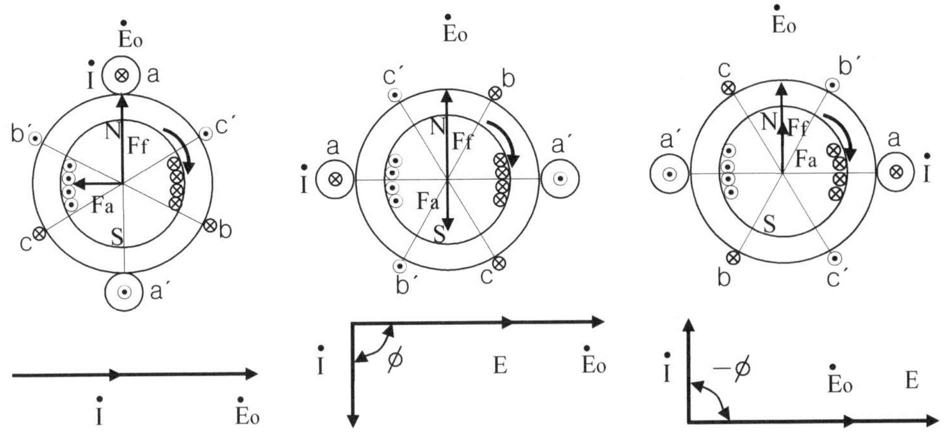

R 부하인 경우 | XL 부하인 경우 | XC 부하인 경우

(a) E_o와 I의 각 $\phi = 0$ (b) I가 E_o보다 $\phi = \pi/2$ 늦음 (c) I가 E_o보다 $\phi = \pi/2$ 앞섬

[그림 12-1] 전기자 반작용

(d) R과 X_L부하일 때

[그림 12-2]와 같이 E_o 보다 I 의 위상차가 ϕ 만큼 뒤지며($\phi > 0$), I를 E_o와의 같은 상분인 $I\cos\phi$ 와 직분각인 $I\sin\phi$ 로 나누어서 $I\cos\phi$ 는 **교차작용**, $I\sin\phi$ 는 **감자작용**을 한다.

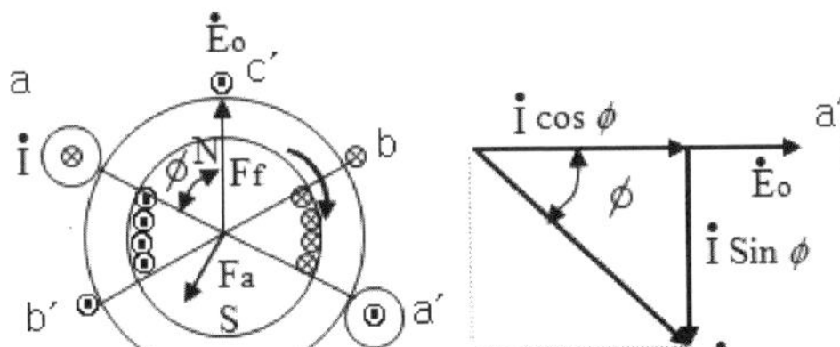

[그림 12-2] R과 X_L부하일 때

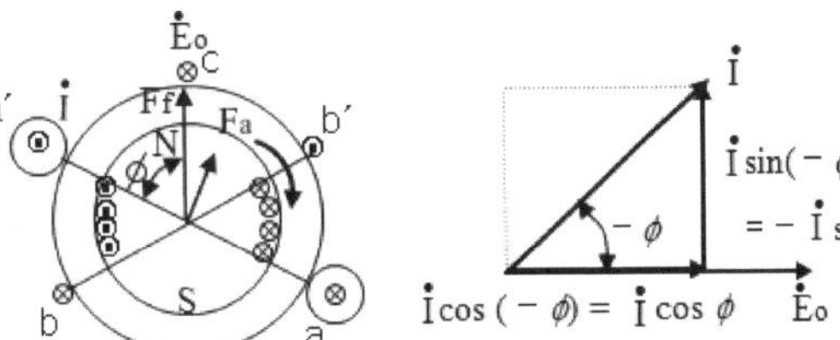

[그림12-3] R과 X_C부하일 때

(e) R과 X_C부하일 때

E_o 보다 I 의 위상차가 ϕ 만큼 앞서며($\phi < 0$), [그림 12-3]과 같이 I를 E_o와의 같은 상분인 $I\cos\phi$ 와 직분각인 $-I\sin\phi$로 나누어서 $I\cos\phi$ 는 **교차작용**, $-I\sin\phi$는 **증자작용**을 한다.

이와 같이 동기 발전기의 전기자 반작용은 진상역률의 부하시에는 회전자의 자속을 증가시키는 **증자(자화)작용**을 하고, 반면에 지상역률의 부하시에는 회전자의 자속을 감소시키는 **감자작용**을 한다.

고정자의 기자력이 회전자의 자속에 중대한 영향을 미치기 때문에, 동기 발전기의 전압 조정은 매우 저조하며, 직류계자 전류는 가변 부하조건하에서 전압을 일정하게 유지되도록 지속적으로 조정되어야 한다.

2. 외부특성곡선

발전기를 정격속도로 운전하고 지정한 역률의 정격전류가 흐를 때, 정격전압을 유기되도록 계자전류를 정하고, 계자전류를 그대로 유지하면서 부하전류를 바꿀 때의 단자전압(V)과 부하전류(I)의 관계를 나타내는 곡선을 외부특성곡선이라고 한다.

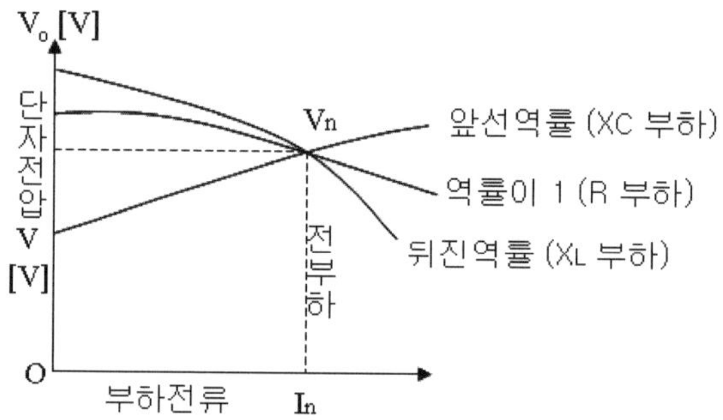

[그림 12-4] 외부특성곡선

3. 전압변동률

발전기의 전압변동률이란, 여자 및 속도를 변경하지 않고 정격역률에 대한 정격출력에서 무부하로 하였을 때의 전압변동비율을 말한다. 지금 정격단자전압을 $V_n[\mathrm{V}]$, 정격출력에서 무부하로 하였을 때의 단자전압을 $V_o[\mathrm{V}]$라 하면 전압변동률은 다음 식으로 표시된다.

$$\text{전압변동률} = \frac{V_o - V_n}{V_n} \times 100[\%]$$

4. 동기발전기의 불평형부하

만일 3ϕ 동기 발전기의 1ϕ에 과부하가 걸리면, 고정자 권선내에 Ir_a 과 Ix_s의 전압강하가 생겨서 단자전압은 감소된다. 이러한 전압감소가 직류계자 전류의 수정에 의해 보상되지는 않는다. 그 이유는 다른 2ϕ의 전압 역시 변화되기 때문이다. 따라서 3ϕ 동기 발전기에는 불평형된 부하를 걸지 말아야 한다.

3) 장비 및 부품

전원공급 장치 모듈(0−120[V_{dc}])	EMS 8821	리드선	EMS 8951
동기전동기/발전기	EMS 8241	회전 속도계	EMS 8920
교류전압계 (250/250/250[V_{ac}])	EMS 8426	타이밍 벨트	EMS 8942
교류전류계 (2.5/2.5[A_{ac}])	EMS 8425	저항기	EMS 8311
직류전동기/발전기	EMS 8211	콘덴서	EMS 8331
회로시험기(테스터)	별도	인덕턴스	EMS 8321

4) 실험 순서

1. 동기 발전기, 직류 분권전동기, 저항기, 전원공급 장치, 전압계, 전류계 등을 사용하여 [그림 12−5]와 같이 결선한다. 평형 저항부하는 Y결선으로 되어있다.
   동기 발전기의 회전자는 전원공급 장치의 가변 120[V_{dc}] 단자 ⑦과 Ⓝ에 결선한다.
   동기 발전기의 구동용으로 사용하는 직류 분권전동기의 결선은 전원공급 장치의 고정 120[V_{dc}] 단자 ⑧과 Ⓝ에 결선된다.

2. a) 타이밍벨트를 사용하여 직류 분권전동기와 동기 발전기를 커플링 한다.
   b) 직류 분권전동기의 계자전류를 최대로 하려고 계자 저항기를 시계방향으로 끝까지 돌린다.(최소 계자 저항 0[Ω]) 최저속도
   c) 동기 발전기의 계자전류를 최소로 하려고 계자 저항기를 반시계방향으로 끝까지 돌린다. (최대저항 150[Ω])
   d) 각 상의 저항부하가 300[Ω]이 되도록 조정한다.

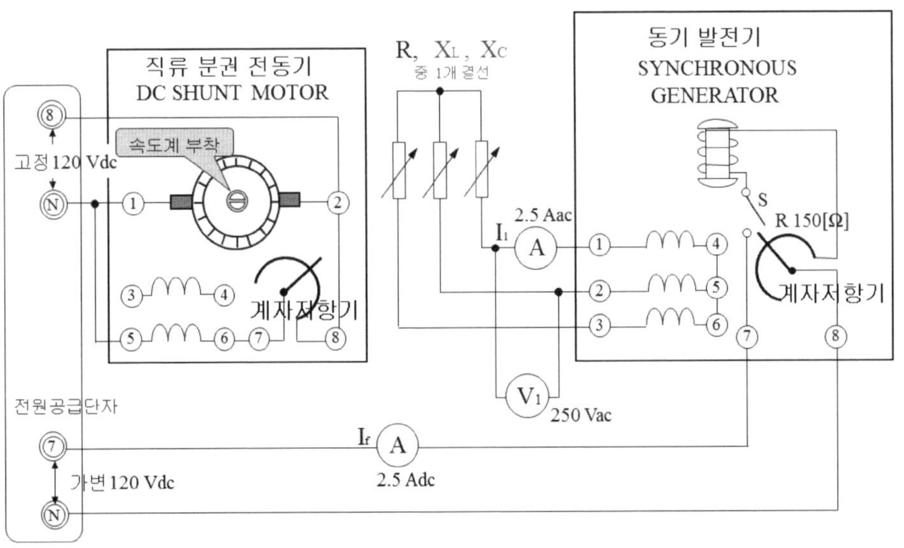

[그림 12-5] 동기 발전기의 전기자 반작용

전압변동률 계산을 위한 실험

*** 300[Ω]의 저항부하일 경우**

3. a) 전원을 켠 후, 전동기의 속도는 **1,800**[rpm]가 되도록 분권전동기의 계자 저항기를 조정한다.
   b) 만일 동기 발전기에 스위치 S가 장착되어 있으면, 이 순간 닫는다.
   c) 정격전압 V_n=208[V_{ac}]가 될 때까지 동기 발전기의 계자저항기를 서서히 조정한다. I_f 와 전부하전류 I_1 를 측정해서 [표 1]에 기록한다.
   d) 동기 발전기의 무부하를 위해 세 개의 저항스위치를 개방한 후, 무부하 유도기전력 V_o(무부하 단자전압)과 직류 계자전류 I_f 을 측정해서 [표 1]과 [표 2]에 기록한다. 필요시 직류 전동기의 속도가 **1,800[rpm]**이 되도록 계자 저항기를 재조정한다.
   e) 전압을 0[V_{dc}]으로 한 후에 전원을 끈다.
   f) 동기 발전기의 전압 변동률을 계산하시오.

[표 1] 전압변동률 계산을 위한 실험결과

각 상의 부하	c) 정격전압 V_n=208[V_{ac}]일 때		d) 무부하시		전압 변동률 [%]
	I_f [A_{dc}]	I_1 [A_{ac}]	V_o [V_{ac}]	I_f [A_{dc}]	
300[Ω]의 저항부하					
300[Ω]의 유도성 리액턴스(X_L) 부하					
300[Ω]의 용량성 리액턴스(X_C) 부하					

*** 300[Ω]의 유도성 리액턴스(X_L) 부하일 경우**

4. a) 저항부하를 유도성 리액턴스(X_L)부하로 대체시킨다.
   b) 각 상의 유도성 리액턴스 (X_L)가 300[Ω]으로 되도록 유도부하를 조정한다.
   c) 실험순서 3을 반복한 후 [표 1]에 기록한다.

*** 300[Ω]의 용량성 리액턴스(X_C) 부하일 경우**

5. a) 유도성 리액턴스(X_L)를 용량성 리액턴스 (X_C)로 대체시킨다.
   b) 각 상의 용량성 리액턴스 (X_C)가 300[Ω]으로 되도록 콘덴서를 조정한다.
   c) 실습순서 3을 반복한 후 [표 1]에 기록한다.

외부특성곡선 실험

*** 저항부하를 증가하는 경우**

6. a) 전원을 켠 후, 전동기의 속도가 1,800[rpm]이 되도록 직류전동기의 계자 저항기를 조정한다.

   b) 만일 동기 발전기에 스위치 S가 장착되어 있으면, 이 순간 닫는다.

   c) 무부하를 위해 세 개의 저항스위치를 개방한 후, 실험 3의 무부하 단자전압 ([표 1]의 V_o [V_{ac}])가 될 때까지 동기 발전기의 직류 계자전류(I_f)를 조정한다.

   d) 동기 발전기의 각 상의 저항부하가 1,200[Ω]되도록 저항스위치를 닫은 후, 단자전압 V_1 [V_{ac}]와 부하전류 (I_1)를 측정해서 [표 2]에 기록한다. 직류 전동기의 속도가 1,800[rpm]이 되도록 필요시 재조정한다.

   e) [표 2]의 각 저항 부하값에서 d)와 같이 반복한다.

   f) 전압을 0[V_{dc}]으로 한 후에 전원을 끈다.

[표 2] 외부특성곡선 실험결과

	d) 무부하시			1,200 [Ω]	600 [Ω]	400[Ω] (1200[Ω]과 600[Ω]병렬)	300 [Ω]	240[Ω] (1200[Ω]과 300[Ω]병렬)
	V_o [V_{ac}]	I_f [A_{dc}]						
저항부하			V_1 [V_{ac}]					
			I_1 [A_{ac}]					
유도성 리액턴스(X_L) 부하			V_1 [V_{ac}]					
			I_1 [A_{ac}]					
용량성 리액턴스(X_C) 부하			V_1 [V_{ac}]					
			I_1 [A_{ac}]					

*** 유도성 리액턴스(X_L) 부하를 증가하는 경우**

7. a) 저항부하를 유도성 리액턴스(X_L) 부하로 교체한 후, 실험순서 6을 반복한다.

   b) [표 2] 실험결과로서 [그림 12-6]에 외부특성곡선을 그린다.

   c) 전기자 전류가 증가함에 따라 전기자 반작용은 어떤 작용을 하는가?

   설명 : ______________________________

*** 용량성 리액턴스(X_C) 부하를 증가하는 경우**

8. a) 저항부하를 용량성 리액턴스(X_C) 부하로 교체한 후, 실험순서 6을 반복한다.

   b) [표 2] 실험결과로서 [그림 12-6]에 외부특성곡선을 그린다.

   c) 전기자 전류가 증가함에 따라 전기자 반작용은 어떤 작용을 하는가?

   설명 : ______________________

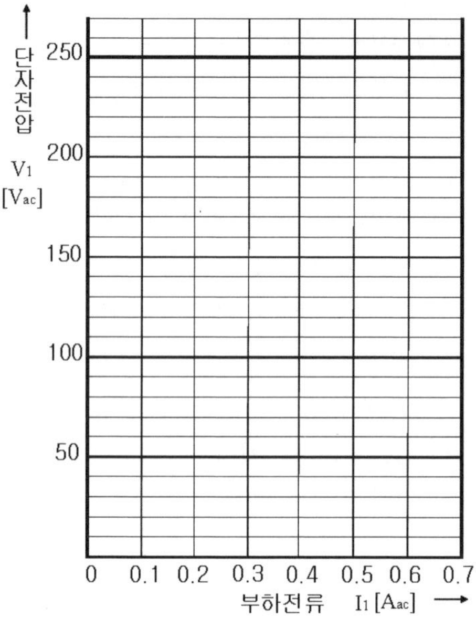

[그림 12-6] 외부특성곡선

*** 동기 발전기의 불평형 부하시의 실험 (이 실험은 생략해도 됨)**

(X_L=600[Ω]에서 연기가 발생할 수 있으므로 신속히 측정해야 함)

9. a) [그림 12-7]의 결선을 한다.

   b) 전원을 켠 후, 전동기의 속도가 1,800[rpm]이 되도록 직류전동기의 계자저항기를 조정한다.

   c) **유도성 리액턴스** X_L=600[Ω]에 나타나는 선간전압 V_{1-3} = 208[V_{ac}]가 될 때까지 동기 발전기의 직류 계자전류를 조정한다.

   다른 두 선의 선간전압 V_{2-3}와 V_{1-2}를 측정, 기록한다.

   V_{2-3} = _____[V_{ac}], V_{1-2} = _____[V_{ac}]

   상전압의 측정 ①

   Y 결선된 고정자권선의 각 상전압을 측정해서 기록한다.(상전압을 **테스터**로 측정)

   E_{1-4} = ______[V_{ac}], E_{2-5} = ______[V_{ac}], E_{3-6} =______[V_{ac}]

   상전압의 측정 ②

   계자저항기를 현 위치에 고정하고, 전원을 끈다. 세 개의 교류전압계를 고정자권선의 상전압을 측정하기위해 재 결선한다. 전원을 켠다. 각 상전압을 측정해서 기록한다.

   d) 전압을 0[V_{dc}]으로 한 후에 전원을 끈다.

   e) 단상부하가 큰 불평형을 초래했는가? 설명 : _____

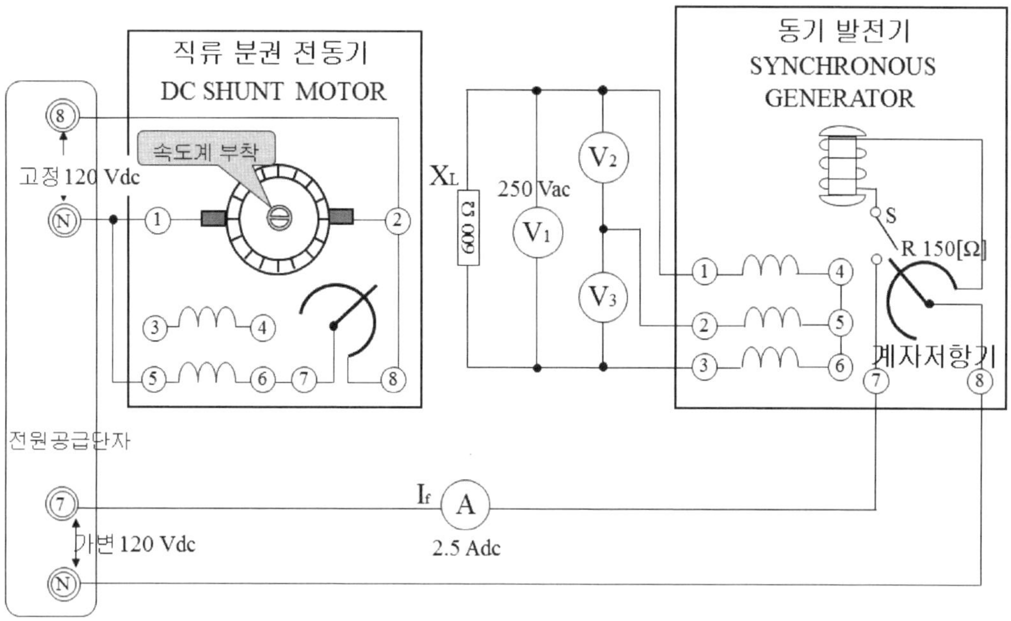

[그림 12-7] 동기 발전기의 불평형 부하시의 실험

5) 연구 및 검토

1. 용량성 리액턴스(X_C)부하를 증가하면 동기 발전기의 전압이 함께 증가하는 이유는?

   설명 : ______________________________

2. 동기기를 긴 송전라인(long transmission)에 결선하는 것이 위험한가?

   설명 : ______________________________

3. 동기 발전기의 자기여자 방지법에는 어떠한 방법이 있는가?

설명 :

4. 동기 발전기의 회전자가 정격전력일 때 높은 역률부하보다 낮은 역률부하에서 더 많은 열을 발생하는 이유는?

설명 :

5. 동기 발전기의 전기자 반작용은 역률에 따라 어떻게 변하는가?

설명 :

6. 동기 발전기에서 뒤진역률(유도성 부하)인 경우와 앞선역률(용량성 부하)인 경우에 전압변동률은 ?

설명 :

7. 만일 전력회사에서 큰 단상부하를 3상전력선에 결선했을 때, 부하가 평형임에도 불구하고 불평형 3상전력을 얻게 되는 이유는?

설명 :

실험 13. 동기 발전기의 동기화

1) 실험 목적

1. 동기검정등을 이용해서 동기 발전기를 동기화하는 방법
2. 부적절한 상 조건이 동기화 과정에 미치는 영향

2) 개 요

1. 동기발전기의 병렬운전에 필요한 조건

2대 이상의 발전기를 안정하게 병렬 운전시키려면, 각 발전기는 다음의 조건을 만족시킬 필요가 있다.

(a) 기전력의 크기가 같을 것 (b) 기전력의 위상이 같을 것
(c) 기전력의 주파수가 같을 것 (d) 기전력의 파형이 같을 것

(1) 기전력의 크기가 같지 않은 경우

2대의 동기발전기 G_A, G_B가 모선에 병렬로 접속되어 있을 때에, 두 발전기의 1상의 유도기전력 E_A[V] 및 E_B[V]가 $E_A = E_B$이면 전기자의 내부회로에는 순환전류가 흐르지 않는다.

그러나 G_A의 계자전류를 증가하면 $E_A > E_B$ 합성기전력 $\dot{E}_A + (-\dot{E}_B) = \dot{E}_r$[V]가 전기자의 내부회로에 작용하고 두 발전기 사이에 횡류 I_c[A]가 흐르게 된다.

이 I_c는 역률이 거의 0 인 무효전류이기 때문에 출력에는 관계가 없으며, 다만 두 발전기 사이를 순환하여 전기자권선에 저항손이 생기게 된다. 이 I_c을 **무효순환전류**라고 한다.

따라서 동기발전기의 병렬운전에서는 한쪽 계자전류를 증가하여 유도기전력을 증가시켜도 다만 무효순환전류가 흐르고, 계자를 강하게 한 발전기 G_A의 역률은 나빠지며, 발전기 G_B의 역률은 좋아져서 두 발전기의 역률이 변할 뿐 유효전력의 분담을 바꿀 수는 없다.

(2) 기전력의 위상이 다른 경우

2대의 발전기 G_A, G_B의 유도기전력이 서로 같고, 또 모선에 대하여 동일한 위상으로 병렬운전을 하던 중 G_A의 속도가 약간 상승했다고 하면, [그림 13-1]과 같이 $\dot{E}_A$은 δ 만큼 진행하여 $\dot{E}_A'$가 된다.

그러면 $-\dot{E}_B$와 $\dot{E}_A'$의 합성기전력 $\dot{E}_s$[V] 때문에 이보다 거의 $\pi/2$ 늦은 전류 $\dot{I}_s$[A]가 흐른다.

[그림 13-1]에서 아는 바와 같이 이 $\dot{I}_s$는 $\dot{E}_A{}'$와 거의 동일한 위상에 있기 때문에, G_A의 부하는 $E_1{}'I_s\cos\frac{\delta}{2}$[W] 만큼 증가하고, 따라서 회전속도는 감소하게 된다.

한편 $\dot{I}_s$와 $-\dot{E}_B$는 거의 π 의 위상차가 있기 때문에, G_B의 부하는 $E_B\, I_s\cos\frac{\delta}{2}$[W] 만큼 감소하고 따라서 회전속도는 상승한다. 즉 위상이 앞선 G_A는 위상이 늦은 G_B에 전력을 공급하고 자동적으로 $\dot{E}_A$, $\dot{E}_B$를 동일한 위상으로 유지하도록 작용한다. 이 $\dot{I}_s$는 거의 유효전류이며, **동기화전류**라고 한다.

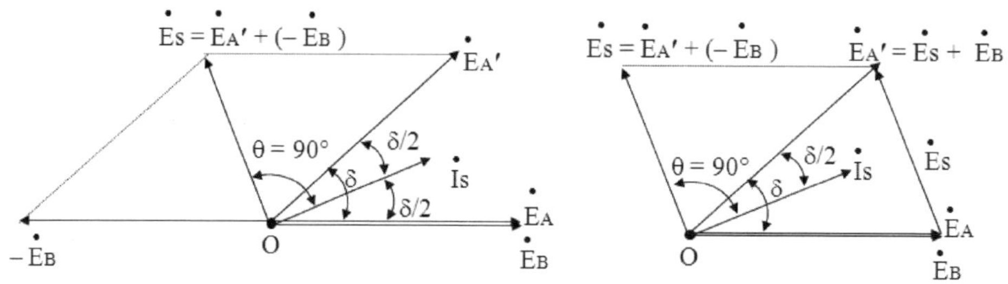

(a) 동기화전류 (b) 동기화력

[그림 13-1] 유도기전력의 위상이 다른 경우

동기화력 : [그림 13-1]의 (b)는 (a)에서 $|\dot{E}_A| = |\dot{E}_B| = |\dot{E}|$로 가정하고 동기임피던스 Z_s도 서로 같다고 하면, A, B의 두 발전기에서 1상의 수수전력 P는 다음과 같이 된다.

$$\therefore\ E_s = 2\times E\sin\frac{\delta}{2}\ ,\quad I_s = \frac{E_s}{2Z_s} \fallingdotseq \frac{E_s}{2x_s}\quad \because\ r_a \ll x_s \text{이므로 } Z_s = r_a + jx_s \fallingdotseq x_s$$

$$\therefore\ P = EI_s\cos\frac{\delta}{2} = E\cdot\frac{E_s}{2Z_s}\cdot\cos\frac{\delta}{2} = E\cdot\frac{2E\sin\frac{\delta}{2}}{2Z_s}\cdot\cos\frac{\delta}{2}$$

$$= \frac{E^2}{2Z_s}\cdot 2\sin\frac{\delta}{2}\cos\frac{\delta}{2} = \frac{1}{2Z_s}E^2\sin\delta$$

$$(\text{증명})\ 2\sin\frac{\delta}{2}\cos\frac{\delta}{2} = \sin\frac{\delta}{2}\cos\frac{\delta}{2} + \cos\frac{\delta}{2}\sin\frac{\delta}{2} = \sin\left(\frac{\delta}{2}+\frac{\delta}{2}\right) = \sin\delta$$

이 전력 P는 A기에 부하가 걸린 상태가 되므로 A기의 위상은 늦어지고(즉 속도가 늦어지고), B기에서는 부하가 감소한 상태로 되는 것으로 B기의 위상은 빨라져서(즉 속도가 빨라져서) A, B의 전압위상을 일치시켜서 동기속도로 되도록 작용한다.

이러한 작용은 $dP/d\delta$ 가 큰 만큼 효과가 크다. 다시 말하면, 동기화전류 I_s 에 의해서 상차각 δ 를 원상으로($\delta=0$ 으로) 복귀시키려는 힘 P_s 는 $P_s = dP/d\delta$ 로서 이것을 **동기화력**이라 한다.

$$P_s = \frac{dP}{d\delta} = \frac{d}{d\delta}\left(\frac{E^2}{2Z_s}\sin\delta\right) = \frac{E^2}{2Z_s}\cos\delta \fallingdotseq \frac{E^2}{2x_s}\cos\delta \;[\mathrm{W/rad}]$$

P_s 가 최대일 때는 $\delta=0$ 인 때이고, 수수전력 P 가 최대인 경우는 $\delta = 90^\circ$ 이다.

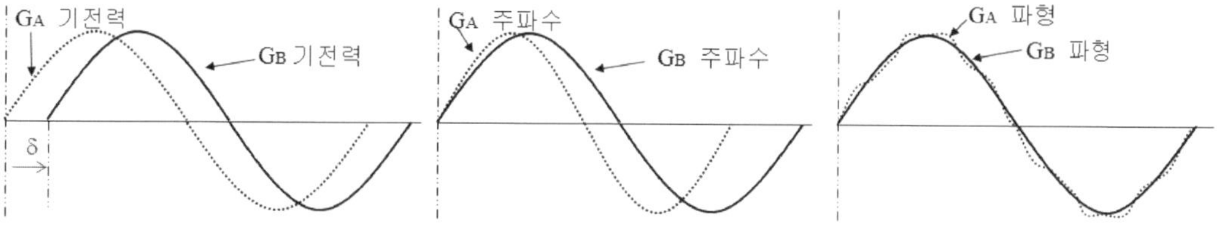

(a) 위상이 다를 때 (b) 주파수가 다를 때 (c) 파형이 다를 때

[그림 13-2] 기전력의 위상, 주파수 및 파형이 같지 않은 경우

(3) 기전력의 주파수가 같지 않은 경우

기전력의 주파수가 조금이라도 다르면, 기전력의 위상이 일치하지 않은 시간이 생기고 동기화전류가 두 발전기 사이에 서로 주기적으로 흐른다. 이와 같은 동기화전류의 교환이 심하게 되면 만족한 병렬운전이 되지 않고 난조의 원인이 된다.

(4) 기전력의 파형이 같지 않은 경우

두 기전력의 실효값이 같고 또 같은 위상이라도 그 파형이 다르면 각 순시의 기전력크기가 같지 않기 때문에 **고조파 무효순환전류**가 흐르고, 이것이 크면 전기자권선의 저항손이 증가하여, 과열의 원인이 되는 일이 있다.

실제로는 분포권 및 단절권을 사용해서 정현파가 되도록 설계되어 있으므로 실제의 운전에서는 (1), (2), (3)의 세 가지 조건만 생각하면 된다.

2. 병렬운전법

동기발전기의 병렬운전에 필요한 조건을 만족시키도록 발전기의 입력이나 여자를 조정하는 조작을 **동기조정** 또는 **동기화**라고 한다.

(1) **동기조정**

모선에 동기발전기를 접속하려면 동기기를 기동한 후에 계자전류를 조정하면서 유도기 전력의 크기, 위상, 주파수를 모선 측의 각각에 대한 값에 같도록 조정한 다음에 회로의 차단기를 닫아야 한다.

이 조건이 만족되지 않으면 차단기를 닫는 순간에 과대한 돌입전류가 생기고 이것이 심한 경우에는 차단기가 자동차단하든가 기계에 충격을 주게 된다.

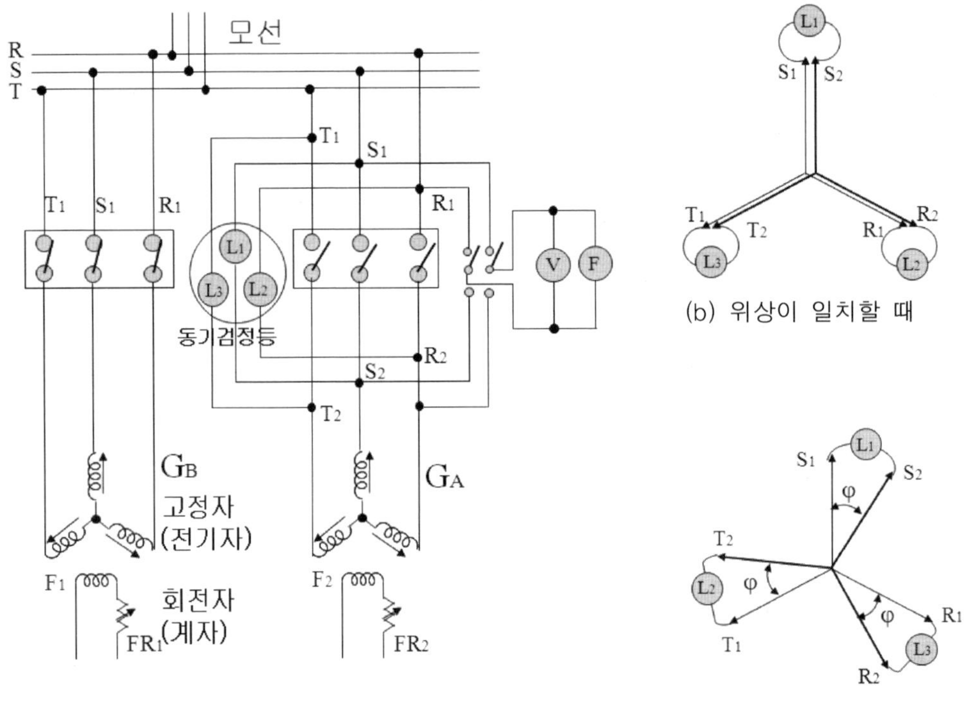

(b) 위상이 일치할 때

(a) 동기검정등{[그림13-4]에서 이 결선을 사용함}

(c) 위상이 다를 때

[그림 13-3] 동기검정등

전압은 전압계, 주파수는 주파수계로 알 수 있으나, 전압의 위상은 동기검정기로 알 수가 있다.

동기 검정기에는 여러 가지 방식이 있으나 가장 간단한 방법은 [그림 13-3]의 (a)와 같은 동기 검정등을 사용하는 방법이다. 이것은 3개의 백열전구 L_1, L_2, L_3 을 그림과 같이 접속하는 것이며, 동기발전기의 기전력이 모선의 기전력과 같게 되었다고 하면, 동기기의 회전수가 부적당한 동안에 전구는 점멸을 반복하나, 주파수와 위상이 일치하면 그림 (b)의 벡터도에서 아는 바와 같이 램프 L_1, L_2, L_3 은 소등된다.**{동기화상태}**

따라서 그림 (b)의 상태로 된 순간에 차단기를 투입하면 돌입전류는 흐르지 않는다.

위상이 φ만큼 떨어져 있을 때에는 그림 (c)와 같이 L_1, L_2, L_3은 동시에 점멸하는데 점멸하는 점멸횟수가 처음에는 빈번하다가 동기 발전기의 속도를 조정하면 점멸횟수가 점점 줄어들게 된다. 동기속도로 운전하면 점멸횟수가 멈추게 되고 이 때의 동기발전기의 주파수는 모선의 주파수와 같은 상태이다. 즉 두 동기 발전기는 **같은 위상에 있는 상태**이다.

3) 장비 및 부품

전원공급장치(208[V_{ac}]**3ϕ**, 120[V_{dc}], 0−120V_{dc}])	EMS 8821	리드선	EMS 8951
동기전동기/발전기	EMS 8241	회전 속도계	EMS 8920
교류전압계 (250/250[V_{ac}])	EMS 8426	타이밍 벨트	EMS 8942
교류전류계 (2.5[A_{ac}])	EMS 8425	동기스위치	EMS 8621
직류전동기/발전기	EMS 8211		

4) 실험 순서

1. 동기발전기, 직류전동기, 동기스위치, 전원공급 장치, 전압계, 전류계 등을 이용하여 [그림 13-4]의 회로를 꾸민다.
(이 실험에서 사용하는 동기발전기를 G_A, 전력회사 측을 G_B라고 가정함)
동기 발전기의 출력은 동기스위치를 지나 전원공급 장치의 3ϕ 고정 208[V_{ac}] 단자(①, ②, ③)으로 결선한다.
동기 발전기의 회전자(계자권선)는 전원공급 장치의 가변 120[V_{dc}] 단자 ⑦과 Ⓝ과 결선한다.
직류분권전동기는 전원공급 장치의 고정 120[V_{dc}] 단자 ⑧과 Ⓝ과 결선한다.

2. a) 타이밍벨트를 사용하여 직류전동기와 동기 발전기를 커플링 한다.
b) 직류 전동기의 계자전류를 최대로 하려고 계자 저항기를 시계방향으로 끝까지 돌린다.(최소 계자 저항 0[Ω]) 최저속도
c) 만일 동기발전기에 스위치 S가 장착되어 있지 않으면, 동기 발전기의 계자저항기를 반시계방향으로 끝까지 돌린다. (최대저항으로 하기 위해서) 최소계자전류
d) 만일 동기발전기에 스위치 S가 장착되어 있으면, 이 순간 열어둔다.
e) 동기스위치를 열어둔다(우측으로 닫으면 off됨).

*** 동기 발전기와 전력회사의 동기화 실험**

3. a) 전원을 켠 후에 직류전동기의 계자저항기를 조정해서 계자전류가 변하면 직류전동기의 속도가 변한다$\left(n = k\dfrac{V - I_a R_a}{\Phi}\right)$. 속도를 조정해 가면 동기 발전기의 **위상**을 조정할 수 있다.

b) 만일 L_1, L_2, L_3 가 서로 다르게 교대로 점멸한다면, 상순이 잘못된 것이다. 전원을 끈 후, 동기 발전기의 고정자 단자 중에서 임의의 두 단자를 서로 바꾸어 결선한다.

c) 세 개의 동기 검정등이 동시에 점멸하게 되면 **상순이 서로 일치한 상태**이다.

d) 만일 동기발전기에 스위치 S가 장착되어 있으면 닫아둔다.
(이 때 속도계와 전압계(V_1)의 지침이 진동하고 세 개의 동기 검정등이 동시에 점멸하게 된다.)

e) 점멸횟수가 서서히 멈출 때까지 직류 전동기의 계자저항기를 조정하여 속도가 1,800 [rpm]이 되도록 재조정한다.
이 때의 세 개의 동기 검정등의 밝기가 똑같은 상태가 되고 점멸횟수가 멈추면 4극인 동기 발전기의 주파수 $f = \frac{1,800 \times P}{120} = \frac{1,800 \times 4}{120} = 60[\mathrm{Hz}]$는 전력회사의 주파수와 같은 상태이다. 즉 동기 발전기와 전력회사 측의 전압은 **같은 위상에 있는 상태**이다. {참조 [그림 13-3] (b)의 위상이 일치}

f) 세 개의 동기 검정등이 똑같이 밝으면 **기전력의 크기가 다른 상태**이다. 동기 발전기의 계자권선의 전압과 계자저항기를 조정해서 계자전류를 조정해서 밝기가 어두워지면(소등) 동기 발전기의 전압 V_1과 전력회사 측의 전압 V_2가 일치한 상태이다. 즉 **기전력의 크기가 같은 상태이다.**

g) 세 개의 동기 검정등이 소등되면 **동기화가 완성된 상태**이다.

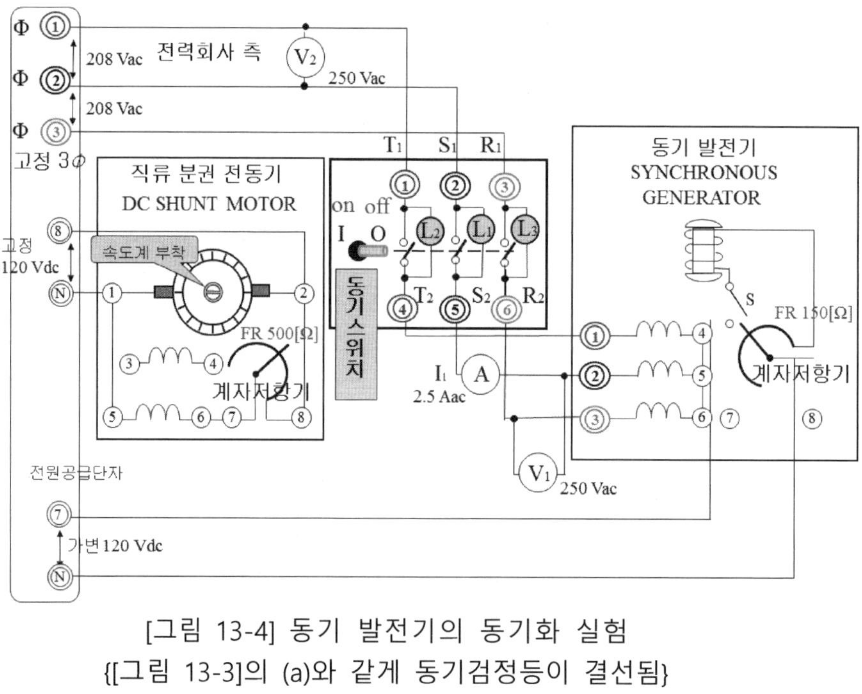

[그림 13-4] 동기 발전기의 동기화 실험
{[그림 13-3]의 (a)와 같게 동기검정등이 결선됨}

*** 동기 발전기와 전력회사 측의 전압의 위상이 같을 때와 약간 같을 때의 실험**

4. a) 동기화가 완성된 상태(세 개의 동기 검정등이 소등, **위상이 같을 때**)에서 동기스위치를 좌측(on상태)으로 닫고, 그 순간 I_1의 움직임을 주목한다.

설명 : ______________________________

b) 동기스위치를 열어둔다(우측으로 닫으면 off됨).

직류전동기의 계자저항기를 조정해서 직류전동기의 속도를 1,750[rpm]이 되도록 재조정한 후에 (세 개의 동기 검정등이 희미할 때, **위상이 약간 같을 때**) 동기스위치를 좌측(on상태)으로 닫고, 그 순간 I_1의 움직임을 주목한다.

설명 : ______________________________

c) 동기스위치를 열어둔다(우측으로 닫으면 off됨).

*** 동기 발전기의 기전력 크기를 변경할 때의 실험**

5. a) 동기화가 완성된 상태에서 동기 발전기의 출력전압 V_1 =240[V_{ac}]가 될 때까지 동기 발전기의 계자전류를 조정한다.

b) 세 개의 동기 검정등이 가장 희미해 질 때 동기스위치를 좌측(on상태)으로 닫고, 그 순간 I_1에 미치는 영향을 살펴본다.

설명 : ______________________________

c) 동기스위치를 열어둔다(우측으로 닫으면 off됨).

d) 전압을 0[V_{dc}]으로 한 후에 전원을 끈다.

*** 동기 발전기의 상순을 반대로 할 때의 실험**

6. a) 분권 전동기의 계자단자를 서로 바꾸어서 결선하면, 전동기의 회전방향이 반대 로 회전하게 된다. 그러면 [그림 13-5]와 같이 전력회사 측의 상순과 동기 발전기의 **상순이 서로 반대로 된다.**

b) 전원을 켠 후에 직류 전동기의 속도가 1,800[rpm]이 되도록 계자저항기를 조정한 후에 동기 발전기의 출력전압 V_1 =208[V_{ac}]가 될 때까지 동기 발전기의 계자전류를 조정한다.

c) 불빛이 어떻게 나타나는가? 설명 : 불빛이 순차적으로 점멸한다.

d) 이를 어떤 의미로 해석해야 하는가?

설명 : 전력회사의 상순(phase sequence)과 동기 발전기의 상순은 다르다.

e) 동기스위치를 좌측(on상태)으로 닫고, 그 순간 I_1의 움직임을 주목한다.

설명 : 고정자 전류는 일순간 2.0[A_{ac}]로 올랐다가 다시 0[A_{ac}]이 된다.

f) 전압을 0[V_{dc}]으로 한 후에 전원을 끈다.

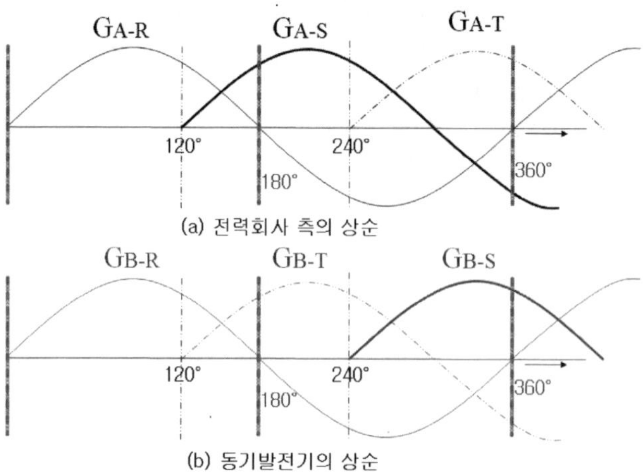

[그림 13-5] 한전측의 상순과 동기 발전기의 상순이 서로 반대일 때의 파형

5) 연구 및 검토

1. 동기 발전기를 기존의 3ϕ 전력선과 동기화시키는 조건은 ?

   설명 : ______________________________

2. 동기 발전기를 전력선과 동기화시키는 과정에서 동기 발전기가 기계적으로 심하게 손상될 수 있다. 이것이 발생될 수 있는 2가지 조건은?

   설명 : a) ______________________________ , b) ______________________________

3. 3ϕ 발전기를 병렬 운전하는 경우에 필요한 4가지의 조건을 쓰시오.

   설명 : ______________________________

기사문제

4. 10,000[kVA], 11[kV], 동기임피던스가 5[Ω]인 두 대의 동기발전기가 병렬운전 중에 각 상의 유도기전력사이에 30° 의 위상차가 생겼다면 이때의 동기화 전류와 1상의 수수전력은 얼마인가 ?

   설명 : ______________________________

실험 14. 동기 발전기의 전력(장시간 소요됨. 생략 가능)

1) 실험 목적

1. 동기 발전기에 의해 전달된 전력과 직류 계자전류의 효과
2. 원동기의 속도증가에 따른 동기 발전기의 역할

2) 개 요

전력회사에 설치된 대부분의 동기 발전기는 병렬로 결선되어 배전계통 망을 통해 수용가에 전력을 공급한다. 새로운 동기 발전기의 추가로 설치하여도 기존의 주파수와 전압의 값이 변경되지는 않는다.

1. 동기 발전기에서 직류 계자전류(I_f)를 가감할 때

동기 발전기는 그 공극 내에 일정한 자속을 갖는다. 공극의 자속은 회전자에 흐르는 직류 계자전류 I_f 에 의한 회전자의 기자력과 고정자(전기자)의 3ϕ 교류전류에 의해 형성되는 고정자의 기자력에 의해 결정된다.

만일, 직류 계자전류 I_f 가 필요로 하는 자속보다 자속을 크게 발생하면, 고정자는 **진상 무효전력**(leading reactive power)을 **인입**(drawing)하여 동기 발전기는 3ϕ **콘덴서**처럼 보인다. {실험순서 4에서 실험을 함}

역으로, 만일 직류 계자전류 I_f 가 필요로 하는 자속을 발생시키기에 충분치 못하면, 고정자는 **지상 무효전력**(lagging reactive power)을 **인입**(drawing)함으로써 자속의 부족분을 보충하여야 한다. 이 때에 동기 발전기는 3ϕ **리액터**처럼 보인다.

{실험순서 5에서 실험을 함}

2. 원동기(직류 전동기를 사용)**가 동기 발전기의 회전자에 속도를 증가할 때**

원동기의 속도와 토크를 곱한 값($P = 2\pi n \tau$[W])이 동기 발전기에 전달되는 기계적 에너지이며, 이 값이 동기 발전기가 발생한 전력이다. 더 빠른 속도가 공급될수록 한계점(limit)에 이르기 전까지는 동기 발전기에 의해 발생하는 유효전력이 커진다.

{실험순서 8에서 실험을 함}

원동기(직류 전동기를 사용)가 동기 발전기로의 구동 토크 전달을 중지할 때, 동기 발전기는 동기전동기
로서 동작해서 원동기에 기계적 에너지를 전달한다.

3) 장비 및 부품

전원공급장치(208[V_{ac}]3ϕ, 120V_{dc}],0-120V_{dc}])	EMS 8821	리드선	EMS 8951
동기전동기/발전기	EMS 8241	회전 속도계	EMS 8920
교류전압계 (250/250[V_{ac}])	EMS 8426	타이밍 벨트	EMS 8942
교류전류계 (2.5/2.5[A_{ac}])	EMS 8425	동기스위치	EMS 8621
직류전동기/발전기	EMS 8211	3ϕ 전력계	EMS 8441
직류전압전류계 (2.5[A_{dc}])	EMS 8412		

4) 실험 순서

1. 동기발전기, 직류 분권전동기(원동기로 사용), 동기스위치, 전원공급 장치, 전압계, 전류계를 사용하여 [그림 14-1]과 같이 결선한다. 동기 발전기의 출력은 전력계와 동기스위치를 지나 전원공급 장치의 3ϕ 고정 208[V_{ac}] 단자①, ②, ③으로 결선한다.
   동기 발전기의 회전자는 전원공급 장치의 가변 120[V_{dc}]단자 ⑦과 Ⓝ으로 결선된다. 직류 분권전동기는 고정 120[V_{dc}] 단자 ⑧과 Ⓝ으로 결선한다.

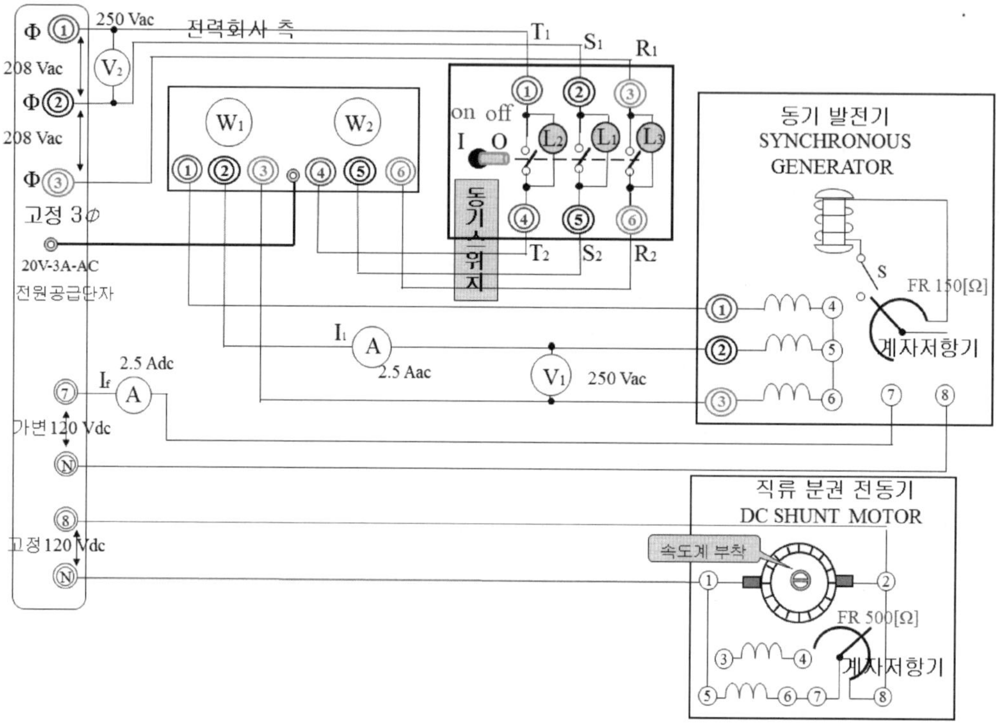

[그림 14-1] 동기 발전기의 전력

2. a) 타이밍벨트를 사용하여 직류 분권전동기와 동기 발전기를 커플링 한다.
   b) 직류전동기의 계자전류를 최대로 하려고 계자 저항기를 시계방향으로 끝까지 돌린다.(최소 계자 저항 0[Ω]) 최저속도
   c) 만일 동기전동기에 스위치 S가 장착되어 있지 않으면, 동기 발전기의 계자전류를 최소로 하기위해서 계자 저항기를 반시계방향으로 끝까지 돌린다. (최대저항 150[Ω])
   d) **동기스위치**를 열어둔다.(우측으로 닫으면 off됨).

* 동기발전기를 전력선과 동기화한 경우(실험시간이 많이 소요됨)

3. a) 전원을 켠 후, 전동기의 속도가 1,800[rpm]이 되도록 직류 분권전동기의 계자 저항기를 조정한다.
   b) 만일 동기발전기에 스위치 S가 장착되어 있으면, 이 순간 닫는다.

c) 동기 발전기의 출력전압이 V_1 = 208[V_{ac}]가 될 때까지 동기 발전기의 계자전류를 조정한다.

d) 동기 발전기를 전력회사 측과 **동기화**시킨 후{[그림 13-4] 동기 발전기의 동기화 실험에서 실험한 과정을 숙지하고 다시 실행함} V_1, I_1, I_f, W_1, W_2, V_2를 측정해서 [표 1]에 기록한다.

V_1 =208 [V_{ac}], I_1 =0.01 [A_{ac}], I_f =0.6 [A_{dc}], W_1 =0[W], W_2 =0[W], V_2 =208 [V_{ac}]

e) **동기스위치**를 좌측으로(on상태) 닫는다.

f) 두 전력계 지시값의 합은 3상전력이므로 이 값이 0[W]가 될 때까지 분권전동기의 속도와 동기 발전기의 계자전류 I_f를 조절한다. V_1, I_1, I_f, W_1, W_2, V_2를 측정해서 [표 1]에 기록한다.

V_1 =208 [V_{ac}], I_1 =0.02 [A_{ac}], I_f =0.58[A_{dc}], W_1 =4 [W], W_2 =−4 [W], V_2 =208 [V_{ac}]

*** 직류 계자전류(I_f)만을 서서히 증가시킨 경우(실험시간이 많이 소요됨)**

4. a) I_1 = 0.33[A_{ac}](정격전류)가 될 때까지 동기 발전기의 직류 계자전류 I_f만을 서서히 증가시킨다. V_1, I_1, I_f, W_1, W_2, V_2를 측정해서 [표 1]에 기록한다.

V_1 =208 [V_{ac}], I_1 =0.33[A_{ac}], I_f = 0.65[A_{dc}], W_1 =−8 [W], W_2 =12 [W], V_2 =208 [V_{ac}]

b) 동기 발전기에 의해 전달된 피상전력과 유효전력을 계산하시오.

피상전력 : $\sqrt{3}\ V_1 I_1 = \sqrt{3} \times (208) \times (0.33) = 119[VA]$

유효전력 : $W_1 + W_2 = (-32) + (32) = 0[W]$

c) 직류 계자전류(I_f)의 증가는 동기 발전기에 의해 전달된 유효 또는 무효전력 중 어느 것에 영향을 주는가? 설명 : 무효전력

d) 무효전력은 진상인가? 지상인가? 설명하시오. 설명 : 무효전력은 진상이다.

f) 전압을 0[V_{dc}]으로 한 후에 전원을 끈다.

*** 직류 계자전류(I_f)만을 서서히 감소시킨 경우(실험시간이 많이 소요됨)**

5. 두 전력계 지시값의 합이 0[W]가 될 때까지 실험순서 3의 **동기화**를 반복한다.

6. a) I_1 = 0.33[A_{ac}]가 될 때까지 동기 발전기의 직류 계자전류 I_f만을 서서히 감소시킨다. V_1, I_1, I_f, W_1, W_2, V_2를 측정해서 [표 1]에 기록한다.

V_1 =210 [V_{ac}], I_1 =0.33[A_{ac}], I_f =0.56[A_{dc}], W_1 =8 [W], W_2 = 0[W], V_2 =208 [V_{ac}]

b) 동기 발전기에 의해 전달된 피상전력과 유효전력을 계산하시오.

피상전력 : $\sqrt{3}\ V_1 I_1 = \sqrt{3} \times (210) \times (0.33) = 120[VA]$

유효전력 : $W_1 + W_2 = (22.5) + (-20) = 2.5[W]$

c) 계자전류의 감소가 동기 발전기에 의해 전달된 유효 또는 무효전력 중 어느 것에 영향을 주는가? 설명 : 무효전력

d) 무효전력은 진상인가? 지상인가? 설명하시오. 설명 : 무효전력은 지상이다.

[표 1] 동기 발전기의 전력실험 결과

		V_1 [V_{ac}]	I_1 [A_{ac}]	I_f [A_{dc}]	W_1 [W]	W_2 [W]	V_2 [V_{ac}]	유효전력 [W]	피상전력 [VA]
실험 3	d) **동기화**시킨 후	208	0.01	0.6	0	2	~~208~~	2	3.6
	f) **동기스위치**를 좌측 (on상태)	208	0.2	0.58	4	−4	208	0	72
실험 4	b) I_f 을 증가시킨 경우	208	0.33	0.65	−8	−12	208	−20	119
실험 6	b) I_f 을 감소시킨 경우	208	0.33	0.56	8	0	208	8	119

* **직류전동기의 속도를 증가시킨 경우(실험시간이 많이 소요됨)**

7. a) **동기스위치**를 열어둔다.(우측으로 닫으면 off됨).

   b) 두 전력계 지시값의 합이 0[W]가 될 때까지 실험순서 3의 **동기화**를 반복한다.

   {[그림 13-4] 동기 발전기의 동기화 실험에서 실험한 과정을 다시 실행함}

   c) **동기스위치**를 좌측으로(on상태) 닫는다.

8. a) I_1 = 0.33[A_{ac}]가 될 때까지, 직류전동기의 직류 계자전류를 약간 감소시켜서 속도를 증가시킨다. V_1, I_1, I_f, W_1, W_2, V_2를 측정해서 [표 2]에 기록한다.

   V_1 = 210[V_{ac}], I_1 = 0.33[A_{ac}], I_f = 0.58[A_{dc}], W_1 = −10 [W], W_2 = −10 [W], V_2 = 208 [V_{ac}]

   b) 동기 발전기에 의해 전달된 피상전력과 유효전력을 계산하시오.

   피상전력 : $\sqrt{3}\ V_1 I_1 = \sqrt{3} \times (210) \times (0.33) = 119[\text{VA}]$

   유효전력 : $W_1 + W_2 = (-10) + (-10) = -20[\text{W}]$

   c) 속도의 증가가 동기 발전기에 의해 전달된 유효 또는 무효전력 중 어느 것에 영향을 주는가? 설명 : 유효전력

* **동기 발전기의 역률이 50[%]에서 직류 계자전류(I_f)를 가감할 때**

(실험시간이 많이 소요됨)

9. 실험순서 7의 과정을 다시 실행한다.

10. 동기 발전기가 역률이 50[%]일 때의 유효전력 60[W]을 전달하게끔 직류전동기의 속도와 동기 발전기의 직류 계자전류 I_f 를 조정한다.

    V_1, I_1, I_f, W_1, W_2 를 측정해서 [표 2]에 기록한다.

    $$(\cos\theta = \frac{\text{유효전력}}{\text{피상전력}} \times 100 = \frac{60}{120} \times 100 = 50[\%])$$

    a) 과여자(over-excited)된 동기 발전기 : 이 때에는 3ϕ **콘덴서**처럼 보인다.

    V_1, I_1, I_f, W_1, W_2 를 측정해서 [표 2]에 기록한다.

    b) 부족여자(under-excited)된 동기 발전기 : 이 때에는 3ϕ **리액터**처럼 보인다.

    V_1, I_1, I_f, W_1, W_2 를 측정해서 [표 2]에 기록한다.

*** 동기 발전기가 무효전력 120[Var]의 3ϕ 콘덴서로 동작할 때**

(실험시간이 많이 소요됨)

11. 동기 발전기가 무효전력 120[Var]를 갖는 완전한 3ϕ **콘덴서**로서 동작하게끔 직류전동기의 속도와 동기 발전기의 직류 계자전류(I_f)를 조정한다.

(무효전력이 120[Var]가 되도록 하려면 유효전력은 0[W]일 때이다. $\cos\theta = 0[\%]$)

V_1, I_1, I_f, W_1, W_2 를 측정해서 [표 2]에 기록한다.

*** 동기 발전기가 무효전력 120[Var]의 3ϕ 인덕턴스로 동작할 때**

(실험시간이 많이 소요됨)

12. 동기 발전기가 무효전력 120[Var]를 갖는 완전한 3ϕ **리액터**로서 동작하게끔 직류전동기의 속도와 동기 발전기의 직류 계자전류 I_f 를 조정한다.

(무효전력이 120[Var]가 되도록 하려면 유효전력은 0[W]일 때이다. $\cos\theta = 0[\%]$)

V_1, I_1, I_f, W_1, W_2 를 측정해서 [표 2]에 기록한다.

[표 2] 동기 발전기의 전력실험 결과

		V_1 [V_{ac}]	I_1 [A_{ac}]	I_f [A_{dc}]	W_1 [W]	W_2 [W]	유효전력 [W]	피상전력 [VA]
실험 8	속도를 **증가**시킨 경우	208	0.33	0.58	−10	−10	−20	119
실험 10	역률 50[%], 60[W]인 경우	208	0.88	0.58	−32	−28	−60	317
실험 10 a)	과여자된 동기발전기	208	1.23	07	−50	−10	−60	443.1
실험 10 b)	부족여자된 동기발전기	208	1.27	0.48	−18	−45	−63	457.5
실험 11	역률 0[%], 0[W]인 경우 동기발전기가 **콘덴서**역할	208	0.8	0.7	−20	22	2	288.2
실험 12	역률 0[%], 0[W]인 경우 동기발전기가 **리액터**역할	208	0.46	0.55	8	−8	0	165.7

5) 연구 및 검토

1. 원동기에 의해 구동되는 동기 발전기는 역률 95[%], 10,000[KVA]인 전력을 부하에 공급한다.

a) 만일 계자전류가 감소된다면, 피상전력은 증가할 것인가? 또는 감소할 것인가?

설명 : 유효전력은 변함이 없고, 뒤진 무효전류가 증가되므로 무효전력도 증가되기 때문에 피상전력도 증가된다.

b) 만일 계자전류가 증가된다면, 피상전력은 증가할 것인가 또는 감소할 것인가?

설명 : 유효전력은 변함이 없고, 앞선 무효전류가 증가되므로 무효전력도 증가되기 때문에 피상전력도 증가된다.

실험 15. 동기전동기의 구조와 기동특성

1) 실험 목적

동기전동기의 구조를 알아보고 기동방법 및 기동특성을 이해한다.

2) 개 요

고정자(전기자) 권선에 교류의 3상 전원을 공급하면 고정자권선을 감은 방법에 따라 극수 P가 형성되며, 이 극이 회전하는 것을 **회전자계**라고 하며 회전자계의 속도는 **동기속도**(N_s)라고 한다.

$$N_s = \frac{120f}{P}[\text{rpm}]$$ 단, f : 주파수[Hz], P : 고정자 극수(전기자권선의 극수)

유도전동기와 마찬가지로 동기전동기는 회전자계를 이용한다. 그러나 유도전동기와는 달리 발생토크는 회전자내의 유도전류(2차전류 I_2)에 의존하지 않는다.

직류 계자전류 I_f가 회전자권선에 가해지면 N극과 S극이 형성되는데 이것을 **회전계자형**이라고 한다. 고정자의 회전자계와 회전자의 자극간에 흡인력이 작용하여 회전자가 회전자계와 같이 동기속도로 회전하게끔 만들어져 있다.

동기전동기는 기동시에 회전자가 정지상태에서 갑자기 동기속도로 진입할 수가 없으므로 기동토크가 거의 0이며 자체적으로 기동을 할 수가 없다.

그러므로 동기전동기들은 기동장치를 필요로 한다. 회전자의 표면에 **제동권선**(유도전동기의 농형권선과 같은 모양)을 설치해서 유도전동기의 원리로서 기동이 된다. 이 제동권선은 난조를 방지하는 역할도 한다.

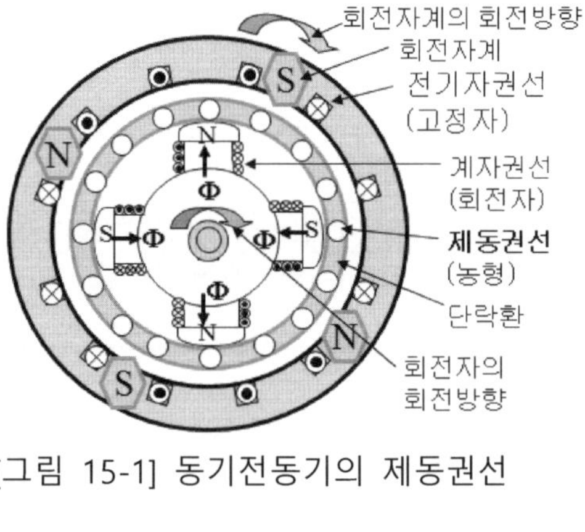

[그림 15-1] 동기전동기의 제동권선

3) 장비 및 부품

전원공급장치 (0-120/208[V_{ac}], 3ϕ)	EMS 8821	리드선	EMS 8951
동기전동기/발전기	EMS 8241	회전 속도계	EMS 8920
교류전압계 (250/250[V_{ac}])	EMS 8426	타이밍 벨트	EMS 8942
교류전류계 (2.5/8[A_{ac}])	EMS 8425	전기동력계	EMS 8911

4) 실험 순서

1. 동기전동기, 슬립링, 계자저항기, 결선단자, 결선 등에 주목하면서 구조를 살펴본다.
   가) 모듈의 뒷면으로부터 전동기를 볼 때
      a) 2개의 슬립링과 브러시를 찾아보고 브러시는 이동하지 않는 것을 확인한다.
      b) 회전자의 표면에 있는 **제동권선**(damper winding)을 찾고, 그 밑에 있는 4개의 돌극(철극)을 찾는다.
      c) 고정자 권선을 찾고 이 권선이 3상 농형 유도전동기와 권선형 유도전동기의 고정자권선과 같다는 것을 확인한다.
   나) 모듈의 표면판을 볼 때
      a) 3개의 분리된 고정자권선은 각각 단자 1과 4, 단자 2와 5, 단자 3과 6에 연결되어 있다.
      b) 고정자 권선의 정격 상전압은 120[V_{ac}], 정격전류(I_{1n})는 0.8[A_{ac}]이다.
      c) 정격전압이 120[V_{dc}]인 회전자권선은 150[Ω]의 계자저항기과 직렬로 해서 단자 7과 8에 연결되어 있다.
      d) 동기전동기의 정격속도는 1,800[rpm], 출력은 1/4 [HP] = 186.5[W]이다.

*** 동기전동기가 제동권선에 의해 기동하는 상태**

2. [그림 15-2]와 같이 결선하는데 고정자권선(Y결선)은 3ϕ 고정 208[V_{ac}] 단자 ①, ②, ③과 결선한다.
3. 고정자에 3ϕ 고정 208[V_{ac}]을 공급하면 동기전동기는 원활하게 회전을 하는데 이것은 제동권선이 유도전동기의 **농형**으로 작용하여서 기동이 되는 것이다. 이 때에는 시계방향으로 회전하며 고정자에는 1.3[A_{ac}]전류가 흐른다. 전원을 끈다.

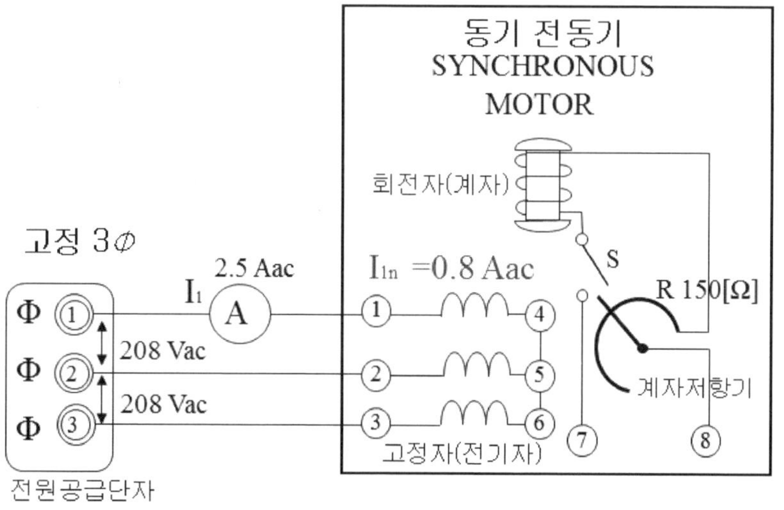

[그림 15-2] 동기전동기가 제동권선에 의해 기동하는 상태

*** 역회전** - 3상 동기전동기나 3상 유도전동기를 [그림 15-3]과 같이 1차측의 3선중 임의의 2선을 바꾸면 1차권선에 흐르는 3상 교류의 상회전이 반대로 되기 때문에 회전자계의 회전방향이 바뀐다.

따라서 전동기의 회전방향이 반대 방향으로 역전된다. 이 때에도 고정자에는 1.3[A_{ac}]전류가 흐르는 것을 확인해 보고 전원을 끈다.

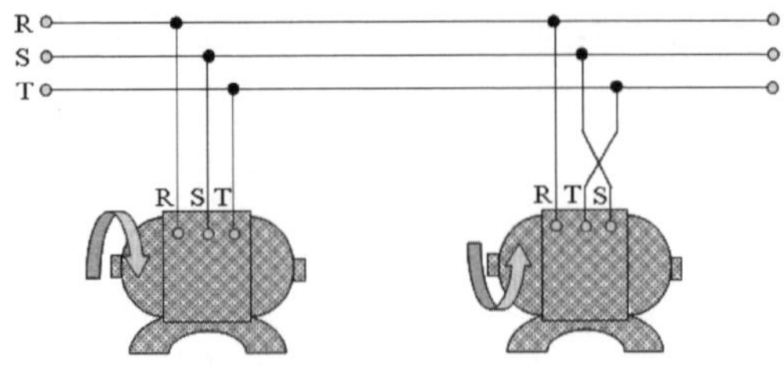

(a) 바른회전 (b) 역회전

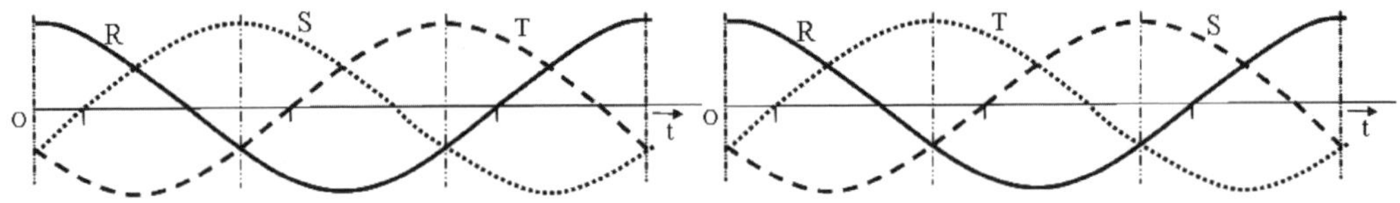

(c) 바른회전시의 상회전 (d) 역회전시의 상회전

[그림 15-3] 역회전 방법

*** 동기전동기의 계자권선을 여자상태에서의 실험(기동이 되지 않음)**

4. [그림 15-4]의 실험을 하기위해서 타이밍벨트를 사용하여 동기전동기와 전기동력계를 커플링 한다.

5. a). 전기동력계는 전원공급 장치의 고정 120[V_{ac}]출력 단자 ①과 Ⓝ으로 결선한다.
전기동력계의 토크조절기를 40[%]의 위치에 회전시켜 둔다.(이 상태는 동기전동기에 기계적 부하를 전기동력계로 걸은 상태가 된다)
   b) 동기전동기의 회전자는 전원공급 장치의 고정 120[V_{dc}] 단자 ⑧과 Ⓝ으로 결선하고, 동기 전동기의 계자전류를 최대로 하기위해서 계자 저항기를 시계방향으로 끝까지 돌린다. (최소 계자 저항 0[Ω]) 회전자자속 최대
   c) 동기 전동기의 회전자 스위치 S를 닫는다.

6. a) 고정자에 전원을 넣는다.(**주의! 전원을 10초이내 동안만**)
   b) 부하가 있을 때 전동기는 기동되지 않는다. 진동을 하며 덜컹거릴 뿐이다.
   c) 고정자의 전류는 4.5[A_{ac}]부근에서 오르내린다. 전원을 끈다.
   d) 이 실험에서 동기전동기는 부하가 있을 때 회전자 권선에 계자전류를 공급해서 기동시키지는 않는다는 것을 알았다.

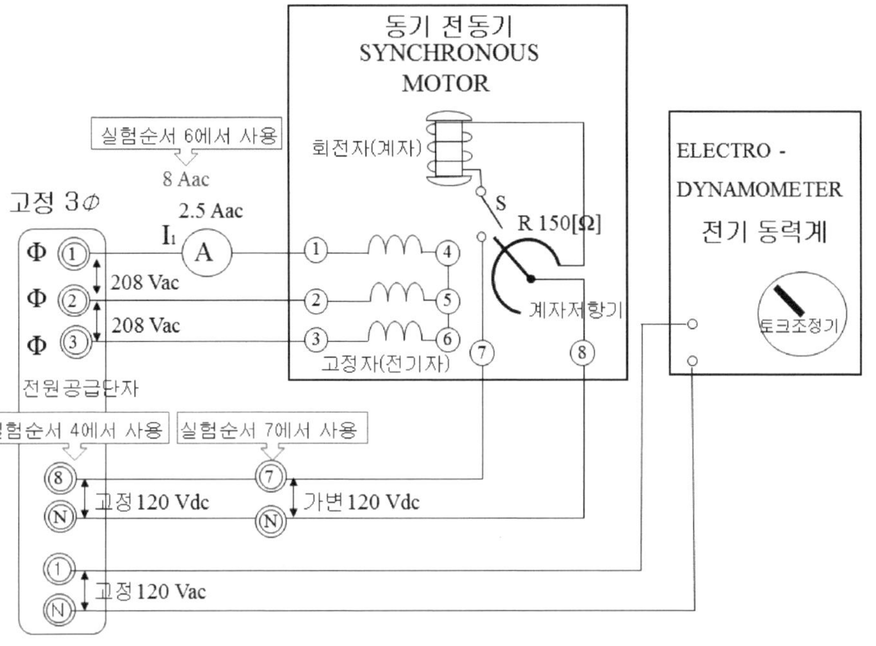

[그림 15-4] 실험순서 4. 5. 6동기전동기의 계자권선을 여자상태에서의 실험(기동불가)
실험순서 7. 제동권선에 의해 기동한 후에 동기전동기로 된 상태

*** 제동권선에 의해 기동한 후에 동기전동기로 된 상태**

7. [그림 15-4]의 회로에서

a) 동기전동기의 회전자 단자 7과 8을 전원공급 장치의 고정 120[V_{dc}] 단자 ⑧과 Ⓝ의 단자에서 가변 120[V_{dc}] 단자 ⑦과 Ⓝ으로 결선을 바꾼다.
동기전동기에 기계적인 부하를 최소로 걸어주기 위해서 전기동력계의 토크조절기를 반시계방향으로 끝까지 돌린다.

b) 동기전동기의 회전자 스위치 S를 열어둔다.(이 때 제동권선은 유도전동기의 농형과 같이 동작하여 기동한다.)

c) 고정자에 3상 전력을 공급하며 변화를 관찰한다.

e) 회전자의 직류전압을 0[V_{dc}]으로 놓은 후 스위치 S를 닫으면 동기전동기로서 동작하며, 회전자의 전압을 120[V_{dc}]로 조정하면 동요하는 고정자전류는 1.5[A_{ac}]로 감소된다.

f) 전압을 0[V_{dc}]으로 한 후에 전원을 끈다.

측정값의 환산방법

* 1[lbf] = 4.448[N], 1[in] = 0.025[m] 이므로 1[lbf·in] = 0.113 [N·m]이다.

* 3상전동기의 피상전력은 $\sqrt{3}\ V_1\ I_1$[VA] 이다. * $\tau = \frac{P_o}{2\pi n}$[N · m]이다

*** 유도 동기전동기로 기동 실험**

8. a) [그림 15-5]와 같이 결선한다. 동기전동기에 최대 기동부하를 걸어주기 위해서 전기동력계의 토크조절기를 시계방향으로 끝까지 돌린다.
   b) 동기전동기의 회전자 스위치 S를 닫는다.
   (전압계의 내부저항 R_V는 매우 큰 값(수만 [Ω])이며 이 때는 유도전동기의 권선형인 상태에서비례추이에 의해 2차저항을 크게 해서 기동토크를 크게 한 상태와 같다)
   c) 전원을 켠 후, V_1, V_2, I_1와 기동토크를 신속히 측정한다. 전원을 끈다.
   V_1 =______[Vac], V_2 =________[Vac], I_1 =______[Aac],
   기동토크= _______[lbf·in] × 0.113= _________[N·m]

9. 기동토크시 동기 전동기의 피상전력은? $\sqrt{3}$ × _____× _____ = ________[VA]

10. 동기 전동기의 동기속도가 1,800[rpm]이고 1/4 [HP : 마력]에 해당되는 전부하 토크는 얼마인가?

$$\tau = \frac{P_o}{2\pi n} = \frac{60}{2\pi} \times \frac{P_o}{N} = \frac{60}{2\pi} \times \frac{(\quad) \times 746}{(\quad)} = (\quad)[\mathrm{N \cdot m}],\quad \frac{(\quad)[\mathrm{N \cdot m}]}{(\quad)} = (\quad)[\mathrm{lbf \cdot in}]$$

11. 동기 전동기에서 전부하 토크에 대한 기동토크의 비율은?

$$\frac{(\qquad)[\mathrm{lbf \cdot in}]}{(\qquad)[\mathrm{lbf \cdot in}]} \times 100 = \frac{(\qquad)[\mathrm{N \cdot m}]}{(\qquad)[\mathrm{N \cdot m}]} \times 100 = \underline{\qquad\qquad} [\%]$$

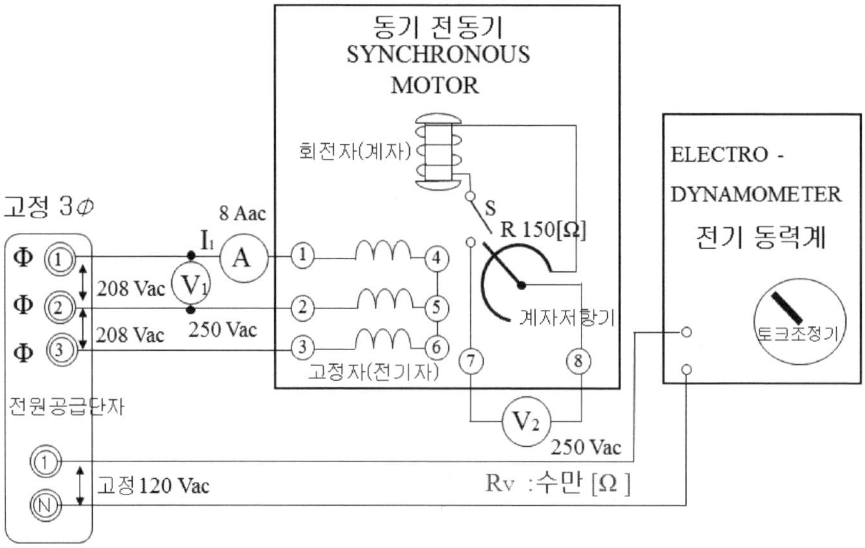

[그림 15-5] 유도 동기전동기로 기동 실험

5) 연구 및 검토

1. 동기 전동기의 기동시 회전자권선 내에 큰 교류전압이 유도되는 이유를 설명하시오.

설명 : ______________________________

____

____

2. 전원을 켠 후, 전기동력계의 토크조절기를 반시계방향으로 돌려서 부하를 줄이면 동기 전동기는 전속도에 도달하게 되어 농형유도전동기와 같이 회전하게 된다.

이 때 회전자전압 V_2가 감소되는 이유는?

설명 : ______________________________

____

3. 동기전동기의 기동시 주의해야 할 사항은 ?

설명 : a) ______________________________

____

____

b) ______________________________

4. 만일 회전자에 제동권선이 없다면 동기전동기는 자체로서 기동하는가?

설명 : ______________________________

5. 동기전동기의 회전자권선이 기동시 외부저항으로 결선하는 이유 2가지를 설명하라.

설명 : a) ______________________________

b) ______________________________

6. 제동권선에 대해 설명하시오.

설명 : ______________________________

____

7. 동기전동기의 기동방법의 종류를 들고 간단히 설명하시오.

설명 : a) ______________________________

____

b) ______________________________

____

실험 16. 동기전동기의 위상특성

1) 실험 목적

3상 동기전동기의 위상특성

2) 개 요

동기전동기는 일정한 공급전압에서 출력을 일정하게 유지하고, 계자전류를 변화시키면, [그림 16-1]과 같이 전기자전류와 역률이 변화하는데 이것을 위상특성곡선(V곡선)이라 하며 **블론델(Blondel)원선도**에 의해서 구한다.

계자전류 I_f를 과계자로 하면 진상역률이 되며 전력용 **콘덴서**로서 작용하고, I_f를 부족계자로 하면 지상역률이 되며 **리액터**로서 작용한다. 전기자 전류가 최소일 때는 역률이 1인 상태이다.

이러한 작용을 이용을 이용한 것이 **동기조상기의 원리**가 된다.

동기조상기가 유도기 또는 지상역률인 기타 전기기구들과 함께 같은 전력시스템에서 사용될 때, 동기전동기에 공급되는 진상무효전력은 다른 전기기구의 지상무효전력을 보상하기 때문에 전력시스템의 전체역률을 개선시킨다.

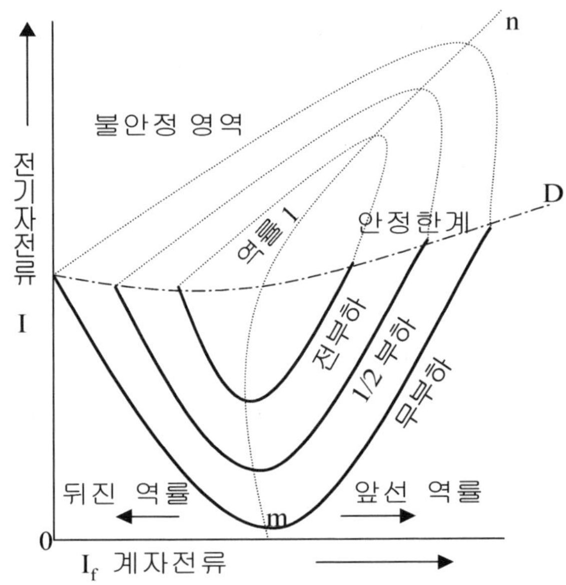

[그림 16-1] 위상특성곡선(V곡선)

3) 장비 및 부품

전원공급 장치 (208[V_{ac}], 3ϕ)	EMS 8821	리드선	EMS 8951
직류전압전류계 (0.5/2.5[A_{dc}])	EMS 8412	동기전동기/발전기	EMS 8241
교류전압계 (250[V_{ac}])	EMS 8426	3상 전력계	EMS 8441
교류전류계 (2.5[A_{ac}])	EMS 8425		

4) 실험 순서

1. a) [그림 16-2]와 같이 결선한다. 고정자권선은 전력계를 거쳐서 전원공급 장치의 3상 고정 208[V_{ac}] 단자 ①, ②, ③과 결선한다. 회전자 계자권선은 전류계를 거쳐서 전원공급 장치의 가변 120[V_{dc}] 단자 ⑦과 Ⓝ에 결선한다. 전압조정은 0[V_{dc}]으로 조정한다.

b) 만일 동기전동기에 스위치 S가 장착되어 있으면, 이 순간 열어둔다.

c) 동기 전동기의 계자전류를 최소로 하기위해서 계자저항기를 반시계방향으로 끝까지 돌린다. (최대 계자 저항 150[Ω])

2. a) 전원을 켠다. 전동기가 회전하여야 한다. 고정자(전기자)전류 I_1 의 값을 살펴본다. 계자전류가 0[A_{dc}]일 때 전동기는 전원공급 장치로부터 지상무효전력을 인입하여 **리액터**와 같은 상태이다.

b) 계자전류가 0[A_{dc}]일 때 V_1, I_1, W_1, W_2를 측정한 후, [표 1]에 기록한다.

측정결과로부터 피상전력 = $\sqrt{3}\ V_1 I_1$[VA], 유효전력= $W_1 + W_2$

역률 = $\dfrac{\text{유효 전력}}{\text{피상 전력}}$을 계산하여 [표 1]에 기록한다.

c) 계자전류가 최소일 때 무효전력은 ?

무효전력 = $\sqrt{(\qquad)^2 - (\qquad)^2}$ = (　　)[var]

역률이 진상(leading)인가 지상(lagging)인가? 　　설명 : ________

3. a) 만일 동기전동기에 스위치 S가 장착되어 있으면, 이 순간 닫는다.

b) [표 1]에 열거한 각 계자전류의 값에 대해 V_1, I_1, W_1, W_2를 측정한 후, [표 1]에 기록한다. 계자전류가 0.6[A_{dc}]를 초과할 때 가능한 한 신속히 측정한다. 전원을 끈 후, 전기자전류 I_1 이 0.5[A_{ac}]이하로 떨어졌을 때 전류계의 측정범위를 2.5[A_{ac}]에서 0.5[A_{ac}]로 바꾼다.(주의 : 전력계의 지시치가 + 또는 - 부호를 확인해서 기록한다.)

c) 전기자전류 I_1 이 최소치에 이를 때까지 계자전류 I_f 를 증가시킨다.

두 전력계 모두 같은 (+)의 값을 가져야 하며, 전원공급 장치로부터 전동기는 저항의 부하와 같이 보인다. (즉 역률이 1인 상태이다.)

d) I_1, I_f, W_1, W_2를 측정하고 [표 1]에 기록하는데 대략 다음과 같은 값이다.

$I_{1\,최소}$ = 0.14 [A_{ac}], 　I_f = 0.40 [A_{dc}], 　W_1 = 25 [W], 　W_2 = 25 [W]

e) 고정자전류가 최소일 때의 무효전력을 계산하시오.

무효전력 = $\sqrt{(\qquad)^2 - (\qquad)^2}$ = (　　)[var]

4. a) I_f 를 증가시키며, 전기자 전류 I_1 이 다시 증가하기 시작함에 주목한다. 전동기는 전원공급 장치로부터 진상무효전력을 인입하며 **콘덴서**와 같은 상태이다.
   b) 계자전류가 최대일 때 무효전력은 ?

$$\text{무효전력} = \sqrt{(\quad)^2 - (\quad)^2} = (\quad)[\text{var}]$$

   역률이 진상(leading)인가 지상(lagging)인가?　　　설명 : ________
   c) 전압을 0[V_{dc}]으로 한 후에 전원을 끈다.

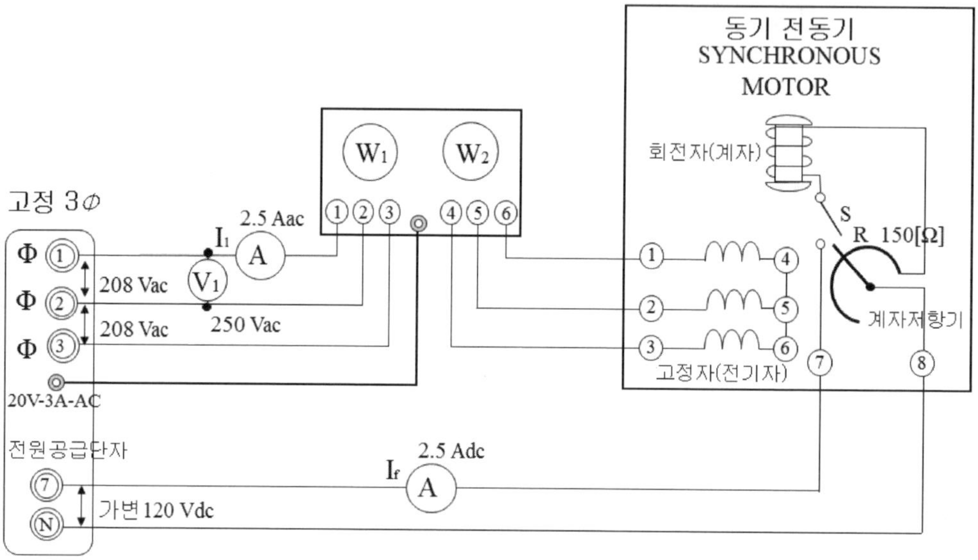

[그림 16-2] 동기전동기의 위상특성곡선(V곡선)

[표 1] 3상 동기전동기의 위상특성 실험결과

I_f [A_{dc}]	전기자전압 V_1 [V_{ac}]	I_1 [A_{ac}]	피상전력 [VA]	W_1 [W]	W_2 [W]	유효전력 [W]	역 률[%]
0							
0.1							
0.2							
0.3							
0.4							
0.5							
0.6							
0.7							
0.8							

5. [표 1]의 값을 [그림 16-3]에 전기자 전류 I_1 와 역률곡선을 그리고, 두 곡선의 모양을 보고 설명을 하시오.

설명 : ______________________________

____

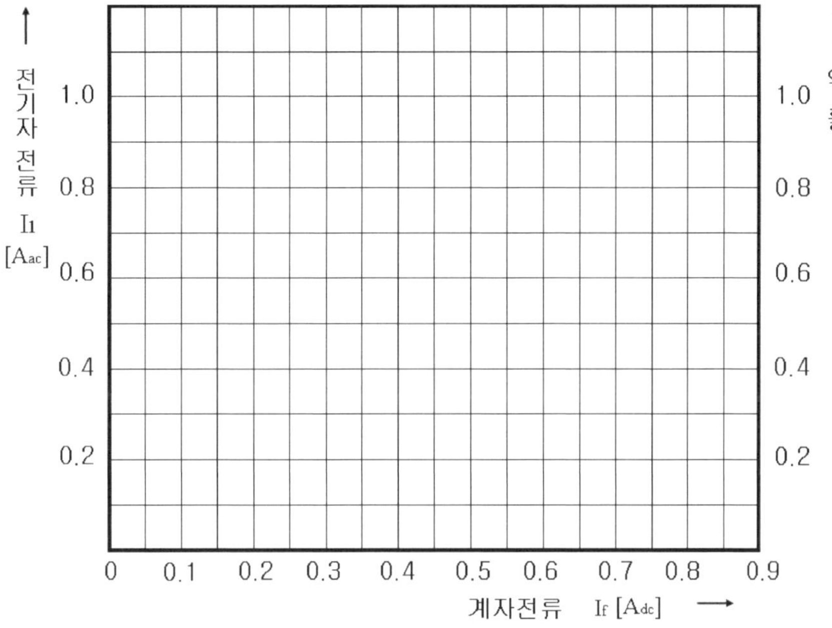

[그림 16-3] 3상 동기전동기의 위상특성

5) 연구 및 검토

1. 동기 전동기는 경우에 따라 동기조상기로 작용하는 것을 설명하시오.

설명 : ______________________________

____

____

____

____

2. 동기 전동기에 의해 소모된 유효전력에 대해 설명하시오.

설명 : ______________________________

____

____

____

실험 17. 동기전동기의 전부하 특성과 탈출토크

1) 실험 목적

동기전동기의 전부하 특성과 탈출토크

2) 개 요

무부하시에 동기전동기의 역률을 변화시키는 것이 가능하듯이 전부하시에도 가능하다.

유도전동기와 마찬가지로 동기전동기도 일시적으로 과부하가 걸릴 수 있다. 그러나 유도전동기와 달리 어느 정도 과부하까지는 일정속도를 유지한다. 이러한 최대 과부하는 회전자의 직류 계자전류에 의해 결정된다.

부하가 더욱 증가하면 회전자의 평균속도는 동기속도이지만 순시속도가 동기속도의 전후로 변동하는 현상이 생기는데 이것을 **난조**라고 한다. 회전자의 계자극의 표면에 유도기의 농형과 같은 **제동권선**을 설치가 되었다면 제동권선에는 회전자계에 의해 전류가 유도되고 이 전류와 회전자계와의 작용에 의해서 토크 $\tau = k\Phi I_2$ [N·m]가 발생되어서 난조를 방지하는 역할을 한다.

과부하가 갑자기 걸려서 난조가 심해지면 결국 회전자는 회전자계와의 동기화를 잃어서 더 이상 동기속도로 회전하지 못하고 정지하게 된다. 이런 상태를 **동기이탈**, 또는 **동기탈조**라고하며 가능한 한 빨리 전원으로부터 차단시켜야 한다.

3) 장비 및 부품

전원공급장치(0-120/208[V_{ac}], 3ϕ)	EMS 8821	리드선	EMS 8951
직류전압전류계(200[V_{dc}], 2.5[A_{dc}])	EMS 8412	동기전동기/발전기	EMS 8241
교류전압계 (250[V_{ac}])	EMS 8426	3상 전력계	EMS 8441
교류전류계 (2.5[A_{ac}])	EMS 8425	전기동력계	EMS 8911
		타이밍 벨트	EMS 8942

4) 실험 순서

1. [그림 17-1]과 같이 결선한다. 고정자권선은 전원공급 장치의 3ϕ 가변 208[V_{ac}] 단자 ④, ⑤, ⑥과 결선하고, 회전자 권선은 전원공급 장치의 고정 120[V_{dc}] 단자 ⑧과 Ⓝ과 결선한다.

2. a) 타이밍벨트를 사용하여 전기동력계와 전동기를 커플링 한다.

b) 동기전동기에 기계적인 부하를 최소로 걸어주기 위해서 전기동력계의 토크조절기를 반시계방향으로 끝까지 돌린다.

c) 동기 전동기의 계자전류를 최소로 하기위해서 계자 저항기를 반시계방향으로 끝까지 돌린다. (최대저항 150[Ω]) 회전자자속 최소

*** 동기 전동기의 전부하 토크가 9[lbf·in]일 때**

3. a) 전원을 켠 후, 전압계에 V_1이 208[V_{ac}]가 되도록 신속히 조정한다. 이 때 전동기는 제동권선에 의해 기동토크가 발생되어서 회전하게 된다.

b) 스위치 S를 닫고, 동기 전동기의 계자전류를 계자저항기로 조절하면서 전기동력계의 토크조절기를 회전시켜서 전부하 토크가 9[lbf·in]될 때까지 토크를 증가시킨다. 이 때의 역률은 1에 해당된다. (I_1은 최소 값이어야 한다.)

3. [**참고** 동기전동기의 정격전류(I_{1n})는 0.8[A_{ac}]이고 [그림 16-3]에서 I_f는 0.4[A_{dc}]일 때 I_1이 최소가 되며 이 때의 역률은 1이 됨]

c) I_1, I_f, V_f, W_1, W_2를 측정해서 기록한다.

I_1 = 0.78 [A_{ac}], I_f = 0.5 [A_{dc}], V_f = 125 [V_{dc}], W_1 = 140 [W], W_2 = 140 [W]

d) 계자전류를 그대로 두고 전기동력계의 토크조절기를 회전시켜서 전동기가 동기화를 잃을 때(즉 동기이탈이 될 때)의 토크를 측정하고 전원을 끈다.

탈출토크 = (   )[lbf · in] × (0.113) = (   )[N · m]

4. 실험순서 3의 동기전동기의 부하토크가 9[lbf·in]될 때의 특성을 계산하시오.

* 1[lbf] = 4.448[N], 1[in] = 0.025[m]이므로 1[lbf·in] = 0.113 [N·m]이다.

a) 피상전력 : $\sqrt{3}\,V_1 I_1 = \sqrt{3} \times (\quad) \times (\quad) = (\quad)$[VA]

b) 유효전력 : $(\quad) + (\quad) = (\quad)$[W]

c) 무효전력 $= \sqrt{(\quad)^2 - (\quad)^2} = (\quad)$[Var]

d) 역 률 : $\dfrac{(\quad)}{(\quad)} \times 100 = (\quad)$[%]

e) 직류전력{계자단자 전압(V_f)×계자전류(I_f)} : $(\quad) \times (\quad) = (\quad)$[W]

f) 출력 $= \dfrac{1.59 \times (\quad)[\mathrm{rpm}] \times (\quad)[\mathrm{lbf \cdot in}]}{100{,}000} = (\quad)$[HP]

g) 효 율 : $\dfrac{(\text{출력}) \times 746}{\text{유효전력} + \text{직류전력}} \times 100 = \dfrac{(\quad) \times 746}{(\quad) + (\quad)} \times 100 =$ ______ [%]

h) 전부하 토크에 대한 탈출토크의 비 $= \dfrac{(\quad)}{(\quad)} = (\quad)$배

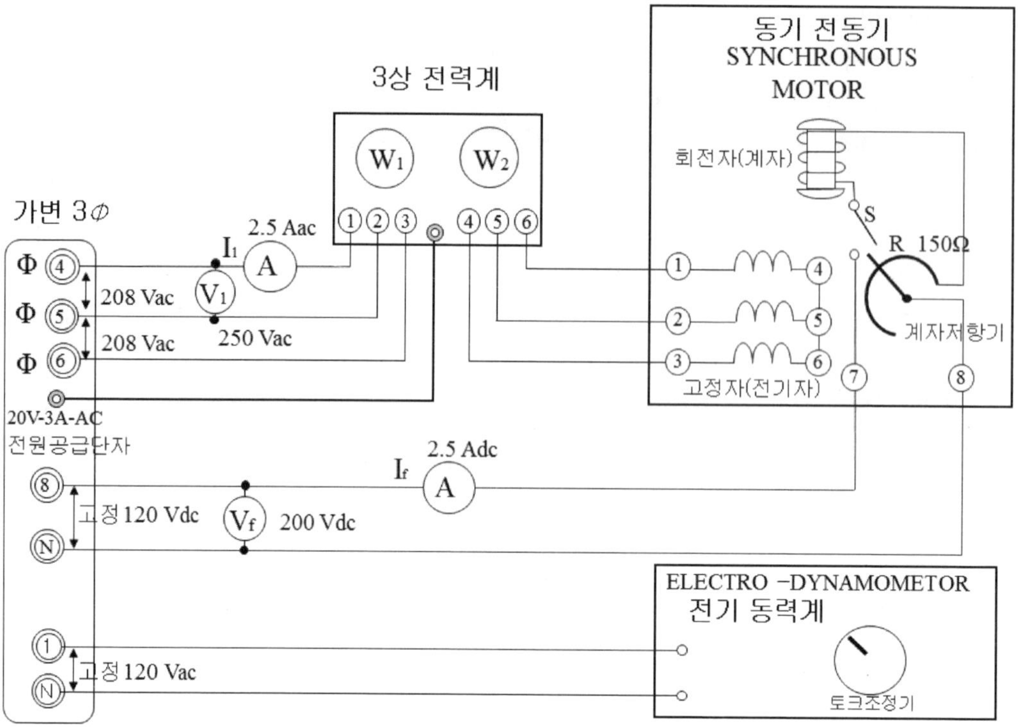

[그림 17-1] 동기전동기의 탈출토크

* 동기 전동기의 전부하 토크가 9[lbf·in]로 유지한 후, 계자전류가 0.8[A_{dc}]가 될 때까지 증가한 상태(과여자 상태)

5. a) 전원을 켠 후, 전압계에 V_1이 208[V_{ac}]가 되도록 신속히 조정한다.

 b) 스위치 S를 닫고, 계자저항기를 조절하여 계자전류를 변화시키는 한편, 전기동력계의 토크조절기를 시계방향으로 회전시켜서 부하토크를 9[lbf·in]로 유지한 후 계자전류가 0.8[A_{dc}]가 될 때까지 증가시킨다.

 c) I_1, I_f, V_f, W_1, W_2를 측정해서 기록한다.

 I_1 =______[A_{ac}], I_f = 0.8[A_{dc}], V_f =_______[V_{dc}], W_1 =약 205 [W], W_2 =약 95 [W]

 d) 이 때의 역률은 진상(leading)이 되는가? 지상(lagging)이 되는가?

 설명 : ____________________________________

 e) 계자전류를 0.8[A_{dc}]로 두고 전기동력계의 토크조절기를 시계방향으로 회전시켜서 전동기가 동기화를 잃을 때(즉 동기이탈이 될 때)의 토크를 측정하고 전원을 끈다.

 탈출토크 =(   )[lbf · in] × (   ) = (   )[N · m]

6. 실험순서 5의 결과치를 이용하여 동기전동기의 전부하 토크가 9[lbf·in] 될 때의 특성을 계산하시오.

a) 피상전력 : $\sqrt{3}\,V_1\,I_1 = \sqrt{3} \times (\quad) \times (\quad) = (\quad)$[VA]

b) 유효전력 : $(\quad) + (\quad) = (\quad)$[W]

c) 무효전력 $= \sqrt{(\quad)^2 - (\quad)^2} = (\quad)$[var]

d) 역 률 : $\dfrac{(\quad)}{(\quad)} \times 100 = (\quad)$[%]

e) 직류전력{계자단자 전압(V_f)×계자전류(I_f)} : $(\quad) \times (\quad) = (\quad)$[W]

f) 출력 $= \dfrac{1.59 \times (\quad)[\text{rpm}] \times (\quad)[\text{lbf·in}]}{100{,}000} = (\quad)$[HP]

g) 효 율 : $\dfrac{(\text{출력}) \times 746}{\text{유효전력} + \text{직류전력}} \times 100 = \dfrac{(\quad) \times 746}{(\quad) + (\quad)} \times 100 =$ ______[%]

h) 전부하 토크에 대한 탈출토크의 비 = $\dfrac{(\quad)}{(\quad)} = (\quad)$배

5) 연구 및 검토

1. 동기전동기의 탈출토크는 계자전류의 크기에 의해 어떻게 영향을 받는지 설명하시오.

설명 : 실험 3. d)에서 I_f가 (   )[A_{dc}]일 때 탈출토크는 (   )[lbf·in]이고,

실험 5. e)에서 I_f가 (   )[Adc]일 때 탈출토크는 (   )[lbf·in]이다.

I_f가 클수록 탈출토크는 커진다.

.

실험 18. 단상 변압기의 전압과 전류관계

1) 실험 목적

1. 변압기의 정격 전압과 전류 및 권수비
2. 변압기의 여자전류 크기 및 철심의 포화

2) 개 요

변압기의 한쪽 권선에 교류 전류가 흐르면 두 권선 사이에 상호유도 작용에 의해 다른 쪽 권선에 전압을 유기한다(**페러데이 상호유도법칙**). 단상 변압기(2권선 변압기)는 1차권선과 2차 권선을 갖지만, 3권선 변압기는 3차 권선까지도 있다.

1차 권선은 전기적인 에너지를 전원으로부터 공급받고 교번기자력에 의해 2차 권선에 이 에너지를 전달한다. 이들 자계의 변화에 의해 2차 권선에 기전력(EMF)을 유기하고, 2차측에 부하가 연결되면 2차 권선에 유도된 전기 에너지가 부하로 전달된다. 이러한 방법으로 전기 에너지는 1차 권선과 2차 권선이 직접 연결되어 있지 않아도 한 회로에서 다른 회로에 전기 에너지를 전달하는 장치이다.

변압기는 주어진 1차 전류 및 1차 전압에 의한 전력을 크기가 다른 2차 전류와 2차 전압에 의한 전력으로 변화시킬 수 있다. 즉 손실을 무시하면 1차측의 전력과 2차 측의 전력은 같다고 할 수 있다.

변압기가 사용 중일 때 교류 전류가 권선에 흐르면 교번 자계가 철심에 형성된다. 변압기에는 동손($I^2 R[\mathrm{W}]$) 및 철손($I_w V_1 [\mathrm{W}]$)이 발생하는데 이 손실들은 유효전력으로 변압기를 가열하게 된다.

교번 자계를 만드는데 필요한 전력은 무효 전력으로 전원으로부터 공급되며 손실 및 무효전력 때문에 1차 권선에 공급되는 피상전력($V_1 I_1 [\mathrm{VA}]$)은 2차 권선에 공급되는 피상전력($V_2 I_2 [\mathrm{VA}]$)보다 항상 약간 크다. 그러나 대부분 모든 변압기는 전력, 용량 및 무효전력은 다음과 같이 근사화 시킬 수 있다.

a) 1차 전력($V_1 I_1 \cos\theta_1 [\mathrm{W}]$) = 2차 전력($V_2 I_2 \cos\theta_2 [\mathrm{W}]$)
b) 1차 용량($V_1 I_1 [\mathrm{VA}]$) = 2차 용량($V_2 I_2 [\mathrm{VA}]$)
c) 1차 무효전력($V_1 I_1 \sin\theta_1 [\mathrm{Var}]$) = 2차 무효전력($V_2 I_2 \sin\theta_2 [\mathrm{Var}]$)

1차 전압이 정격 전압보다 커지면 성층철심이 포화되어 여자전류가 급격하게 증가하게 된다.

변압기는 사고로 인하여 단락되면 단락전류가 매우 크기 때문에 변압기는 소손할 수도 있다.

3) 장비 및 부품

전원공급장치 (120[V_{ac}])	EMS 8821	변압기	EMS 8341
교류전류계 (0.5/0.5[A_{ac}])	EMS 8425	리드선	EMS 8951
교류전압계 (250/250[V_{ac}])	EMS 8426	회로 시험기(테스터)	별도
교류전류계 (500[mA_{ac}]) I_o측정	**별도**		

4) 실험 순서

1. 전압실험

a) [그림 18-1]과 같이 결선한다.

b) 전원을 켜고, V_1 전압계가 120[V_{ac}]를 지시하도록 전압을 조절한다.

c) 모듈표면에 있는 정격 전압값이 [표 1]에 기록되어 있다.

d) 여자전류(I_o) 값을 별도의 **교류전류계** (500[mA_{ac}])로 측정하고 다음 각 단자의 전압을 측정해서 [표 1]에 기록한다.

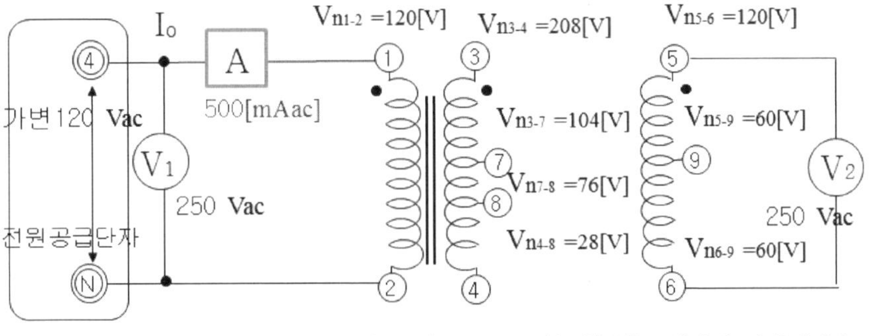

{전압계의 내부저항(R_V)는 매우 크므로(수만[Ω]), 개방된 상태이다.}

[그림 18-1] 전압실험

[참고]

이 변압기의 권선수는

N_{1-2}사이는 500[권수]

N_{5-6}사이는 500[권수]

N_{3-4}사이는 865[권수]

로 되어 있다.

$$\frac{I_1}{I_2} \fallingdotseq \frac{1}{a},\quad \frac{V_1}{V_2} \fallingdotseq \frac{N_1}{N_2} = a$$

$$\frac{V_2}{V_1} \fallingdotseq \frac{N_2}{N_1} = \frac{1}{a}$$

[표 1] 전압실험 결과

V_1 [V_{ac}]	I_o [mA_{ac}]	각 단자사이의 전압 단자	정격전압[V_{ac}]	측정전압[V_{ac}]
120		단자 1-2	$V_{n1-2}=120$	$V_{1-2}=$
120		단자 3-4	$V_{n3-4}=208$	$V_{3-4}=$
120		단자 5-6	$V_{n5-6}=120$	$V_{5-6}=$
120		단자 3-7	$V_{n3-7}=104$	$V_{3-7}=$
120		단자 7-8	$V_{n7-8}=76$	$V_{7-8}=$
120		단자 8-4	$V_{n8-4}=28$	$V_{8-4}=$
120		단자 5-9	$V_{n5-9}=60$	$V_{5-9}=$
120		단자 9-6	$V_{n9-6}=60$	$V_{9-6}=$

2. 전압, 전류 및 권수비의 관계실험[1]

a) [그림 18-2]와 같이 결선한다. 2차권선 단자 5, 6은 전류계 A_2로 단락한다.[전류계의 내부저항(R_A)는 매우 적으므로(수 [Ω]), 단락된 상태이다.

b) 전압 조정기를 반시계 방향으로 돌려 0[V_{ac}]를 확인한 후, 전원공급 장치의 스위치를 닫는다. 변압기 2차측 단락회로의 전류 I_2가 0.4[A_{ac}]가 될 때까지 전압을 점차적으로 증가시킨다.

c) 이때의 V_1, I_1을 측정하고 난후에 A_2를 제거하고 V_2를 측정해서 [표 2]에 기록한다.

d) 전압 조정기를 반시계 방향으로 돌려 전압을 0[V_{ac}]로 한 후, 전원을 끈다.

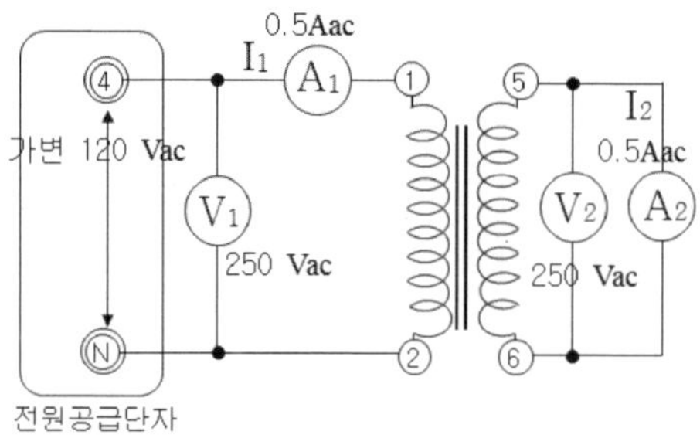

[그림 18-2] 전압, 전류 및 권수비의 실험[1]

[표 2] 전압, 전류 및 권수비의 관계실험 결과

	측정값	전류비$=\frac{I_1}{I_2}$	$\frac{1}{a}$	전류비는 권수비의 역과 일치하는가?	전압비 $=\frac{V_1}{V_2}$	권수비(a)	전압비는 권수비와 일치하는가?
실험 [1]	V_1=( )[V]	$\frac{(\ )}{(\ )}=(\ )$	$\frac{(\ )}{(\ )}=(\ )$		$\frac{(\ )}{(\ )}=(\ )$	$\frac{(\ )}{(\ )}=(\ )$	
	I_1=( )[A]						
	V_2=( )[V]						
	I_2=( )[A]						
실험 [2]	V_1=( )[V]	$\frac{(\ )}{(\ )}=(\ )$	$\frac{(\ )}{(\ )}=(\ )$		$\frac{(\ )}{(\ )}=(\ )$	$\frac{(\ )}{(\ )}=(\ )$	
	I_1=( )[A]						
	V_2=( )[V]						
	I_2=( )[A]						

3. 전압, 전류 및 권수비의 관계실험[2]

a) [그림 18-3]과 같이 결선한다. 2차권선 단자 3, 4는 전류계 A_2로 단락한다.

b) 전원을 켜고, 변압기 1차측 권선을 통하는 전류 I_1이 0.4[A_{ac}]가 될 때까지 전압을 점차적으로 증가시킨다.

c) 이때의 V_1, I_2을 측정하고 난후에 A_2를 제거하고 V_2를 측정해서 [표 2]에 기록한다.

d) 전압 조정기를 반시계 방향으로 돌려 전압이 0[V_{ac}]가 되게 한 후 전원을 끈다.

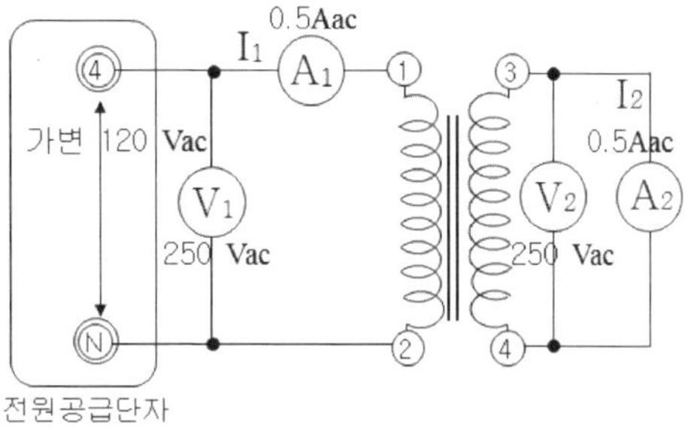

[그림 18-3] 전압, 전류 및 권수비의 실험[2]

---

* 철심의 포화실험

4. 철심의 자기 포화가 변압기의 여자전류에 미치는 효과를 관찰한다.

a) [그림 18-4]와 같이 결선한다. 전원공급 단자는 가변 208[V_{ac}] 단자 ④와 ⑤가 사용되고 0[V_{ac}]에서 208[V_{ac}]까지 공급할 수 있다.

b) 전원을 켜고, V_1전압계가 25[V_{ac}]를 지시하도록 전압을 조절한다.

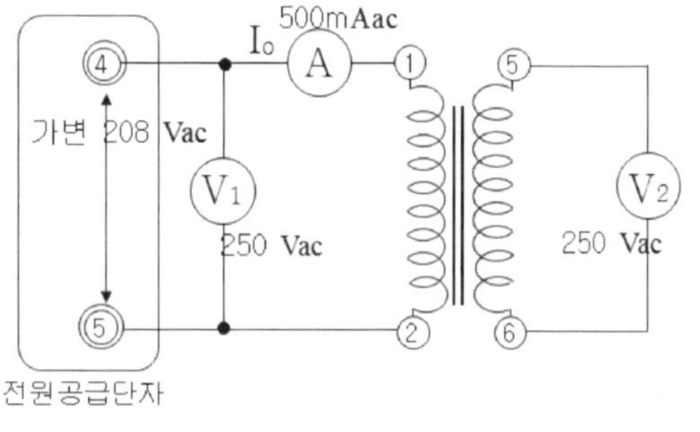

[그림 18-4] 철심의 포화실험

[표 3] 철심의 포화실험 결과

V_1 [V_{ac}]	I_o [mA_{ac}]	V_2 [V_{ac}]	$\frac{V_1}{V_2}$
25			
50			
75			
100			
125			
150			
175			
200			

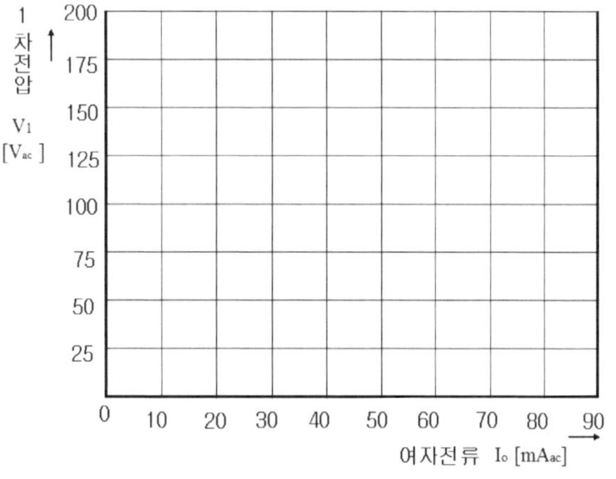

[그림 18-5] 철심의 포화실험

c) [표 3]에 열거한 각 입력전압 V_1에 대하여 여자전류 I_o과 출력전압 V_2를 측정하고 [표 3]에 기록한다.

d) 전압 조정기를 반시계 방향으로 돌려 전압을 0[V_{ac}]로 한 후에 전원을 끈다.

e) [표 3]에 기록된 전류 값을 [그림 18-5]의 그래프에 그린다.

f) [그림 18-5]에서 여자(자화)전류가 증가하면 입력전압이 어느 값에 도달한 후에는 완만하게 증가하는가? 또 그 이유는 무엇인가?

설명 : ______________________________

g) 1차 권선과 2차 권선 사이의 전압비는 철심의 포화에 영향을 받게 되는가?

설명 : ______________________________

5) 연구 및 검토

1. 만일 [그림 18-문1]에서 변압기 2차권선 단자 9와 6사이의 권선에 전류가 1[A_{ac}] 이었다면 1차 권선 단자 1과 2사이의 권선에 흐르는 전류는 몇 [A]가 되는가?

설명 : $N_{5-6} = 500$[권수], $N_{9-6} = N_{5-6} \times \frac{1}{2} = (\quad) \times \frac{(\quad)}{(\quad)} = (\quad)$[권수]

$\frac{I_{1-2}}{I_{9-6}} = \frac{N_{9-6}}{N_{1-2}}$, $I_{1-2} = I_{9-6} \times \frac{N_{9-6}}{N_{1-2}} = (\quad) \times \frac{(\quad)}{(\quad)} = (\quad)[A_{ac}]$

[참고]

이 변압기의 권선수는

N_{1-2}사이는 500[권수]

N_{5-6}사이는 500[권수]

N_{3-4}사이는 865[권수]

로 되어 있다.

$\frac{I_1}{I_2} \fallingdotseq \frac{1}{a}$, $\frac{V_1}{V_2} \fallingdotseq \frac{N_1}{N_2} = a$

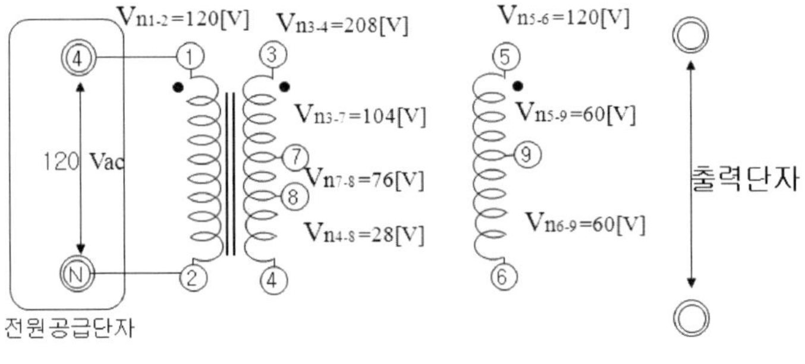

[그림 18-문1]

2. 만일 [그림 18-문1]에서 2차권선으로 사용한 단자 7과 8이 단락되어 있고 1차 권선으로 사용한 단자 5와 6에 0.5[A_{ac}]의 전류가 흐르게 하였다.

a) 2차권선 단자 7과 8사이에 흐르는 단락전류를 계산하시오.

설명 : $\frac{I_{7-8}}{I_{5-6}} = \frac{V_{n5-6}}{V_{n7-8}}$, $I_{7-8} = I_{5-6} \times \frac{V_{n5-6}}{V_{n7-8}} = (\quad) \times \frac{(\quad)}{(\quad)} = (\quad)[A_{ac}]$

b) 이들 실험이 가능한 신속히 이루어져야 하는 이유는 무엇인가?

설명 : ______

3. 만일 120[V_{ac}]가 권선 3과 4에 인가되었다면 아래 단자들 사이의 권선 전압은?

설명 : $\frac{V_{1-2}}{V_{3-4}} = \frac{N_{1-2}}{N_{3-4}}$, $V_{1-2} = (\quad) \times \frac{(\quad)}{(\quad)} = (\quad)[V_{ac}]$

$\frac{V_{5-9}}{V_{3-4}} = \frac{N_{5-9}}{N_{3-4}}$, $V_{5-9} = (\quad) \times \frac{(\quad)}{(\quad)} = (\quad)[V_{ac}]$

$\frac{V_{5-6}}{V_{3-4}} = \frac{N_{5-6}}{N_{3-4}}$, $V_{5-6} = (\quad) \times \frac{(\quad)}{(\quad)} = (\quad)[V_{ac}]$

* $\frac{V_{7-8}}{V_{3-4}} = \frac{V_{n7-8}}{V_{n3-4}}$, $V_{7-8} = (\quad) \times \frac{(\quad)}{(\quad)} = (\quad)[V_{ac}]$

4. 만일 [그림 18-6]에서 120[V]가 권선 1과 2에 공급되었고 권선 5와 6이 저항이 있는 선으로 단락되었고, $V_{5-6} = 10[V_{ac}]$, $I_{1-2} = 0.4[A]$이라고 한다면

a) 권선 5와 6에 흐르는 전류는?

설명 : $\frac{I_{5-6}}{I_{1-2}} = \frac{V_{1-2}}{V_{5-6}}$, $I_{5-6} = I_{1-2} \times \frac{V_{1-2}}{V_{5-6}} = (\quad) \times \frac{(\quad)}{(\quad)} = (\quad)[A_{ac}]$

b) 권선 5와 6에 흐르는 전류는 정격값보다 얼마나 더 많이 흐르는가?

설명 : 권선 5와 6의 정격전류는 $I_{n5-6} = 0.5[A_{ac}]$이므로 $\frac{(\quad)}{(\quad)} = (\quad)$배

c) 권선이 단락 상태에서 발생한 열은 정상 상태 값보다 얼마나 더 많겠는가?

설명 : $\frac{0.24\,I'^2 R}{0.24\,I^2 R} = \frac{0.24(\quad)^2 R}{0.24(\quad)^2 R} = (\quad)^2 = (\quad)$배

실험 19. 단상 변압기의 전압변동률

1) 실험 목적

저항부하, 유도부하 및 용량부하에 대한 변압기의 전압 변동률

2) 개 요

변전소에서 사용되는 대용량 전력용 변압기의 부하는 시간에 따라 크게 변화하며 변압기의 2차 전압은 약간의 부하 변화에도 변화한다. 전동기와 가정용 전등 및 가열기는 전압변화에 대하여 매우 민감하기 때문에 변압기 전압변동은 대단히 중요하다.

또한 2차 전압은 부하의 역률이 진상, 지상 또는 동상인가에 따라 달라진다. 그러므로 용량성 부하, 유도성 부하 또는 저항부하에서 변압기의 전압 변동률이 달라진다.

만일 이상적인 변압기라면 변압기의 권선은 저항이 없으며 변압기내의 자계를 형성하기 위한 무효전력[Var]이 필요 없다. 이와 같은 변압기는 모든 부하상태에서 완벽한 변동률을 가지고 2차 전압은 일정하게 유지된다.

그러나 실제 변압기는 권선저항을 가지고 있으며 자계를 형성하기 위하여 무효전력을 필요로 한다. 따라서 1차 및 2차 권선은 전체 저항 R과 전체 리액턴스 X가 있다. 1 : 1의 권수비를 갖는 변압기의 등가회로는 [그림 19-1]의 회로로 나타낼 수 있다. 실제 변압기 단자는 1차측의 U과 V 그리고 2차측의 u와 v이다.

회로에 그려진 변압기는 등가 R과 X로 구성된 임피던스와 직렬 연결된 이상적 변압기로 구성되어 있다. 만일 1차 전압이 일정하면 2차 전압은 R과 X로 인해 부하에 따라 변화하게 된다.

용량성 부하에서 특별한 점은 부분 공진이 콘덴서 C와 리액턴스 X사이에 형성되므로 2차 전압 V_2가 용량성 부하 값의 증가에 따라 실제적으로 증가하는 경향이 있다.

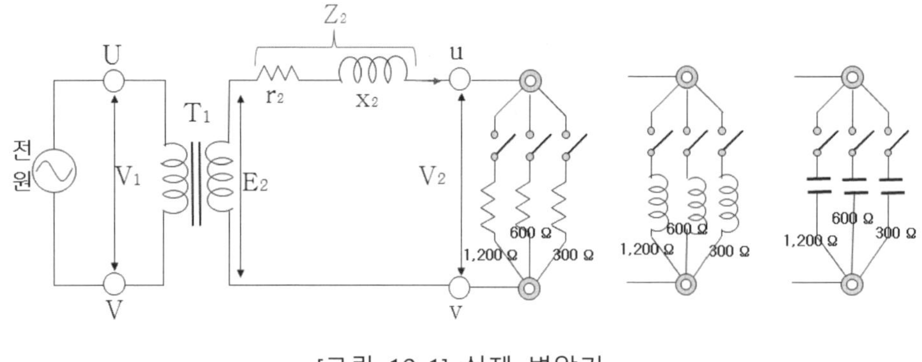

[그림 19-1] 실제 변압기

변압기에서 같은 [VA](피상정격)의 저항부하(R), 유도성 부하(X_L)와 용량성 부하(X_C)에 대하여 벡터도를 그리면 [그림 19-2]와 같다.

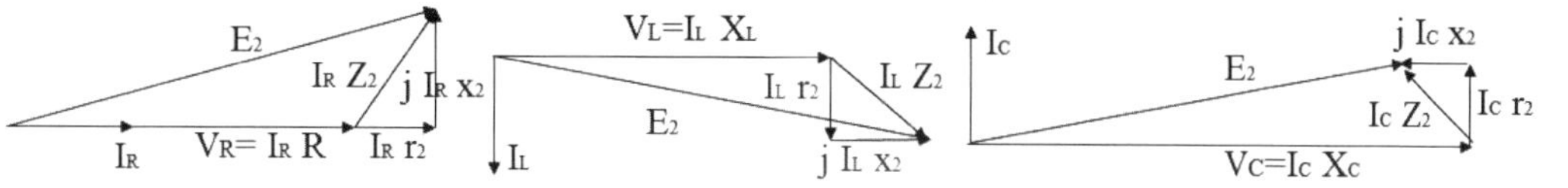

$V_R = E_2 - I_R Z_2$ (a) 저항부하(R)

$V_L = E_2 - I_L Z_2$ (b) 유도성 부하(X_L)

$V_C = E_2 - I_C Z_2$ (c) 용량성 부하(X_C)

[그림 19-2] 각 부하시의 벡터도

3) 장비 및 부품

전원공급장치 (0-120[V_{ac}])	EMS 8821	저항기 모듈(R)	EMS 8311
변압기 모듈	EMS 8341	유도기 모듈(X_L)	EMS 8321
교류전압계 (250/250[V_{ac}])	EMS 8426	용량기 모듈(X_C)	EMS 8331
교류전류계 (0.5/0.5[A])	EMS 8425	리드선	EMS 8951

4) 실험 순서

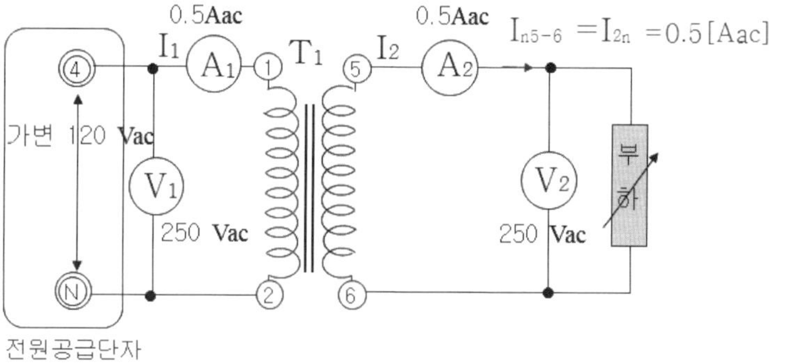

[그림 19-3] 각 종 부하에 대한 변압기의 전압 변동률 실험

* 저항부하일 때의 전압 변동률 실험

1. 변압기, 전원공급 장치, 저항기 그리고 교류전압/전류계를 이용하여 [그림 19-3]과 같이 결선한다.

2. a) 부하전류를 0[A_{ac}]으로 하기 위해 저항기의 모든 스위치를 열어 둔다.
   b) 전압 조정기를 반시계 방향으로 돌려 0[V_{ac}]에 놓여 있는가를 확인한 후 전원 공급 장치의 스위치를 켠다. 전압계 V_1의 입력 전압이 120[V_{ac}]로 조절한다.

c) I_1, I_2, V_2를 측정하고 [표 1]에 기록한다.

d) 부하저항 R을 1,200[Ω]으로 조절한다. 이때 전원 공급 전압이 정확히 120[V_{ac}]가 되도록 유지시킨다. 그리고 I_1, I_2, V_2를 측정하고 [표 1]에 기록한다.

e) [표 1]에 기록된 부하저항 R값들에 대하여 d)를 반복한다.

f) 전압 조정기를 반시계 방향으로 돌려 전압이 0[V_{ac}]가 되게 한 후 전원을 끈다.

[표 1] 각 종 부하에서의 전압 변동률 실험

	저항부하			유도성 부하			용량성 부하		
	I_1 [mA_{ac}]	$V_2=V_R$ [V_{ac}]	$I_2=I_R$ [mA_{ac}]	I_1 [mA_{ac}]	$V_2=V_L$ [V_{ac}]	$I_2=I_L$ [mA_{ac}]	I_1 [mA_{ac}]	$V_2=V_C$ [V_{ac}]	$I_2=I_C$ [mA_{ac}]
∞(무부하)		$V_{2o}=$			$V_{2o}=$			$V_{2o}=$	
1,200[Ω]									
600[Ω]									
400[Ω] (1,200[Ω]과 600[Ω]을 병렬결선)									
300[Ω]									
[전부하]240[Ω] (1,200[Ω]과 300[Ω]을 병렬결선)		$V_{2n}=$	$I_{2n}\fallingdotseq$		$V_{2n}=$	$I_{2n}\fallingdotseq$		$V_{2n}=$	$I_{2n}\fallingdotseq$
전압 변동률	______[%]			______[%]			______[%]		

3. [표 1]로 부터 무부하 단자전압(V_{2o})와 전부하($I_{n5-6}=I_{2n}=0.5$[A])일 때 출력 전압을 이용하여 변압기의 전압 변동률을 계산하시오.

$$\text{전압변동률} = \frac{V_{2o}-V_{2n}}{V_{2n}}\times 100 = \frac{(\quad)-(\quad)}{(\quad)}\times 100 = (\quad)[\%]$$

*** 유도성 부하일 때의 전압 변동률 실험**

4. 저항부하를 대신에 유도성 부하(모듈 EMS 8321)을 이용하여 저항부하 때와 같이 반복해서 [표 1]에 기록한다.

*** 용량성 부하일 때의 전압 변동률 실험**

5. 저항부하를 대신에 용량성 부하 모듈(EMS 8331)을 이용하여 저항부하 때와 같이 반복해서 [표 1]에 기록한다.

6. 각종 변압기 부하에 대하여 부하전압 V_2와 부하전류 I_2의 변동 곡선을 작성한다.

a) [그림 19-4]의 그래프 위에 [표 1]에 기록된 I_2의 값에서)기록된 V_2의 값을 표시하시오.

b) 각 점들을 연결하여 곡선을 그린다. 이 곡선을 저항부하 곡선이라 한다.

c) 유도부하와 용량부하에 대해서도 a)를 반복한다. 이들 곡선을 유도성 부하와 용량성 부하 곡선이라 한다.

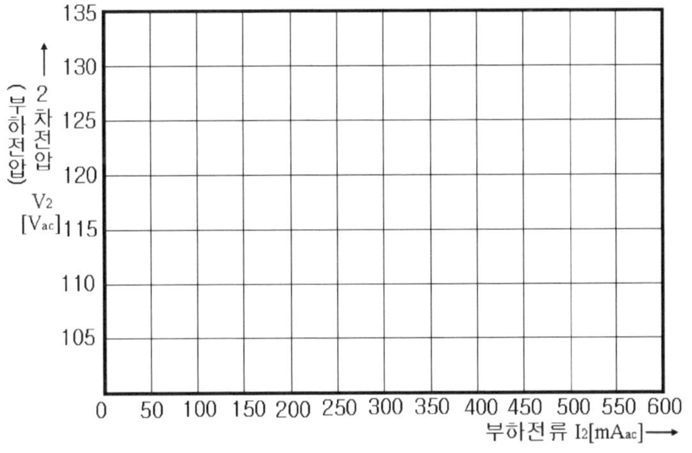

[그림 19-4] 각종 변압기 부하에 대하여 부하전압 V_2 와 부하전류 I_2 의 변동 곡선

5) 연구 및 검토

1. [그림 19-문1]의 벡터도에 실험에서 얻은 전 부하시의 단자전압을 기록하시오.

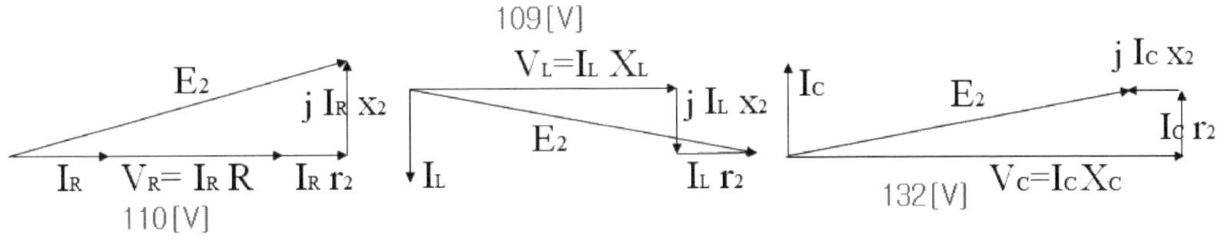

$V_R = E_2 - I_R Z_2$ (a) 저항부하(R)

$V_L = E_2 - I_L Z_2$ (b) 유도성 부하(X_L)

$V_C = E_2 - I_C Z_2$ (c) 용량성 부하(X_C)

[그림 19-문1] 각 부하시의 벡터도

2. 용량성 부하를 사용하면 출력전압이 증가하는 이유는 무엇인가?

설명 : 변압기의 2차권선의 저항을 r_2 라 하고, 리액턴스를 x_2 라 하면

240[Ω]의 R부하시 :

240[Ω]의 X_L부하시 :

240[Ω]의 X_C부하시 :

3. 변압기의 열용량은 같은 [VA](피상정격)의 저항부하, 유도성 부하와 용량성 부하에 대하여 대략 일치하는가?

설명 :

4. 변압기는 매우 낮은 임피던스(작은 r_2과 x_2)를 갖는다.

a) 변압기 권선의 임피던스는 전압 변동률에 어떠한 영향을 미치는가?

설명 :

b) 변압기 권선의 임피던스는 2차 단락전류(I_{2s})에 어떤 영향을 미치는가?

설명 :

5. 대형 변압기는 대개 관련된 회로 차단기를 적당한 크기로 하기 위해서 최적 변동률의 특성을 가지지 못하도록 설계된다. 그 이유를 설명하시오.

설명 :

6. 1차 권선의 피상전력[VA]와 2차 권선의 [VA]가 일치하는가? 설명하시오.

설명 :

실험 20. 배전 변압기

1) 실험 목적

120/240[V_{ac}] 배전변압기의 $1\phi\ 3l$ 식 사용

2) 개 요

가정공급용 및 전력 저장용 배전변압기의 대다수는 1개의 1차 고전압 권선을 갖는다. 2차 권선은 소형기기에 쓰이는 전압 110[V_{ac}]와 전기스토브 또는 세탁기 등에 사용되는 전압 220[V_{ac}]를 공급한다. 2차 권선은 단일 권선의 중앙이 탭으로 된 형태이거나 또는 [그림 20-1]와 같이 2개의 분리된 권선이 직렬 연결된 형태일 것이다.

3) 장비 및 부품

전원공급장치 (208[V_{ac}])	EMS 8821	리드선	EMS 8951
변압기	EMS 8341	저항기 모듈(R)	EMS 8311
교류전압계 (250/250/250[V_{ac}])	EMS 8426	유도기 모듈(X_L)	EMS 8321
교류전류계 (0.5/0.5/0.5[A]	EMS 8425		

4) 실험 순서

1. 변압기, 저항기, 전원공급 장치, 교류 전류계 등을 사용하여 [그림 20-1]과 같이 결선한다. 변압기 2차 권선 1-2와 5-6은 점 A와 B사이의 전압 240[V_{ac}]로 얻기 위해 직렬 연결되어 있다. R_A과 R_B는 각각 서로 다른 1개씩의 저항군을 쓰기로 한다.

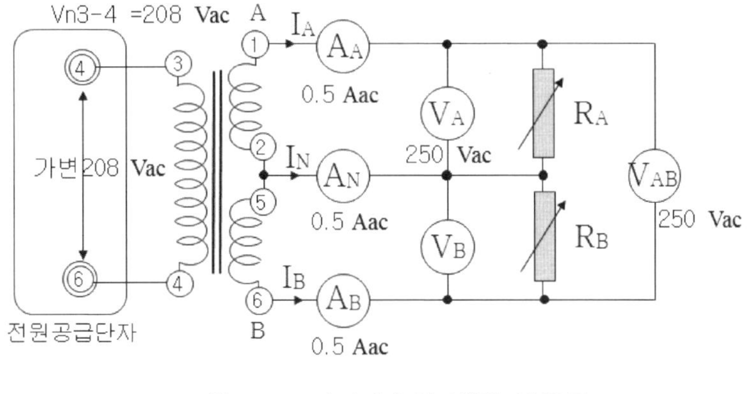

[그림 20-1] $1\phi\ 3l$ 식 배전 변압기

2. a) 저항기의 모든 스위치를 열어 둔다.
   b) 전원을 켜고, 전압을 208[V_{ac}]에 맞춘다.
   c) 변압기의 전체 출력전압 V_{AB}, 각 부하에 걸린 전압 V_A, V_B와 선전류 I_A, I_B 및 중간선 I_N의 전류 등을 측정하여 [표 1]에 기록한다.

[표 1] 측정결과

실험순서	$R_A[\Omega]$	$R_B[\Omega]$	$I_A[mA_{ac}]$	$I_B[mA_{ac}]$	$I_N[mA_{ac}]$	$V_A[V_{ac}]$	$V_B[V_{ac}]$	$V_{AB}[V_{ac}]$
2. c)	∞	∞						
3. b)	300	300						
4. b)	300	1,200						
5. b) 중간선개방	300	1,200						
6. e) 중간선연결	저항=40 0 (1,200과 600병렬)	X_L=40 0 (1,200과 600병렬)			$I_N =$ $I_N = \sqrt{I_A{}^2 + I_B{}^2}$			

3. a) 각 부하가 300[Ω]이 되게끔 해당 스위치를 닫는다.
   b) 실험순서 2. c)를 반복한다.
   c) 중간선의 전류가 0[A_{ac}]인 이유는?
   설명 : ____________________

4. a) 부하 R_A가 300[Ω]인 상태에서 R_B가 1,200[Ω]이 되게 한다.
   b) 실험순서 2. c)를 반복한다.
   c) 전압을 0[V_{ac}]으로 한 후에 전원을 끈다.
   d) 중간선 전류(I_N)와 선전류 간의 차이($I_A - I_B$)는 일치하는가?
   설명 : ____________________

5. a) 변압기의 중간선에 있는 전류계(A_N)의 연결을 끊음으로써 중간선을 변압기로부터 개방한다.
   b) 전원을 켜고 저압을 208[V_{ac}]에 맞춘다. 실험순서 2. c)를 반복한다.
   c) 전압을 0[V_{ac}]으로 한 후에 전원을 끈다.
   d) 만일 부하 $R_A = 300[\Omega]$과 $R_B = 1{,}200[\Omega]$이라면 소비전력은 각 각 얼마인가?
   설명 : 중간선에는 전류가 흐르지 않으므로 $I_A = I_B$가 되며 $I_A{}^2 R_A = I_A{}^2 R_B$이므로 R_B의 소비전력은 R_A의 소비전력의 4배가 된다.

6. a) 중간선에 전류계(A_N)을 다시 연결한다.
   b) R_A 에 400[Ω]의 저항을 걸어준다.
   c) R_B에는 400[Ω]의 유도 리액턴스(X_L)을 걸어준다.
   d) 전원을 켜고 208[V_{ac}]에 맞춘다.
   e) 실험순서 2. c)를 반복한다.
   f) 전압을 0[V_{ac}]으로 한 후에 전원을 끈다.
   g) 중간선 전류(I_N)와 선전류 간의 차이($I_A - I_B$)는 일치하는가를 설명하시오.
   설명 : 아니오. 두 전류간의 위상차가 90° 이므로 중간선의 전류는 두 전류의 벡터 합이 된다.

$$I_N = \sqrt{{I_A}^2 + {I_B}^2} = \sqrt{(\quad)^2 + (\quad)^2} = (\quad)[A_{ac}]$$

5) 연구 및 검토

1. 120/240[V_{ac}]의 전력 시스템을 갖춘 가정집에서 [그림 20-문1]과 같이 전기기기를 사용하고 있다고 하자.

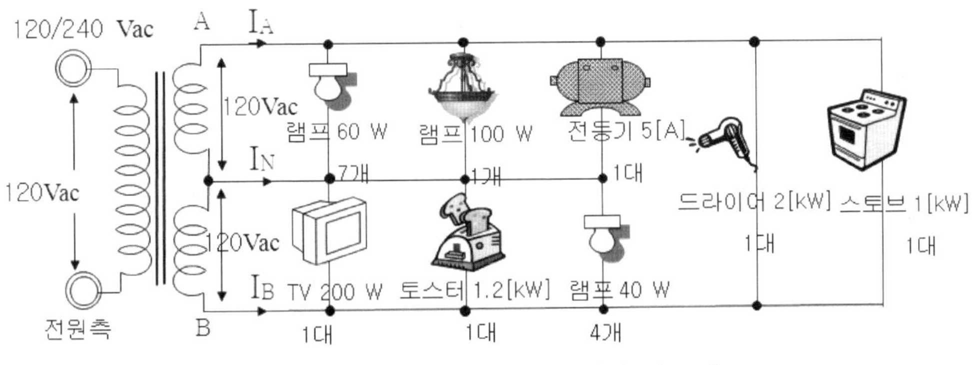

[그림 20-문1] 가정집의 전력 시스템

a) 선A, 선B 및 선N에서의 전류를 계산한다.(모든 기기의 역률이 100[%]이라고 함).

① 선 A의 경우

설명: $I_A = I_{A-N} + I_{A-B}$

$$= \left\{7 \times \frac{(\text{램프})[W]}{(\quad)[V]} + \frac{(\text{램프})[W]}{(\quad)[V]} + (\text{전동기})[A_{ac}]\right\} + \left\{\frac{(\text{드라이어} + \text{스토브})[W]}{(\quad)[V]}\right\}[A_{ac}]$$

$$= \left\{7 \times \frac{(\quad)[W]}{(\quad)[V]} + \frac{(\quad)[W]}{(\quad)[V]} + (\quad)[A_{ac}]\right\} + \left\{\frac{(\quad + \quad)[W]}{(\quad)[V]}\right\} = (\quad)[A_{ac}]$$

② 선 B의 경우

설명 : $I_B = I_{B-N} + I_{B-A}$

$$= \left\{ \frac{(\text{TV})[\text{W}]}{(\quad)[\text{V}]} + \frac{(\text{토스터})[\text{W}]}{(\quad)[\text{V}]} + 4 \times \frac{(\text{램프})[\text{W}]}{(\quad)[\text{V}]} \right\} + \left\{ \frac{(\text{드라이어}+\text{스토브})[\text{W}]}{(\quad)[\text{V}]} \right\}$$

$$= \left\{ \frac{(\quad)[\text{W}]}{(\quad)[\text{V}]} + \frac{(\quad)[\text{W}]}{(\quad)[\text{V}]} + 4 \times \frac{(\quad)[\text{W}]}{(\quad)[\text{V}]} \right\} + \left\{ \frac{(\quad + \quad)[\text{W}]}{(\quad)[\text{V}]} \right\} = (\quad)[\text{Aac}]$$

③ 중간선의 경우

설명 : 중간선의 전류(I_N)는 두선 전류의 차이가 흐르므로 (　　)-(　　)
=(　　)[A_{ac}]가 흐른다.

b) 만일 중간선이 열리게 되면 어느 램프가 밝아지고 어느 램프가 어두워지는가?

설명 : 선A에서 램프 60[W]저항 $R = \frac{V^2}{P} = \frac{120^2}{60} = 240[\Omega]$인데 7개의 병렬합성 저항은 34[Ω], 램프 100[W]의 저항은 $R = \frac{120^2}{100} = 144[\Omega]$,

전동기는 $\text{R} = \frac{120\text{V}}{5\text{A}} = 60[\Omega]$이므로 전체 합성저항 18.86[Ω]이 된다.

선B에서 TV 200[W]의 저항은 $R = \frac{120^2}{200} = 72[\Omega]$, 토스터 1.2[kW]의 저항 $R = \frac{120^2}{1{,}200} = 12[\Omega]$, 램프 40[W]저항 $R = \frac{120^2}{40} = 360[\Omega]$인데 4개의 병렬합성저항은 90[Ω]이므로 전체 합성저항 9.23[Ω]이 된다.

선A와 선B는 직렬로 연결되고 240[V]가 걸린다. 선A의 저항이 더 크므로 전압이 더 크며 밝기는 전압의 자승에 비례하므로 선A에 있는 램프가 더 밝다.

2. 1차 2,400[V_{ac}]이고 2차120/240[V_{ac}]의 배전용 변압기가 60[kVA]용량을 갖는다면

a) 정격 2차(240[V])측의 선전류는?

설명 : ______________________________

b) 만일 모든 부하가 한 쪽으로만 치중된다면(선-중간, 120[V_{ac}]), 과열없이 변압기가 공급할 수 있는 최대부하는 얼마인가?

설명 : ______________________________

실험 21. 변압기의 극성

1) 실험 목적

1. 변압기 권선의 극성 결정 방법
2. 단상 변압기를 단권 변압기(승압)로 사용
3. 단상 변압기를 단권 변압기(강압)로 사용

2) 개 요

1. 극성 표시

변압기의 1차 권선에 전원으로부터 전압을 인가하면 교번자계가 변압기의 철심에 형성된다. 이 교번자속은 변압기의 각 권선들과 쇄교하여 교류전압을 유기한다.

[그림 21-1]과 같이 교류전압을 공급하면 교류전압은 연속적으로 그 값과 극성이 변한다. 단자 1, 2는 같은 극성일 수 없으며 단자1은 단자2에 대하여 "양" 또는 "음"이어야 한다.

따라서 극성표시는 이 변압기의 단자들을 구별하는데 사용되는데 표시 방법으로는 "●", "+". 혹은 U 부호로 극성을 나타낸다.

단자 1은 단자 2에 대한 양극
단자 3은 단자 4에 대한 양극
단자 7은 단자 8에 대한 양극
단자 8은 단자 4에 대한 양극
단자 5는 단자 9에 대한 양극
단자 9는 단자 6에 대한 양극

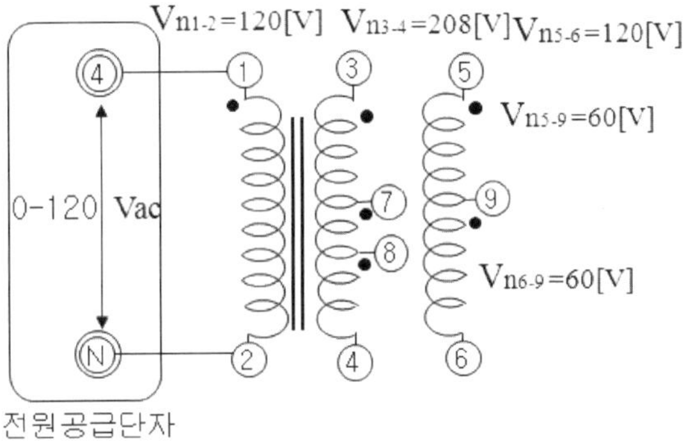

[그림 21-1] 극성표시

2. 극성을 확인하는 방법

[그림 21-2]의 (a)와 같이 1차 권선에 V_1전압을 공급하면 여자전류 I_o가 흐르고 이 전류에 의해 자속 ϕ가 생기며(앙페르의 오른손 법칙), 이 자속의 변화를 방해하는 방향으로 유도기전력 E_1이 유도된다($e_1 = -w_1 \frac{d\phi}{dt}$).

2차 권선에도 마찬가지로 유도기전력 E_2이 유도된다($e_2 = -w_2 \frac{d\phi}{dt}$).

변압기의 극성이란 어떤 순간에 1차 단자와 2차 단자에 나타나는 유도기전력의 상대적 방향을 표시하는 말이다.

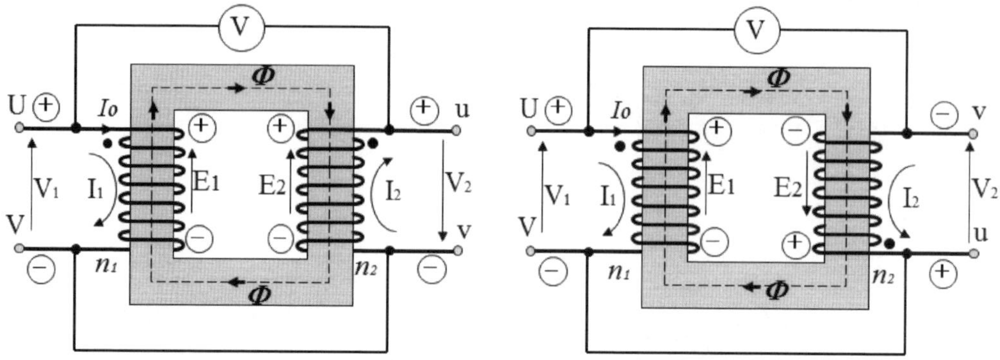

(a) 감극성 (b) 가극성

[그림 21-2] 극성을 확인하는 방법

* 감극성의 변압기

[그림 21-2]의 (a)와 같이 고저압 단자 V와 v를 접속하고, 다른 단자 U와 u사이에 전압계를 접속한다. 그리고 고압측 U, V 사이에 적당한 전압 V_1를 가한 경우의 저압측 u, v 사이의 전압을 V_2, 또 전압계의 지시치를 V_o로 한다.

이 경우에 $V_0 = V_1 - V_2$ 이면 이 변압기를 **감극성의 변압기**라고 한다.

* 가극성의 변압기

그런데 2차권선을 감는 방법이 그림 (a)와 반대인 경우는 그림 (b)의 상태인데 고저압 단자 V와 u를 접속하고, 다른 단자 U와 u사이에 전압계를 접속한다. 이 때의 전압계의 지시치는 $V_0 = V_1 + V_2$가 되며 이와 같은 변압기를 **가극성의 변압기**라고 한다. 우리나라에서는 **감극성**을 표준으로 정하고 있다.

이와 같이 극성은 변압기를 단독으로 사용하는 경우에는 거의 문제가 되지 않지만, 3상 결선을 하거나 병렬운전을 하는 경우에는 극성을 알고 정확히 결선하여야 한다.

3) 장비 및 부품

전원공급 장치(120[V_{ac}],0−120[V_{dc}])	EMS 8821	리드선	EMS 8951
변압기	EMS 8341	직류전압계(200[V_{dc}])	EMS 8412
교류전압계 (250/250/250[V_{ac}])	EMS 8426		

4) 실험순서

1. 직류전압으로 극성실험

a) 변압기, 전원공급 장치, 직류 전압계를 이용하여 [그림 21-3]과 같이 결선한다.
전원의 가변 120[V_{dc}] 단자 ⑦과 Ⓝ을 사용한다.

b) 전원을 켜고 전압을 서서히 10[V_{dc}]에 맞춘다.

c) 전원을 끈다.

d) 전원 스위치를 **닫는 순간에** 직류전압계 지침(바늘)의 움직임을 자세히 살핀다. 만약 전압계의 지침이 순간적으로 오른쪽으로 움직이면, 단자1 과 3이 같은 극성임을 나타낸다(단자 1은 직류 전원의 양(+)극에 연결되어 있고 단자 3은 전압계의 양(+)극에 연결되어 있다.)

e) 전원 스위치가 **닫힌 상태에서는** 직류에 의한 자속은 변화가 없으므로 전압계(V_2)의 지침이 0[V]쪽으로 움직인다.

f) 권선 단자 1-2와 3-4에서 두 단자가 양극이 되는 단자는 어느 단자인가?
설명 : 단자 1과 3

g) 직류 전압계에서 권선 3-4를 떼어내고 이곳에 권선 단자 5-6을 연결한다.
실험 d)를 반복한다.

h) 권선 1-2와 5-6에서 두 단자가 양극이 되는 단자는 어느 단자인가?
설명 : 단자 1과 5

i) 전압 조정기를 반시계 방향으로 돌려서 전압을 0[V_{ac}]로 하고 전원을 끈다.

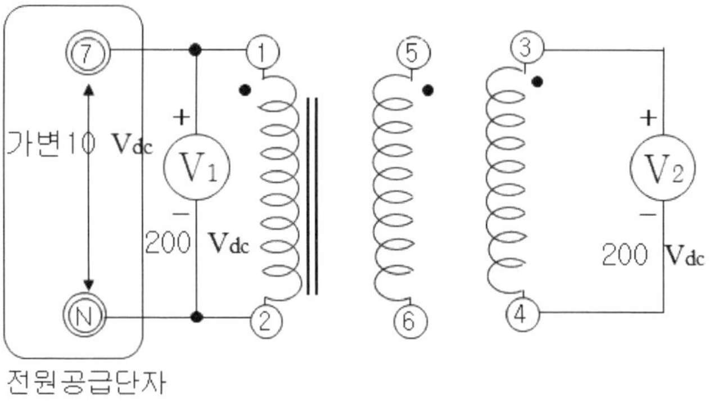

[그림 21-3] **직류**전압으로 극성실험

2. 교류전압으로 감극성실험(A)

변압기의 2개 권선을 직렬로 연결시켰을 때의 효과와 극성의 중요성을 살펴본다.

a) 교류 전압계를 이용하여 [그림 21-4]와 같이 결선한다. 단자 1과 5가 연결됨에 주의한다.

b) 전원을 켜고, 변압기 권선 3-4에 정격전압($V_{n3-4} = 208[\mathrm{V}]$)의 절반인 104[$V_{ac}$]로 정확히 맞춘다.

c) 다음 단자 전압을 측정하고 기록한다.

$V_{1-2} = (\quad)[\mathrm{V}_{ac}]$, $V_{5-6} = (\quad)[\mathrm{V}_{ac}]$, $V_{2-6} = (\quad)[\mathrm{V}_{ac}]$

d) 전압 조정기를 반시계 방향으로 돌려 전압을 0[V_{ac}]로 하고 전원을 끈다.

e) 직렬로 된 2개의 권선의 전압이 단자 1-2에서 60[V_{ac}], 2-6에서 0[V_{ac}]로 되는 이유를 설명하시오.

설명 : $V_{2-6} = V_{1-2} - V_{5-6} = (\quad) - (\quad) = (\quad)[\mathrm{V}_{ac}]$

f) 같은 극성을 갖는 단자는 어느 단자인가? 설명 : 단자 ( )과 ( )

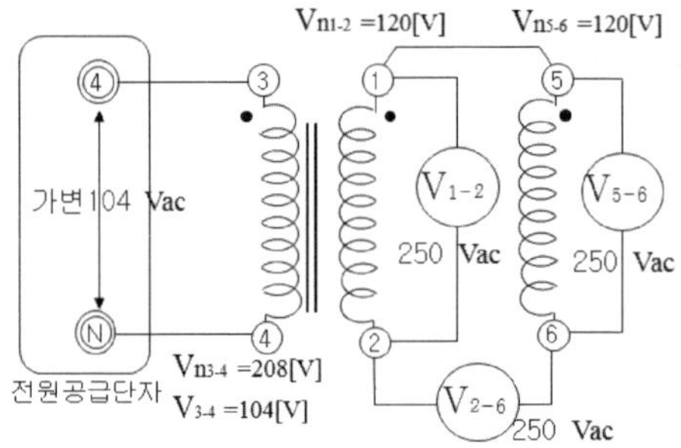

[그림 21-4] 감극성 실험(A)

---

3. 교류전압으로 감극성실험 B

a) 단자 1과 5의 연결을 제거한 후, [그림 21-5]와 같이 단자 1과 6을 연결하고 단자 2와 5사이에 전압계를 연결한다.

b) 전원을 켜고, 변압기 권선 3-4에 정격전압($V_{n3-4} = 208[\mathrm{V}]$)의 절반인 104[$V_{ac}$]로 정확히 맞춘다.

c) 다음 단자 전압을 측정하고 기록한다.

$V_{1-2} = (\quad)[\mathrm{V}_{ac}]$, $V_{5-6} = (\quad)[\mathrm{V}_{ac}]$, $V_{2-5} = (\quad)[\mathrm{V}_{ac}]$

d) 전압 조정기를 반시계 방향으로 돌려 전압을 0[V_{ac}]로 하고 전원을 끈다.

e) 직렬로 된 2개의 권선의 전압이 단자 1-2에서 60[V_{ac}], 2-5에서 120[V_{ac}]로 되는 이유를 설명하시오.

설명 : $V_{2-5} = V_{1-2} + V_{5-6} = (\quad) + (\quad) = (\quad)[\mathrm{V}_{ac}]$

f) 같은 극성을 갖는 단자는 어느 단자인가? 설명 : 단자 ( )과 ( )

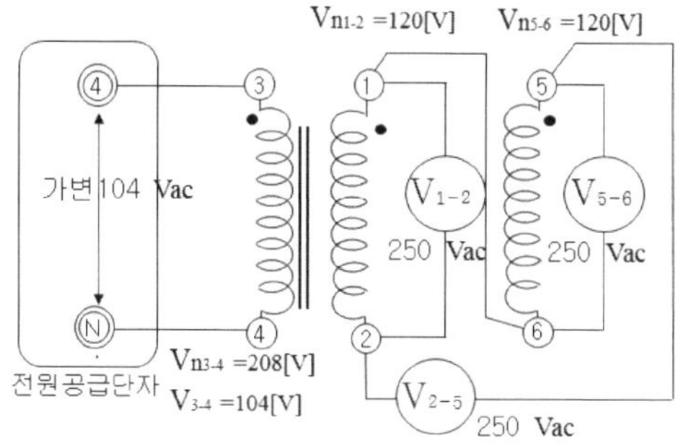

[그림 21-5] 감극성 실험(B)

---

4. 단상 변압기를 단권 변압기(강압)로 사용

a) [그림 21-6]과 같이 결선한다.

b) 전원을 켜고, 변압기 권선 3-4에 정격전압의 절반인 104[V_{ac}]로 정확히 맞춘다. 단자 1와 2사이의 전압(V_{1-2})과 단자 2와 4사이의 전압(V_{4-2})을 측정한 후에 [표 1]에 기록한다.

c) 전압 조정기를 반시계 방향으로 돌려 전압을 0[V_{ac}]로 하고 전원을 끈다.

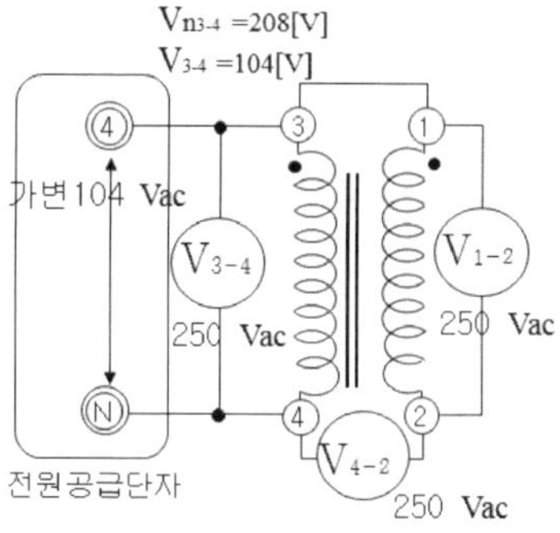

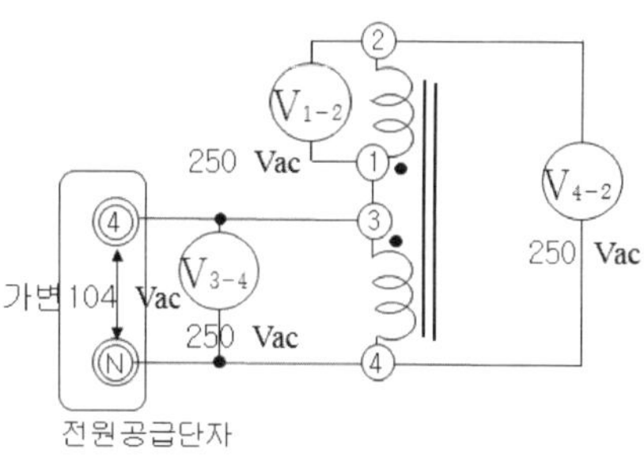

(a) 감극성 단상변압기의 강압결선 (b) 그림(a)를 단권변압기 모양으로 그림

[그림 21-6] 단상 변압기의 강압결선

5. 단상 변압기를 단권 변압기(승압)로 사용

a) [그림 21-7]과 같이 결선한다.

b) 전원을 켜고, 변압기 권선 3-4에 정격전압의 절반인 104[V_{ac}]로 정확히 맞춘다. 단자 1와 2사이의 전압(V_{1-2})과 단자 2와 3사이의 전압(V_{2-3})을 측정하고 [표 1]에 기록한다.

c) 전압 조정기를 반시계 방향으로 돌려 전압을 0[V_{ac}]로 하고 전원을 끈다.

e) 어느 단자가 같은 극성을 갖는가?　　설명 : 단자 ( )과 ( )

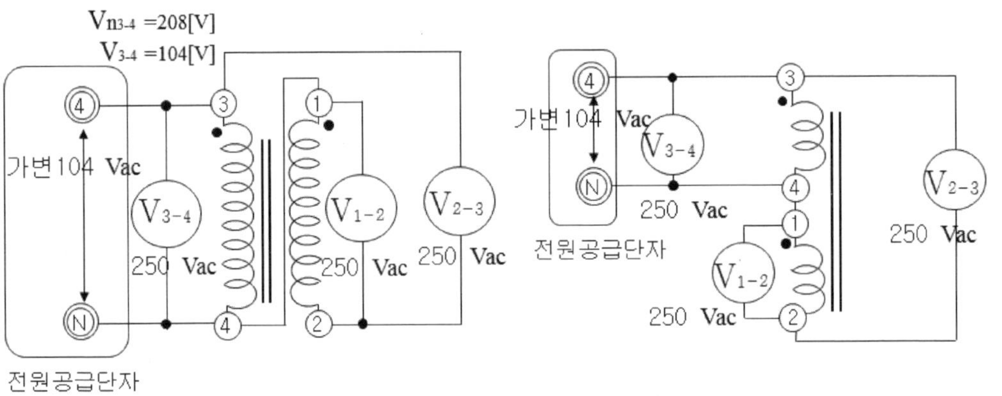

(a) 감극성 단상변압기의 승압결선　　(b) 그림(a)를 단권변압기 모양으로 그림

[그림 21-7] 단상 변압기의 승압결선

[표 1] 실험결과

	측정 값[V]	예측 값을 얻은 식
[그림21-6]에서	$V_{1-2}=$ [V]	권수비 $a=\dfrac{1\text{차 정격전압}}{2\text{차 정격전압}}=\dfrac{V_{n3-4}}{V_{n1-2}}=\dfrac{(\quad)[V]}{(\quad)[V]}=(\quad)$ $V_{1-2}\fallingdotseq\dfrac{V_{3-4}}{a}\fallingdotseq\dfrac{(\quad)[V]}{(\quad)}=(\quad)[V]$
	$V_{4-2}=$ [V]	$V_{4-2}=(\quad)-(\quad)=(\quad)[V]$
[그림21-7]에서	$V_{1-2}=$ [V]	$V_{1-2}=(\quad)[V]$
	$V_{2-3}=$ [V]	$V_{2-3}=(\quad)+(\quad)=(\quad)[V]$

5) 연구 및 검토

1. 변압기의 모든 권선들의 전압이 명판에 표시 되는 값일 때 전원전압 120[V_{ac}]로 다음의 전압을 얻기 위하여 권선을 어떻게 연결하면 좋겠는가? 결선도를 그려보시오.

a) 240[V]

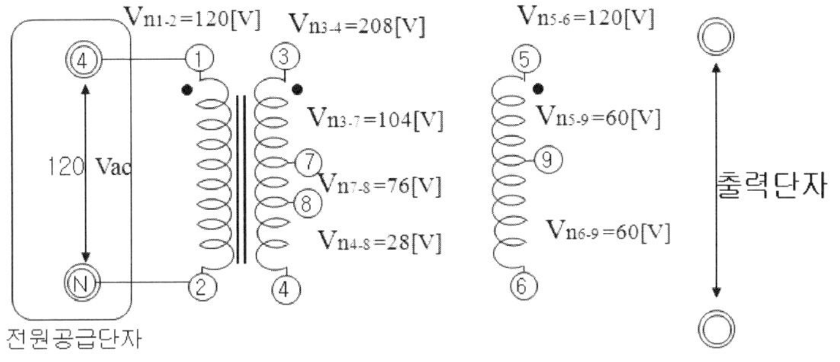

b) 180[v]

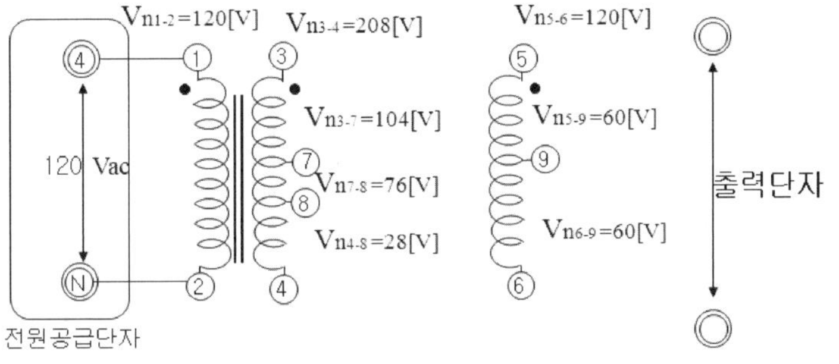

2. 3,150/210[V]의 단상변압기를 [그림 21-문2]와 같이 결선하고 극성시험을 할 때 고압측에 90[V] 전압을 가하면 가극성 및 감극성일 때에 전압계의 지시는 각각 몇 [V]인가?

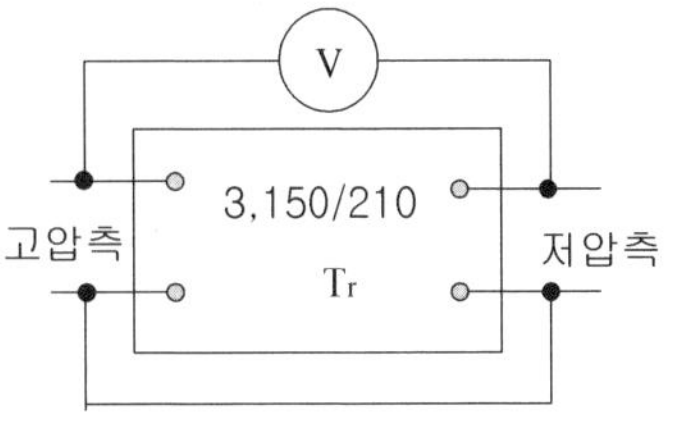

[그림 21-문2]

설명 : ______________________________

____

____

____

____

실험 22. 단상 변압기의 3상 결선(△-△결선)

1) 실험목적

1. 변압기의 Δ 결선
2. 선간전압과 상전압, 선전류와 상전류의 관계
3. $\Delta-\Delta$ 결선의 2차측 1상을 역으로 결선한 경우

2) 개 요

3상 변압기는 1대의 3상 변압기로 되어 있거나, 단상변압기의 3대로 Δ 혹은 Y로 결선한 것이다. 때로는 2대 단상 변압기를 사용하여 V결선하여 3상 전원을 얻는다.

1. $\Delta-\Delta$ 결선의 이론

[그림 22-1]은 3개의 단상변압기를 1차와 2차 모두 Δ 결선으로 한 것이며, 이것을 1차와 2차로 나누어서 나타내면 [그림 22-2]와 같다. 1차권선에는 선간전압 $\dot{V}_{UV}$, $\dot{V}_{VW}$, $\dot{V}_{WU}$가 그대로 가해지고 각 상에 여자전류가 흘러서 1차 기전력(상전압) $\dot{E}_U$, $\dot{E}_V$, $\dot{E}_W$를 유도한다.

2차권선에서는 각각 크기가 1차기전력의 $1/a$이며 같은 상의 2차 기전력(상전압) $\dot{E}_u$, $\dot{E}_v$, $\dot{E}_w$를 유도한다. 다음에 2차 단자에 평균부하를 접속시키면 3상전류가 흐른다. 2차상전류 $\dot{I}_a \cdot \dot{I}_\beta \cdot \dot{I}_r$는 2차기전력 $\dot{E}_u \cdot \dot{E}_v \cdot \dot{E}_w$보다 각각 역률각 θ만큼 늦고, 2차선전류 $\dot{I}_u \cdot \dot{I}_v \cdot \dot{I}_w$와 상전류의 관계 및 1차측에 대한 전압, 전류의 관계를 벡터도로 나타내면 [그림 22-2]와 같이 된다.

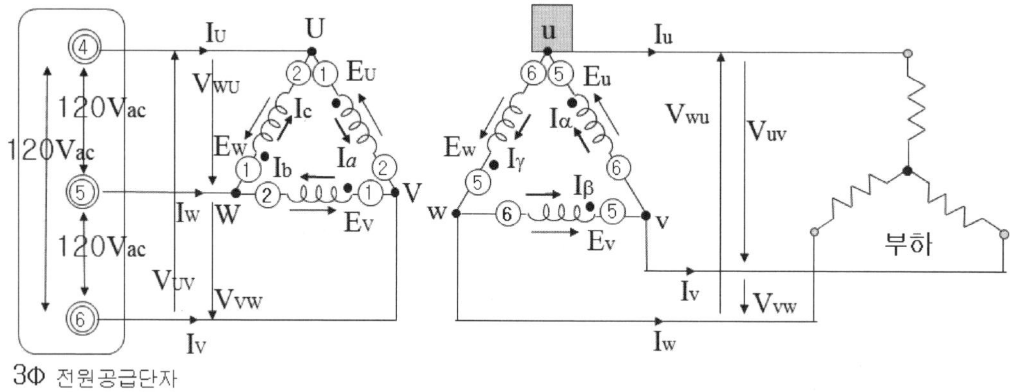

(a) 1차측　　　　　(b) 2차측

[그림 22-1] $\Delta-\Delta$ 결선

[그림 22-1]의 (b)에서 ⓤ점에 흘러들어가는 전류의 합은 흘러나가는 전류와 같다. 이 관계를 [그림 22-2]의 (b)벡터도에서 $\dot{I}_u + \dot{I}_\gamma = \dot{I}_\alpha$ 에서 $\dot{I}_u$는 $\dot{I}_u = \dot{I}_\alpha + (-\dot{I}_\gamma)$ $= 2 \times \dot{I}_\alpha \times \cos 30^\circ = 2 \times \dot{I}_\alpha \times \frac{\sqrt{3}}{2} = \sqrt{3}\,\dot{I}_\alpha$ 즉 선전류는 상전류의 $\sqrt{3}$배가 된다.

Δ 결선에서는 V_l(선간전압) = V_p(상전압), I_l(선전류) = $\sqrt{3}\ I_p$(상전류)의 관계인 것을 알 수 있다.

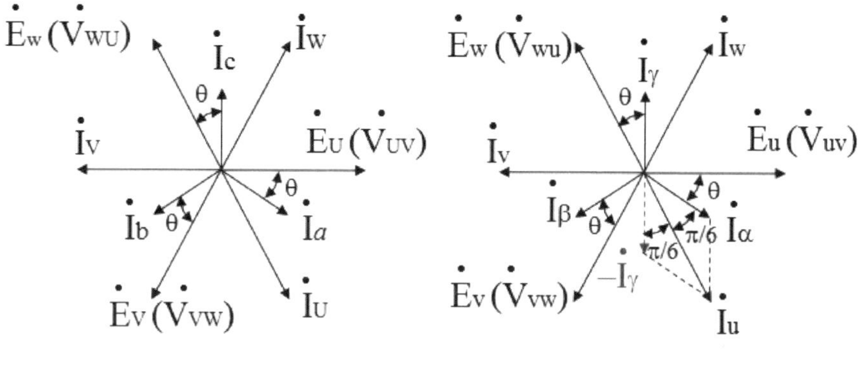

(a) 1차측 (b) 2차측

[그림 22-2] $\Delta - \Delta$ 결선의 벡터도

2. $\Delta - \Delta$ 결선의 2차측을 정상으로 한 경우

[그림 22-3]의 (a)는 변압기 3대로 2차측을 정상으로 결선한 경우이며 이때의 전압계에 나타나는 전압 V는 [그림 22-3]의 (b)의 벡터도에서와 같이 $(\dot{E}_u + \dot{E}_w) + \dot{E}_v =$ $(-\dot{E}_v) + \dot{E}_v = 0[\mathrm{V}]$ 가 된다.

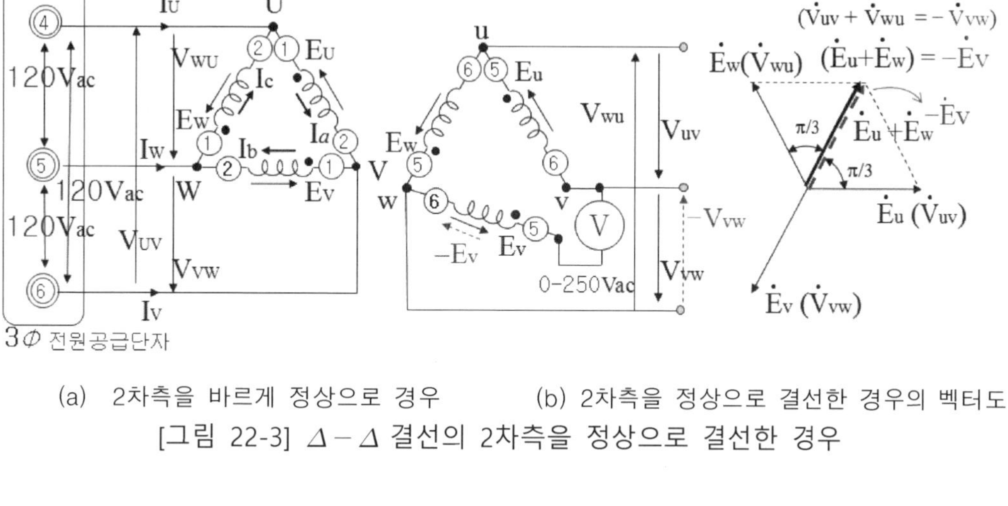

(a) 2차측을 바르게 정상으로 경우 (b) 2차측을 정상으로 결선한 경우의 벡터도

[그림 22-3] $\Delta - \Delta$ 결선의 2차측을 정상으로 결선한 경우

3. $\Delta-\Delta$ 결선의 2차측 1상(E_v)을 역으로 결선한 경우

그러나 E_v 상의 결선을 역으로 결선하면 [그림 22-4]의 (a)가 되며 이때의 전압계 에 나타나는 전압 V는 [그림 22-4]의 (b)의 벡터도에서 알 수 있듯이 $(\dot{E}_u+\dot{E}_w)+(-\dot{E}_v) = (-\dot{E}_v)+(-\dot{E}_v) = -2\times\dot{E}_v$[V] 로 되기 때문에 Δ결선 내에는 순환전류가 흘러서 변압기가 과열된다.

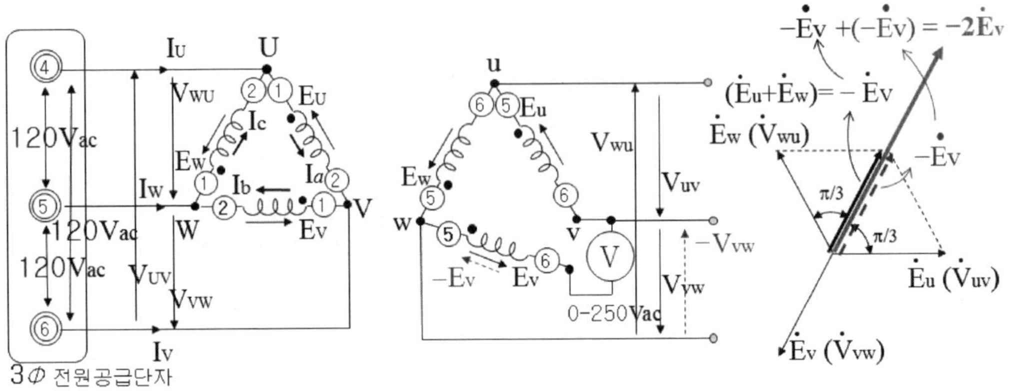

(a) 2차측 1상(E_v)을 역으로 결선한 경우 (b)2차측 1상(E_v)을 역으로 결선한 경우의 벡터

[그림 22-4] $\Delta-\Delta$ 결선의 2차측 1상(E_v)을 역으로 경우

3) 장비 및 부품

전원공급장치 (0-120[V_{ac}], 3ϕ)	EMS 8821	변압기 3대	EMS 8341
교류전압계(250/250[V_{ac}])	EMS 8426	리드선	EMS 8951
교류전류계(0.5/0.5[A_{ac}])	EMS 8425	회로시험기(테스터)	별도
저항기	EMS 8311		

4) 실험 순서

1. $\Delta-\Delta$ 결선의 2차측을 정상으로 결선한 경우

a) [그림 22-3]과 같이 결선한다.

b) 전원을 켜고 전압 조정기를 시계 방향으로 서서히 돌리면서 1차 정격전압 120 [V_{ac}]으로 한다. 만약 △결선이 올바르게 접속되었다면 전압계에 나타나는 전압은 몇 [V]가 되는가?　　　　전압계의 지시 $V=$ __0__[V_{ac}]

c) 전압 조정기를 반시계 방향으로 돌려서 전압을 0[V_{ac}]으로 한 후 전원을 끈다.

2. $\Delta-\Delta$ 결선의 2차측 1상을 역으로 결선한 경우

a) [그림 22-4]와 같이 회로를 결선한다.

b) 전원을 켜고 전압 조정기를 시계 방향으로 서서히 돌리면서 1차 정격전압 120 [V_{ac}]으로 한다. 이 때 전압계에 나타나는 전압은 몇 [V]가 되는가?

전압계의 지시 $V=$ 245 [V_{ac}]

c) 전압조정 손잡이를 반시계 방향으로 돌려 전압을 0[V_{ac}]으로 한 후 전원을 끈다.

3. $\Delta-\Delta$ 결선의 실험

a) [그림 22-5]와 같이 결선한다.

b) 전원을 켜고 전압 조정기를 시계 방향으로 서서히 돌리면서 1차 정격전압 120 [V_{ac}]으로 한다. 이 때 [표 1]에 있는 각 각의 부하저항 값에 해당되는 권선의 전압(상전압)과 선간전압을 테스터로 측정하고, 2차 상전류(I_{2P})과 2차 선전류(I_{2l})을 측정해서 [표 1]에 기록한다.

c) 전압 조정기를 반시계 방향으로 돌려서 전압을 0[V_{ac}]으로 한 후 전원을 끈다.

d) [표 1]에 출력을 계산하시오. 출력 $P_o = \sqrt{3}\, V_{2l}\, I_{2l}$ [VA]

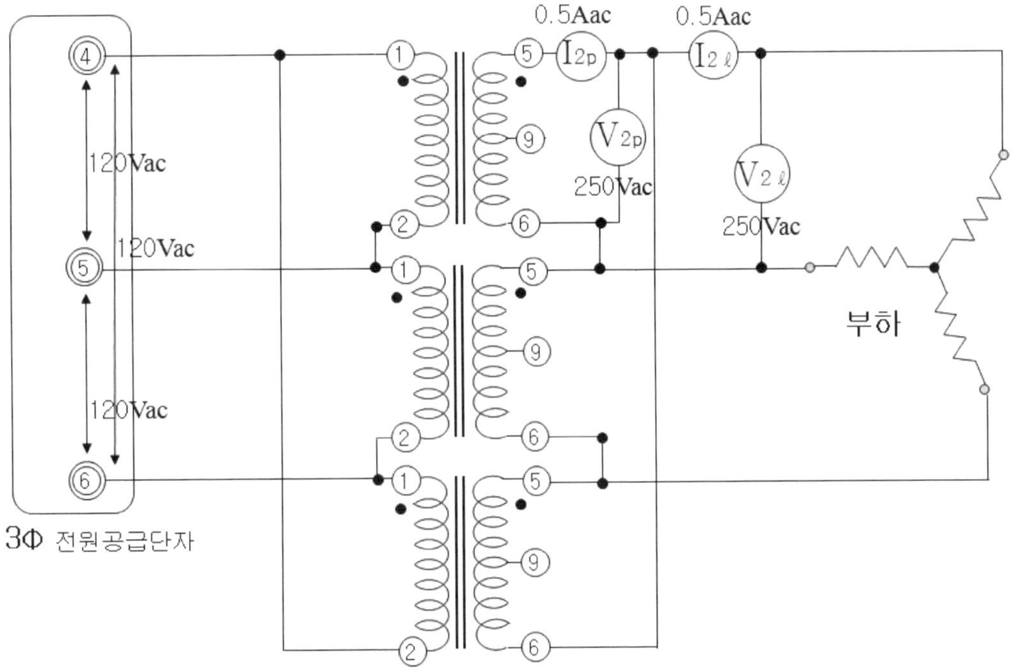

[그림 22-5] 단상변압기의 $\Delta-\Delta$ 결선

[표 1] $\Delta-\Delta$ 결선의 측정값

1상의 부하저항	측정값				$\frac{\text{선간전압}}{\text{상전압}}$	$\frac{\text{선전류}}{\text{상전류}}$	출력
	2차 상전압 V_{2P}	2차 선간전압 V_{2l}	2차 상전류 I_{2P}	2차 선전류 I_{2l}	$\frac{V_{2l}}{V_{2P}}$	$\frac{I_{2l}}{I_{2P}}$	P_o [VA]
171.1[Ω] (1,200[Ω], 600[Ω]과 300[Ω]을 병렬로 연결)							
200[Ω] (600[Ω]과 300[Ω]을 병렬로 연결)							
300[Ω]							

5) 연구 및 검토

1. $\Delta-\Delta$결선에서 2차 권선의 극성 중 하나가 역으로 결선 된다면 어떤 현상이 나타나겠는가?

a) 완전 단락이 발생하는가?

설명 : ______

b) 변압기가 가열되는가?

설명 : ______

c) 1차측 전압이 불평형을 이루는가?

설명 : ______

d) 2차측 전압이 불평형을 이루는가?

설명 : ______

2. $\Delta-\Delta$ 결선의 2차측 1상을 바르게 결선한 경우에 [그림 22-3]의 전압계에 나타나는 전압은 몇 [V_{ac}]가 되는가?

설명 : ______

3. $\Delta-\Delta$ 결선의 2차측 1상(E_v)을 역으로 결선한 경우에 [그림 22-4]의 전압계에 나타나는 전압은 상전압의 몇 배가 되는가?

설명 : 245[V_{ac}]로써 상전압의 2배가 된다.

4. $\Delta-\Delta$결선에서 권선의 전압(상전압)과 선간전압의 크기를 비교하시오.
설명 : ______________________________

5. $\Delta-\Delta$결선에서 2차 상전류(I_{2P})과 2차 선전류I_{2l}의 크기를 비교하시오.
설명 : ______________________________

기사 문제

6. 7.5[kVA], 3,000/100[V]의 단상변압기 3대를 $\Delta-\Delta$ 결선으로 하고 3상평형부하 15[kVA]를 걸었을 때, 1차 및 2차의 상전류 및 선전류를 구하라. 단, 변압기내의 저항, 리액턴스, 여자전류는 무시한다.
설명 : ______________________________

____

____

____

7. 3,300[V], 210[V], 10[kVA]의 단상변압기 3대를 $\Delta-\Delta$ 접속하고 2차측의 두선간에 단상 전열부하를 접속한다. 접속할 최대전열부하 및 1차전류를 구하시오.
설명 : ______________________________

____

____

____

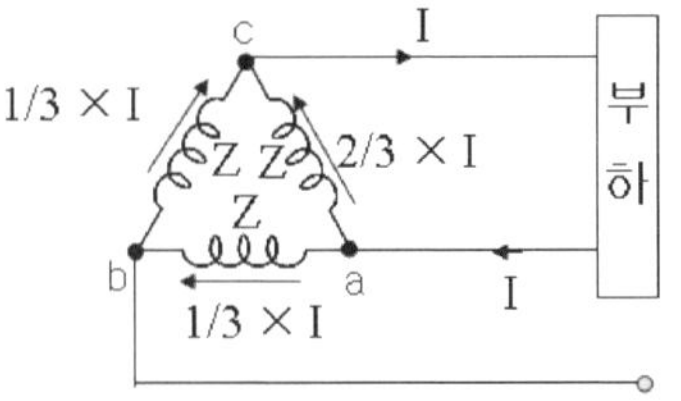

[그림 22-문7]

실험 23. 단상 변압기의 3상 결선 (V-V결선)

1) 실험 목적

1. 단상 변압기의 V결선 방법
2. V결선일 때의 변압기의 용량 및 출력
3. 역 V결선한 경우

2) 개 요

1. V-V결선의 이론

정격전압 V_n, 정격전류 I_n의 단상 변압기 2대를 V-V결선으로 사용할 때의 출력은 $\sqrt{3}\,VI$ [W]이고 이때의 이용률은 $\frac{\sqrt{3}\,VI}{2VI}=0.866$이며, Δ결선을 할 때의 출력 $3VI$ [W]에 비하여, V결선을 할 때의 출력은 $\frac{\sqrt{3}\,VI}{3VI}=0.577$ 배로 감소한다.

(1) 주상변압기에서는 장치방법이 간단하며 소용량에서는 가격도 싸기 때문에 3상 부하에 널리 사용된다.

(2) 부하가 증가하는 경우 $\Delta-\Delta$ 결선으로 할 것을 예정하여 처음에 2개로 V 결선해서 사용하는 일이 있다.

(3) 부하의 상태에 따라서는 2차 단자전압이 불평형 전압으로 된다.

2. 정상으로 V결선한 경우(Δ 결선에서 E_w 상을 제거한 경우)

[그림 23-1]의 (a)는 2차측을 정상으로 V결선한 경우이며 벡터도는 (b)와 같고 선간전압 $\dot{V}_{wu}\,(\dot{E}_w)=-\dot{E}_u+(-\dot{E}_v)=2\times\dot{E}_u\times\cos60^\circ=2\times\dot{E}_u\times\frac{1}{2}=\dot{E}_u$은 상전압과 같다.

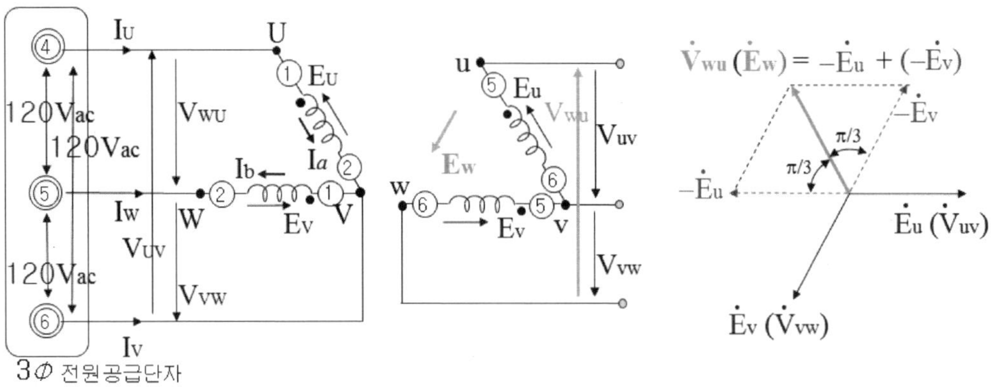

(a) 정상으로 V결선한 경우 (b) 정상으로 V결선한 경우의 벡터도

[그림 23-1] 정상으로 V결선

3. 역 V결선한 경우(E_v 상을 역으로 결선한 경우)

[그림 23-2]의 (a)는 2차측 2대 중 1대를 역으로 결선한 경우이며 이때의 벡터도는 [그림 23-2]의 (b)와 같고 선간전압 $-\dot{V}_{wu}(-\dot{E}_w)=\dot{E}_u+(-\dot{E}_v)=2\times\dot{E}_u\cos 30^\circ=2\times\dot{E}_u\frac{\sqrt{3}}{2}$ $=\sqrt{3}\,\dot{E}_u$는 상전압의 $\sqrt{3}$ 배가 된다.

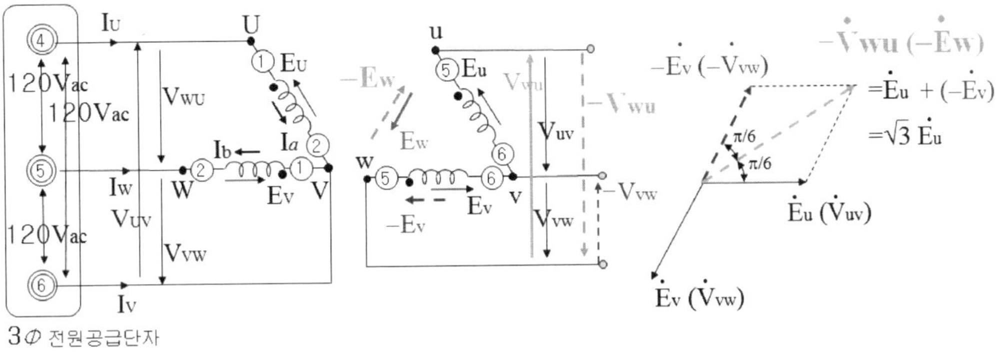

(a) 2차측 2대 중 E_v 상을 역으로 결선한 경우　　(b) E_v 상을 역으로 결선한 경우의 벡터도

[그림 23-2] 역 V결선

3) 장비 및 부품

전원공급장치 (0−120[V_{ac}] 3ϕ)	EMS 8821	변압기　2대	EMS 8341
교류전압계(250/250[V_{ac}])	EMS 8426	리드선	EMS 8951
교류전류계(0.5/0.5[A_{ac}])	EMS 8425	회로시험기(테스터)	별도
저항기	EMS 8311		

4) 실험 순서

1. 정상으로 V결선한 경우의 실험

a) [그림 23−1]과 같이 결선한다.

b) 전원을 켜고 전압 조정기를 시계 방향으로 서서히 돌리면서 1차측 전압이 120 [V_{ac}] 가 되도록 한다.

c) 선간전압을 테스터로 측정해서 [표 1]에 기록한다.

d) 전압 조정기를 반시계 방향으로 돌려 전압을 0[V_{ac}]로 한 후 전원을 끈다.

2. 역 V결선한 경우의 실험

a) [그림 23−2]와 같이 결선한다.

b) 전원을 켜고 전압 조정기를 시계 방향으로 서서히 돌리면서 1차측 전압이 120 [V_{ac}] 가 되도록 한다.

c) [그림 23−2]에 표시된 선간전압을 테스터로 측정해서 [표 1]에 기록한다.

d) 전압 조정기를 반시계 방향으로 돌려 전압을 0[V_{ac}]로 한 후 전원을 끈다.

[표 1] V결선과 역 V결선의 측정값

		측정값
V결선	1차 선간전압(V_{1l})	V_{UV} =______[V_{ac}], V_{VW} =______[V_{ac}], V_{WU} =______[V_{ac}]
	2차 선간전압(V_{2l})	V_{uv} =______[V_{ac}], V_{vw} =______[V_{ac}], V_{wu} =______[V_{ac}]
역 V결선	1차 선간전압(V_{1l})	V_{UV} =______[V_{ac}], V_{VW} =______[V_{ac}], V_{WU} =______[V_{ac}]
	2차 선간전압(V_{2l})	V_{uv} =______[V_{ac}], V_{vw} =______[V_{ac}], V_{wu} =______[V_{ac}]

---

3. V-V 결선 실험

a) [그림 23-3]과 같이 결선한다.

b) 전원을 켜고 전압 조정기를 시계 방향으로 서서히 돌리면서 1차 정격전압 120 [V_{ac}]으로 한다. 이 때 [표 2]에 있는 각 각의 부하저항 값에 해당되는 권선의 전압(상전압)과 선간전압을 테스터로 측정하고, 2차 상전류(I_{2P})과 2차 선전류(I_{2l})을 측정해서 [표 2]에 기록한다.

c) 전압 조정기를 반시계 방향으로 돌려 전압을 0[V_{ac}]으로 한 후 전원을 끈다.

d) [표 2]에 출력을 계산하시오. 출력 $P_o = \sqrt{3}\, V_{2l} I_{2l}$ [VA]

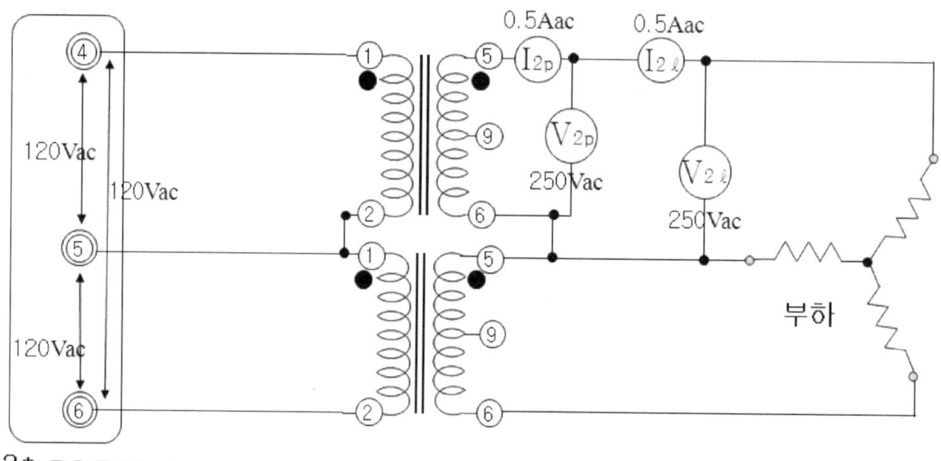

[그림 23-3] 단상변압기의 V-V 결선

[표 2] V-V 결선의 측정값

1상의 부하저항	측정값				$\frac{선간전압}{상전압}$	$\frac{선전류}{상전류}$	출력
	2차 상전압 V_{2P}	2차 선간전압 V_{2l}	2차 상전류 I_{2P}	2차 선전류 I_{2l}	$\frac{V_{2l}}{V_{2P}}$	$\frac{I_{2l}}{I_{2P}}$	P_o[VA]
171.1[Ω] (1,200[Ω], 600[Ω]과 300[Ω]을 병렬로 연결)							
200[Ω] (600[Ω]과 300[Ω]을 병렬로 연결)							
300[Ω]							

5) 연구 및 검토

1. 실험 22의 $\Delta-\Delta$결선과 실험 23의 V-V결선의 측정결과를 비교하시오.
   a) $\Delta-\Delta$결선과 V-V결선간의 전압의 차이가 있는가?
   설명 : ______________________________
   b) $\Delta-\Delta$결선과 V-V결선의 정격 피상전력(VA)은 같은가?
   설명 : ______________________________

2. V결선시 각 상의 전압은 평형이 되는가?
   설명 : ______________________________

3. 역 V결선시 각 상의 전압은 평형이 되는가?
   설명 : ______________________________

4. 출력은 V결선시에는 Δ결선시의 몇 [%]인가?
   설명 : ______________________________

5. 용량이 100[KVA]인 단상 변압기 2대로 V결선할 때 출력은 몇 [KVA]가 되는가?
   설명 : ______________________________

실험 24. 단상 변압기의 3상 결선($Y-Y$ 결선)

1) 실험 목적

1. 변압기의 Y결선시 전압과 전류의 관계
2. 2차측의 E_v 상을 반대로 결선하고 $Y-Y$ 결선을 한 경우

2) 개 요

1. $Y-Y$ 결선을 한 경우

3상 변압기는 1대의 3상 변압기로 되어 있거나, 단상변압기의 3대로 Δ 혹은 Y로 결선한 것이다. 때로는 [실험 23]과 같이 2대 단상 변압기를 사용하여 V결선으로 3상 전원을 얻는다.

[그림 24-1]은 1차와 2차가 모든 Y 결선한 것이며, 이것을 1차와 2차로 나누어서 단자접속 및 전압과 전류의 관계를 나타낸 것이다. 1차 및 2차의 전압과 전류의 관계를 벡터도로 나타내면 [그림 24-2]와 같다.

u, v사이의 전압은 벡터도에서

$$\dot{V}_{uv} = \dot{E}_u - \dot{E}_v = \dot{E}_u + (-\dot{E}_v) = 2 \times \dot{E}_u \times \cos 30^\circ = 2 \times \dot{E}_u \times \frac{\sqrt{3}}{2} = \sqrt{3}\ \dot{E}_u$$

즉 선간전압는 상전압의 $\sqrt{3}$배가 된다.

Y결선에서는 V_l (선간전압) $= \sqrt{3}\ V_p$(상전압), I_l (선전류) $= I_p$(상전류)의 관계인 것을 알 수 있다.

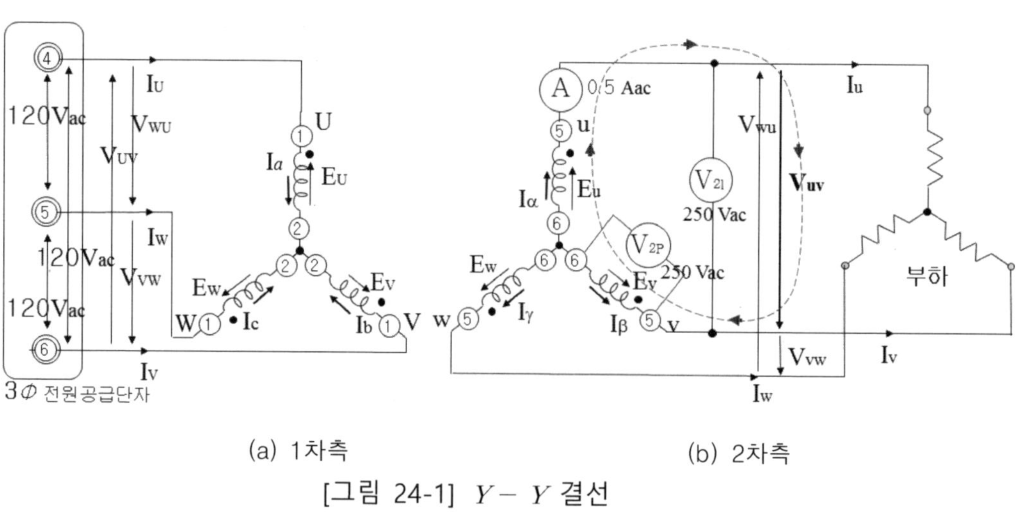

(a) 1차측 (b) 2차측

[그림 24-1] $Y-Y$ 결선

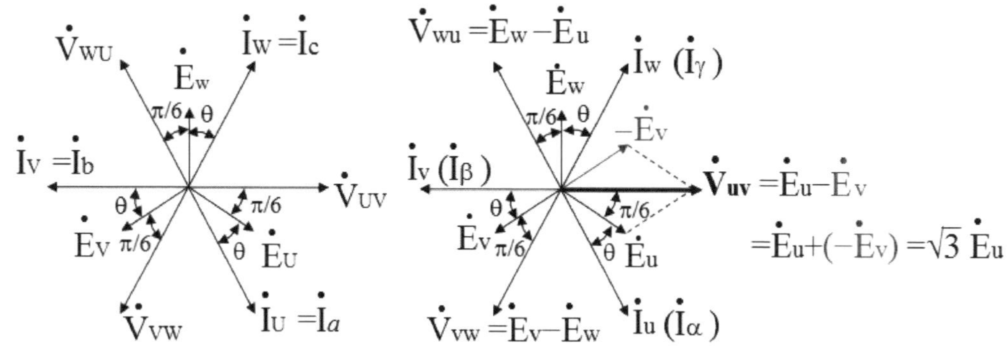

(a) 1차측　　　　　　　　(b) 2차측

[그림 24-2] $Y-Y$ 결선의 벡터도

2. 2차측의 E_v 상을 반대로 결선하고 $Y-Y$ 결선을 한 경우

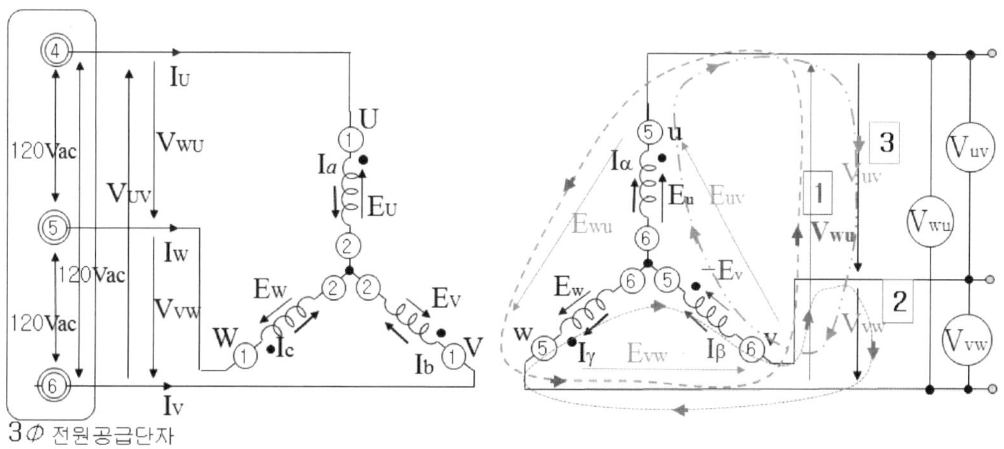

(a) 1차측　　　　　　　　(b) 2차측(2차측의 E_v 상을 반대로 결선한 것)

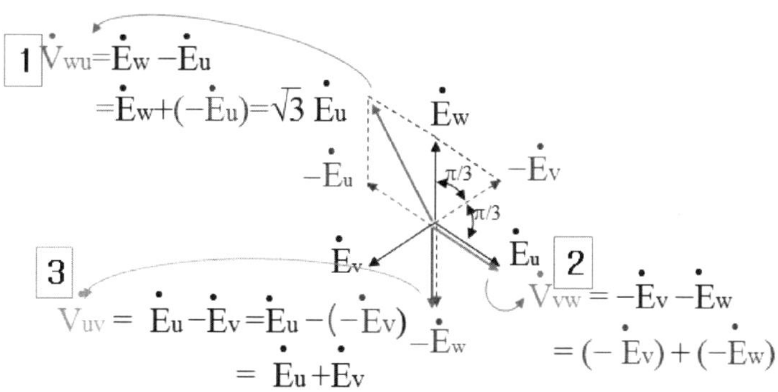

(c) 2차측의 E_v 상을 반대로 결선한 경우 2차측 벡터도

[그림 24-3] 2차측의 E_v 상을 반대로 결선하고 $Y-Y$ 결선을 한 경우

3) 장비 및 부품

전원공급장치 (0-120[V_{ac}] 3ϕ)	EMS 8821	변압기 3대	EMS 8341
교류전압계(250/250/250[V_{ac}])	EMS 8426	리드선	EMS 8951
교류전류계(0.5[A_{ac}])	EMS 8425	회로시험기(테스터)	별도
저항기	EMS 8311		

4) 실험 순서

1. $Y-Y$ 결선 실험

a) [그림 24-1]과 같이 $Y-Y$ **결선**을 한다. 전압계는 결선이 복잡하므로 생략해도 좋다.

b) 전원을 켜고, 전압 조정기를 시계 방향으로 서서히 돌리면서 1차측 전압이 120 [V_{ac}]가 되도록 한다.

c) [표 1]에 있는 각 각의 부하저항 값에 해당되는 전압은 테스터로 측정하고, 전압과 전류 값을 [표 1]에 기록한다.

d) 전압 조정기를 반시계 방향으로 돌려 전압을 0[V_{ac}]로 한 후 전원을 끈다.

[표 1] $Y-Y$ 결선의 측정값

1상의 부하저항	측정값				선간전압/상전압	선전류/상전류	출력
	2차 상전압 V_{2P}	2차 선간전압 V_{2l}	2차 상전류 I_{2P}	2차 선전류 I_{2l}	$\frac{V_{2l}}{V_{2P}}$	$\frac{I_{2l}}{I_{2P}}$	P_o[VA]
171.1[Ω](1,200[Ω],600[Ω]과 300[Ω]을 병렬로 연결)							
200[Ω](600[Ω]과 300[Ω]을 병렬로 연결)							
300[Ω]							

---

2. 2차측의 E_v 상을 반대로 결선하고 $Y-Y$ 결선을 한 경우

a) [그림 24-3]과 같이 $Y-Y$ **결선**을 할 때 2차측의 E_v 상을 반대로 결선한다.

b) 전원을 켜고, 전압 조정기를 시계 방향으로 서서히 돌리면서 1차측 전압이 120 [V_{ac}]가 되도록 한다.

c) 상전압과 선간전압을 테스터로 측정하고 [표 2]에 기록한다.

d) 전압 조정기를 반시계 방향으로 돌려 전압을 0[V_{ac}]로 한 후 전원을 끈다.

[표 2] 2차측의 E_v 상을 반대로 결선하고 Y- Y 결선을 한 경우

	측정값
1차 선간전압(V_{1l})	V_{UV} = 120 [V], V_{VW} = 120 [V], V_{WU} = 120 [V]
2차 상전압(V_{2P})	E_u = 70 [V], E_v = 68 [V], E_w = 65 [V]
2차 선간전압(V_{2l})	V_{uv} = 68 [V], V_{vw} = 65 [V], V_{wu} = 110 [V]

5) 연구 및 검토

1. 만일 $Y-Y$ 결선에서 2차 권선의 극성 중 E_v 상을 역으로 결선하면
   a) 완전단락이 발생하는가? 설명 : ______
   b) 변압기가 가열되는가? 설명 : ______
   c) 1차측 전압이 불평형을 이루는가? 설명 : ______
   d) 2차측 전압이 불평형을 이루는가? 설명 : ______

2. $Y-Y$ 결선에서 권선의 전압(상전압 V_P)과 선간전압(V_l)의 크기를 비교하시오.
   설명 : ______

3. $Y-Y$ 결선에서 2차 상전류(I_{2P})과 2차 선전류I_{2l}의 크기를 비교하시오.
   설명 : ______

어려운 문제

4. 단상변압기 3대로 $\Delta-\Delta$ 결선해서 운전 중 한 대가 고장일 때에는 이것을 제거하고 나머지 2대를 V 결선으로 하여 송전을 계속할 수 있지만, $Y-Y$ 결선은 V 결선으로 운전할 수 없는 이유는? [참고]의 그림을 보고 설명하시오.

설명 : [그림 22-1]의 $\Delta-\Delta$ 결선에서 1대(E_w)를 제거하면 [그림 23-1]의 정상으로 V결선으로 되어서 3상 평형 전력을 부하에 공급할 수 있다.

그러나 [그림 24-1]의 $Y-Y$ 결선에서 변압기 1대(E_w)를 제거하면 [그림 24-문4-B]가 되는데 여기에 V와 W단자를 넣고 선간전압을 나타낸 그림이 [그림 24-문4-C]가 되며 이 그림은 [그림 23-2]의 E_v 상을 역으로 결선한 역 V결선의 그림과 같으므로 선간전압 V_{wu} 는 상전압(E_u)의 $\sqrt{3}$ 배가 된다.

[참고]

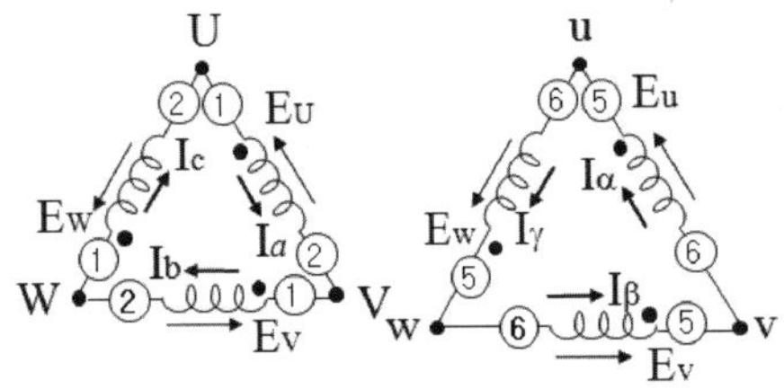

[그림 22-1] $\Delta-\Delta$ 결선

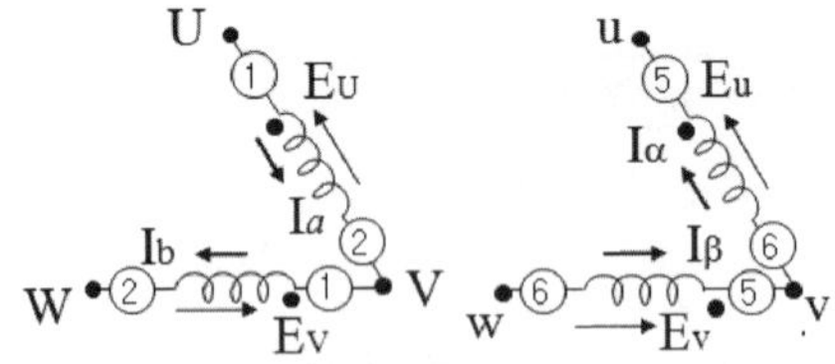

[그림 23-1] 정상으로 V결선

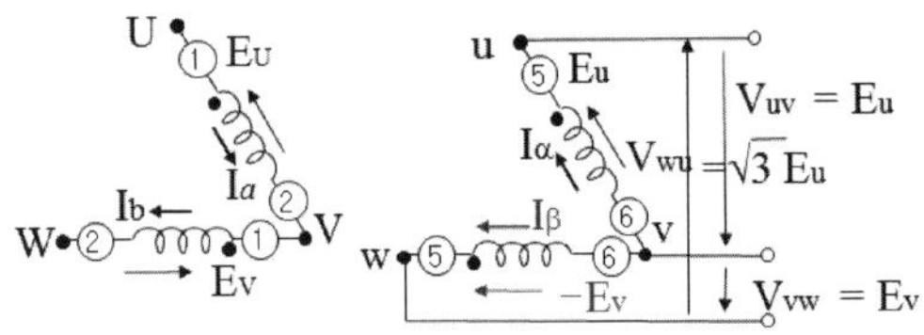

[그림 24-문4-A] 2차측 2대 중 E_v 상을 역으로 결선한 경우

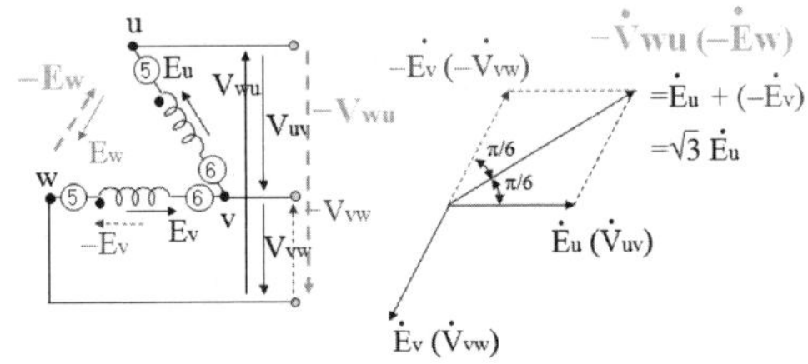

(a) E_v 상을 역으로 결선 (b) 2차측 벡터도

[그림 23-2] 역 V결선

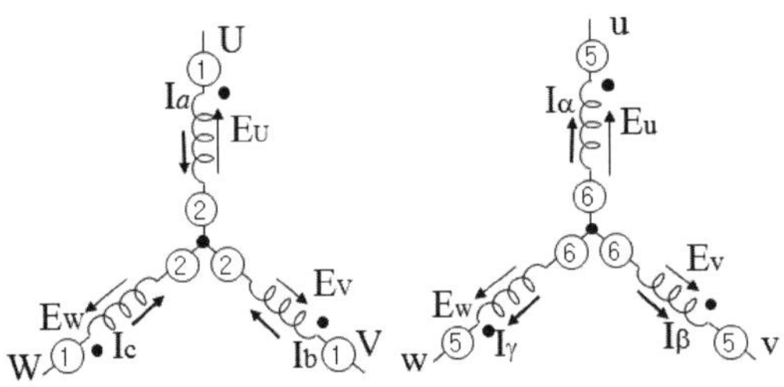

[그림 24-1] $Y-Y$ 결선

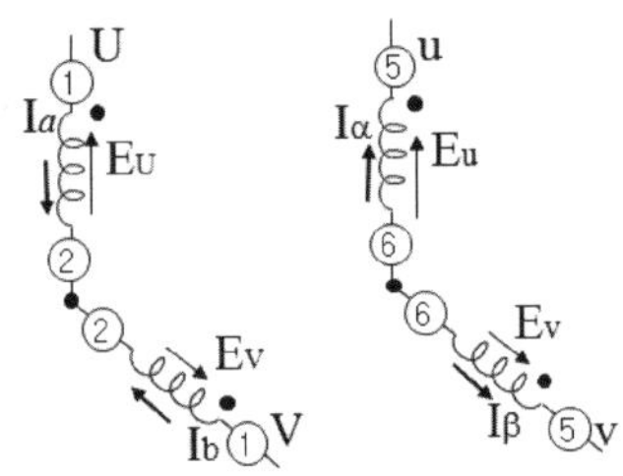

[그림 24-문4-B] $Y-Y$ 결선에서 1대(E_w)를 제거한 그림

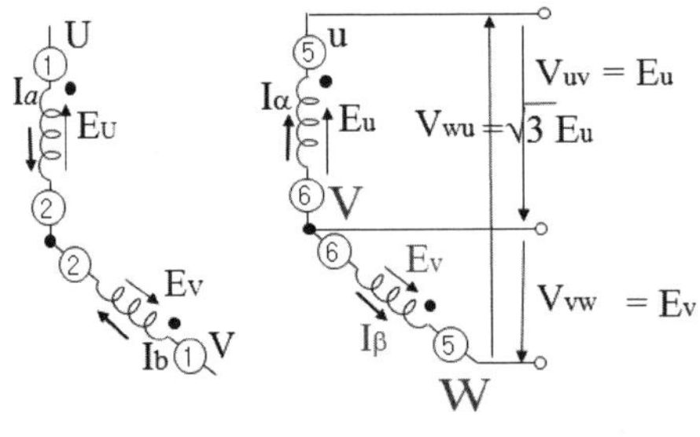

[그림 24-문4-C] $Y-Y$ 결선에서 1대(E_w)를 제거한 그림에 V와 W단자를 넣고 선간전압을 나타낸 그림

실험 25. 단상 변압기의 3상결선($\Delta - Y$와 $Y - \Delta$ 결선)

1) 실험 목적

극성이 같은 단상 변압기를 사용하여 각종 3상 결선법을 습득하고, 상 전압과 선간 전압, 상전류와 선전류, 변압비, 변류비를 조사한다.

2) 개 요

1. 3상3선($3\phi\ 3l$)식 변압기의 결선방식은 $\Delta - \Delta$, $Y - Y$, $Y - \Delta$, $\Delta - Y$, $V - V$ 등이 있다.

Y 결선시 선간전압(V_l)은 상전압(V_p)의 $\sqrt{3}$배이고, 선전류(I_l)와 상전류(I_p)는 같다.

Δ 결선시 선간전압(V_l)과 상전압(V_p)은 같고, 선전류(I_l)는 상전류(I_p)의 $\sqrt{3}$배이다.

2. 전류나 전압을 1차에서 2차로, 또는 2차에서 1차로 변환할 때는

3상에서는 $\dfrac{V_{1p}\,(1\text{차 상전압})}{V_{2p}\,(2\text{차 상전압})} = a$, $\dfrac{I_{1p}\,(1\text{차 상전류})}{I_{2p}\,(2\text{차 상전류})} = \dfrac{1}{a}$으로 환산한다.

3상에서 $\dfrac{V_{1l}\,(1\text{차 선간전압})}{V_{2l}\,(2\text{차 선간전압})} = a$, $\dfrac{I_{1l}\,(1\text{차 선전류})}{I_{2l}\,(2\text{차 선전류})} = \dfrac{1}{a}$으로 환산할 수 없으며 이렇게 계산을 하면 결과는 틀린 답이 된다.

3. 3상 결선용 단상 변압기는 모두 같은 극성이어야 한다.
또 정격도 같은 것을 사용하여야 한다.

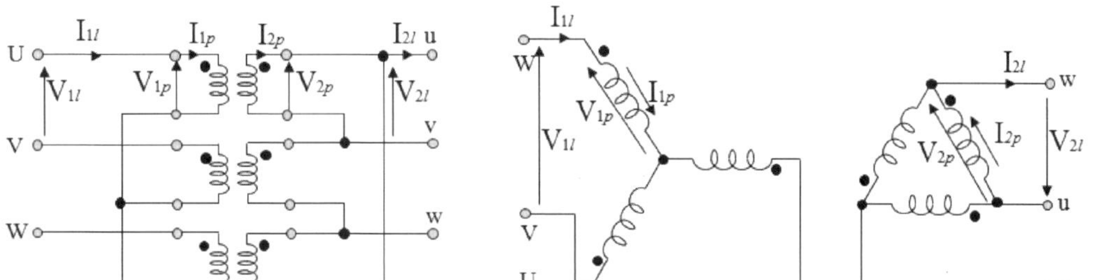

[그림 25-1] 3상 $Y - \Delta$ 결선에서 상전압, 선간전압 및 상전류, 선전류의 표시

3) 장비 및 부품

전원공급장치 (0-120[V_{ac}], 3ϕ)	EMS 8821	변압기 3대	EMS 8341
교류전압계(250/250/250[V_{ac}]) 2대	EMS 8426	리드선	EMS 8951
교류전류계(2.5/2.5/2.5[A_{ac}])	EMS 8425	회로시험기(테스터)	별도
저항기	EMS 8311		

4) 실험 순서

1. Δ-Y 결선 시험

a) 단상 변압기 3대를 사용하여 3상 $\Delta - Y$ 결선 실험을 위하여 [그림 25-2]와 같이 연결하시오.

1차측의 Δ 결선에서는 V_{1l}(선간 전압) = V_{1p}(상 전압)이므로 V_{1p} 전압계는 결선이 복잡하므로 생략해도 좋다.

2차측의 Y 결선에서는 I_{2l}(선전류) = I_{2p}(상전류)이므로 전류계를 1대(I_{2p})만 사용했다.

b) 전원을 켜고, 전압 조정기를 시계 방향으로 서서히 돌리면서 1차측 전압이 120 [V_{ac}]가 되도록 한다.

c) [표 1]에 있는 각 각의 부하저항 값에 해당되는 전압은 테스터로 측정하고, 전압과 전류 값을 [표 1]에 기록한다.

d) 전압조정기를 반시계 방향으로 돌려 전압을 0[V_{ac}]로 한 후에 전원을 끈다.

e) $\dfrac{I_{1l}}{I_{1p}}$, $\dfrac{V_{2l}}{V_{2p}}$, $\dfrac{V_{1p}}{V_{2p}}$ 및 $\dfrac{I_{1p}}{I_{2p}}$를 계산하여 [표 1]에 기록하시오.

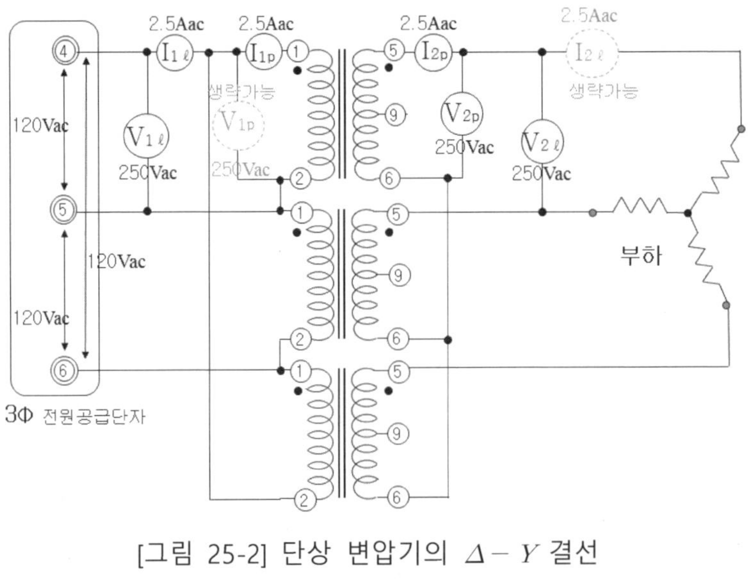

[그림 25-2] 단상 변압기의 $\Delta - Y$ 결선

[표 1] $\Delta - Y$ 결선의 측정값

	1 차 측 (Δ 결선)				2 차 측 (Y 결선)				권수비 a	$\frac{1}{a}$
1상의 부하저항	전 압	전 류			전 압			전 류		
	V_{1l} $= V_{1p}$	선 전류 I_{1l}	상 전류 I_{1p}	$\frac{I_{1l}}{I_{1p}}$	선간 전압 V_{2l}	상 전압 V_{2p}	$\frac{V_{2l}}{V_{2p}}$	I_{2l} $= I_{2p}$	$\frac{V_{1p}}{V_{2p}}$	$\frac{I_{1p}}{I_{2p}}$
171.1[Ω] (1,200, 600, 300[Ω]병렬)										
200[Ω] (600[Ω], 300[Ω] 병렬)										
300[Ω]										

2. $Y - \Delta$ 결선 실험

a) 단상 변압기 3대를 사용하여 3상 $Y - \Delta$ 결선 실험을 위하여 [그림 25-3]과 같이 결선 하시오.

1차측의 Y 결선에서 I_{1l} (선전류) = I_{1p} (상전류)이므로 전류계를 1대(I_{1p})만 사용했다.

2차측의 Δ 결선에서는 V_{2l} (선간 전압) = V_{2p} (상 전압)이므로 V_{2p} 전압계는 결선이 복잡하므로 생략해도 좋다.

b) 전원을 켜고, 전압 조정기를 시계 방향으로 서서히 돌리면서 1차측 전압이 120 [V_{ac}]가 되도록 한다.

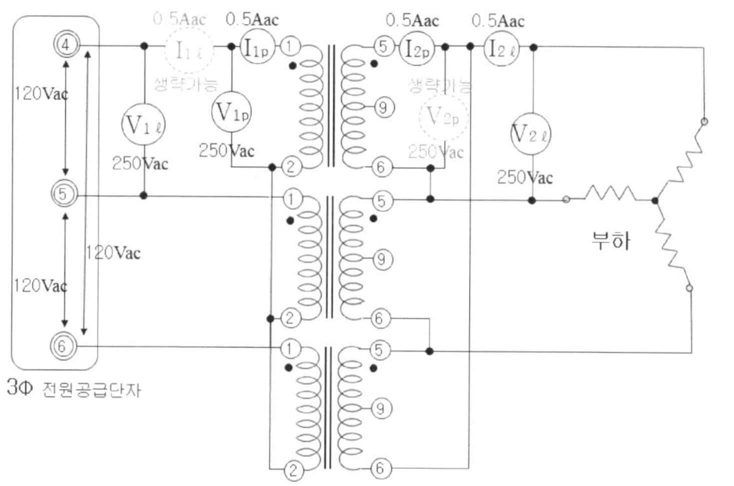

[그림 25-3] 단상 변압기의 $Y - \Delta$ 결선

c) [표 2]에 있는 각 각의 부하저항 값에 해당되는 전압은 테스터로 측정하고, 전압과 전류 값을 [표 2]에 기록한다.

d) 전압조정기를 반시계 방향으로 돌려 전압을 0[V_{ac}]로 한 후에 전원을 끈다.

e) $\frac{V_{1l}}{V_{1p}}$, $\frac{I_{2l}}{I_{2p}}$, $\frac{V_{1p}}{V_{2p}}$ 및 $\frac{I_{1p}}{I_{2p}}$를 계산하여 [표 2]에 기록하시오.

[표 2] $Y-\Delta$ 결선의 측정값

	1 차 측 (Y결선)				2 차 측 (Δ 결선)				권수비 a	$\frac{1}{a}$
	전 압			전 류	전 압	전 류				
1상의 부하저항	선간 전압 V_{1l}	상 전압 V_{1p}	$\frac{V_{1l}}{V_{1p}}$	$I_{1l} = I_{1p}$	$V_{2l} = V_{2p}$	선 전류 I_{2l}	상 전류 I_{2p}	$\frac{I_{2l}}{I_{2p}}$	$\frac{V_{1p}}{V_{2p}}$	$\frac{I_{1p}}{I_{2p}}$
171.1[Ω] (1,200, 600, 300[Ω]병렬)										
200[Ω] (600[Ω], 300[Ω] 병렬)										
300[Ω]										

5) 연구 및 검토

1. 변압기를 Δ 결선 하였을 때 선간 전압과 상 전압, 선 전류와 상 전류의 관계를 말하시오.

   설명 : ______________________________

2. 변압기를 Y결선 하였을 때 선간 전압과 상 전압, 선 전류와 상 전류의 관계를 말하시오.

   설명 : ______________________________

3. 어떤 공장의 수전 전원이 3상 3선식 220[V_{ac}]이다. 이 공장에 새로 설치한 기계의 전원으로 3상 4선식 380[V_{ac}]전원이 필요할 경우, 1차와 2차가 모두 220[V_{ac}]인 변압기 3대를 사용하여 3상 4선($3\phi 4l$)식 380[V_{ac}] 전원을 만들어 보시오.

   (단, 권수비는 1이다.)

   설명 : ______________________________

   ____

설명 :

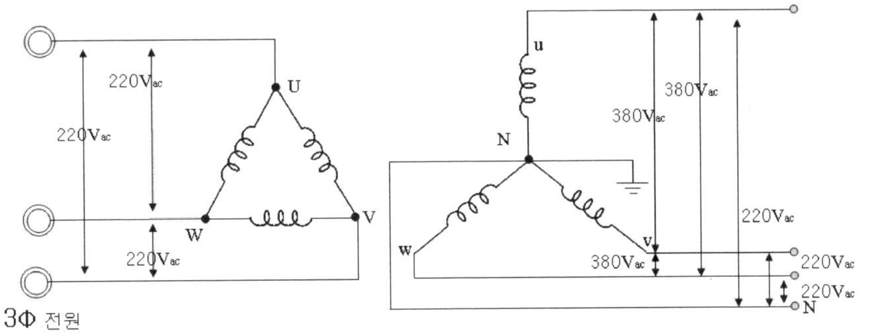

[그림 25-문3] 3상 4선($3\phi 4l$)식

4. 만일 각 변압기의 정격 용량이 60[kVA]이면 다음 5가지 결선의 경우 전체 3상 전력은 얼마나 얻겠는가?

a) $Y-Y$ 결선 설명 : ______________ b) $Y-\Delta$ 결선 설명 : ________________

c) $\Delta-Y$ 결선 설명 : ______________ d) $\Delta-\Delta$ 결선 설명 : ________________

e) $V-V$ 결선 설명 : ______________

기사 문제

5. 특성이 같은 단상변압기 3대를 $\Delta-Y$ 결선 하여서 2,300[Vac]의 3상에서 3상 66[kV], 400[kW] 역률 70[%]의 부하에 전력을 공급할 때 단상 변압기의 전압, 전류, 용량을 구하시오.

설명 : ____

____

____

6. 권수비 10:1의 단상변압기 3대로 $Y-\Delta$ 결선으로 하여 3상변압을 하고 있다. 2차에 단자전압 200[Vac]의 평형부하 75[kVA]를 가할 때, 각 변압기의 1차권선, 2차권선에 흐르는 전류 및 1차 선간전압은 얼마나 되는가? 단, 변압기의 여자전류 및 임피던스는 무시한다.

설명 : ____

____

____

____

____

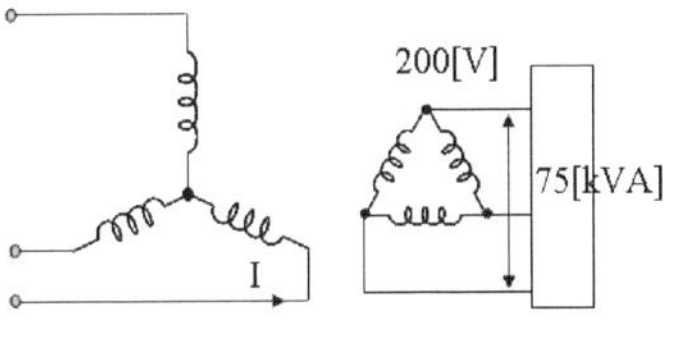

[그림 25-문6] $Y-\Delta$ 결선

실험 26. 3상에서 2상으로의 변환방법(스코트 결선)

1) 실험 목적

3상 시스템에서 2상 시스템으로 변환하는 스코트 결선(Scott Connection)방법

2) 개 요

평형 3ϕ 시스템에서는 전압과 전류가 모두 같고 상호간에 120° 변위되지만, [그림 26-1]과 같이 평형 2ϕ 시스템에서는 전압과 전류가 모두 같고 상호간에 90° 변위된다.

그러므로 한 상에서 전압이 최대일 때 나머지 상에서의 전압은 0[Vac]가 되고, 마찬가지로, 한 상에서 전류가 최대일 때 나머지 상에서의 전류는 0[Aac]가 된다.{참조 [그림 36-1]의 (c) 2상 전류의 파형}

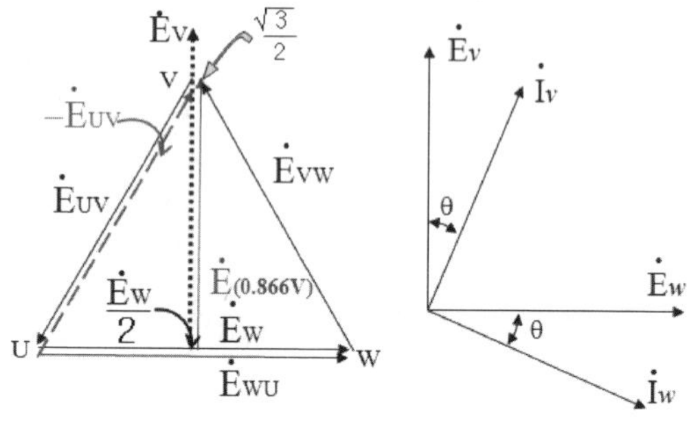

(a) 1차 벡터도(3ϕ)　(b) 2차 벡터도(2ϕ)

[그림 26-1] 스코트 결선의 벡터도

단상변압기 2개를 사용하여 3상에서 2상으로 변환하는 방법에는 **스코트 결선**(T **결선**)이며, T 결선이라고도 한다. 이 이외에 **메이어 결선**과 **우드브리지 결선**이 있다.

[그림 26-2]와 같이 용량이 동일한 변압기 M, T 2대를 사용하는 데 M의 1차권선 중심점 O와 T의 1차권선 끝을 연결하고, T 변압기에서 1차측 전체권수의 $\sqrt{3}/2 = 0.866$인 점에 구출선을 설치한 단자와, M의 양쪽 끝에 설치한 단자에 각각 3상전원에 접속한다.

2차측은 두 변압기가 동일한 극성인 점을 공통의 도선으로 하고, 또한 양쪽 끝에서 도선을 인출하면 2상 3선식($2\phi 3l$)의 전원이 된다. 변압기 M을 주좌변압기, 변압기 T를 T좌변압기라고 한다.

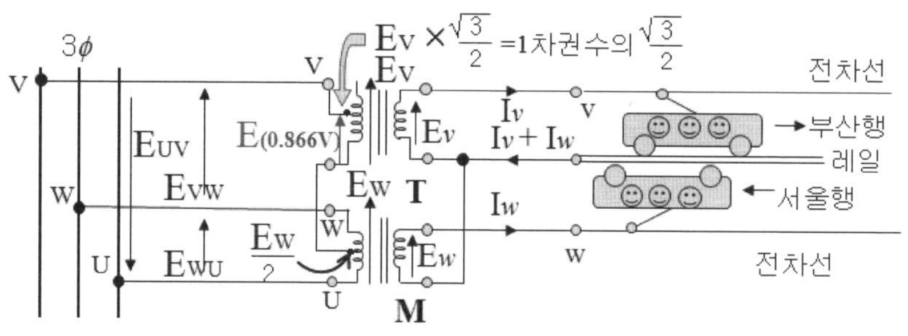

[그림 26-2] 스코트 결선 (T결선)

각 변압기의 정격전압을 V_n, 정격전류를 I_n라 하면 정격용량의 합은 $2V_n I_n$이지만 스코트결선의 출력은 $\sqrt{3}\,V_n I_n$이기 때문에 이용률$=\dfrac{\sqrt{3}\,V_n\ I_n}{2V_n\ I_n}=\dfrac{\sqrt{3}}{2}=0.866$ 이다.

단상교류전기철도 변전소에서 복선구간의 상하행선이나 소형유도전동기에서 사용된다.

3) 장비 및 부품

전원공급장치 (0-120[V_{ac}], 3ϕ)	EMS 8821	변압기 2대	EMS 8341
교류전압계(250/250/250[V_{ac}])	EMS 8426	리드선	EMS 8951
교류전류계(0.5/0.5/0.5[A_{ac}], 2.5/2.5[A_{ac}]) 2대	EMS 8425	저항기	EMS 8311
콘덴서 운전전동기	EMS 8253		

4) 실험 순서

1. 3ϕ 입력과 2ϕ 출력 실험

a) 변압기, 저항기, 전원공급 장치, 전압계, 전류계 등을 사용하여 [그림 26-3]의 회로를 결선한다.

b) 전원 스위치를 닫은 후, 208[V_{ac}]의 선간전압이 되도록 조정한다.

c) 세개의 입력측의 선전류 I_4, I_5, I_6와 출력측의 V_V. V_W. I_V. I_W을 측정해서 [표 1]에 기록하고, 각 부하 저항의 전력과 3ϕ 전원으로부터 변압기에 공급된 피상전력을 계산하시오.

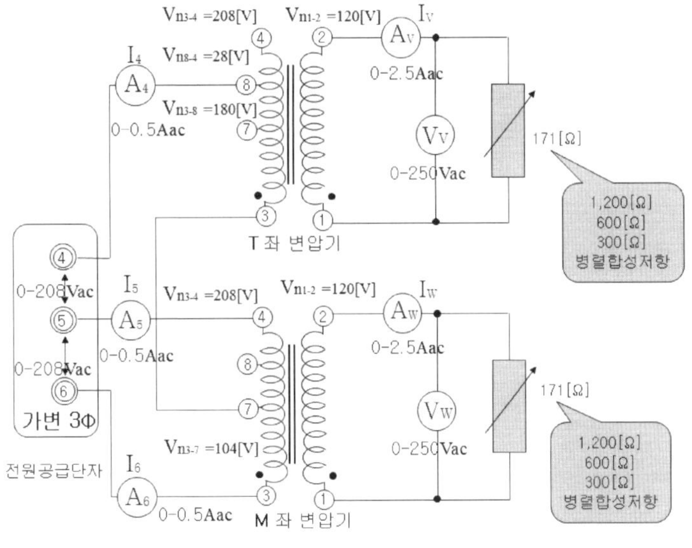

[그림 26-3] 스코트 결선의 3ϕ 입력과 2ϕ 출력 실험

d) 전압을 0[V_{ac}]으로 한 후에 전원을 끈다.
e) 선전류 모두가 평형을 잘 이루었는가? 설명 : ____________________
f) 부하 전류와 전압이 평형을 잘 이루었는가? 설명 : ____________________

[표 1] 스코트 결선의 3ø입력과 2ø출력실험 결과

	I_4 [A_{ac}]	I_5 [A_{ac}]	I_6 [A_{ac}]	V_V [V_{ac}]	V_W [V_{ac}]	I_V [A_{ac}]	I_W [A_{ac}]
측정값							
각 부하의 전력계산	$P = V_V \times I_V =$ ( )×( )=( )[VA]				2φ의 총 전력 = ( )[VA]		
	$P = V_W \times I_W =$ ( )×( )=( )[VA]						
3φ입력[VA]	$P = \sqrt{3}\,VI = \sqrt{3}$ × ( )×( )=( )[VA]						

2. 2φ의 출력전압 실험

a) 변압기의 2차 권선을 [그림 26-4]와 같이 결선한다. 1차 권선의 결선에는 손을 대지말 것.
b) 전원 스위치를 닫은 후 208[V_{ac}]의 선간전압이 되도록 조정한다.
c) V_V, V_W, V_{VW}의 전압을 측정해서 [표 2]에 기록한다.
d) 전압을 0[V_{ac}]으로 한 후에 전원을 끈다.

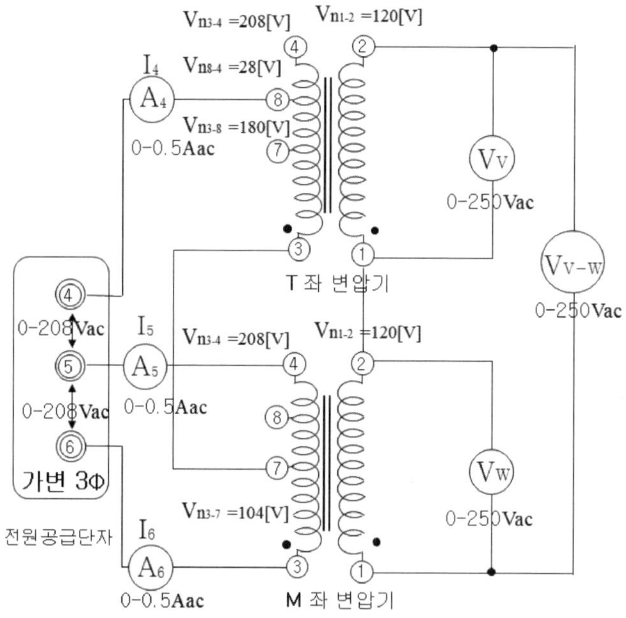

[그림 26-4] 스코트 결선의 2ø의 출력전압 실험

e) V_V와 V_W가 90° 위상 차이가 있으므로, V_{VW}는 V_V와 V_W의 벡터의 합에 해당되며 다음 식으로 계산한다. $V_{V-W} = \sqrt{(V_V)^2 + (V_W)^2}$

f) V_{VW}의 측정값과 계산 값을 비교한다. 설명 : ______________________

[표 2] 스코트 결선의 2ϕ의 출력전압 실험 결과

	V_V[Vac]	V_W[Vac]	V_{VW}[Vac]
측정값			
V_{VW} 전압 계산	$V_{VW} = \sqrt{(V_V)^2 + (V_W)^2} = \sqrt{(\quad)^2 + (\quad)^2} = (\quad)$[V]		

----

3. 스코트결선으로 콘덴서 운전 전동기를 운전 실험

a) 콘덴서 운전 전동기를 사용하여 [그림 26-5]와 같이 결선한다.

b) 콘덴서 운전 전동기(**실험 37에 있음**)는 1ϕ 전동기이며 커패시터를 이용하여 2ϕ 전원을 공급하도록 되어 있지만 이 실험에서는 스코트결선 변압기로부터 2ϕ 전원을 공급하므로 커패시터는 결선하지 않는다.

c) 전원 스위치를 닫은 후, 208[V_{ac}]의 선간전압이 되도록 조정한다.

d) 입력측의 선전류 I_4, I_5, I_6와 출력측의 V_V, V_W, I_V, I_W을 측정해서 [표 3]에 기록하고, 각 2ϕ의 전력과 3ϕ 전원으로부터 변압기에 공급된 피상전력을 계산하시오.

[

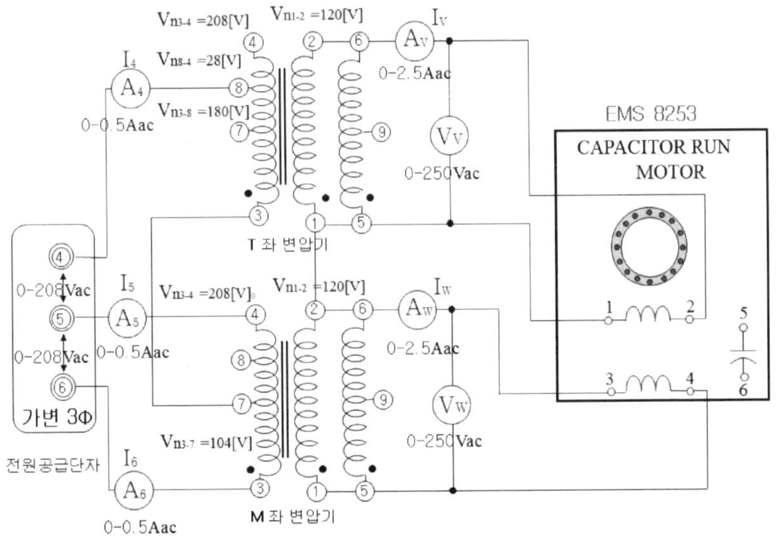

[그림 26-5] 스코트결선으로 콘덴서 운전 전동기를 운전 실험

e) 입력측의 전류가 평형을 잘 이루었는가?　　　설명 : ____________________

f) 콘덴서 운전 전동기가 원활하게 동작되는가?　설명 : ____________________

g) 전압을 0[V_{ac}]으로 한 후에 전원을 끈다.

[표 3] 스코트 결선으로 콘덴서 운전 전동기를 운전 실험 결과

<table>
<tr><th></th><th>I_4 [A_{ac}]</th><th>I_5 [A_{ac}]</th><th>I_6 [A_{ac}]</th><th>V_V [V_{ac}]</th><th>V_W [V_{ac}]</th><th>I_V [A_{ac}]</th><th>I_W [A_{ac}]</th></tr>
<tr><td>측정값</td><td></td><td></td><td></td><td></td><td></td><td></td><td></td></tr>
<tr><td rowspan="2">각 부하의 전력계산</td><td colspan="4">$P = V_V \times I_V =$(　　)×(　　)=(　　)[VA]</td><td colspan="3" rowspan="2">2ϕ의 총 전력 = (　　)[VA]</td></tr>
<tr><td colspan="4">$P = V_W \times I_W =$(　　)×(　　)=(　　)[VA]</td></tr>
<tr><td>3ϕ 입력[VA]</td><td colspan="7">$P = \sqrt{3}\,VI = \sqrt{3}$ × (　　)×(　　)=(　　)[VA]</td></tr>
</table>

5) 연구 및 검토

1. [표 1]과 [표 3]에서 3ϕ 전원에 의해 공급된 피상전력은 부하에 전달된 2ϕ의 피상전력보다 얼마만큼 큰가?

   설명 : [표 1]에서 ____________________

   [표 3]에서 ____________________

2. 2개의 단상 변압기를 사용해서 3ϕ 208[V]전원으로부터 2ϕ 120[V]출력을 얻으려고 한다. 결선도를 그려 보시오.

   설명 : [그림 26-4]와 같다.

3. [그림 26-3]은 3ϕ 전력으로부터 2ϕ 전력으로의 변환을 나타낸다. 만일 208[V_{ac}] 입력 전력의 1ϕ이 개방될 때 (0[V_{ac}]), 2ϕ 출력이 아직도 존재하는가?

   설명 : ____________________

4. 2ϕ 전력을 대체해서 3ϕ 전력으로 사용되는 이유를 설명하시오.

   설명 : ____________________

5. 단상변압기 2대를 사용하여 208[Vac]의 평형 3상식에서 120[Vac]의 평형 2상식으로 변전하는 경우에 각 변압기의 1차전압과 2차전압은 얼마인가?

   설명 : ____________________

6. 주좌와 T좌변압기의 용량은 같고, T좌 1차측 탭을 86.6 [%]에서 냈을 때의 이용률은 얼마인가?

   설명 : ____________________

7. 3ϕ 전력으로부터 2ϕ 전력으로 변환을 할 수 있는 변압기의 종류를 적으시오.

   설명 : ____________________

실험 27. 단권 변압기의 전압과 전류관계

1) 실험 목적

1. 단권변압기의 전압 및 전류관계
2. 단상변압기를 단권변압기와 같이 결선하는 방법

2) 개 요

1개의 권선으로 된 특별한 형태의 변압기로 기능적으로는 1개 권선이 1차 권선과 2차 권선 모두를 대신한다. 이러한 형태의 변압기를 **단권변압기**라 한다.

단권변압기가 전압을 승압하는데 사용될 때는 단일 권선의 일부분이 1차 권선의 기능을 하고 전체 권선이 2차 권선의 기능을 한다.

단권변압기가 전압을 강압하는데 사용될 때는 전체 권선이 1차 권선의 기능을 하며 일부분의 권선이 2차 권선의 기능을 한다.

[그림 27-1(a)]와 [그림 27-1(b)]는 승압과 강압을 하기 위하여 결선된 단권변압기의 결선도를 보여 준다.

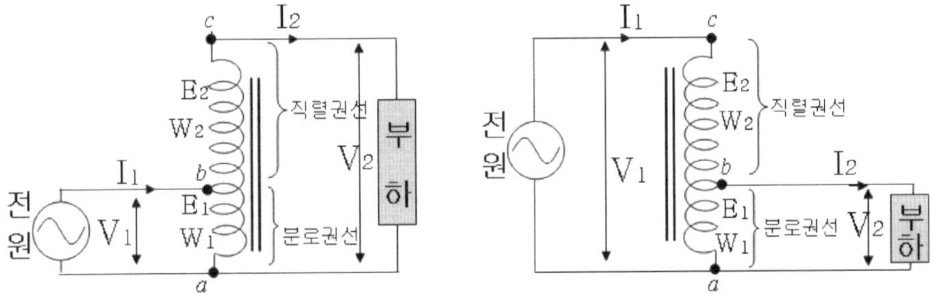

(a) 승압 단권변압기 (b) 강압 단권변압기

[그림 27-1] 단권변압기의 결선도

1. 승압변압기

공통부분 ab를 **분로권선**, 공통이 아닌 부분 bc를 **직렬권선**이라고 한다. a, b사이의 권수를 w_1, b, c사이의 권수를 w_2라고 하면, 일반적인 변압기와 같이 1차기전력 E_1[V]와 2차기전력 E_2[V]사이에 $E_1 > E_2$의 경우 다음 식이 성립한다.

$$\frac{V_1}{V_2} = \frac{E_1}{E_1 + E_2} = \frac{w_1}{w_1 + w_2} \fallingdotseq a$$

이것은 권선 안의 전압강하를 무시하면, 1차 단자전압 V_1[V]와 2차단자전압 V_2[V]의 비와 같다. 또, 여자전류를 무시하면, 1차전류 I_1[A]와 2차전류 I_2[A]사이에는 다음 관계가 성립한다.

$$\frac{I_1}{I_2} = \frac{w_1 + w_2}{w_1} \fallingdotseq \frac{1}{a}$$

또, 분로권선 a, b사이에 흐르는 전류 I[A]는

$$I = I_1 - I_2 = I_1 - aI_1 = (1-a)I_1$$

분로권선의 전류 I는 I_1과 I_2의 차이로써 분로권선의 권선 굵기가 가늘어도 된다. 권수비 a가 1에 가까울수록 I는 적어져서 이 효과는 크고 동손이 적게 된다. 또, 분로권선은 공통으로 누설자속이 없기 때문에 전압변동률이 좋다.

단점은 1차권선과 2차권선이 공통으로 되어 있고 그 사이가 절연되어 있지 않으므로 저압측도 고압측과 같이 절연을 해야 한다.

용도는 (1) 고압배전선의 전압을 10[%] 정도 올리는 승압기, (2) 동기전동기나 유도전동기 등의 기동 보상기, (3) 형광등용 승압변압기 등에 많이 사용한다.

3) 장비 및 부품

전원공급장치 (0-120[V_{ac}])	EMS 8821	교류전류계 (0.5/0.5[A_{ac}]	EMS 8425
변압기	EMS 8341	저항기 (R)	EMS 8311
교류전압계 (125[V_{ac}])	EMS 8426	리드선	EMS 8951

4) 실험 순서

1. 강압 단권변압기

a) 변압기 모듈, 전원공급 장치, 저항기 및 교류전압/전류계를 이용하여 [그림 27-2]와 같이 결선한다.

b) 부하전류를 0[A_{ac}]으로 하기 위해 저항기의 모든 스위치를 열어 둔다.

c) 전압 조정기를 반시계 방향으로 돌려 0[V_{ac}]에 놓여 있는가를 확인한 후 전원공급 장치의 스위치를 켠다. 전압계 V_1의 입력 전압이 정확히 120[V_{ac}]을 지시하게 조절한다. 이것은 권선 5-6의 정격전압이다.

d) 부하저항 R_L을 120[Ω]으로 맞춘다.(300[Ω], 300Ω], 600[Ω]을 병렬로 결선하면 120[Ω]이 됨)

e) I_1, I_2 그리고 출력전압 V_2를 측정해서 [표 1]에 기록한다.

f) 전압 조정기를 반시계 방향으로 돌려 전압을 0[V_{ac}]로 하고 전원을 끈다.

g) 1차 입력과 2차 출력을 계산한다.

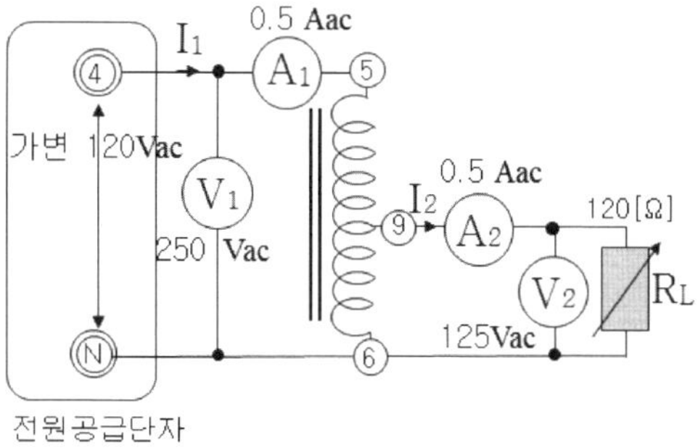

[그림 27-2] 강압 단권변압기

[표 1] 실험결과

	I_1 [A_{ac}]	V_1 [V_{ac}]	I_2 [A_{ac}]	V_2 [V_{ac}]	1차 입력 $V_1 I_1$ [VA]	2 차 출 력 $V_2 I_2$ [VA]	1차와 2차회로의 피상전력은 일치하는가?	승압인가? 또는 강압단권 변압기인가?
[그림 27-2] 에서								
[그림 27-3] 에서								

2. 승압 단권변압기

a) 변압기 모듈, 전원공급 장치, 저항기 및 교류전압/전류계를 이용하여 [그림 27-3] 과 같이 결선한다.

b) 부하전류를 0[A_{ac}]으로 하기 위해 저항기의 모든 스위치를 열어 둔다.

c) 전압 조정기를 반시계 방향으로 돌려 0[V_{ac}]에 놓여 있는가를 확인한 후 전원 공급 장치의 스위치를 켠다. 전압계 V_1의 입력 전압이 정확히 60[V_{ac}]을 지시하게 조절한다. 이것은 권선 9-6의 정격전압이다.

d) 부하저항 R_L을 600[Ω]으로 맞춘다.

e) I_1, I_2 그리고 출력전압 V_2를 측정해서 [표 1]에 기록한다.

f) 전압 조정기를 반시계 방향으로 돌려 전압을 0[V_{ac}]로 하고 전원을 끈다.

g) 1차 입력과 2차 출력을 계산한다.

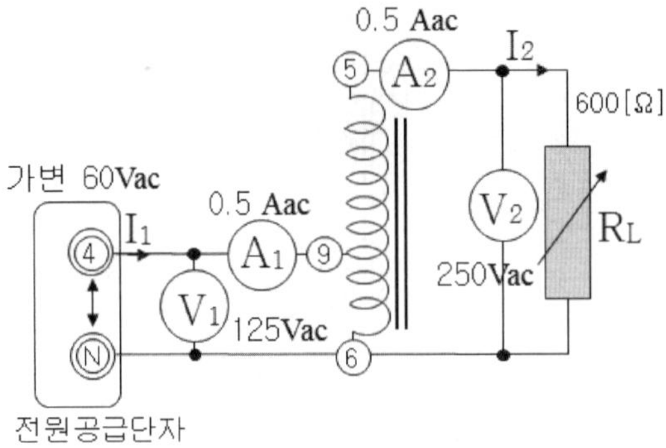

[그림 27-3] 승압 단권변압기

5) 연구와 검토

1. 정격 출력이 60[kVA]인 단상 변압기가 있다. 1차측 전압이 600[V]일 때 2차측 전압이 120[V]가 된다.

a) 각 권선의 정격 전류는 얼마인가?

설명: ______________________________

b) 만일 1차 권선이 600[V]에 연결된다면 2차측 권선에 몇 [kVA] 부하를 연결할 수 있는가?

설명 : ______________________________

2. [문 1]과 같이 정격 출력이 60[kVA]인 단상 변압기가 입력전압이 600[V_{ac}]인 변압기로 연결된다.

a) 단권 변압기로 얻을 수 있는 출력전압은 얼마이며 결선도를 그려보시오.

설명 :

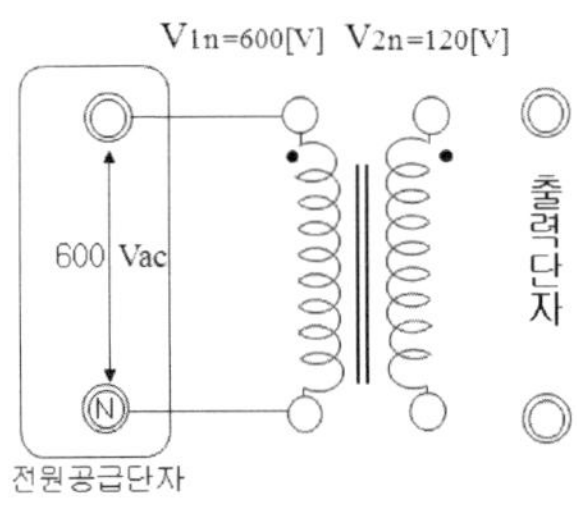

(a)

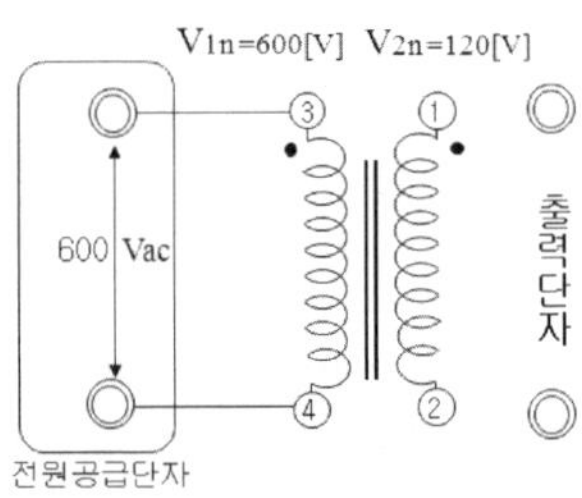

(b)

b) 각 각의 출력 전압에 공급할 수 있는 변압기의 부하[kVA]를 계산하시오.

설명 : (a) ______________________ (b) ______________________

c) 각 출력전압에 대하여 권선의 전류를 계산하시오.

설명 : (a) ______________________

(b) ______________________

3. 변압기 모듈(EMS 8341)과 전원 전압 120[V_{ac}]의 고정공급전원을 이용하고, 모든 권선들의 전압이 명판에 표시 되는 값일 때 다음의 출력전압을 얻기 위해서는 권선을 어떻게 연결하면 좋겠는가? 결선도를 그려보시오.

a) 148[V]

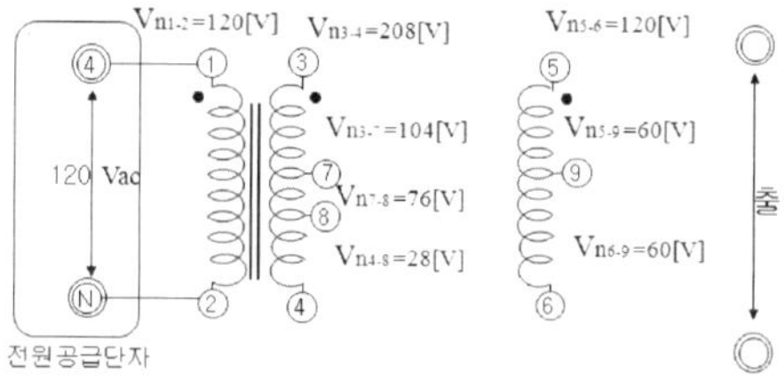

b) 328[V]

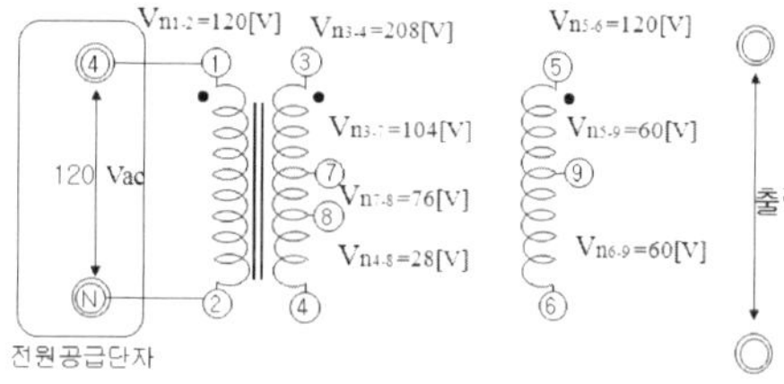

c) 224[V]

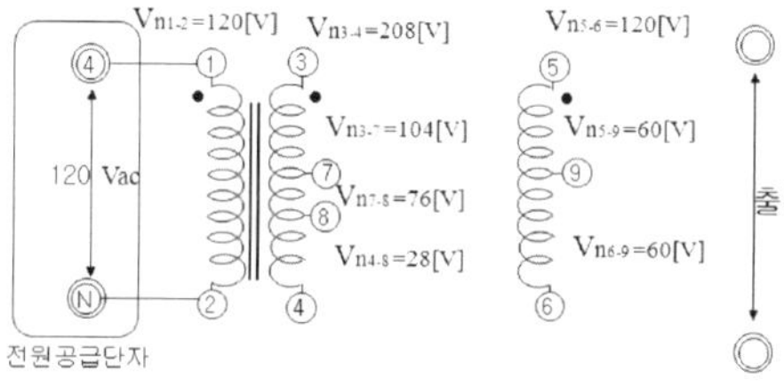

d) 300[V]

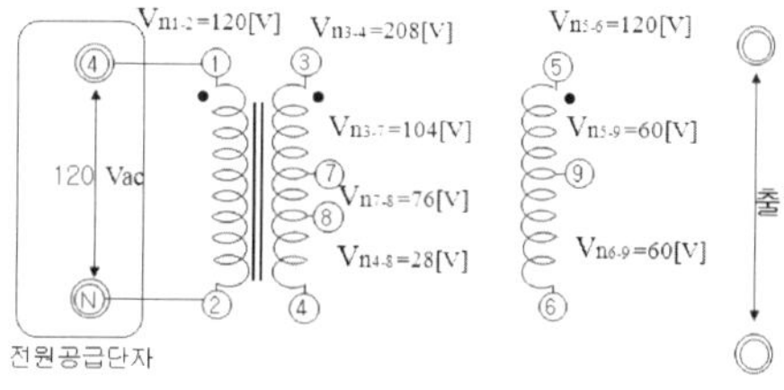

e) 44[V]

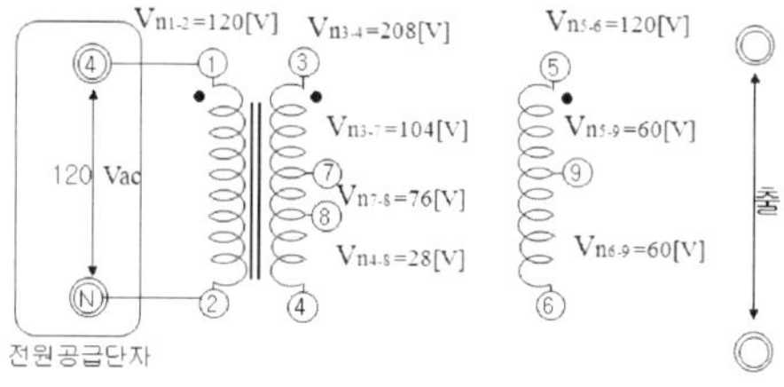

f) 92[V]

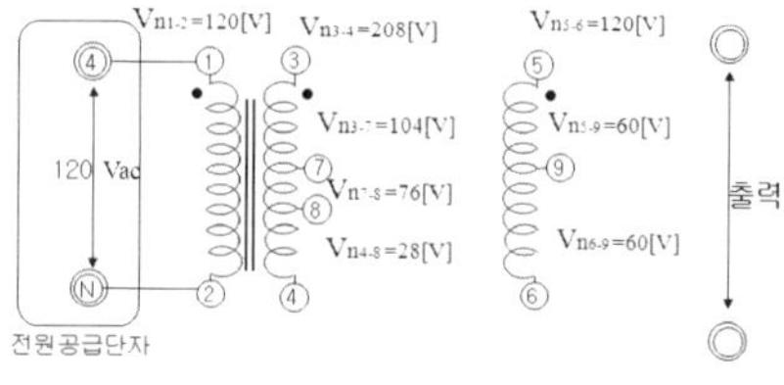

4. 권선 1-2와 권선 3-4를 사용해서 얻을 수 있는 3가지의 출력전압은?

설명 : ______________________

____

실험 28. 단상 변압기의 병렬 운전

1) 실험 목적

1. 변압기의 병렬 결선법
2. 병렬로 연결된 변압기의 효율

2) 개 요

변압기의 부하가 증가하기 때문에 새로운 변압기를 증설할 경우, 또는 경제적인 운전을 할 때에는 2개 이상의 변압기 1차측과 2차측을 각 각 병렬로 연결하여 운전할 필요가 있게 된다. 이것을 **병렬운전**이라고 한다.

1. 단상변압기의 병렬운전 조건

(1) 각 변압기의 극성이 일치할 것
(2) 각 변압기의 권수비가 같고, 1차 및 2차의 정격전압이 같을 것
(3) 각 변압기의 백분율 임피던스강하가 같을 것
(4) 각 변압기의 r/x 비가 같을 것

이 조건에 대한 이유

(1) 병렬운전하는 경우에 가장 주의해야 할 것은 변압기의 극성을 맞추어야 한다.
즉, [그림 28-1]의 (a)와 같이 1차측에서는 U와 U, V와 V를 접속하고 2차측에서는 u와 u를, v와 v를 접속한다. 만약, 극성이 틀려서 (b)와 같이 반대로 u와 v를 접속한 때에는 전압계에 2차전압이 동상이 되어서 서로 가해지고 이것이 2차권선으로 된 폐회로(점선으로 표시된 회로)에 작용하여 권선의 임피던스가 적기 때문에 대단히 큰 순환전류가 흘러서 권선을 소손한다.

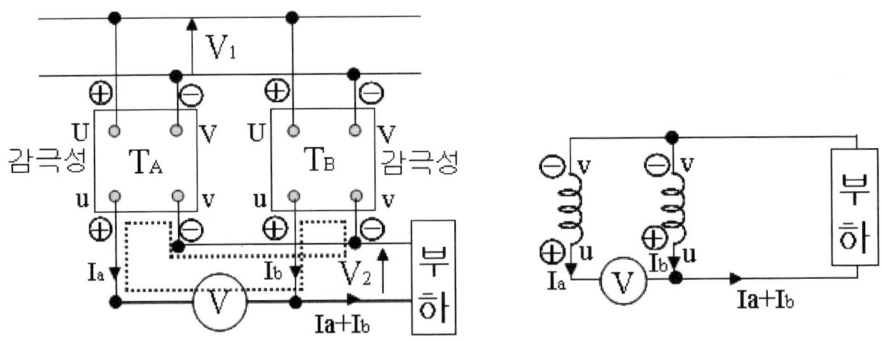

(a) 극성이 일치할 때

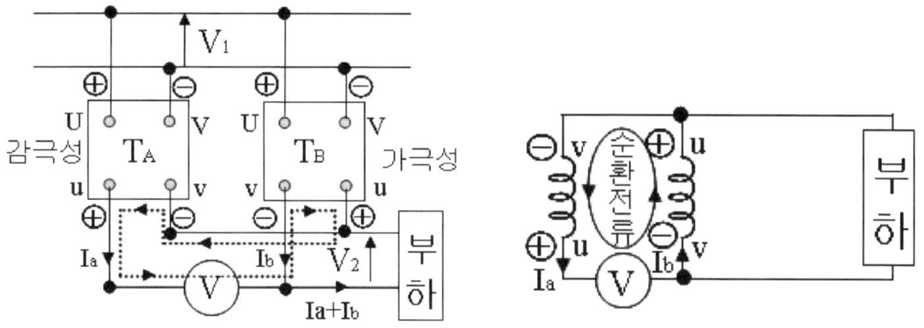

(b) 극성이 틀린 경우

[그림 28-1] 단상변압기의 병렬운전

(2) 권수비가 틀리면 2차전압의 차이에 따라 2차권선 사이에 소용없는 순환전류(횡류라고 도 한다)가 흘러서 권선이 과열하는 원인이 된다.

(3) 백분율임피던스강하가 같지 않으면 부하의 분담이 부적당하게 된다.

(4) r/x 비가 갖지 않으면 각 변압기의 전류 사이에 위상차가 있기 때문에 변압기의 동손이 증가하게 된다.

2. 3상 뱅크의 병렬운전

단상변압기 3대를 조합 뱅크시켜서 서로 병렬운전하는 경우에는, 단상변압기의 병렬운전 조건외에 상회전의 방향 및 1차, 2차선간 유도기전력의 위상변위가 같지 않으면 안 된다.

3) 정비 및 부품

전원공급 장치 모듈(0-120[V_{ac}])	EMS 8821	저항기 (R)	EMS 8311
변압기 모듈 2대	EMS 8341	리드선	EMS 8951
교류전압계 모듈(250/250[V_{ac}])	EMS 8426	단상전력계(750[W])	EMS 8431
교류전류계 모듈(0.5/0.5[A]	EMS 8425		

4) 실험 순서

1. 변압기, 전원공급 장치, 전력계, 저항기 및 교류전류계 등을 사용하여 [그림 28-2]와 같이 두 대의 변압기 A, B가 병렬로 결선한다.

2. 저항기의 모든 스위치를 열어서 부하전류가 0[A_{ac}]가 되도록 한다. 120[V_{ac}]인 1차 권선과 208[V_{ac}]인 2차 권선으로 연결되므로 전압은 승압된다.

3. a) 전원을 켠 후, 변압기 2차 전류계 I_A, I_B, 와 부하전류계 I_L에 주목하며 전압 조정기를 천천히 돌려준다.
   b) 전원공급 장치의 전압을 120[V_{ac}]에 맞춘다.

4. a) 부하전류 I_L이 500[mA_{ac}]가 될 때까지 부하 R_L을 점차적으로 증가시킨다.
   b) 부하에 걸린 전압, 부하전류, 변압기 2차 전류 그리고 입력전력 등을 측정하여 기록한다.
   V_L = ____[V_{ac}], I_L = ______[A_{ac}], I_A = _____[A_{ac}], I_B = ______[A_{ac}], P_{in} = ____[W]
   c) 전압을 0[V_{ac}]으로 한 후에 전원을 끈다.

5. a) 부하전력을 계산한다. $V_L \times I_L$ = ____ × _____ = _____ [W]
   b) 회로의 효율을 계산한다. $효율 = \frac{P_{out}}{P_{in}} \times 100 = \frac{(\quad)}{(\quad)} \times 100 =$ _____ [%]
   c) 변압기 손실을 계산한다. $손실 = P_{in} - P_{out} =$ _____ − ______ = ______ [W]
   d) 변압기 A에 의해 전달된 전력을 계산한다. $V_L \times I_A$ = _____ × ____ = _____ [W]
   e) 변압기 B에 의해 전달된 전력을 계산한다. $V_L \times I_B$ = _____ × ____ = _____ [W]

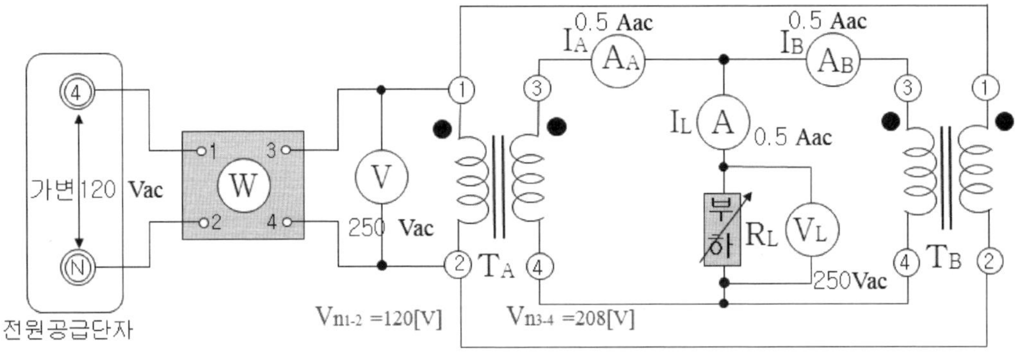

[그림 28-2] 단상변압기의 병렬운전

5) 연구 및 검토

1. 변압기를 가열시키는 원인이 되는 손실들을 열거하시오.
   설명 : a) ______________________
   b) ______________________
   c) ______________________
   d) ______________________

2. [그림 28-3]에서 변압기들을 전원 및 부하에 어떻게 병렬로 연결시킬 것인가? 권선 1-2 와 3-4는 정격전압이 2.4[kV_{ac}]이고 권선 5-6 과 7-8은 정격전압이 40[V_{ac}]이다.

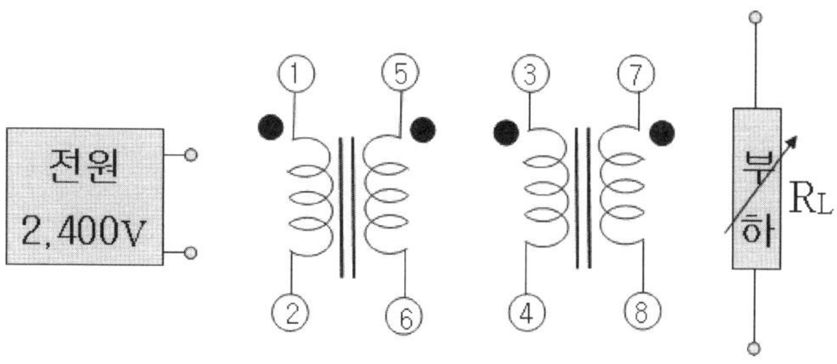

[그림 28-3]

3. 직류기와 변압기의 효율을 비교하시오.

설명 : ______________________________

____

4. 단상변압기의 병렬운전조건과 3상 변압기의 병렬운전조건을 쓰시오.

설명 : ______________________________

____

____

____

____

____

5. 변압기를 병렬로 운전하는 경우에 기전력이 서로 다를 때와 극성이 서로 다를 때에는 어떠한 현상이 생기는가 ?

설명 : ______________________________

____

____

6. 단상변압기를 병렬로 운전하는 경우, 부하분담을 용량에 비례하기 위한 조건을 설명하시오.

설명 : ______________________________

실험 29. 3상 농형 유도 전동기의 특성 실험

1) 실험 목적

3상 농형 유도전동기의 기동 특성, 무부하 특성 및 부하 특성

2) 개 요

유도전동기의 고정자 권선에 외부에서 3상의 전력을 공급하면 회전자계가 형성되며 이 회전자계는 농형 회전자 주위를 회전하는데 그 속도는 $N_s = \frac{120f}{P}$[rpm]이다.

농형 회전자는 회전자계를 끊게 되므로 전자 유도작용에 의해 기전력이 유기되며 단락환으로 만들어진 폐회로에 많은 전류를 흐르게 한다.

또 농형 회전자에 흐르는 전류에 의해 강한 자계를 만든다. 이때 고정자 권선에서 만든 회전자계와 회전자의 자계가 작용하여서 회전자는 회전자계가 돌아가는 방향과 같은 방향으로 회전하게 된다.

유도 전동기가 정지 시에는 저항 r_2 에 비해 비교적 높은 유도성 리액턴스 x_2 가 회전자 회로에 나타난다. 따라서 농형 유도 전동기의 회전자가 기동 토크에 의해 회전이 시작할 때는 회전자 회로의 전류가 회전자의 유기되는 전압($E_{2s} = s\,E_2$)보다 90° 늦은 전류로 흐르게 된다. 그러므로 유도 전동기는 역률이 나쁘다.

유도 전동기가 회전하기 시작하여서 점점 회전자의 회전이 빨라지면 슬립은 ($s = \frac{N_s - N}{N_s}$) 점점 감소되고 회전자 내의 슬립주파수($f_{2s} = sf_1$)도 감소된다.

그 이유는 슬립이 감소되는 비율로 회전자 도체가 회전자계를 끊는 회수가 작아지기 때문이다.

이러한 현상은 회전자가 슬립 s 로 회전할 때의 리액턴스($x_{2s} = s\,x_2$)를 감소시키며 리액턴스가 감소함에 따라 역률은 증가하게 된다(좋아진다). 이러한 개선은 토크 증가와 속도 증가로 반영되어진다. 슬립이 0.02-0.1정도로 될 때 전동기의 속도는 안정을 이룬다.

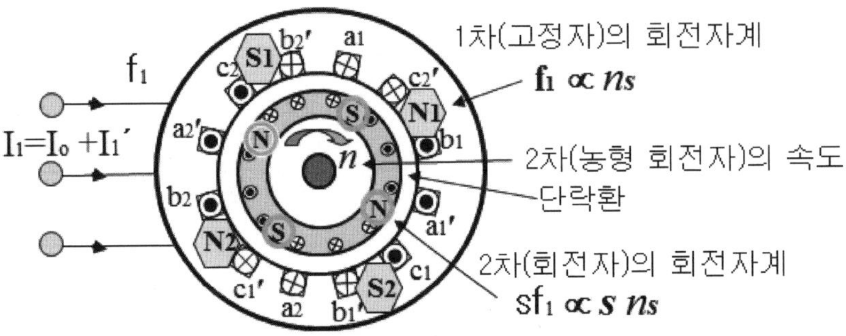

[그림 29-1] 3ø 농형 유도 전동기

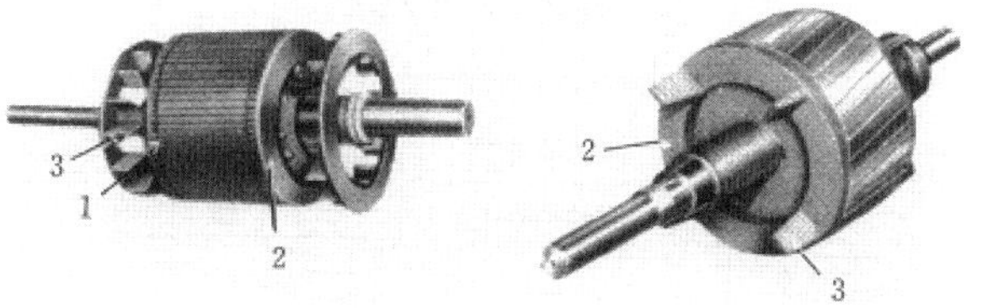

[그림 29-2] 유도 전동기의 농형 회전자

3) 장비 및 부품

전원공급장치 모듈(0−120/208[V_{ac}])	EMS 8821	전기 동력계	EMS 8911
농형 유도 전동기	EMS 8221	3ϕ 전력계	EMS 8441
교류전압계 모듈(250[V_{ac}])	EMS 8426	회전 속도계	EMS 8920
교류전류계 모듈(0.5/8[A_{ac}]	EMS 8425	타이밍 벨트	EMS 8942
리드선	EMS 8951		

4) 실험 순서

1. 무부하 실험

a) 농형 유도 전동기, 전기 동력계, 3ϕ 전력계, 전원공급 장치 및 교류 전류계를 사용하여 [그림 29−3]과 같이 결선한다. 유도 전동기의 고정자단자 4, 5, 6번은 하나가 되게 접속(즉, Y 결선)한다.

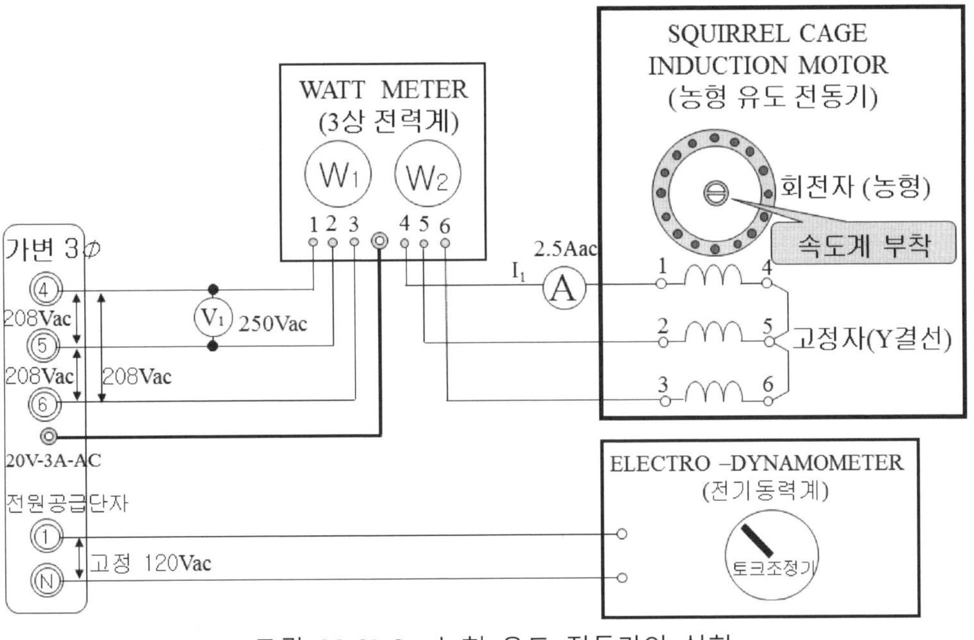

[그림 29-3] 3ø 농형 유도 전동기의 실험

b) 무부하 실험을 하기 위하여 3ϕ 농형 유도 전동기의 축과 전기 동력계의 축을 타이밍 벨트로 걸지 않은 상태(커플링 하지 않음)에서 전원 장치의 전압 조정기를 반 시계 방향으로 돌린 후 전원 스위치를 닫는다.

c) 전압 조정기를 시계 방향으로 서서히 돌려서 전압계 V_1의 전압이 208[V_{ac}]로 조정하고 이때 I_1, W_1, W_2, 속도계의 값을 [표 1]에 기록한다.

d) 무부하 실험이 끝나면 전압 조정기를 반시계 방향으로 끝까지 돌린 후, 전원 스위치를 열어둔다.

2. 부하 실험

a) 타이밍 벨트로 3ϕ 농형 유도 전동기의 축과 전기 동력계 축을 커플링 한다.

b) [그림 29-3]과 같이 전원공급 장치의 ①과 Ⓝ단자를 전기 동력계 입력의 두 단자와 접속한다.

c) 전원 스위치를 닫고, 전압 조정기를 서서히 시계 방향으로 돌려 전압계 V_1의 전압이 208[V_{ac}]로 조정한다.

d) 유도 전동기가 안정 상태의 속도로 회전한다고 생각 될 때, 전기동력계의 토크 조정기를 시계 방향으로 서서히 돌려 토크의 눈금이 3[1bf·in]이 되게 맞춘 다음 I_1, W_1, W_2, 속도계의 값을 [표 1]에 기록한다.

e) 같은 방법으로 6[1bf·in], 9[1bf·in], 12[1bf·in]의 크기에서도 각 각의 값을 측정하여 [표 1]에 기록하고 실험이 끝나면 전기동력계의 토크 조정기를 반시계 방향으로 끝까지 돌리고, 또 전압 조정기를 반시계 방향으로 끝까지 돌린 후, 전원 스위치를 열어 둔다.

[표 1] 무부하 및 부하시 실험결과

	토크 [lbf·in]	V_1 [V]	I_1 [A]	W_1 [W]	W_2 [W]	속도 [rpm]	유효 전력 P[W]	피상 전력 P_a[VA]	무효 전력 Q[Var]	역률 [%]	출력 P_o [HP]	출력 P_o [W]	효율 η [%]	슬립 s
무부하	0		$I_o=$											
부하시	3													
"	6													
전부하	9													
과부하	12													

3. 실험 결과 값을 이용하여 다음의 값을 계산하여 [표 1]에 쓰시오.

a) 유효 전력(입력) : $P = W_1 + W_2 = (\quad) + (\quad) = (\quad)$[W]

b) 피상 전력 : $P_a = \sqrt{3}\, V_1 I_1 = \sqrt{3} \times (\quad) \times (\quad) = (\quad)$[VA]

c) 무효 전력 : $Q = \sqrt{(P_a)^2 - P^2} = \sqrt{(\quad)^2 - (\quad)^2} = (\quad)$[Var]

d) 역률 : $\cos\theta = \frac{P}{P_a} \times 100 = \frac{(\ )}{(\ )} \times 100 = (\quad)$[%]

e) 출 력 : $P_o = \frac{1.59 \times (\ )[\text{rpm}] \times (\ )[\text{lbf} \cdot \text{in}]}{100,000} = (\quad)$[HP]

$P_o = 746 \times (\quad)$[HP]$= (\quad)$[W]

f) 효 율 : $\eta = \frac{\text{출력[W]}}{\text{입력[W]}} \times 100 = (\quad)$[%]

g) 슬립 : ($s = \frac{N_s - N}{N_s}$) 으로 계산한다.

h) 농형 유도 전동기의 실험 결과로 횡축에 1차 전류, 종축에 피상 전력, 유효전력, 역률의 특성 곡선을 그리시오.

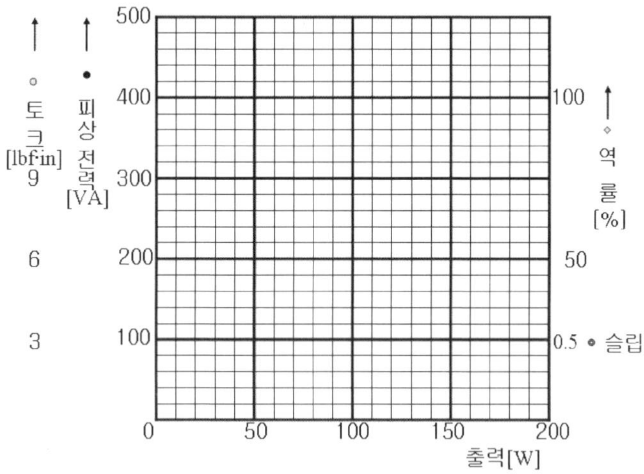

[그림 29-4] 농형 유도 전동기의 특성 곡선

4. 최대 부하시의 기동토크측정

a) [그림 29-5]에서 3ϕ 전원공급 장치, 전류계(8[A_{ac}]), 전압계(250[V_{ac}]), 유도 전동기의 고정자 권선 단자 및 전기동력계를 접속시킨다.

b) 유도 전동기가 정지되어 있는 상태에서 전기동력계의 토크조정기를 시계 방향으로 끝까지 돌리면 유도 전동기의 축이 거의 구속상태가 된다.

전원 스위치를 닫고, V_1, I_1, 발생 기동 토크를 **신속히** 측정하고 기록한다.

최대 부하시 토크=____[lbf·in], V_1=____[V], I_1=____[A], 피상전력 P_a=____[VA]

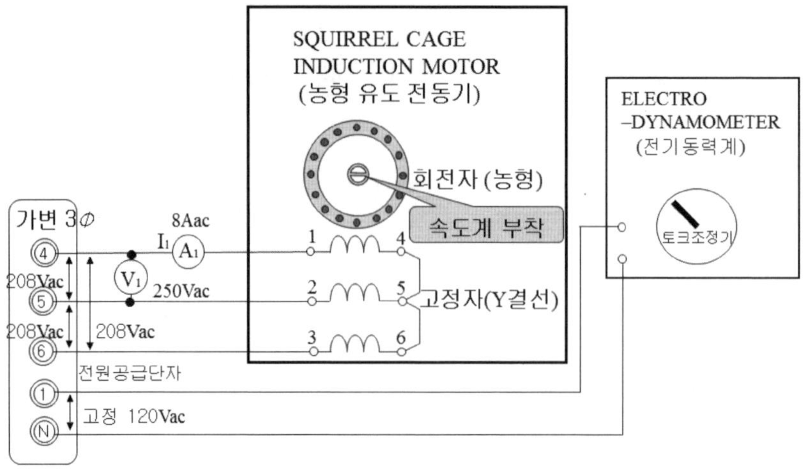

[그림 29-5] 3ø 농형 유도 전동기의 최대 부하시 기동토크측정

5) 연구 및 검토

1. 실험 결과를 이용하여 아래의 비율을 계산 하시오.

(a) 전부하전류에 대한 최대 부하시 전류의 비는?

설명 : 전류 비 $= \dfrac{\text{최대부하시 전류(　　)[A]}}{\text{전부하 전류 (　　)[A]}} =$ (　　)배

(b) 전부하 토크에 대한 최대 부하시 토크의 비는?

설명 : 토크 비 $= \dfrac{\text{최대부하시 토크(　　)[lbf · in]}}{\text{전부하 토크 (　　)[lbf · in]}} =$ (　　)배

(c) 무부하 전류와 전부하 전류의 비는?

설명 : 전류 비 $= \dfrac{\text{전부하시 전류(　　)[A]}}{\text{무 부하 전류(　　)[A]}} =$ (　　)배

2. 농형 유도 전동기의 동작 특성과 권선형 유도 전동기의 동작 특성을 비교할 때 크게 다른 점 2가지를 쓰시오.

① 설명 : ______________________

② 설명 : ______________________

3. 농형 유도 전동기를 산업사회에서 가장 많이 사용하고 있는 원인을 설명하시오.
   설명 : ______________________________

   ____

4. 만일 공급 전압의 주파수가 50[Hz]라고 하면
   (a) 농형 전동기의 무부하 회전수는? 설명 : ______________ [rpm]
   (b) 여자 전류는 60[Hz]일 때에 비해 어떻게 변화하겠는가?
   설명 : ______________________________

5. 3ϕ 농형 전동기의 여자 전류(I_o) 값은 회전자 속도에 따라 다른가?
   설명 : ______________________________

실험 30. 권선형 유도전동기의 속도와 슬립

1) 실험 목적

1. 3상 권선형 유도전동기의 구조 관찰
2. 3상 유도전동기의 동기속도 및 슬립의 이해
3. 회전자계와 회전자 속도 및 회전방향에 따른 회전자 전압의 크기 측정

2) 개 요

3ϕ 전원으로 연결된 3ϕ 유도전동기의 고정자 권선에는 여자전류가 흐르면 회전자계가 형성된다. 이러한 회전자계를 형성하기 위해 무효전력($V_1 I_\mu$)이 공급되고 또 전동기의 동손($I_1^{\,2} r_1$) 및 철손($V_1 I_w$)에 의해 소비되는 유효전력도 공급된다.

회전자계의 속도(N_s)는 3ϕ 전원의 주파수(f_1)와 극수(P)에 의해서 결정되며 동기속도라고 불린다. 전력시스템의 주파수는 전력회사에 의해 정확히 유지되므로, 동기속도 ($N_s = \dfrac{120 f_1}{P}$)는 항상 일정하다.

권선형 유도전동기의 회전자는 세 개의 권선과 회전자 철심으로 구성된다.

회전자가 정지상태에 있을 때($s=1$) 유도된 회전자 전압의 주파수는 전원 주파수와 같다.

고정자 회전자계와 <u>같은방향</u>으로 회전자가 회전한다면 자속이 회전자 권선을 쇄교하는 비율은 감소할 것이며 슬립도 감소되고, 따라서 회전자에 유도되는 전압과 그 주파수 ($f_{2s} = s f_1$)는 떨어질 것이다. 회전자가 고정자 회전자계와 같은 속도, 같은 방향으로 회전할 때, 유도전압과 그 주파수는 0[Hz]으로 된다.($s = \dfrac{N_s - N}{N_s} = 0$)

만일 회전자가 고정자 회전자계와 <u>반대방향</u>으로 동기속도로 구동될 때, 유도전압과 그 주파수는 회전자가 정지상태에 있을 때 거의 2배가 된다.($s = \dfrac{N_s + N}{N_s} = 2$)

3) 장비 및 부품

전원공급장치 모듈(0−120/208[V$_{ac}$])	EMS 8821	직류 전동기/발전기	EMS 8211
3ϕ 권선형 유도 전동기	EMS 8231	리드선	EMS 8951
교류전압계 모듈(250/250[V$_{ac}$])	EMS 8426	회전 속도계	EMS 8920
교류전류계 모듈(2.5[A$_{ac}$])	EMS 8425	타이밍 벨트	EMS 8942

*** 권선형 유도전동기의 구조 관찰**

1. 권선형 유도전동기, 슬립링, 결선단자 및 결선의 구조를 살펴본다.
2. 모듈의 뒷면으로부터 전동기를 볼 때 :
   a) 세 개의 회전자 슬립링과 브러시를 찾는다.
   b) 브러시는 이동이 가능한가? 설명 : 고정되어 있다.
   c) 세 개의 회전자권선은 회전자 축에 있는 홈을 통해 세 개의 슬립링과 각 각 연결되어 있다.
   d) 고정자 권선을 찾는다.(지름이 작은 권선)
   e) 회전자 권선을 찾는다.(지름이 큰 권선)
   f) 회전자와 고정자 사이의 공극(air gap)을 살펴보자.

3. 모듈의 표면 판을 볼 때 :
   a) 세 개의 고정자 권선의 단자는 1 과 4 , 2 과 5 , 3 과 6 으로 결선된다.
   b) 고정자 권선의 정격전류는? I_{1n} = 1.3 [A]
   c) 고정자 권선에서 한상의 정격전압은? 120 [V]
   d) 세 개의 회전자 권선(Y 또는 Δ)은 Y 결선된다.
   e) 세 개의 회전자 권선은 단자 7 , 8 , 9 로 결선된다.
   f) 회전자 권선에서 한상의 정격전압은? 60 [V]
   g) 회전자 권선의 정격전류는? I_{2n} =2 [A], 회전속도 = 1,500 [rpm], 출력= 1/4 [HP]
   h) 극수는 ? 4 극
   i) 동기속도는 ? $N_s = \dfrac{120 \times f}{P} = \dfrac{120 \times 60}{4}$ =1,800 [rpm]

4) 실험 순서

1. 직류 전동기, 권선형 유도전동기, 전원공급 장치 및 교류전류계를 사용하여 [그림 30-1]과 같이 결선한다.

2. a) 직류전동기의 분권계자 권선은 전원공급 장치의 고정 120[V_{dc}] 단자⑧과 Ⓝ에 결선한다. 직류 전동기의 계자전류를 최대로 하려고 계자 저항기를 시계방향으로 끝까지 돌린다.(최소 계자 저항 0[Ω])
   b) 전기자는 전원공급 장치의 가변 120[V_{dc}]단자 ⑦과 Ⓝ에 결선된다.
   c) 권선형 유도전동기의 고정자는 전류계와 직렬 연결되어 전원공급 장치의 고정 3ϕ 208[V_{ac}]의 단자 ①, ②, ③과 결선한다.
   d) 3ϕ 입력전압은 V_1에 의해 측정되며, 3ϕ 회전자의 상전압(E_2 : 정지시 상전압, 또는 E_{2s} : 슬립 s 로 회전시 상전압)은 $V_2/2$로 측정하게 된다.

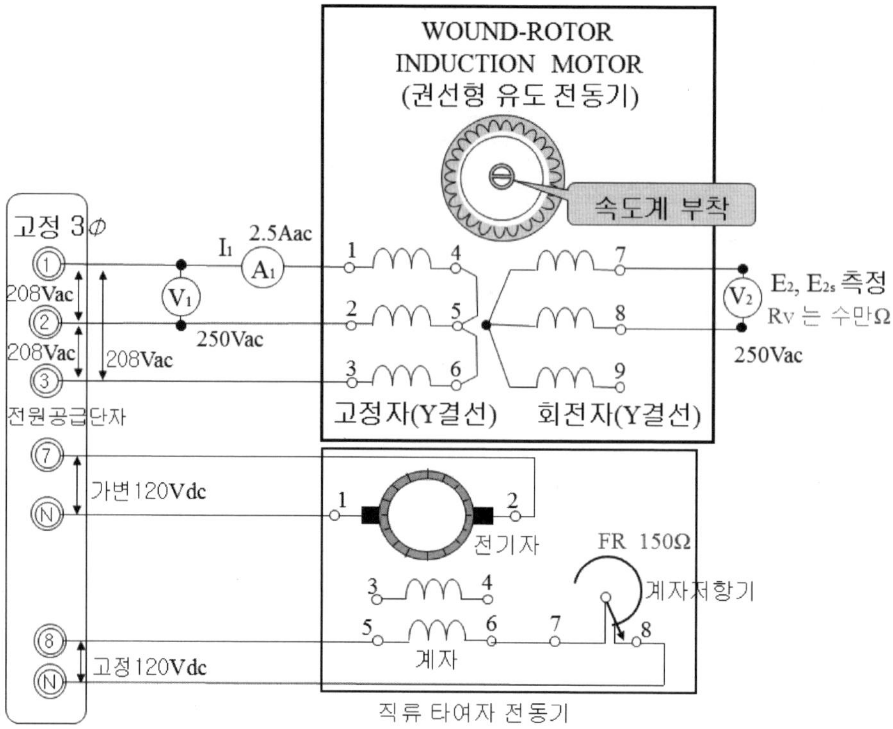

[그림 30-1] 권선형 유도전동기의 속도 및 슬립

3. 타여자 전동기로 유도전동기를 회전자계의 방향과 **같은방향**으로 1,800[rpm]으로 회전할 때

a) 타이밍 벨트를 이용하여 직류전동기와 권선형 유도전동기를 커플링 한다.

b) 전원을 켠 후, 가변 직류전압을 120[V_{dc}]로 증가시키고 전동기의 속도가 1,800[rpm]이 되도록 계자저항기를 조정한다.

회전자 권선내에 유도된 전압 E_{2s} 가 0[V_{ac}]이면, 유도전동기가 회전자계의 방향과 **같은방향**으로 1,800[rpm]으로 회전하는 상태이다.

※주의-회전자 권선내에 유도된 전압 E_{2s} 가 0[V_{ac}]보다 크면, 타여자 전동기의 회전방향을 바꾸기 위해 직류 전기자 결선을 바꾼다.

c) V_1, E_{2s}, I_1 의 값들을 측정해서 [표 1]에 기록하시오.

d) 전압을 0[V_{dc}]으로 한 후, 전원스위치를 열어둔다.

4. 타여자 전동기로 유도전동기를 회전자계의 방향과 **같은방향**으로 900[rpm]으로 회전할 때

a) 전원을 켠 후, 전동기의 속도가 900[rpm]이 되도록 계자저항기를 조정한다.

b) V_1, E_{2s}, I_1 의 값들을 측정해서 [표 1]에 기록하시오.

5. 유도전동기의 **정지시**

a) 전원 스위치를 닫는다. 전압 조정기를 0[V_{ac}]의 위치에 둔다.(직류전동기가 회전하지 않아야 된다.)

이 때에는 유도전동기도 회전하지 않는데 그 이유는 전압계의 내부저항이 매우 크므로 (수만[Ω]) $I_2 \fallingdotseq 0$ 이고 따라서 토크($\tau = k\Phi I_2$)도 0[lbf·in]이기 때문이다.

b) V_1, 정지시 상전압(E_2), I_1 의 값들을 측정해서 [표 1]에 기록하시오.

c) 전원 스위치를 열어둔다.

6. 타여자 전동기로 유도전동기를 회전자계와 **반대방향으로** 900[rpm]으로 회전할 때

a) 전원을 켠 후, 가변 직류전압을 120[V_{dc}]로 증가시키고 전동기의 속도가 900[rpm]이 되게끔 계자저항기를 조정한다.

b) V_1, 슬립 s 로 회전시 상전압(E_{2s}), I_1 의 값들을 측정해서 [표 1]에 기록하시오.

※**주의**-만일 E_{2s} 의 값이 실험 5의 E_2 값보다 작으면, 전원을 끈 후, 유도전동기의 전원측 세 고정자 연결선 중 두개를 바꾼다.

7. 타여자 전동기로 유도 전동기를 회전자계와 **반대방향으로** 1,800[rpm]으로 회전할 때

a) 전원을 켠 후, 전동기의 속도가 1,800[rpm]이 되도록 계자저항기를 조정한다.

b) V_1, E_{2s}, I_1 의 값들을 측정해서 [표 1]에 기록하시오.

c) 전압을 0[V_{dc}]으로 한 후, 전원스위치를 열어둔다.

8. 실험순서 3, 4, 5, 6, 7의 측정값으로 다음 식을 계산하고 [표 1]에 적으시오.

a) 회전자가 고정자의 회전자계와 **같은 방향**으로 회전할 때의 슬립은 $s = \dfrac{N_s - N}{N_s}$

b) 회전자가 고정자의 회전자계와 **반대 방향**으로 회전할 때의 슬립은 $s = \dfrac{N_s + N}{N_s}$

c) 회전자가 정지상태에 있을 때 유도된 회전자 한상의 전압을 E_2[V]라고 하면, 회전자가 N[rpm]으로 회전하고 있을 때 **회전자(2차) 주파수** f_{2s}[Hz]와 **회전자(2차)한상의 전압** E_{2s}[V]는 다음과 같다.

$f_{2s} = s f_1$[Hz], $E_{2s} = sE_2$[V]가 된다.

{[그림 30-1]에서 회전자는 Y결선이므로

$E_2 = \dfrac{V_2 \text{ 의 지시}}{2}$[V], $E_{2s} = \dfrac{V_2 \text{ 의 지시}}{2}$[V]로 기록한다.}

[표 1] 실험결과

	속도 N [rpm]	I_1 [A_{ac}]	V_1 [V_{ac}]	f_1 [Hz]	N_s [rpm]	회전자 상전압 E_{2s} [V_{ac}]	슬립 s	계산한 회전자 상전압 $E_{2s}=sE_2[V_{ac}]$	계산한 회전자주파수 $f_{2s}=sf_1$[Hz]
실험 3에서	같은방향으로 1,800[rpm]					$E_{2s}=$		$E_{2s}=$	
실험 4에서	같은방향으로 900[rpm]					$E_{2s}=$		$E_{2s}=$	
실험 5에서	정지시					$E_2=$		$E_2=$	
실험 6에서	반대방향으로 900[rpm]					$E_{2s}=$		$E_{2s}=$	
실험 7에서	반대방향으로 1,800[rpm]					$E_{2s}=$		$E_{2s}=$	

9. [그림 30-2]에 회전자 속도 대 회전자 전압의 그래프를 그린다. 직선 그래프인가?
   설명 : ____________

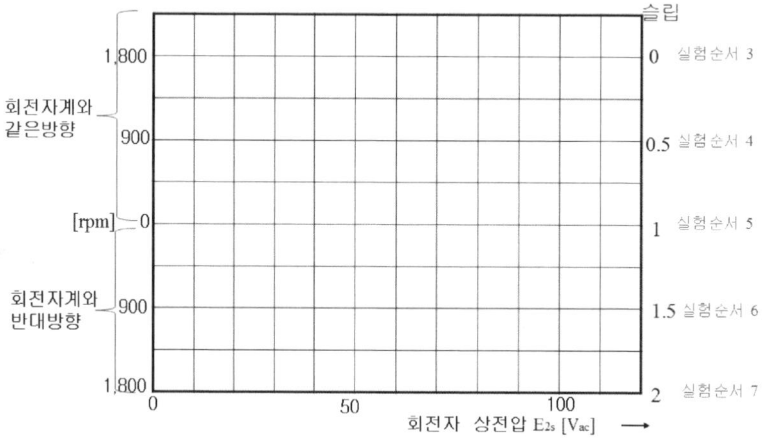

[그림 30-2] 회전자 속도 대 회전자 전압

5) 연구 및 검토

1. 4극인 유도전동기가 동기 속도로 회전할 때 회전자 권선내에 유도된 전압이 0[V_{ac}]라는 것을 알면, 이 전동기의 속도는?
   설명 : 속도= ________ [rpm]
2. 타여자 전동기로 유도전동기를 회전자계의 방향과 **같은방향**으로 2,700[rpm]으로 회전할 때 슬립은? 설명 : ____________
3. 유도전동기에서 부하를 점점 증가할 때 속도, 슬립, 2차 전류, 1차 전류, 역률이 어떻게 변화하는지 설명하시오. 설명 : (보고서에서 설명)

실험 31. 권선형 유도 전동기의 기동 특성

1) 실험 목적

1. 권선형 유도전동기의 기동 특성
2. 전동기의 속도변화에 따른 회전자 및 고정자 전류의 관찰

2) 개 요

회전자 회로가 개방되어 있으면 $I_2 \fallingdotseq 0$, $\tau = k\Phi I_2 = 0$이라서 전동기는 정지상태이고 $s=1$, $E_{2s} = sE_2 = E_2$가 되어서 회전자에는 상당한 전압이 유도된다. 이 전압은 회전자 슬립에 따라 변화하며 동기속도에서는 $s \fallingdotseq 0$이므로 0[V_{ac}]가 된다.

만일 회전자 권선이 단락된다면, 유도전압은 권선내에 큰 순환전류를 일으킨다. 이러한 회전자 전류 I_2를 공급하기 위해서는 고정자에는 1차 부하전류 I_1'가 흐르며, 1차 전류($I_1 = I_1' + I_o$)는 일반 여자전류(I_o)보다 그 값이 증가한다.

a) 정지 또는 저속에서의 회전자 전류와 고정자 전류는 많이 흐르므로 큰 토크가발생한다.

b) 동기속도에서는 $s \fallingdotseq 0$, $E_{2s} = sE_2 = 0$, $I_2 \fallingdotseq 0$, $\tau = k\Phi I_2 = 0$이라서 회전자 전류와 토크는 0이며 고정자에는 여자전류만 흐른다.

c) 기타 속도에서는 전류 ($I_1 \propto V_1$)와 발생 토크 ($\tau \propto V_1^2$)는 위의 두 값 사이의 값을 갖는다.

3) 장비 및 부품

전원공급장치 모듈(0-120/208[V_{ac}])	EMS 8821	3ϕ권선형 유도전동기	EMS 8231
교류전류계(2.5/5/8[A_{ac}]	EMS 8425	리드선	EMS 8951
교류전압계 (250[V_{ac}])	EMS 8426	전기동력계	EMS 8911
회전속도계	EMS 8920	타이밍 벨트	EMS 8942

4) 실험 순서

1. 권선형 유도전동기, 전기동력계, 전원공급 장치, 교류전류계를 사용하여 [그림 31-1]과 같이 결선한다. 세 개의 고정자 권선은 전원공급 장치의 3ϕ가변 208[V_{ac}] 단자 ④, ⑤, ⑥과 결선한다. 전류계의 내부저항(R_A)은 매우 적으므로 [그림 31-1]의 회로에서는 회전자(2차)는 단락된 상태가 된다.
2. a) 타이밍 벨트를 사용하여 전기동력계와 전동기를 커플링 한다.
   b) 전기동력계를 전원공급 장치의 고정 120[V_{ac}] 단자 ①과 Ⓝ에 연결한다.
   c) 권선형 유도전동기에 최대 기계적인부하를 걸어 주려고 전기동력계의 토크조절기를 시계방향으로 끝까지 돌린다.

3. 최대 기동부하시 실험(100[V_{ac}]일 때)

1차(고정자)전압이 100[V_{ac}]일 때에는 전류 I_2와 토크가 진동한다.

a) 전원을 켠 후, V_1이 100[V_{ac}]가 되도록 조정한다. 전동기가 서서히 회전한다.

b) 고정자 전류 I_1, 회전자 전류 I_2와 토크를 측정해서 [표 1]에 기록한다.

4. 부하 감소시 실험(100[V_{ac}]일 때)

a) 전기동력계의 토크조절기를 서서히 조정함으로서 전동기에 걸리는 부하를 점차적으로 감소시킨다. 부하가 감소됨에 따라 전동기속도는 증가할 것이다.

b) 토크가 1[lbf·in]일 때 고정자 전류 I_1, 회전자 전류 I_2와 발생토크를 측정해서 [표 1]에 기록한다. (I_1과 I_2가 서서히 감소되므로 측정시간이 2분정도 소요됨)

c) 전압을 0[V_{ac}]으로 한 후에 전원을 끈다.

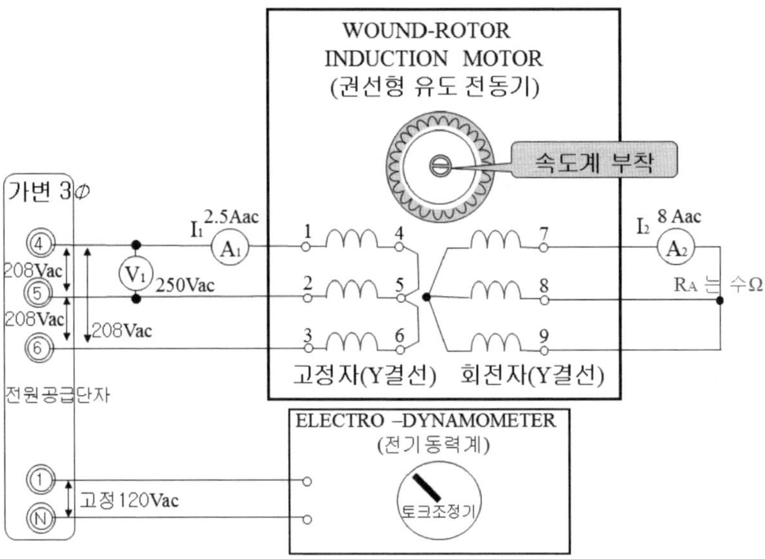

[그림 31-1] 권선형 유도전동기의 부하 감소 실험

5. 최대 기동부하시 실험(208[V_{ac}]일 때)

a) [그림 31-2]와 같이 결선한다. 전원공급 장치의 3ϕ 고정 208[V_{ac}] 단자 ①, ②, ③을 사용한다.

b) 권선형 유도전동기에 최대 기계적인부하를 걸어 주려고 전기동력계의 토크조절기를 시계방향으로 끝까지 돌린다.

c) 전원을 켠 후 V_1, I_1, I_2와 발생 기동토크를 신속히 측정해서 [표 1]에 기록한다. 전원을 끈다. 실험순서 3, 4, 5에서 전동기의 피상전력을 계산해서 [표 1]에 기록한다. 피상전력 = $\sqrt{3}\,V_1 I_1 = \sqrt{3}\times(\quad)\times(\quad) =$ _____ [VA]

d) **실험** 30의 [표 1]에서 회전자가 정지상태에 있을 때, 회전자(2차) 상전압 $E_2[\mathrm{V}]$ 라 하면 $\underline{E_2 = 53[\mathrm{V}]}$가 되었다.

고정자(1차) 한상의 전압은 $E_1 \fallingdotseq \dfrac{1차\ 선간전압}{\sqrt{3}} = \dfrac{208}{\sqrt{3}} = 120[\mathrm{V}]$이므로 권선비 α는 $\alpha = \dfrac{E_1}{E_2} = \dfrac{120}{53} = 2.26$, 상수비 $\beta = \dfrac{m_1}{m_2} = 1$ 에서 $I_1 \fallingdotseq I_1{}' = \dfrac{m_2 k_2 w_2}{m_1 k_1 w_1} I_2 = \dfrac{1}{\alpha\beta} I_2$ 식으로 I_1을 계산해 본다.

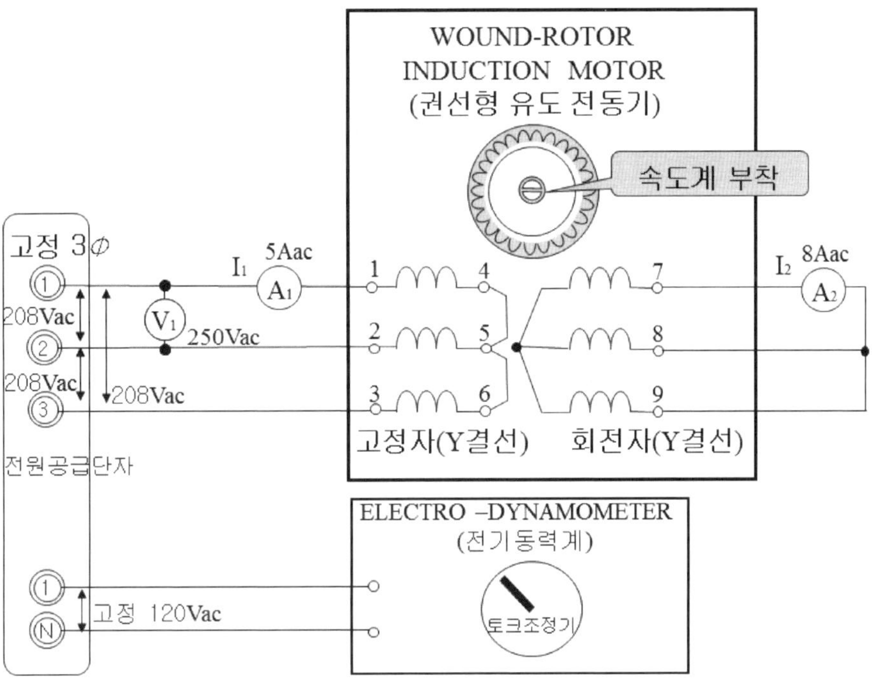

[그림 31-2] 권선형 유도전동기의 최대 기동부하 실험

[표 1] 기동부하 실험 결과

	V_1 $[\mathrm{V_{ac}}]$	I_1 $[\mathrm{A_{ac}}]$	I_2 $[\mathrm{A_{ac}}]$	토크 [lbf · in]	속도 [rpm]	피상전력 [VA]	$I_1 \fallingdotseq I_1{}' = \dfrac{I_2}{\alpha\beta}$
실험순서 3. **최대 기동 부하시** ($100[\mathrm{V_{ac}}]$)							
실험순서 4. **부하 감소시** (1[lbf · in])							
실험순서 5. **최대 기동 부하시** ($208[\mathrm{V_{ac}}]$)							

5) 연구 및 검토

1. 만일 권선형 유도전동기의 고정자전압이 정격전압의 50[%] 정도로 감소된다면

   a) 기동전류는 얼마만큼 감소되는가?

   설명 : $\frac{I_s'}{I_s}=\frac{\frac{1}{2}V}{V}$, $I_s'=\frac{1}{2}I_s=0.5I_s$, 기동전류는 (　　)[%]감소

   b) 피상전력은 얼마만큼 감소되는가?

   설명 : 피상전력= $\frac{P'}{P}=\frac{\sqrt{3}(\frac{1}{2}V_1)(\frac{1}{2}I_1)}{\sqrt{3}V_1I_1}=\frac{1}{4}=0.25$, 피상전력은 ( )[%]감소

   c) 기동토크는 얼마만큼 감소되는가?

   설명 : $\frac{\tau'}{\tau}=\frac{(\frac{1}{2}V_1)^2}{V_1^{\ 2}}=\frac{1}{4}=0.25$, 기동토크는 (　　)[%]감소

2. 전동기의 부하가 감소함에 따라 전동기 속도는 증가하는가? 설명 : ________

3. 전동기 속도가 증가함에 따라 회전자 전류는 감소하는가? 설명 : ________

4. N_s[rpm] : 동기속도, f[Hz] : 전원 주파수, P : 고정자 극수이라면 이 유도전동기의 극수를 결정하시오. 설명 : $N_s=\frac{120f}{P}$[rpm], P =(　　) [극]

5. 전부하(1/4마력) 전동기속도가 1,500[rpm]일 때, 아래 식을 이용하여 전부하 토크의 값을 계산하시오.

   설명 : 출력 $P_o=\frac{1.59\times(1,500)[rpm]\times(x)[lbf\cdot in]}{100,000}$ [HP]=($\frac{1}{4}$)[HP]

   전부하 토크 = $\frac{(\frac{1}{4}[HP])\times(100,000)}{(1.59)\times(1,500[rpm])}$ = (　　)[lbf · in]

6. 권선형 유도전동기의 전부하 토크에 대한 기동토크의 비를 계산하시오.

   설명 : 토크 비 = $\frac{\text{기동 토크}(\quad)[lbf\cdot in]}{\text{전부하 토크}(\quad)[lbf\cdot in]}$ = (　)배

7. 권선형 유도전동기의 각 상(phase)당 전부하 고정자전류가 1.2 [A_{ac}]일 때, 전부하 동작전류에 대한 기동전류비를 계산하시오.

   설명 : 전류 비 = $\frac{\text{기동전류}(\quad)[A]}{\text{전부하전류}(\quad)[A]}$ = (　)배

실험 32. 권선형 유도전동기의 2차저항에 의한 속도제어

1) 실험 목적

1. 권선형 유도 전동기의 무부하, 전부하 특성
2. 외부 저항기(2차저항)에 의한 속도조절

2) 개 요

3ϕ 회전자 권선의 세 단자는 회전자 축에 장착된 세 개의 슬립링에 연결되어 있다. 슬립링은 브러시와 접촉되어 있고 브러시는 외부저항기(2차저항)와 연결됨으로서 농형 유도전동기의 기동토크보다 큰 기동토크를 발생시킬 수 있다.

기동상태에서는 외부저항기(2차저항)의 전체 저항이 회전자 회로내에 삽입되므로 최대 기동토크를 얻을 수 있다.

비록 권선형 유도전동기의 기동 토크는 농형 유도전동기의 기동토크보다 높지만 정격속도에 이르면 농형 유도전동기보다 효율면에서 뒤떨어진다. 그 이유는 회전자 권선의 저항이 항상 농형 유도전동기의 저항보다 크기 때문이다.

권선형 유도전동기의 장점은 가변 속도능력에 있다. 외부 저항기의 저항을 변화시키면 회전자에는 각 상의 저항값이 바뀌면서 **비례추이**에 의해서 슬립이 변화되어 결과적으로 전동기의 속도가 변화된다.(**2차저항법**이라 한다).

외부 저항기의 저항은 전동기가 정격 속도에 이를 때까지 점차적으로 감소된다.

▸ **토크의 비례추이 응용** : 농형 유도전동기와 같이 2차회로가 단락환으로 단락된 전동기에서는 토크의 비례추이를 응용할 수 없으나, 권선형 전동기에서는 2차회로의 저항을 가감시켜서 비례추이에 따라 기동토크를 크게 하거나 속도를 제어할 수 있다.

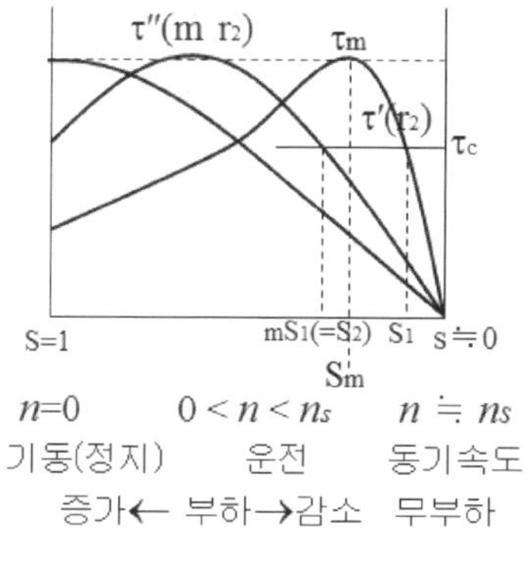

[그림 32-1] 토크의 비례추이

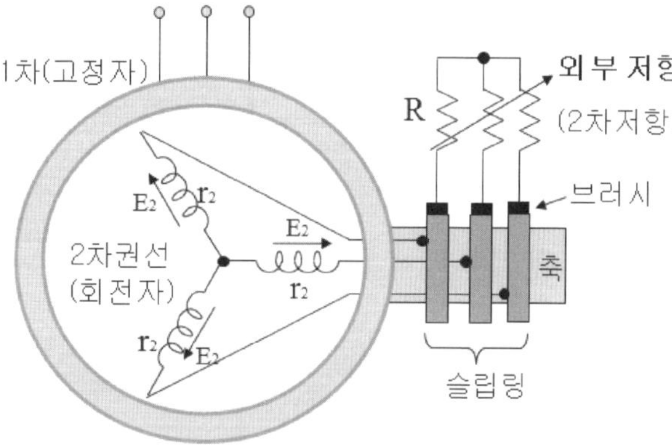

[그림 32-2] 권선형 회전자와 슬립링

$$\frac{r_2}{s_1} = \frac{m\,r_2}{m\,s_1} = \frac{r_2 + R}{s_2}, \qquad \frac{r_2}{s_m} = \frac{r_2 + R_s}{1}$$

기동시($s = 1$ 일 때) 최대의 토크를 얻기 위하여 회전자권선에 접속한 외부 저항기을 R_s 라 하고 최대토크를 발생하는 슬립을 s_m 이라고 한다.

3) 장비 및 부품

전원공급 장치 모듈(0-120/208[V_{ac}]), 3ϕ	EMS 8821	전기동력계	EMS 8911
3ϕ 권선형 유도 전동기	EMS 8231	3ϕ 전력계	EMS 8441
교류전압계 (250[V_{ac}])	EMS 8426	회전 속도계	EMS 8920
교류전류계 (2.5/2.5[A_{ac}]	EMS 8425	타이밍 벨트	EMS 8942
3ϕ 외부저항기	EMS 8731	리드선	EMS 8951
		회로시험기	별도

4) 실험 순서

1. a) 외부저항기의 구조는 Y 결선으로 되어 있다.
   b) 외부 저항기를 반시계방향으로 끝까지 돌릴 때 저항기의 저항은 0[Ω]이다.
   외부 저항기를 시계방향으로 끝까지 돌릴 때 각 저항기의 저항은 16[Ω]이다.

* **무부하특성**을 실험하므로 전동기와 전기동력계를 커플링하지 않는다.

2. 권선형 유도전동기, 전기동력계, 3ϕ전력계, 외부저항기, 전원공급 장치, 교류 전압계/전류계를 사용하여 [그림 32-3]과 같이 결선한다.

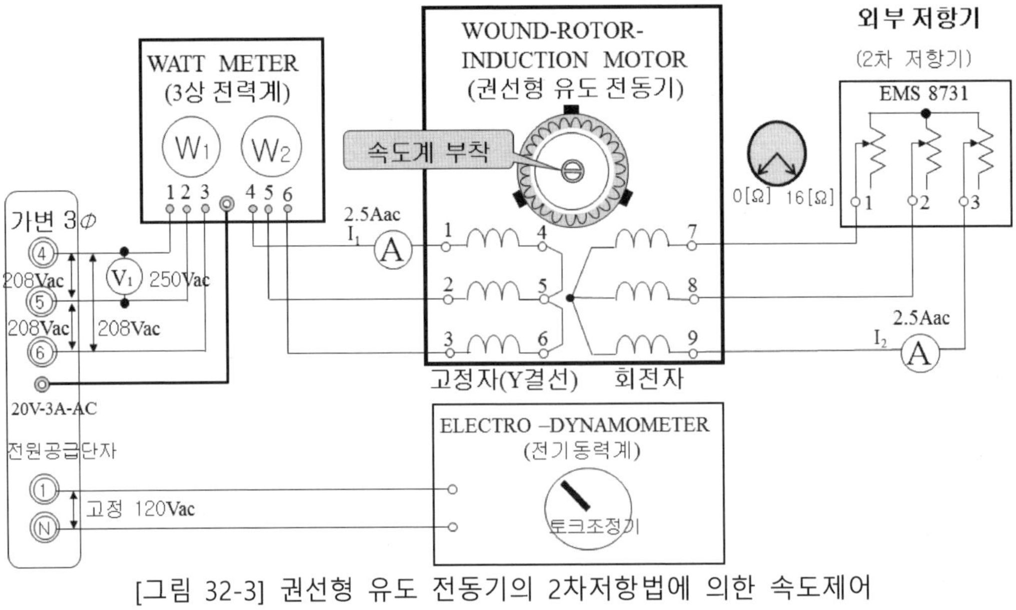

[그림 32-3] 권선형 유도 전동기의 2차저항법에 의한 속도제어

* 외부 저항기가 0[Ω]일 때

* 무부하시험

3. a) 외부 저항기를 반시계 방향으로 끝까지 돌려서 0[Ω]으로 한다.
   b) 전원을 켠 후, V_1 이 208[V_{ac}]가 되도록 전압을 조정한다. 전동기가 회전을 하여야 한다. V_1 , I_1, I_2, W_1, W_2, 속도를 측정하여 [표 1]에 기록한다.
   c) 전압을 0[V_{ac}]으로 한 후에 전원을 끈다.

* **부하특성을 실험하므로** 타이밍 벨트로 전동기와 전기동력계를 커플링 한다.

4. a) 유도전동기에 기계적인 부하를 최소로 걸어주기 위해서 전기동력계의 토크조절기를 반시계방향으로 끝까지 돌린다.
   b) 입력 전압을 208[V_{ac}]로 유지한 채, [표 1]에 열거한 각 토크에 대해 실험 3을 반복한다.
   c) 전압을 0[V_{ac}]으로 한 후에 전원을 끈다.

[표 1] 외부저항기가 0[Ω]일 때

	토크 [lbf·in]	V_1 [V]	I_1 [A]	I_2 [A]	W_1 [W]	W_2 [W]	속도 [rpm]	유효 전력 P[W]	피상 전력 P_a[VA]	무효 전력 Q[Var]	역률 [%]	출력 P_o [HP]	출력 P_o [W]	효율 η [%]	슬립 s
무부하시	0		$I_o=$												
부하시	3														
"	6														
전부하시	9														

5. 실험 결과 값을 이용하여 다음의 값을 계산해서 [표 1]에 기록하시오.
   또 [그림 32-4]에 권선형 유도 전동기의 특성 곡선을 그리시오.
   a) 유효 전력(입력) : $P = W_1 + W_2 = (\quad) + (\quad) = (\quad)[W]$
   b) 피상 전력 : $P_a = \sqrt{3}\, V_1 I_1 = \sqrt{3} \times (\quad) \times (\quad) = (\quad)[VA]$
   c) 무효 전력 : $Q = \sqrt{(P_a)^2 - P^2} = \sqrt{(\quad)^2 - (\quad)^2} = (\quad)[Var]$
   d) 역률 : $\cos\theta = \dfrac{P}{P_a} \times 100 = \dfrac{(\quad)}{(\quad)} \times 100 = (\quad)[\%]$
   e) 출 력 : $P_o = \dfrac{1.59 \times (\quad)[rpm] \times (\quad)[lbf \cdot in]}{100{,}000}[HP] = (\quad)[HP]$

   $P_o = 746 \times (\quad)[HP] = (\quad)[W]$
   f) 효 율 : $\eta = \dfrac{출력[W]}{입력[W]} \times 100 = (\quad)[\%]$으로 계산한다.

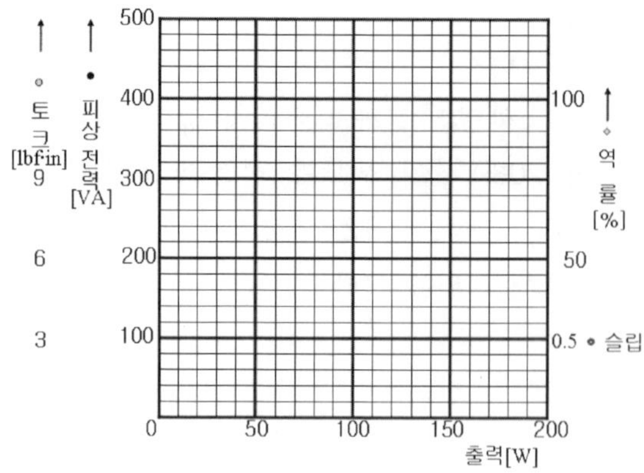

[그림 32-4] 권선형 유도 전동기의 특성 곡선(외부저항기가 0[Ω]일 때)

* 외부저항기가 16[Ω]일 때

6. a) 외부 저항기를 시계방향으로 끝까지 돌려서 최대 저항(16[Ω])으로 한다.
   b) **무부하특성**을 실험하므로 **타이밍 벨트를 제거하여** 전기동력계와 전동기를 분리한다.
7. a) 전원을 켠 후, V_1 이 208[V_{ac}]가 되도록 전압을 조정한다. 전동기가 회전을 하여야 한다.
   b) V_1, I_1, I_2, W_1, W_2, 속도를 측정하여 [표 2]에 기록한다.
   c) 전압을 0[V_{ac}]으로 한 후에 전원을 끈다.

8. a) **부하특성을 실험하므로** 타이밍 벨트로 전동기와 전기동력계를 커플링 한다.
   b) 유도전동기에 기계적인 부하를 최소로 걸어주기 위해서 전기동력계의 토크조정기를 반시계방향으로 끝까지 돌린다.
   c) 입력전압을 208[V_{ac}]로 유지한 채, [표 2]에 열거한 각 토크에 대해 실험순서 7을 반복한다. (9[lbf · in]로 전기동력계의 토크조정기를 조정할 때에는 **매우 서서히** 회전시켜주어야 하며 9[lbf · in]가 될 때 신속히 눈금을 읽는다.)
   d) 전압을 0[V_{ac}]으로 한 후에 전원을 끈다.

[표 2] 외부저항기가 16[Ω]일 때

	토크 [lbf ·in]	V_1 [V]	I_1 [A]	I_2 [A]	W_1 [W]	W_2 [W]	속도 [rpm]	유효 전력 P[W]	피상 전력 P_a[VA]	무효 전력 Q[Var]	역률 [%]	출력 P_o [HP]	출력 P_o [W]	효율 η [%]	슬립 s
무부하시	0		I_o=												
부하시	3														
"	6														
전부하시	9														

비례추이

*** 외부저항기의 저항을 변화시킬 때 속도의 변화**

9. a) 외부저항기를 반시계 방향으로 $\frac{1}{3}$정도 돌려서 테스터로 측정한 한 상의 저항값이 6.1[Ω]으로 조정해둔다.

b) 입력전압을 208[V_{ac}]로 유지한 채, 전기동력계의 토크조정기를 조정해서 9[lbf · in]가 될 때 회전속도를 측정하고 [표 3]에 기록하고 전압을 0[V_{ac}]으로 한 후에 전원을 끈다.

c) a)방법으로 외부저항기의 저항값이 14.1[Ω]으로 조정해두고 b)를 반복한다.

d) 외부저항기의 저항을 증가하면 유도전동기의 속도에 변화가 있는가?

설명 : ______________________

e) 실험 결과 값을 이용하여 다음의 값을 계산해서 [표 3]에 기록하고, 부하토크가 9[lbf·in]인 경우에 외부저항기값에 따라 회전자 속도와 슬립(s)가 [그림 32-5]와 같이 변하는지 확인해 본다.

외부저항기가 0[Ω]일 때

$$\text{슬립 값} \quad s_1 = \frac{(N_s - N)}{N_s}$$

외부저항기가 (R)[Ω]일 때

$$\text{슬립 값} \quad s_2 = \frac{(N_s - N')}{N_s}$$

$$R = \frac{(s_2 - s_1)}{s_1} \times r_2$$

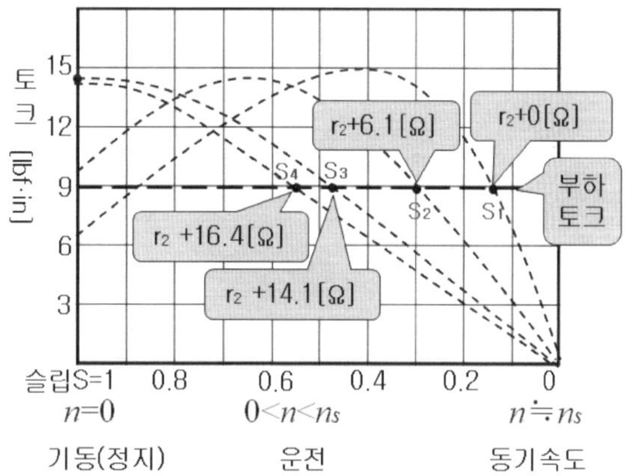

[그림 32-5] 비례추이 실험결과

[표 3] 비례추이 실험결과

	토크 [lbf·in]	동기속도 N_s[rpm]	회전속도 N[rpm]	단자간 테스터 로 측정한 저항값 [Ω]	계산한 저항값[Ω]	계산한 슬립값
[표1]의 외부저항 0[Ω]	9	1,800		회전자 $r_2 = \frac{(10.6)}{2}$=(5.03)[Ω]		$s_1 =$
외부저항 6.1[Ω]	9	1,800		외부저항$R = \frac{(12.2)}{2}$=(6.1)[Ω]	$R=$	$s_2 =$
외부저항 14.1[Ω]	9	1,800		외부저항$R = \frac{(28.4)}{2}$=(14.1)[Ω]	$R=$	$s_3 =$
[표2]의 외부저항 16[Ω]	9	1,800		외부저항$R = \frac{(32.8)}{2}$=(16.4)[Ω]	$R=$	$s_4 =$

*** 권선형 유도 전동기의 외부저항기가 16[Ω]일 때의 기동전류와 최대토크측정**

10. a) [그림 32-6]과 같이 결선한다. 전원공급 장치의 3ϕ고정 208[V_{ac}] 단자 ①, ②, ③이 사용된다.

 b) 유도전동기에 최대 기동부하를 걸어 주려고 전기동력계의 토크조절기를 시계방향으로 끝까지 돌린다.

 c) 외부저항기를 시계방향으로 끝까지 돌려서 최대 저항 16[Ω]으로 한다.

 d) 전원을 켠 후, V_1, I_1와 기동토크를 **신속히 측정**하고 기록하고 전원을 끈다.

최대 부하시 토크=___[lbf·in], V_1=____[V], I_1=____[A], 피상전력 P_a = _____[VA]

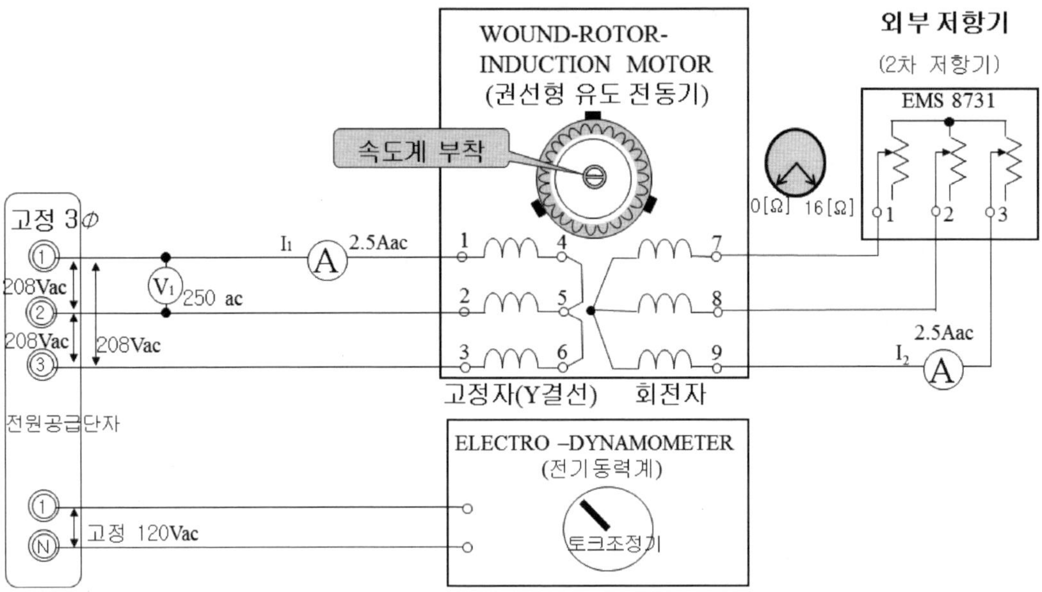

[그림 32-6] 권선형 유도 전동기의 외부저항기가 16[Ω]일 때의 기동전류와 토크측정

5) 연구 및 검토

1. 권선형 유도전동기의 실험결과를 이용하여 다음의 비율을 계산하시오.

 a) 전부하 전류에 대한 기동전류의 비는?

 설명 : 전류 비 = $\dfrac{\text{기동전류(\quad)[A]}}{\text{전부하전류(\quad)[A]}}$ = ( )배

 b) 전부하 토크에 대한 기동토크의 비는?

 설명 : 토크 비 = $\dfrac{\text{기동 토크(\quad)[lbf · in]}}{\text{전부하 토크(\quad)[lbf · in]}}$ = ( )배

 c) 무부하 전류에 대한 전부하 전류의 비는?

 설명 : 전류 비 = $\dfrac{\text{전부하 전류(\quad)[A]}}{\text{무 부하 전류(\quad)[A]}}$ = ( )배

2. 외부 저항이 전동기에 가해질 때 권선형 유도전동기의 효율이 훨씬 떨어지는 이유를 설명하시오.

설명 : ____________________

3. 권선형 유도전동기의 속도가 바뀌어도 유효전력은 전과 같은가?

설명 : ____________________

[표 1]의 유도기의 무부하실험에서 다음 물음에 답하시오.

4. 전동기 내에 자계를 형성하는데 필요한 전력은 무효전력이다. 얼마만큼의 전력이 필요한가? 설명 : __________ [Var]

5. 자계형성으로 인한 손실을 공급하는데 필요한 전력은 유효전력이다. 얼마만큼의 전력이 필요한가? 설명 : __________ [W]

 # 비례추이에 관한 문제

6. 6극의 권선형 유도전동기가 주파수 50[Hz]에서 960[rpm]으로 운전하고 있다. 지금 동일 토크로 회전수를 700[rpm]으로 하는 데는 2차측에 얼마의 저항을 넣으면 좋은가? 단, 2차권선은 성형결선이고, 각 상의 권선저항은 $r_2\,[\Omega]$ 이라 한다.

설명 : ____________________

7. 슬립링이 부착된 3상 유도전동기가 있다. 50[Hz]의 회로에서 전부하의 회전속도가 1분간에 950이다. 지금 동일한 전압에서 전 부하 토크로 기동시키기 위해서는 회전자 회로의 각 상에 삽입하려는 저항은 얼마인가? 단, 회전자는 성형결선이며 각 상의 저항은 $r_2\,[\Omega]$ 으로 한다.

설명 : ____________________

8. 8극의 3상 권선형전동기를 200[V], 50[Hz]로 운전하고 있다. 이 전동기의 최대토크는 회전수 660[rpm]에서 생긴다. 2차는 Y 결선이며 각 상의 권선저항 $r_2\,[\Omega]$ 의 몇 배의 저항을 외부에 접속하면 최대토크로 기동시킬 수 있는가?

설명 : ____________________

실험 33. 3상 유도전동기의 단상운전

1) 실험 목적

1. 모노사이클릭형 전동기
2. 3상 유도전동기의 단상운전

2) 개 요

1. 모노사이클릭형 전동기

이 전동기의 회전자는 농형이고 1차권선(고정자)은 3상의 권선을 갖고 있는데 [그림 33-1] (a)와 같이 U, V 단자에는 단상전압을 공급하고 나머지 W 단자에는 리액턴스 X와 저항 R을 접속해서 각 각 U, V 단자에 접속되어 있다.

단상전압을 공급하면 [그림 33-1]의 (b)와 같이 각 권선에 흐르는 전류는 위상차가 생겨서 **불평형의 3상전압**에 의한 회전자계가 발생하며 기동토크가 생긴다.

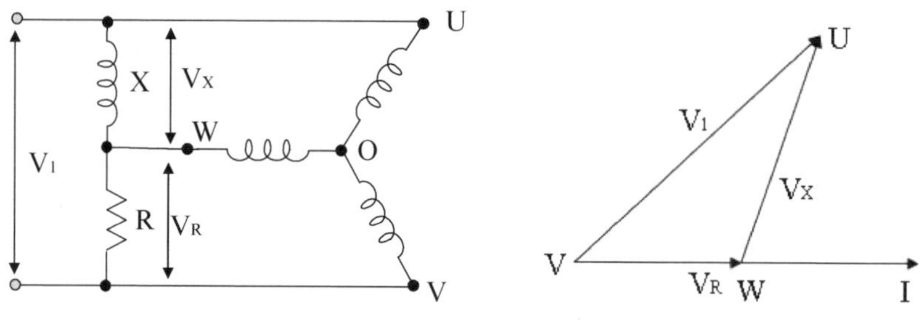

[그림 33-1] 모노사이클릭형 전동기의 원리

2. 3상유도전동기의 단상운전

농사용 혹은 특별한 경우에는 단상으로 소형의 3상유도전동기에 [그림 33-2]와 같이 콘덴서를 접속해서 운전할 수가 있다. 이 때의 벡터도는 [그림 33-3]와 같이 되며 **불평형**의 3상전압에 의한 **회전자계**가 발생해서 회전자가 회전한다.

콘덴서의 용량은 필요한 기동토크와 운전 중의 좋은 특성을 한 개의 콘덴서로 만족시키는 것은 곤란하기 때문에 대부분은 기동 때 S을 닫아서 C_s을 병렬로 하고, 기동 후에는 S을 여는 방식을 채용하고 있다.

단상운전시의 출력은 정격출력의 $70 \sim 80[\%]$ 정도가 되고 용량의 기동토크가 적다. 따라서 이 방법은 특수한 경우에서 쓰이지만 소용량 이외에는 사용되지 않는다.

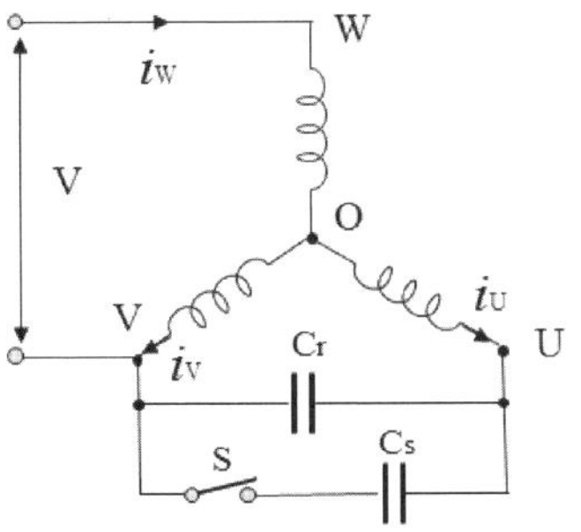

[그림 33-2] 3상 유도전동기의 단상운전

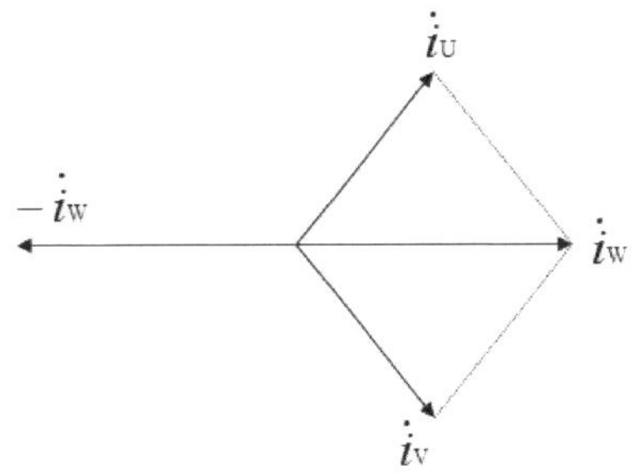

[그림 33-3] 3상 유도전동기의 단상운전시 벡터도

3) 장비 및 부품

전원공급 장치 (0-120[V_{ac}])	EMS 8821	저항기	EMS 8311
농형 유도 전동기	EMS 8221	콘덴서	EMS 8331
교류전압계 (250[V_{ac}])	EMS 8426	인덕턴스	EMS 8321
교류전류계(2.5[A_{ac}])	EMS 8425	회전 속도계	EMS 8920
리드선	EMS 8951		

4) 실험 순서

*** 1. 3상 농형 유도 전동기를 모노사이클릭형으로 운전실험**

1. a) 3상 농형 유도전동기를 전원공급 장치의 가변 120[V_{ac}]단자 ④와 Ⓝ에 결선한다.
   b) X_L부하 200[Ω](300[Ω]과 600[Ω]병렬), R부하 200[Ω](300[Ω]과 600[Ω]병렬)로 해서 [그림 33-4]와 같이 결선한다.
2. a) 전원을 켠 후, 전압을 120[V_{ac}]에 맞춘다.
   b) 전류(I_1)와 속도를 측정 후에 [표 1]에 기록한다.
   c) 전압을 0[V_{ac}]으로 한 후에 전원을 끈다.

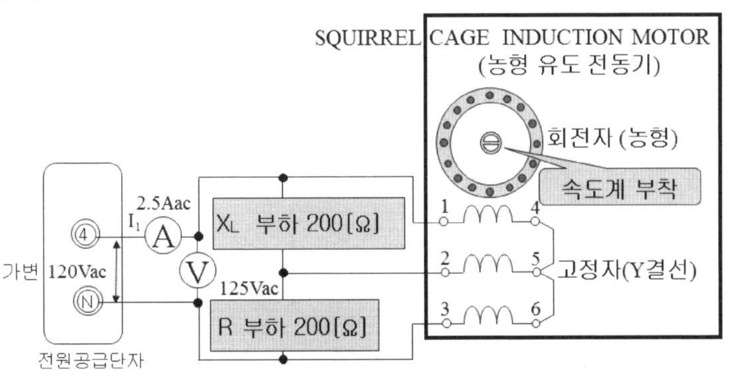

[그림 33-4] 3상 농형 유도 전동기를 모노사이클릭형으로 운전실험

* 역회전실험

3. a) X_L 부하 200[Ω](300[Ω]과 600[Ω]병렬)과 R 부하 200[Ω](300[Ω]과 600[Ω]병렬)을 서로 바꾸어서 결선한 후에 전원을 켠 후, 전압을 120[V_{ac}]에 맞춘다.
   b) 회전방향이 바뀌는가? 설명 : ______________________
   c) 전류 I_1와 속도를 측정 후에 [표 1]에 기록한다.
   d) 전압을 0[V_{ac}]으로 한 후에 전원을 끈다.

[표 1] 운전실험 결과

	회전방향	V[V]	I_1 [A_{ac}]	속 도[rpm]
모노사이클릭형	시계방향회전 시			
	반 시계방향회전 시			
3상 농형 유도 전동기의 단상운전	시계방향회전 시			
	반 시계방향회전 시			

----

* 2. 3ϕ 농형 유도 전동기를 단상으로 운전실험

1. a) 3상 농형 유도전동기를 전원공급 장치의 가변 120[V_{ac}]단자 ④와 Ⓝ에 결선한다.
   b) X_C 부하 200[Ω](300[Ω]과 600[Ω]병렬)로 해서 [그림 33-5]와 같이 결선한다.

2. a) 전원을 켠 후, 전압을 서서히 120[V_{ac}]에 맞춘다.
   b) 전류 I_1와 속도를 측정 후에 [표 1]에 기록한다.
   c) 전압을 0[V_{ac}]으로 한 후에 전원을 끈다.

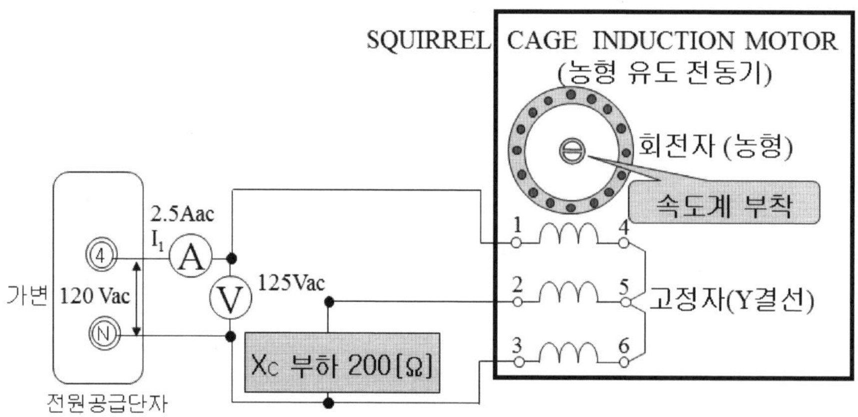

[그림 33-5] 3상 농형 유도 전동기를 단상으로 운전실험

* 역회전실험

3. a) 3상 농형 유도 전동기의 고정자 단자 2와 3에 연결된 X_C 부하 200[Ω](300[Ω]과 600[Ω]병렬)를 고정자 단자 1와 2로 연결을 바꾼 다음에 전원을 켠 후, 전압을 120[V_{ac}]에 맞춘다.
   b) 회전방향이 바뀌는가? 설명 : ______________________
   c) 전류 I_1 와 속도를 측정 후에 [표 1]에 기록한다.
   d) 전압을 0[V_{ac}]으로 한 후에 전원을 끈다.

5) 연구 및 검토

1. 3상 농형 유도 전동기를 모노사이클릭형으로 운전시에 회전방향을 바꾸려면 어떻게 하는가?
   설명 : ____

2. 3상 농형 유도 전동기를 단상으로 운전시에 회전방향을 바꾸려면 어떻게 하는가?
   설명 : ____
   ____

실험 34. 분상기동형 단상 유도 전동기의 원리 및 기동

1) 실험 목적

1. 단상 유도전동기와 분상기동형 단상 유도전동기의 원리
2. 분상기동형 단상 유도전동기의 결선법
3. 분상기동형 단상 전동기의 기동

2) 개 요

1. 단상유도전동기의 원리

3상 유도전동기는 원형 회전자계와 이에 따라 유도된 2차전류에 의하여 토크가 생기는 것이기 때문에 회전계자가 없으면 기동할 수가 없다.

단상 유도전동기에서는 2차권선이 농형 유도전동기와 같은 농형이고 1차권선은 단상권선이다. 따라서 1차권선에 단상교류가 흐르면 권선의 축 방향으로 크기가 변화하는 교번자계가 생길 뿐이라서 기동토크는 발생하지 않고 또한, 기동할 수도 없게 된다.

단상유도전동기의 1차권선이 만드는 교번자속은 [그림 34-1]과 같이 그 크기가 원래 교번자속의 1/2과 같고, 서로 반대방향으로 동기속도 n_s로 회전하는 두 개의 회전자속 ϕ_a, ϕ_b로 나누어서 생각할 수 있다.

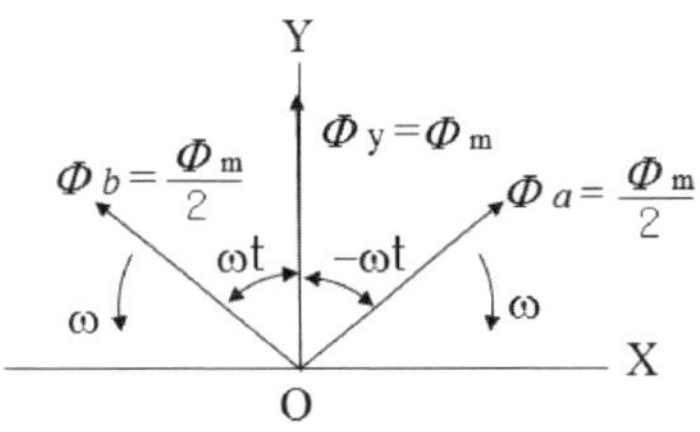

[그림 34-1] 교번자속의 분해

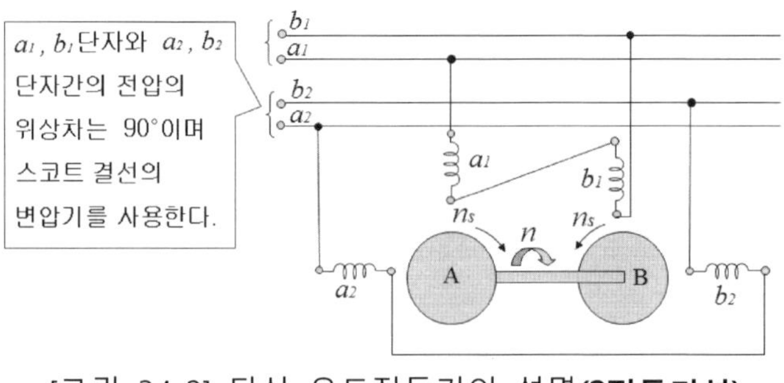

[그림 34-2] 단상 유도전동기의 설명**(2전동기설)**

단상 유도전동기는 [그림 34-2]와 같이 하나의 축 위에 회전자속의 방향이 서로 다른 두 개의 2ϕ유도전동기 A, B가 직결되어 있는 것으로 생각할 수 있다.

이것을 **2전동기설**이라고 한다.

[그림 34-3]과 같이 전동기가 정지하고 있을 때, 즉 $s=1$의 경우에 $\tau_a + (-\tau_b) = 0$이 되고 기동토크는 생기지 않는다. 그런데 시계방향으로 회전해주면, $\tau_a > \tau_b$가 되어서 시계방향의 토크가 생기기 때문에 시계방향으로 회전을 계속하고 무부하이면 거의 동기속도로 회전한다.

단상 유도전동기의 토크속도곡선은 τ_a와 τ_b를 합성한 토크 중 A 전동기의 슬립 $s_a = 1$과 $s_a = 0$사이에 있는 곡선 τ로 표시된다.

반시계방향으로 회전해 주면 $\tau_a < \tau_b$가 되기 때문에 반시계방향으로 회전을 계속한다.

이 때의 토크-속도곡선은 $s_b = 1$과 $s_b = 0$사이에 있는 곡선으로 표시된다.

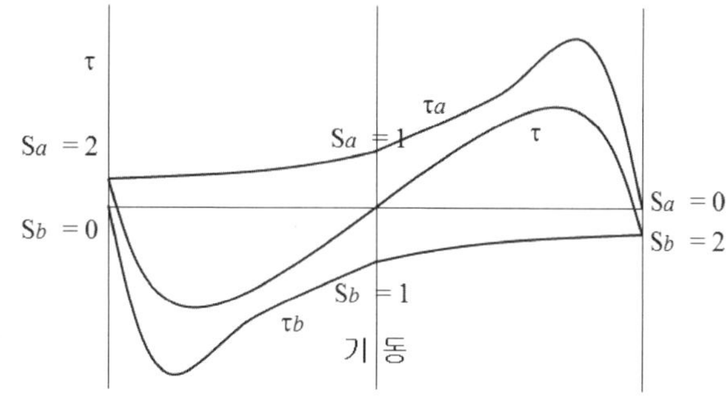

[그림 34-3] 단상유도전동기의 토크-속도곡선

지금 회전자가 슬립 s이고 따라서, $n = (1-s)n_s$의 속도로 시계방향으로 회전하고 있는 것으로 하면 2차권선(회전자권선)이 Φ_a에 대하는 상대속도는 $n_s - n = sn_s$가 되나 Φ_b에 대하는 상대속도는 $n_s + n = (2-s)n_s$가 된다. 즉, 2차권선 중에는 sf_1[Hz]와 $(2-s)f_1$[Hz]의 전류가 동시에 존재하게 된다.

2. 분상 기동형 단상 유도전동기의 원리

단상 교류전동기의 기동 및 운전을 하기 위해서는 단상 전원으로부터 2ϕ을 얻어야 한다. 이 과정을 **분상**이라 하며 이는 대개 교류전동기의 고정자 회로 내에 만들어져 있다. 2ϕ 전력은 회전자계를 형성한다. 고정자의 주권선(운전권선)과 기동권선이라 불리는 보조권선이 있다.

분상 기동형 단상 교류전동기에서 기동권선은 전동기의 기동에만 쓰이는데 권선은 큰 저항과 작은 유도성 리액턴스를 갖는다. 운전권선은 낮은 저항과 큰 리액턴스를 갖는다. 이들 유도성 리액턴스(X_L)의 차이가 운전권선 전류 I_M와 기동권선 전류 I_A사이의 위상(θ)을 갖게 한다.

이론적으로 보면 2개 권선의 위상차는 90°이어야 하나, 실제 전동기의 경우에는 [그림 34-4]의 (b)와 같이 90°보다 훨씬 작으므로 **타원형 회전자계**가 생긴다.

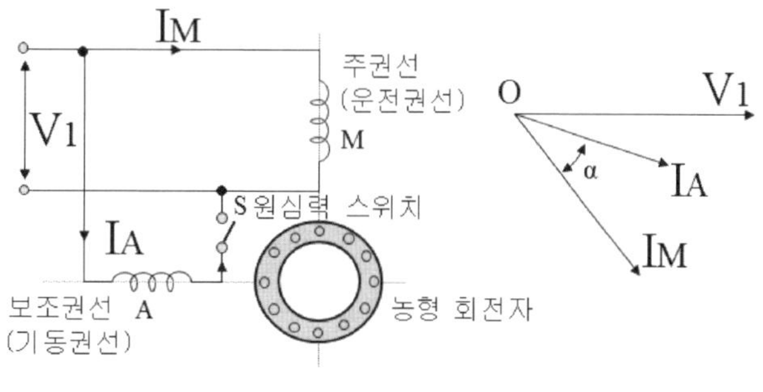

(a) 분상기동형 단상유도전동기의 결선도 (b) 벡터도

[그림 34-4] 분상기동형 단상유도전동기

분상기동형 단상 유도전동기는 2개의 권선에 형성되는 회전자계에 의해 기동되며, 그 중 하나인 보조권선은 전동기가 정속도의 75[%]정도에 도달할 때 원심스위치에 의해 전원으로부터 개방된다. 회자는 기동권선의 계자가 없어도 운전권선에 의해 만들어진 **교번자계**의 변화따라 회전을 계속한다.

전동기 속도는 교류전원의 주파수와 고정자의 극수에 의해 좌우된다.

분상 기동형 단상유도전동기는 가장 간단한 단상 교류전동기이며, 가격이 저렴하므로 가장 널리 쓰인다.

분상기동형 단상 유도전동기에 전원이 가해진 경우 운전(주)권선 및 기동(보조)권선의 기동전류는 보통 전 부하전류의 4~5배가 흐른다. 즉, 기동시 이들 권선에서의 열 손실은 전 부하일 때의 16~25배이다. 결론적으로, 권선의 파열됨을 방지하기 위해서 기동시간은 짧아야 한다.

분상기동형 단상 전동기의 보조권선은 지름이 작은 권선이므로 저항이 커서 4~6[초]내에 전력선으로부터 차단시키지 않는다면 타버릴 것이다.

3) 장비 및 부품

전원공급장치 모듈 (120[V_{dc}])	EMS 8821	리드선	EMS 8951
분상/콘덴서 기동전동기(**겸용**)	EMS 8251	회전속도계	EMS 8920
직류전압전류계(20[V_{dc}], 2.5[A_{dc}])	EMS 8412	회로시험기(테스터)	별도
교류전압계 (125[V_{ac}])	EMS 8426		

구조관찰

1. 전동기, 원심력스위치, 결선단자 및 결선에 주목하여 분상/콘덴서 기동전동기 (EMS 8251)의 구조를 살펴본다.

2. 모듈의 정면에서 전동기를 관찰한다.
   a) 주 권선(운전권선)은 지름이 큰 전선으로 많은 권수로 구성된다. 주권선의 저항값은 약 2.9[Ω]이다.
   b) 주 고정자 권선 내부에 권선된 보조권선(기동권선)은 지름이 작고, 권수가 적다. 보조권선의 저항값은 약 6.5[Ω] 이다.

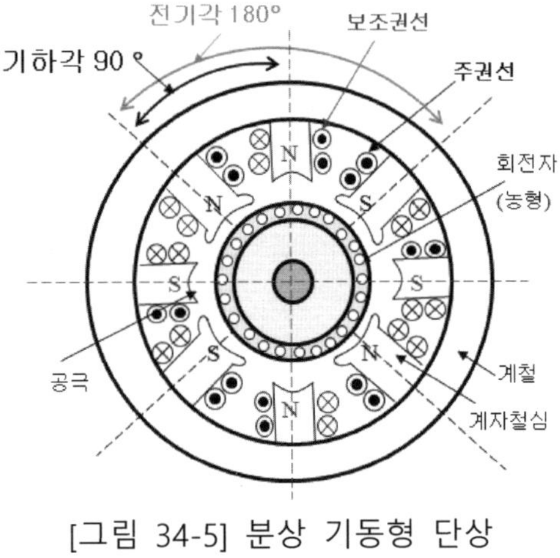

[그림 34-5] 분상 기동형 단상 유도전동기의 내부 구조

   c) 보조권선을 주 권선이라고 할 수도 있는가?

   설명 : [그림 34-5]와 같이 보조권선은 주 권선과 기계적으로 45° 변위상태(전기적으로는 90°)에 있다. 보조권선은 주 권선과 다르다.

d) 주 고정자 극은 몇 개인가? 설명 : 4극

e) 보조 고정자극은 몇 개인가? 설명 : 4극

f) 이 전동기는 몇 극 전동기인가? 설명 : 4극

g) 각 극에 배열된 많은 슬롯, 회전자의 구조, 회전자의 알루미늄 단락환 구조, 팬전체가 하나의 단락환으로 된 구조, 고정자와 회전자 사이의 공극(0.015 [in])에 주목한다.

3. 분상/콘덴서 기동 전동기의 표면 판을 관찰한다.

a) 주권선은 어떤 단자에 연결되는가? 설명 : 1과 2단자

b) 보조권선은 어떤 단자에 결선되는가? 설명 : 3과 4단자

c) 원심력 스위치는 어떤 단자 사이에 결선되는가? 설명 : 6과 7단자
이 원심력 스위치는 보조권선과 항상 직렬로 연결된다.

d) 콘덴서는 어떤 단자에 결선되는가? 설명 : 4와 5단자
(이 콘덴서는 분상 기동형 단상전동기 결선에는 쓰이지 않지만 콘덴서 기동 전동기의 결선에는 사용된다.)

e) 보조권선의 전류는 **원심력 스위치**가 닫혀 있을 때만 흐르는 **단속전류**인 반면 주권선의 정격은 5[A_{ac}]이다.

4) 실험 순서

1. a) 전원을 켠 후, 전원공급 장치의 가변 120[V_{ac}] 단자 ④와 Ⓝ의 전압을 100[V_{ac}]로 조정한다.

b) 특별한 지시가 없는 한, 전압조정기에 손대지 않는다. 전원을 끈다.

*** 주권선에만 전압을 공급할 때 회전 여부 관찰**

2. a) 분상기동형 단상전동기의 주권선(단자 1과 2)만을 전원공급 장치의 가변 120[V_{ac}] 단자 ④와 Ⓝ에 결선한다.

b) 전원스위치를 닫았다가 3[초]내에 연다.

c) 전동기가 소음을 내는가? 설명 : 예

d) 전동기가 회전하는가? 설명 : 아니오

3. a) 모듈의 표면 판을 빼서 앞으로 내린다. 전원스위치를 닫는 순간 손으로 전동기 축을 돌려본다.

b) 전원스위치를 닫았다가 3[초]내에 열어둔다.

c) 전동기의 회전방향을 결정하는 것은?
설명 : 교번자계에 의해서는 회전하지 않지만 손으로 회전시켜주면 회전한다.

d) 표면 판을 원위치로 놓는다.

*** 보조권선에만 전압 공급시 회전 여부 관찰**

4. a) 분상기동형 단상 전동기의 주 권선(단자 1과 2)를 전원으로부터 차단시킨다.
   b) 분상기동형 단상 전동기의 보조 권선(단자 3과 4)을 전원공급 장치의 가변 120[V_{ac}] 단자 ④와 Ⓝ에 결선한다.
   c) 전원스위치를 닫았다가 3[초]이내에 연다.
   d) 전동기가 소음을 내는가? 설명 : 예
   e) 전동기가 회전하는가? 설명 : 아니오
   f) 보조권선을 주 권선이라고 할 수도 있는가?

설명 : [그림 34-5]와 같이 보조권선은 주 권선과 기계적으로 45° 변위상태 (전기적으로는 90°)에 있다. 보조권선은 주 권선과 다르다.

*** 분상기동형 단상 유도전동기의 기동실험**

5. [그림 34-6]과 같이 원심력스위치는 보조 권선(단자 3과 4)에 직렬로 연결해서, 주 권선(단자 1과 2)과 병렬로 연결한 후에 전원단자 ④와 Ⓝ에 연결된다.
이 때에는 단자 4와 5 사이에 연결되는 콘덴서는 분상기동형 단상 전동기로서 동작할 때는 사용되지 않는다. {콘덴서는 실험 36. 콘덴서 기동 전동기에서 사용된다.}

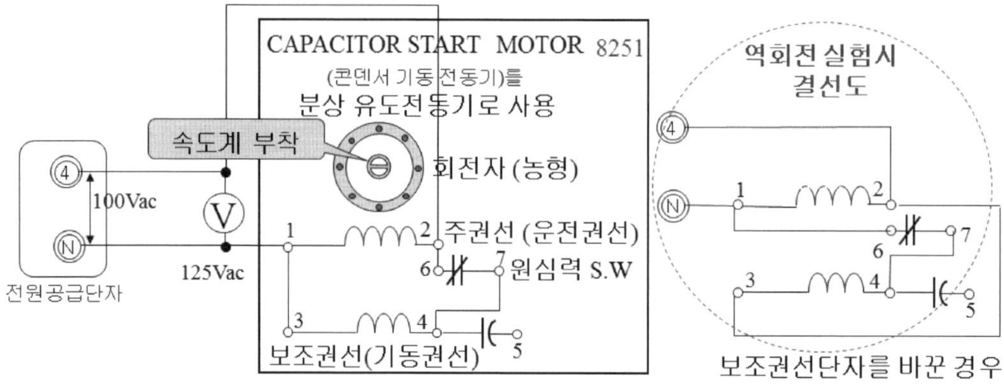

[그림 34-6] 분상기동형 단상 유도전동기의 기동

6. a) 전원스위치를 닫는다. 전압조정기는 100[V_{ac}]인 상태에서 고정되어야 한다.
   b) 전동기가 기동하는가? 설명 : 예
   c) 원심력스위치가 작동하는가? 설명 : 예
   d) 회전방향을 확인한다. {참조 [그림 34-7]} 설명 : 시계방향
   e) 회전속도계로 운전속도를 측정한다. 설명 : 1,790 [rpm]
   f) 입력 전압을 80[V_{ac}]로 낮춘 후 운전속도를 측정한다. 설명 : 1,790 [rpm]
   g) 전원을 끈다.

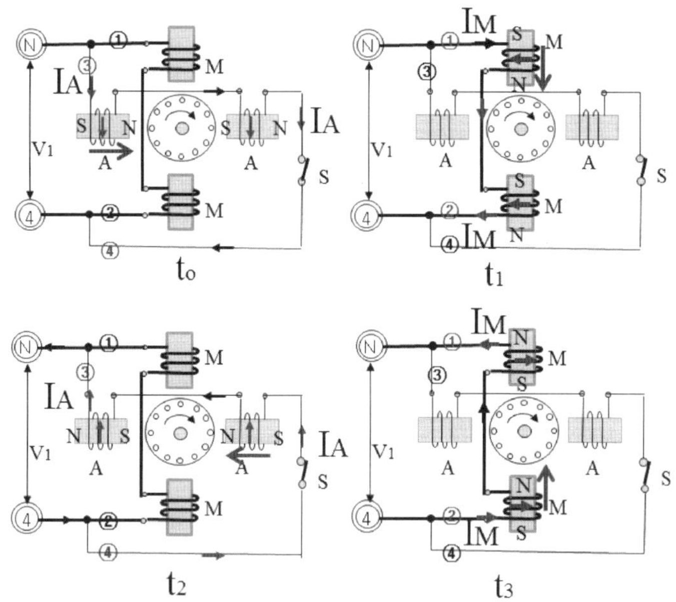

[그림 34-7] 분상기동형 단상 전동기에서 시계방향으로 회전자계가 발생하는 상태

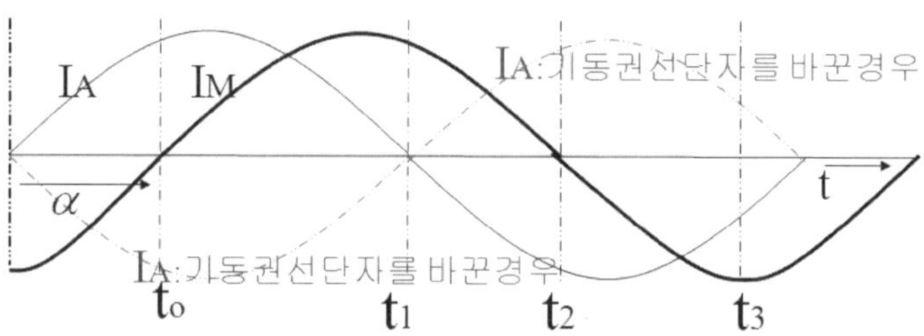

[그림 34-8] 분상 기동형 단상 전동기의 전류의 파형

---

* 역회전 실험

주권선 또는 보조권선의 단자를 서로 바꾸고 전압 공급시 회전 여부 관찰

7. [그림 34-6]의 우측과 같이 분상 기동형 단상 전동기의 보조 권선(단자 3과 4)의 단자를 서로 바꾼다.

   a) 전원스위치를 닫는다. 전압조정기는 100[V_{ac}]인 상태에서 고정되어야 한다.

   b) 회전방향을 확인한다.{참조 [그림 34-9]}　　　　설명 : 반 시계방향

   c) 전원을 끈다.

   d) 분상기동형 단상전동기의 회전방향을 바꾸는 방법은?

설명 : 주권선 또는 보조권선의 단자를 전원에 대해 서로 반대로 결선하면 된다.

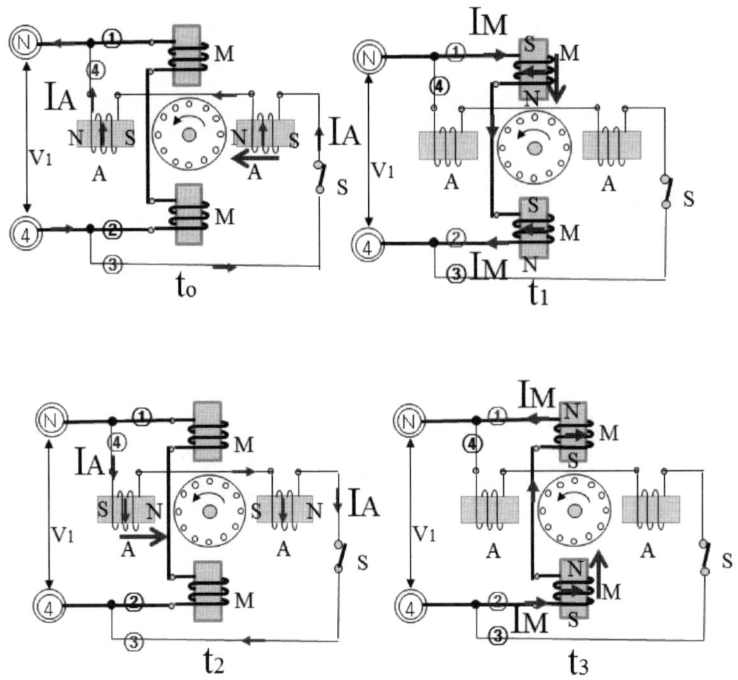

[그림 34-9] 분상기동형 단상 전동기에서 반 시계방향으로 회전자계가 발생하는 상태
(보조권선의 3과 4단자를 전원에 대해 서로 반대로 결선한 경우)

---

* 원심력 스위치의 동작 상태 관찰

8. [그림 34-10]과 같이 결선한다. 모든 권선은 병렬로 연결되어 있고, 이들 권선들과 원심력 스위치는 직렬로 해서 전원 단자 ④와 Ⓝ에 연결되어 있다.

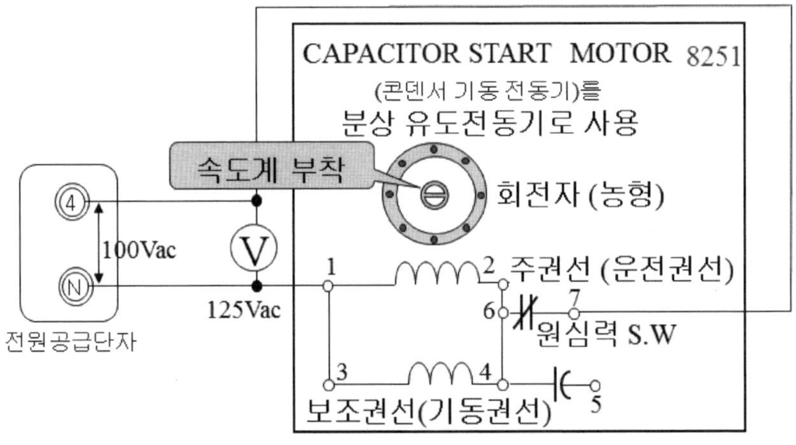

[그림 34-10] 분상기동형 단상유도전동기의 기동시에 원심력 스위치의 동작 상태관찰

9. a) 전원스위치를 닫고 발생되는 원심력스위치의 동작을 관찰한다. 마지막(기동이 끝난 후)에는 어떤 결과가 발생할 것인가?
설명 : 전동기가 기동되어서 속도가 약 1,350[rpm]정도 되면 원심 스위치가 개방되면서 속도는 감속된다. 속도가 800[rpm]로 감속되면 원심 스위치가 닫히며 속도는 다시 가속된다.
b) 어떤 속도에서 원심력스위치가 닫히는가? 설명 : 800[rpm]
c) 원심력스위치의 동작할 때 소리가 나는가? 설명 : 소리가 난다.
d) 전압을 0으로 한 후 전원을 끈다.

5) 연구 및 검토

1. 만일 분상기동형 단상 유도전동기가 주 권선에 2개의 극을 가지고 있다면, 보조권선에는 몇 개의 극이 필요한가? 설명 : 2 극

2. 분상기동형 단상 유도전동기에서 보조권선이 필요한 이유는?
설명 : ______

3. 분상기동형 단상전동기에서 주 권선과 보조권선이 다른 이유는?
설명 : ______

______

4. 분상기동형 단상 유도전동기에서 기동권선과 운전권선이 같다면 전동기는 회전하겠는가?
설명 : ______

5. 분상기동형 단상 유도전동기에서 주 권선은 보조권선에 비해 많은 권수를 갖고 있음에도 불구하고 저항은 낮다. 그 이유를 설명하시오.
설명 : ______

6. 만일 주 권선 또는 보조 권선 중 1개 권선에만 여자가 된다면, 단상 유도전동기가 기동되는가? 설명 : ______

7. 이미 기동된 단상 유도전동기는 1개 권선만으로도 운전이 가능한가? 설명 : ______

8. 분상기동형 단상 유도전동기의 회전방향을 바꾸는 방법은?
설명 : ______

9. 분상기동형 단상 유도전동기에서 스프링이 원심스위치에 의해서 사용되는 스프링 보다 2배 정도로 탄력이 강하다면 전원이 공급될 때 전동기에는 어떤 일이 발생하는가?

설명 : ______________________________

____

10. 분상기동형 단상 유도전동기에서 주 권선과 보조 권선이 직렬연결 되었다면, 전동기가 회전할 것인가? 설명하시오.

설명 : ______________________________

11. 단상 유도전동기는 자기동이 되지 않는다. 그 이유를 설명하시오.

설명 : ______________________________

____

12. 2전동기설에 의해 회전자에 존재하는 두 개의 주파수는? 설명 : ____________

13. 단상 유도전동기의 **2전동기설**에 대해서 설명하시오.

[**참고** : 보고서에는 설명과 그림이 추가되어 있음]

설명 : ______________________________

실험 35. 분상기동형 단상 유도 전동기의 기동과 운전 특성

1) 실험 목적

1. 부하시 및 무부하시 분상기동형 단상 전동기의 기동과 운전 특성
2. 분상기동형 단상 유도전동기의 역률과 효율

2) 개 요

분상기동형 단상 전동기의 기동 전류 I_s는 보통 전 부하 전류 I_n의 4~5배이다.
그러므로 특징은 ① 전동기가 기동 중 급격히 과열된다.
② 큰 기동전류는 전압강하가 커지므로 기동 토크가 많이 감소된다.

무부하 전류 I_o는 전 부하 전류 I_n의 60~80[%]이며 이는 3ϕ 유도전동기와 비교해 볼 때 비교적 높은 편이다. 무부하 전류의 대부분은 전동기내의 자계를 형성하는데 이용되며, 그 나머지 전류는 동손, 철손 및 기계적 마찰손을 발생하는 전류이다. 상당히 큰 자화전류 I_μ 때문에 이러한 전동기들의 역률은 전부하시에도 거의 60[%]를 넘지 않는다.

분상기동형 단상전동기가 3ϕ 유도전동기에 비해 소음이 많은 이유는 교류의 약 120[Hz]에 의한 기계적 진동 때문이다.{슬립주파수 $f_{2s} = (2-s)f_1$} 이 진동은 진동저지용 탄력고무를 사용해서 줄일 수 있다.

3) 장비 및 부품

전원공급장치 모듈(0-120/208[V_{ac}])	EMS 8821	전기동력계	EMS 8911
분상/콘덴서 기동전동기(**겸용**)	EMS 8251	단상 전력계(750[W])	EMS 8431
교류전류계(2.5/8/25[A_{ac}])	EMS 8425	회전 속도계	EMS 8920
교류전압계 모듈(250[V_{ac}])	EMS 8426	타이밍 벨트	EMS 8942
리드선	EMS 8951		

4) 실험 순서

1. 분상기동형 단상전동기, 전원공급 장치 및 교류전류계 등으로 [그림 35-1]과 같이 결선한다.

2. 전원 스위치를 닫고, 주 권선에 흐르는 전류를 3[초]이내에 측정하고 전원 스위치를 열어둔다. $I_{(주권선)}$ = 15 [A_{ac}]

3. a) 주 권선을 [그림 35-2]와 같이 보조권선(단자 3과 4)으로 바꾼다.
   b) 전원 스위치를 닫고, 보조 권선에 흐르는 전류를 3[초]이내에 측정한다.
   $I_{(보조권선)}$ = 12 [A_{ac}]

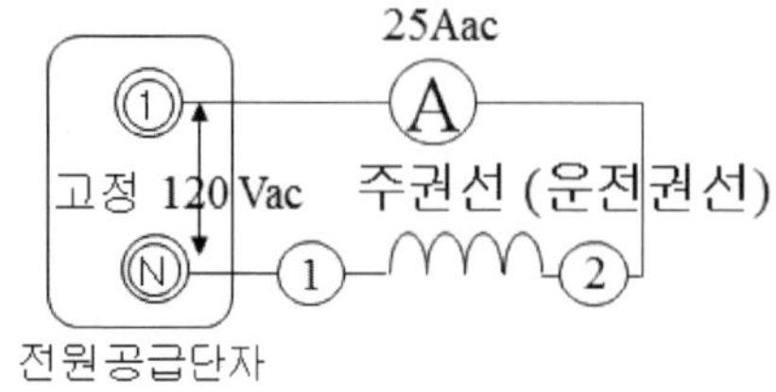

[그림 35-1] 분상기동형 단상전동기의 주권선 전류측정

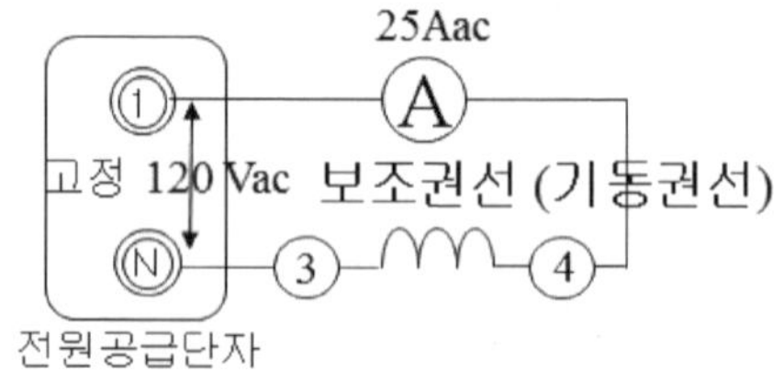

[그림 35-2] 분상기동형 단상전동기의 보조권선 전류측정

---

* 기동 전류측정

4. a) [그림 35-3]과 같이 2개의 권선을 병렬로 연결시킨다.
   b) 타이밍 벨트를 사용하여 전기동력계와 분상기동형 단상전동기를 커플링 한다.
   c) 전기동력계를 전원공급 장치의 고정 120[V_{ac}]단자 ②와 Ⓝ에 연결한다.
   d) 분상기동형 단상 전동기에 최대 기동부하를 걸어 주려고 전기동력계의 토크조절기를 시계방향으로 끝까지 돌린다.
   e) 전원 스위치를 닫고, 기동 전류를 3[초]이내에 측정한다. $I_{(기동)}$ = 25 [A_{ac}]

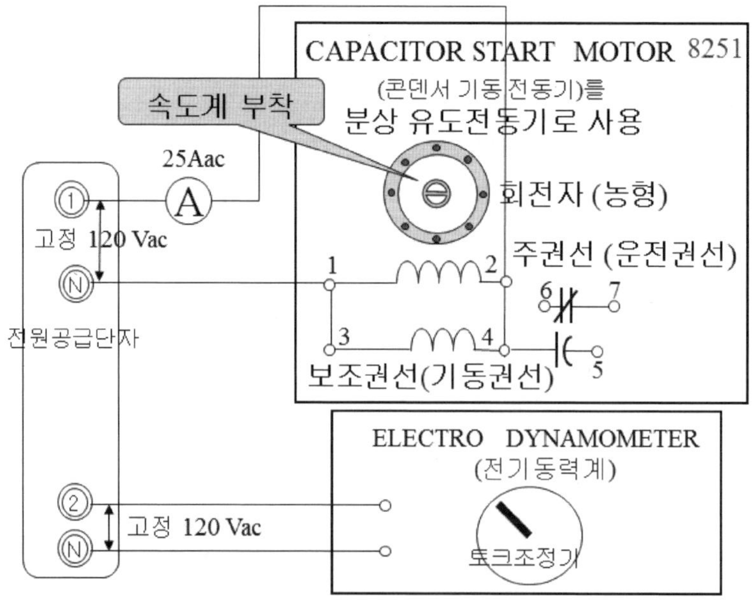

[그림 35-3] 분상기동형 단상 전동기의 기동 전류측정

* 무 부하실험

5. 분상기동형 단상 전동기, 단상 전력계 및 교류전류계 등을 사용하여 [그림 35-4]와 같이 결선한다. 이 때 전기동력계는 커플링하지 않는다.
6. a) 전원을 켜고, 전압을 서서히 120[V_{ac}]에 맞춘다.
   b) 전류, 전력 및 전동기 속도 등을 측정한 후 [표 1]에 기록한다. 전동기의 진동에 유의하면서 기록한다.
   c) [표 1]에 있는 각 각의 입력전압에 대해서도 실험 b)를 반복한다.
   d) 전압을 0[V_{ac}]으로 한 후에 전원을 끈다.

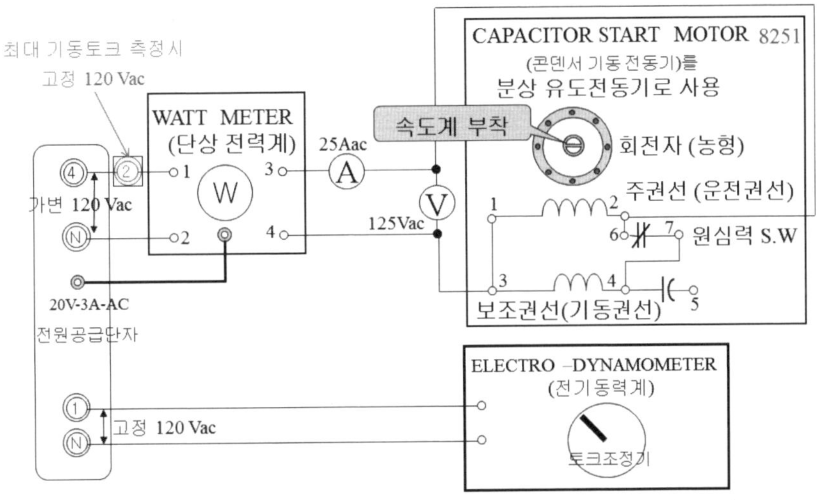

[그림 35-4] 분상기동형 단상 유도전동기의 기동과 운전

[표 1] 무 부하실험 결과

전 압 V[V]	전 류 [A_{ac}]	유효전력 P[w]	속 도 [rpm]	진동의 크기
120				심함
90				중간
60				약함
30				미약함

---

* 부하시 실험

7. a) 타이밍벨트를 사용하여 전기동력계와 분상기동형 단상 전동기를 커플링 한다.
   b) 전기동력계를 전원공급 장치의 고정 120[V_{ac}]단자 ①과 Ⓝ에 결선한다.
   c) 분상기동형 단상 전동기에 최소 부하를 걸어 주려고 전기동력계의 토크조절기를 반시계방향으로 끝까지 돌린다.
8. a) 전원을 켠 후, 전압을 서서히 120[V_{ac}]에 맞춘다. {이 때에 기동전류는 매우 크고 속도는 서서히 상승하게 된다. 속도가 상승함에 따라 역기전력(E)가 증가하므로 전류는 감소하게 된다. $I = \dfrac{V-E}{R}$ }

b) 전류, 전력 및 속도를 측정 후에 [표 2]에 기록한다.
c) 입력전압을 120[V_{ac}]로 계속 유지하고, 각각 토크에 대해서 실험 b)를 반복한다.
d) 전압을 0[V_{ac}]으로 한 후에 전원을 끈다.

[표 2] 부하실험 결과

토 크 [lbf · in]	V [V]	전 류 [A_{ac}]	속 도 [rpm]	유효 전력 P[W]	피상 전력 P_a[VA]	무효 전력 Q[Var]	역률 [%]	출 력 P_o[HP]	출력 P_o[W]	효율 η[%]	손실 [W]
3											
6											
9											

9. 아래 공식을 이용하여 각 각 토크에 대한 다음 값을 계산해서 [표 2]에 기록한다.
   a) 유효 전력 : P (단상전력계의 지시)=(　　)[W]
   b) 피상 전력 : $P_a = V_1 I_1 = (\ \ ) \times (\ \ ) = (\ \ \ )$[VA]
   c) 무효 전력 : $Q = \sqrt{(P_a)^2 - P^2} = \sqrt{(\ \ )^2 - (\ \ )^2} = (\ \ )$[Var]
   d) 역률 : $\cos\theta = \dfrac{P}{P_a} \times 100 = \dfrac{(\ \ )}{(\ \ )} \times 100 = (\ \ )$[%]
   e) 출 력 : $P_o = \dfrac{1.59 \times (\ \ \ )[\text{rpm}] \times (\ \ \ )[\text{lbf} \cdot \text{in}]}{100{,}000}$ [HP]=(　　)[HP],
   $P_o = 746 \times$ (　　　[HP])=(　　)[W]
   f) 효 율 : $\eta = \dfrac{\text{출력}[W]}{\text{입력}[W]} \times 100 = (\ \ \ )$[%]
   g) 손실=입력[W]−출력[W] =(　　)[W]

*** 최대 기동토크측정**

10. 분상기동형 단상 유도전동기에 의해 발생한 최대 기동토크를 측정한다.
   a) 회로로부터 전력계와 계기를 제거한다.
   b) 분상기동형 단상유도전동기를 전원공급 장치의 고정 120[V_{ac}]단자 ②와 Ⓝ에 연결한다.
   c) 분상기동형 단상 전동기에 최대 기동부하를 걸어 주려고 전기동력계의 토크조절기를 시계방향으로 끝까지 돌린다.
   d) 전원 스위치를 닫고 전기동력계의 눈금 상에 나타난 토크를 신속히 측정한다.
   전원 스위치를 열어둔다.　　　　기동토크 = ______ [lbf · in]

5) 연구 및 검토

1. 분상기동형 단상전동기의 전 부하 전류는 대략 얼마인가? I(전부하 전류) = ______ [A_{ac}]
2. 분상기동형 단상전동기의 기동 전류는 전 부하 전류보다 얼마나 큰가?

   설명 : 전류 비 = $\frac{\text{기동전류(\quad)[A]}}{\text{전부하전류(\quad)[A]}}$ = (　)배

3. 실험 순서 1, 2, 3에 의거하여, 분상기동형 단상전동기의 보조 권선이 주 권선보다 빨리 가열되는 이유는?

   설명 : ______

4. 분상기동형 단상 전동기의 무부하 속도는 공급전압의 변화에 따라 크게 변하는가?

   설명 : ______

5. 분상기동형 단상전동기의 기동토크는 전 부하 토크의 몇 배인가?

   설명 : 토크 비 = $\frac{\text{기동 토크(\quad)[lbf·in]}}{\text{전부하 토크(\quad)[lbf·in]}}$ = (　)배

6. 단상 유도전동기의 기동장치에 따라 분류하여라.

   설명 : ______

어려운 문제

7. 단상 유도전동기의 토크와 슬립에 관한 특성을 2차 저항에 따라 그려보라.

   [**참고** : 보고서에는 설명과 그림이 추가되어 있음]

   설명 : ______

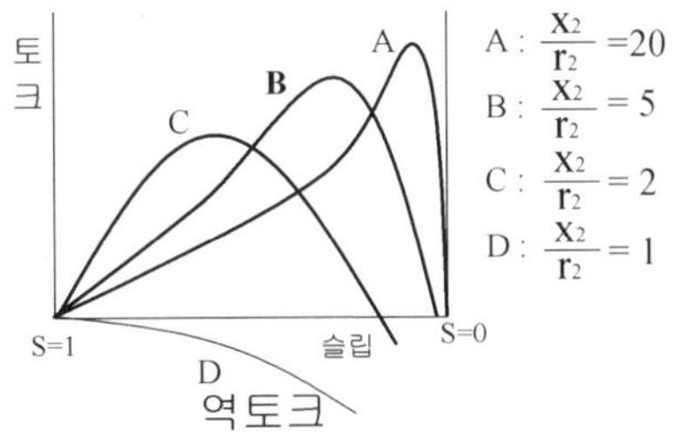

[그림 35-문7] 단상 유도전동기의 토크와 x_2/r_2의 관계

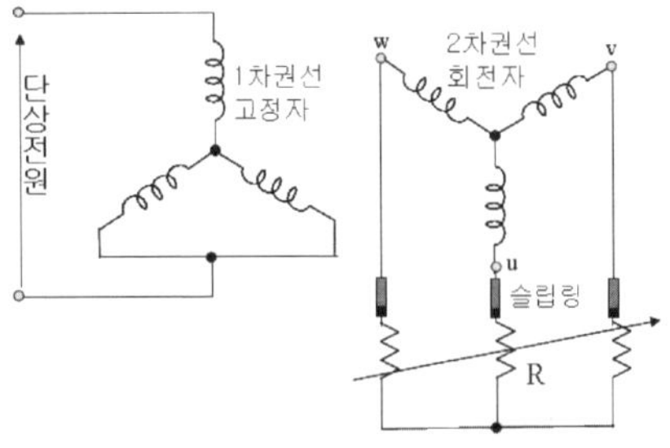

[그림 35-문8] 단상제동법의 접속

8. 단상제동에 관하여 설명하시오. [**참고** : 보고서에는 설명과 그림이 추가되어 있음]

   설명 : ______

실험 36. 콘덴서 기동 전동기

1) 실험 목적

1. 콘덴서 기동 전동기의 기동 및 운전 실험
2. 콘덴서 기동 전동기와 분상기동형 단상전동기의 기동 및 운전을 비교 검토한다.

2) 개 요

분상기동형 단상전동기의 경우는 주 권선(M)의 전류(I_M)와 보조권선(A)의 전류(I_A) 간의 위상차가 90°에 훨씬 못 미친다. 반면 콘덴서 기동전동기의 경우는 [그림 36-1]의 (b)와 같이 2상 전류의 벡터도는 90°의 위상차가 가능하다. 따라서 회전자계는 훨씬 **원형**에 가까운 것이 되고 기동특성이 현저하게 개선되어서 200~300[%]의 기동토크를 얻을 수 있다.

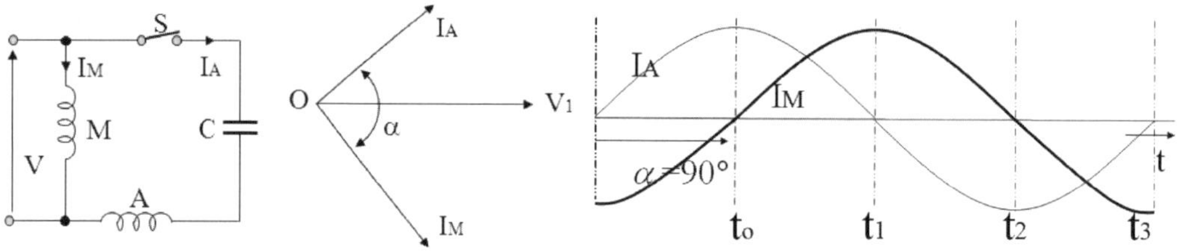

(a) 콘덴서 기동 전동기 (b) 2상 전류의 벡터도 (c) 2상 전류의 파형

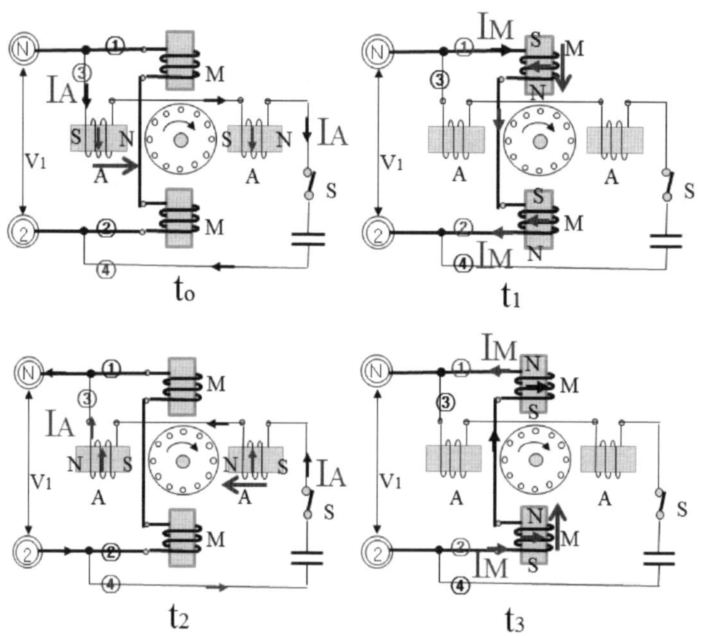

(d) 시계방향으로 회전자계가 발생

[그림 36-1] 콘덴서기동 전동기 [기동권선과 용량성 리액턴스(X_C)를 직렬로 연결]

분상기동형 단상 시스템의 변형인 콘덴서 기동시스템은 [그림 36-1]의 (a)와 같이 고정자의 기동권선과 직렬로 연결된 용량성 리액턴스(X_C)를 사용하는데, 그 이유는 분상기동형 단상시스템보다 훨씬 큰 기동 토크를 발생하게 하는 기동전류에 90°의 위상차를 주기 위함이다.

콘덴서 기동전동기는 운전시에는 분상기동형 단상전동기의 경우와 같이 콘덴서와 기동권선은 원심력 스위치에 의해 개방된다.

***역회전방법** - 콘덴서 기동 전동기의 회전방향을 바꾸려면 [그림 36-2]의 (a)와 같이 주권선과 용량성 리액턴스(X_C)를 직렬로 연결한 후에 보조권선과 병렬로 연결하면 된다.

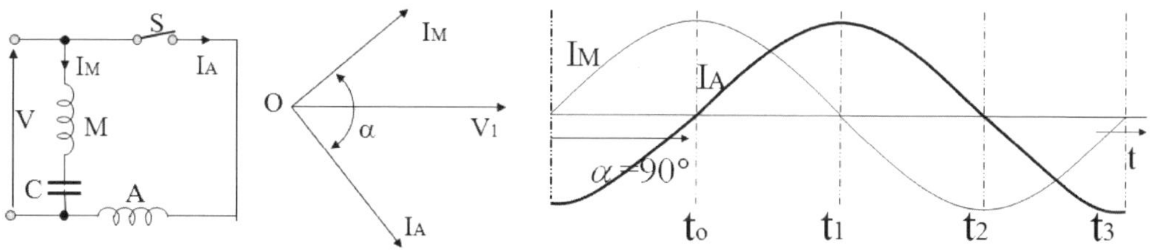

(a) 콘덴서 기동 전동기 (b) 2상 전류의 벡터도 (c) 2상 전류의 파형

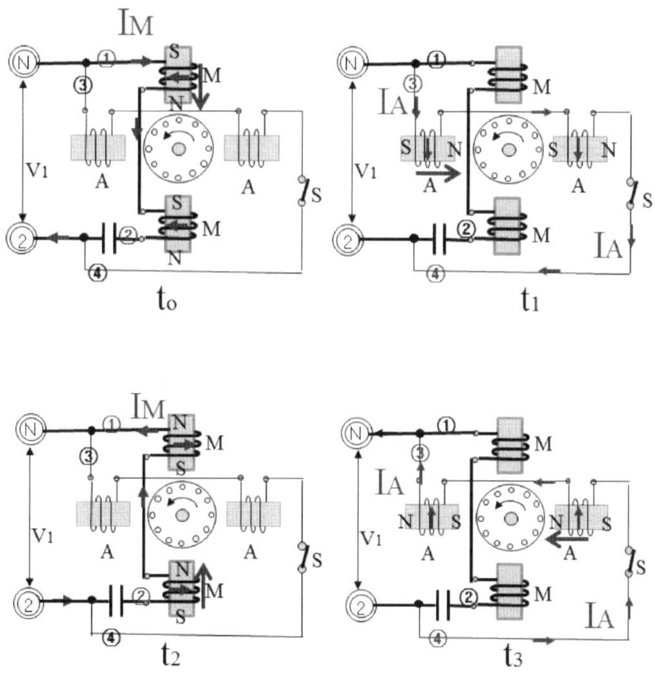

(d) 반 시계방향으로 회전자계가 발생

[그림 36-2] 콘덴서 기동 전동기 [주권선과 용량성 리액턴스(X_C)를 직렬로 연결]

3) 장비 및 부품

전원공급장치 모듈(0−120, 120[V_{ac}])	EMS 8821	전기동력계	EMS 8911
분상/콘덴서 기동전동기(**겸용**)	EMS 8251	단상 전력계(750[W])	EMS 8431
교류전류계(2.5/8/25[A_{ac}])	EMS 8425	회전 속도계	EMS 8920
교류전압계 모듈(250[V_{ac}])	EMS 8426	타이밍 벨트	EMS 8942
리드선	EMS 8951		

4) 실험 순서

1. 콘덴서 기동 전동기, 전원공급 장치, 교류전류계 등을 사용하여 [그림 36−3]의 (a)와 결선한다. 전원공급 장치의 고정 120[V_{ac}] 단자 ②과 Ⓝ가 사용된다.

2. 전원스위치를 닫고, 주 권선에 흐르는 전류를 3[초]이내에 측정하고 전원스위치를 열어둔다. 설명 : $I_{(주권선)}$ = 15 [A_{ac}]

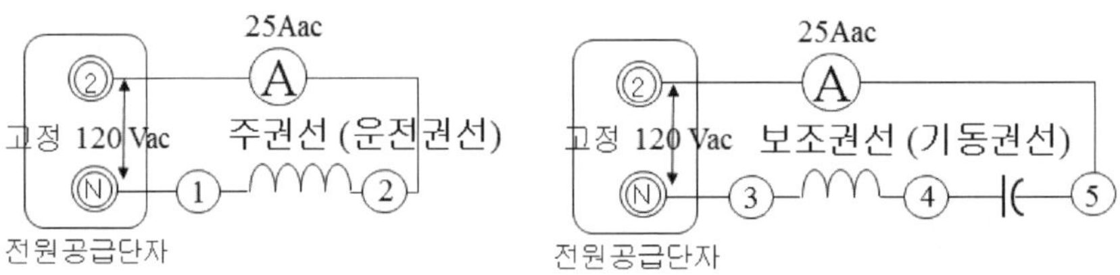

(a) 주권선 전류측정 (b) 보조권선 전류측정

[그림 36-3] 콘덴서 기동 전동기의 권선 전류측정

3. a) [그림 36−3]의 (b)와 같이 보조 권선과 콘덴서에 연결한다.
   (콘덴서는 실험 34, 실험 35에서는 사용하지 않았음.)
   b) 전원스위치를 닫고, 보조 권선에 흐르는 전류를 3[초]이내에 측정하고 전원스위치를 열어둔다. 설명 : $I_{(보조권선)}$ = 8 [A_{ac}] {실험 35에서는 12[A_{ac}]}

* 기동 전류측정

4. a) 두개의 권선을 [그림 36−4]와 같이 병렬로 연결한다.
   b) 타이밍벨트를 사용하여 전기동력계를 콘덴서 기동전동기에 커플링 한다.
   c) 전기동력계를 전원공급 장치의 고정 120[V_{ac}] 단자 ①와 Ⓝ에 결선한다.
   d) 콘덴서 기동 전동기에 최대 기동부하를 걸어 주려고 전기동력계의 토크조절기를 시계방향으로 끝까지 돌린다.
   e) 전원스위치를 닫고, 회전방향과 기동전류를 5[초]내에 측정하고 전원스위치를 열어둔다. 회전방향 = ________방향, $I_{(기동)}$ = 16 [A_{ac}]

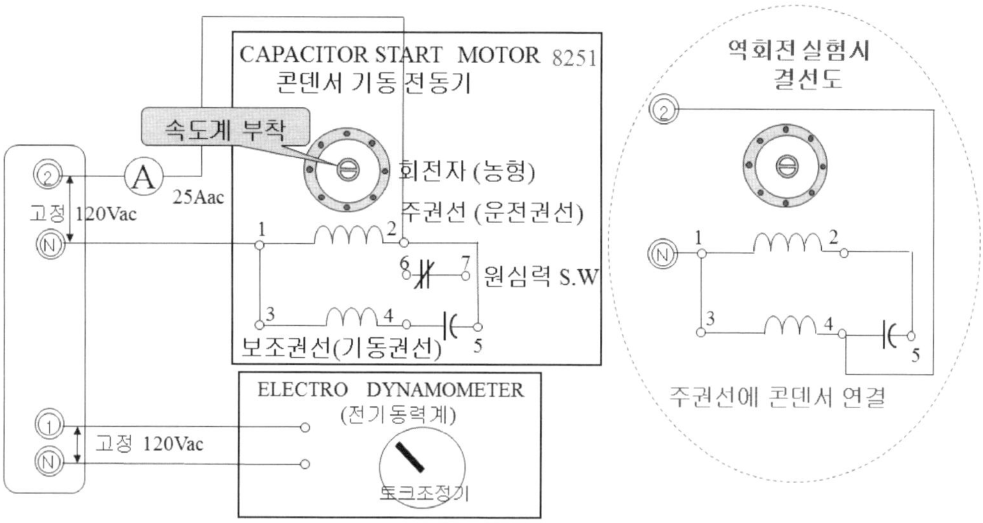

[그림 36-4] 콘덴서 기동 전동기의 기동 전류측정

5. 실험 순서 2, 3, 4의 결과를 **실험 35.** 분상기동형 단상유도전동기의 실험 순서 2, 3, 4와 비교한다.
   a) 주권선 전류에 대한 비교는?
   설명 : 주권선은 서로 같으므로 전류도 같다.
   b) 보조 권선전류에 대한 비교는?
   설명 : 보조 권선에는 콘덴서가 직렬로 연결되어 있으므로 합성 임피던스가 분상일 때보다 크기 때문에 전류가 적게 흐른다.
   c) 각 전동기의 기동전류에 대한 비교는?
   설명 : 보조 권선에는 전류가 적게 흐르고 주 권선의 전류와 90°의 위상차가 있으므로 콘덴서 기동 전동기의 기동전류는 더 적게 흐른다.

*** 역회전 실험**

6. a) [그림 36-4]의 우측의 그림과 같이 콘덴서 기동 전동기의 주권선과 용량성 리액턴스(X_C)를 직렬로 연결한 후에 보조(기동)권선과 병렬로 연결한다.
   b) 전원 스위치를 닫고 5[초]동안 회전시킨 후에 전원 스위치를 열어 둔다.
   c) 회전방향은 어떤 방향인가? 설명 : ________
   d) 콘덴서 기동 전동기의 회전방향을 바꾸는 방법은?
   설명 : [그림 36-4]의 우측의 그림과 같이 콘덴서 기동 전동기의 주권선과 용량성 리액턴스(X_C)를 직렬로 연결한 후에 주권선과 병렬로 연결한다.

*** 기동 및 운전실험**

7. 전원공급 장치, 콘덴서 기동 전동기, 전력계, 전기동력계, 교류전류계 등을 사용하여 [그림 36-5]와 같이 결선한다. 원심스위치, 콘덴서, 보조권선은 직렬로 연결되었는데 이것이 다시 주권선과는 병렬로 연결해서 전원공급 장치의 가변 120[V_{ac}] 단자 ④와 Ⓝ에 결선된다.

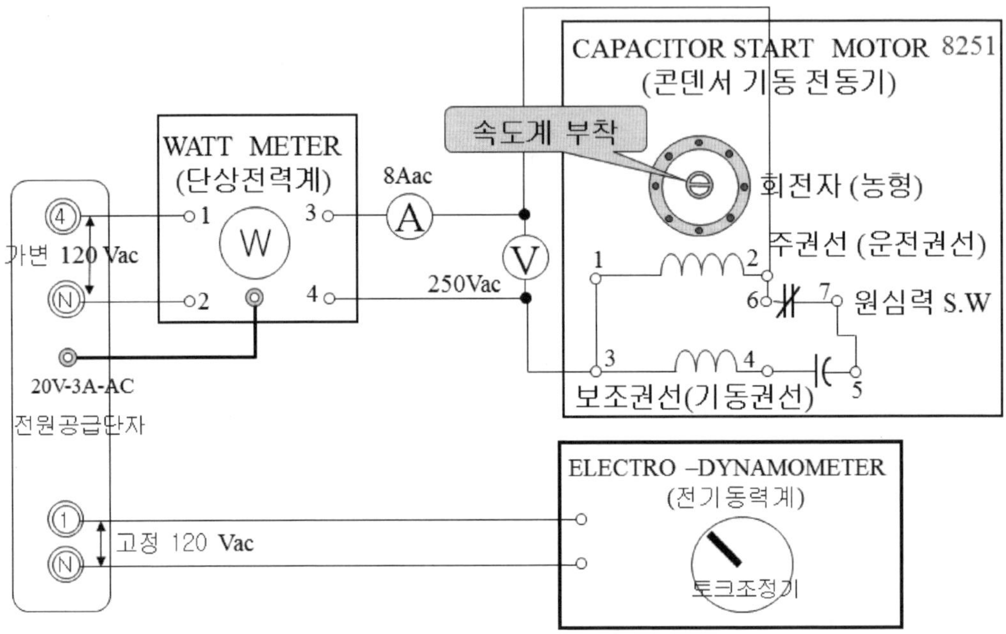

[그림 36-5] 콘덴서 기동 전동기의 기동 및 운전

8. 콘덴서 기동 전동기에 최소 기동부하를 걸어 주려고 전기동력계의 토크조절기를 반시계방향으로 끝까지 돌린다.

9. a) 전원을 켜고, 전압을 120[V_{ac}]에 맞춘다.
   b) 전류, 전력, 전동기 속도 등을 측정 후 [표 1]에 기록한다.
   c) 각 각의 토크에 대해 b)를 반복한다.
   d) 전원을 끈다.

10. 아래 공식을 이용하여 각 각 토크에 대한 다음 값을 계산해서 [표 1]에 기록한다.
   a) 유효 전력 : P (단상전력계의 지시)=( )[W]
   b) 피상 전력 : $P_a = V_1 I_1 = (\ ) \times (\ ) = (\ )$[VA]
   c) 무효 전력 : $Q = \sqrt{(P_a)^2 - P^2} = \sqrt{(\ )^2 - (\ )^2} = (\ )$[Var]

d) 역률 : $\cos\theta = \frac{P}{P_a} \times 100 = \frac{(\quad)}{(\quad)} \times 100 = (\quad)[\%]$

e) 출 력 : $P_o = \frac{1.59 \times (\quad)[rpm] \times (\quad)[lbf \cdot in]}{100,000}[HP] = (\quad)[HP]$,

$P_o = 746 \times (\quad [HP]) = (\quad)[W]$

f) 효 율 : $\eta = \frac{출력[W]}{입력[W]} \times 100 = (\quad)[\%]$

g) 손실=입력[W]-출력[W] =(　　)[W]

[표 1] 콘덴서 기동 전동기의 기동 및 운전실험 결과

토 크 [lbf · in]	V [V]	전 류 [A_{ac}]	속 도 [rpm]	유효 전력 P[W]	피상 전력 P_a[VA]	무효 전력 Q[Var]	역률 [%]	출 력 P_o[HP]	출력 P_o[W]	효율 η[%]	손실 [W]
3											
6											
9											

*** 최대 기동토크 측정**

11. 콘덴서 기동전동기에 의해 발생된 최대 기동토크를 측정한다.
   a) 전력계와 계기들을 회로에서 분리시킨다.
   b) 콘덴서 기동전동기를 전원공급 장치의 고정 120[V_{ac}] 단자 ②와 Ⓝ에 결선한다.
   c) 콘덴서 기동 전동기에 최대 기동부하를 걸어 주려고 전기동력계의 토크조절기를 시계방향으로 끝까지 돌린다.
   d) 전원스위치를 닫고, 전기동력계의 눈금 상에 나타난 토크를 신속히 측정한다.

   설명 : 기동 토크 = 　　　[lbf · in]

5) 연구 및 검토

1. 콘덴서 기동전동기의 전 부하 전류는 대략 얼마인가? 설명 : $I_{(전부하)}$ = 　　[A_{ac}]
2. 콘덴서 기동전동기의 기동전류는 전 부하전류에 비해 얼마나 큰가?

   설명 : 전류 비 = $\frac{기동전류\ (\quad)[A]}{전부하전류(\quad)[A]} = (\quad)$배
3. 분상기동형 단상 기동형 단상유도전동기와 콘덴서 기동 전동기의 기동시 회전자계는 어떤 모양인가?

   설명 : 분상기동형 단상 기동형 단상유도전동기는 (　　)형, 콘덴서 기동 전동기는 (　　)형이다.

실험 37. 콘덴서 운전 전동기

1) 실험 목적

1. 콘덴서 운전 전동기의 구조

2. 기동 및 운전 특성

3. 콘덴서 운전전동기의 운전 및 기동 특성을 분상기동형 단상전동기, 콘덴서 기동 전동기의 기동 및 운전 특성과 비교한다.

2) 개 요

콘덴서 운전전동기의 콘덴서는 보조권선과 직렬로 연결되었기에 보조권선에 흐르는 전류는 주 권선의 전류와 90°의 위상차가 되도록 한다. 이와 같이 콘덴서는 콘덴서 운전전동기가 정격부하 하에서 2ϕ전동기로 되게끔 한다. 콘덴서는 회로 내에 있으므로 원심력 스위치가 필요치 않는다.

콘덴서 운전전동기는 기동 토크가 매우 작으므로, 큰 부하의 기동조건하에서의 사용은 바람직하지 못하다. 영구 콘덴서 전동기는 선풍기, 냉장고, 세탁기 등에 널리 사용된다.

3) 장비 및 부품

전원공급장치 모듈(0−120, 120[V_{ac}])	EMS 8821	전기동력계	EMS 8911
콘덴서 운전 전동기	EMS 8253	단상 전력계(750[W])	EMS 8431
교류전류계(2.5/8/25[A_{ac}])	EMS 8425	회전 속도계	EMS 8920
교류전압계 모듈(250[V_{ac}])	EMS 8426	타이밍 벨트	EMS 8942
리드선	EMS 8951		

4) 실험 순서

1. 전동기, 콘덴서, 연결단자, 결선 등에 주목하며 콘덴서 운전전동기의 구조를 살펴본다.

2. 모듈의 정면으로부터 전동기를 살펴보면:

a) 두개의 고정자 권선은 권수로 구성된다. 고정자 권선을 살펴본다.

b) 이들 고정자 권선들은 같은가?

설명 : 예

c) 보조권선을 주권선이라고 할 수 있는지 설명하시오.

설명 : 아니오. 보조권선은 주권선으로 부터 45° 변위(전기각으로 90°)되어 있다.

d) 몇 개의 극이 있나? 설명하시오.
설명 : 8극을 가지고 있으나 주권선이 4극, 보조권선이 4극을 가지므로 4극인 전동기이다.

e) 이것은 4 극 전동기이다.

f) 각 극에 많은 슬롯이 있음을 살펴본다.

g) 회전자의 알루미늄 단락환을 살펴보고 팬이 단락환과 함께 된 구조로 되었음을 살펴본다.

3. 모듈의 뒷면으로부터 전동기를 살펴보면:
콘덴서의 정격은 얼마인가? 설명 : 30[μF]

4. 모듈 표면으로부터 살펴보면:
a) 2개의 고정자 권선을 살펴본다.
b) 하나의 권선은 단자 1 과 2 에 연결된다.
c) 나머지 권선은 단자 3 과 4 에 연결된다.
d) 각 권선의 전압 및 전류 정격이 동일함에 주목한다.
e) 콘덴서는 단자 5 과 6 에 연결된다.

*** 기동 및 운전실험**

5. 콘덴서 운전 전동기, 전원공급 장치, 전력계, 전기동력계, 교류 계기 등을 사용하여 [그림 37-1]과 같이 결선한다.

6. a) 타이밍벨트를 사용하여 전기동력계를 콘덴서 운전 전동기와 커플링 한다.
b) 전기동력계를 전원공급 장치의 고정 120[V_{ac}] 단자 ①과 Ⓝ에 결선한다.
c) 콘덴서 운전 전동기에 최소 기동부하를 공급하기 위해 전기동력계의 토크조절기를 반시계방향으로 끝까지 돌린다.

7. a) 전원을 켜고, 전압을 서서히 120[V_{ac}]에 맞춘다.
b) 전류, 전력 및 전동기 속도를 측정하여 [표 1]에 기록한다.
c) 입력전압을 120[V_{ac}]로 유지한 채, 각 각의 토크에 대하여 b)를 반복한다.
d) 전부하와 무부하 간의 전동기 진동상태의 차이점은? 설명 : 차이점이 거의 없다.
e) 전압을 0[V_{ac}]으로 한 후에 전원을 끈다.
과부하 소손을 방지하기 위해 3[A_{ac}]을 많이 초과하지 않는 것이 바람직하다.

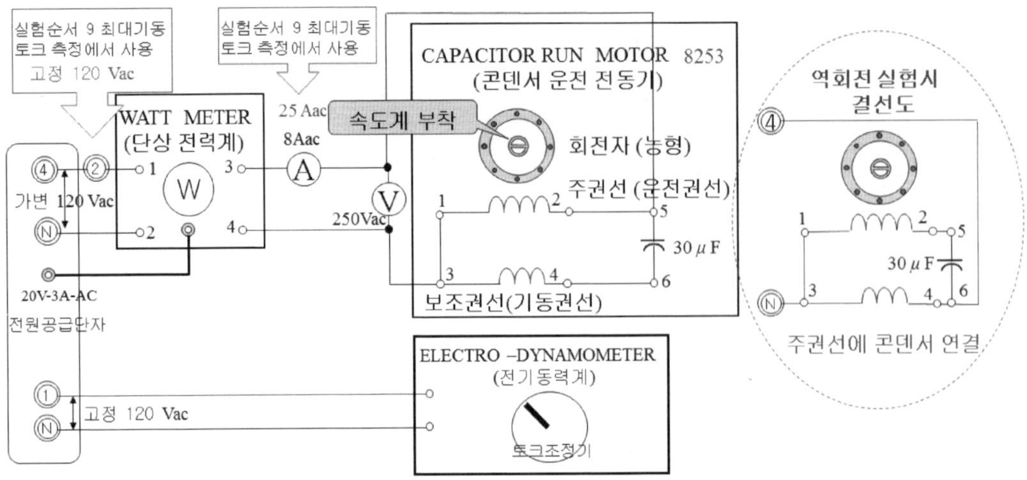

[그림 37-1] 콘덴서 운전 전동기의 기동 및 운전

[표 1] 콘덴서 운전 전동기의 기동 및 운전실험 결과

토 크 [lbf · in]	V [V]	전 류 [A_{ac}]	속 도 [rpm]	유효 전력 P[W]	피상 전력 P_a[VA]	무효 전력 Q[Var]	역률 [%]	출 력 P_o[HP]	출력 P_o[W]	효율 η[%]	손실 [W]
3											
6											
9											

8. 아래 공식을 이용하여 각 각 토크에 대한 다음 값을 계산해서 [표 1]에 기록한다.
   a) 유효 전력 : P (단상전력계의 지시)=(　　)[W]
   b) 피상 전력 : $P_a = V_1 I_1 = (\quad) \times (\quad) = (\quad)$[VA]
   c) 무효 전력 : $Q = \sqrt{(P_a)^2 - P^2} = \sqrt{(\quad)^2 - (\quad)^2} = (\quad)$[Var]
   d) 역률 : $\cos\theta = \dfrac{P}{P_a} \times 100 = \dfrac{(\quad)}{(\quad)} \times 100 = (\quad)$[%]
   e) 출 력 : $P_o = \dfrac{1.59 \times (\quad)[\text{rpm}] \times (\quad)[\text{lbf} \cdot \text{in}]}{100{,}000}$ =(　)[HP],
   $P_o = 746 \times$ (　　[HP])=(　)[W]
   f) 효 율 : $\eta = \dfrac{\text{출력[W]}}{\text{입력[W]}} \times 100 = (\quad)$[%]
   g) 손실=입력[W]−출력[W] =(　　)[W]

*** 최대 기동토크 측정**

9. 콘덴서 운전 전동기에 의해 발생한 최대 기동토크를 측정한다.

a) 회로로부터 전력계를 제거하고, 전류계의 측정범위를 8[A_{ac}]전류계에서 25[A_{ac}]전류계로 교체한다.

b) 콘덴서 운전 전동기의 입력단자를 전원공급 장치의 고정 120[V_{ac}] 단자 ②와 Ⓝ에 결선한다.

c) 콘덴서 운전 전동기에 최대 기동부하를 공급하기 위해 전기동력계의 토크조절기를 시계방향으로 끝까지 돌린다.

d) 전원 스위치를 닫고, 전기동력계의 눈금에 나타난 토크와 기동전류를 신속히 측정한다. 전원 스위치를 끈다.

기동토크 = _____ [lbf · in] 기동전류 = _____ [A_{ac}]

*** 역회전 실험**

10. a) [그림 37-1]의 우측 그림과 같이 콘덴서 기동 전동기의 주권선과 용량성 리액턴스(X_C)를 직렬로 연결한 후에 보조(기동)권선과 병렬로 연결한다.

b) 전원 스위치를 닫고 5[초]동안 회전시킨 후에 전원 스위치를 열어 둔다.

c) 회전방향은 어떤 방향인가? 설명 : ________

5) 연구 및 검토

1. 콘덴서 운전전동기의 전부하 전류는 대략 얼마인가? 설명 : _______[A_{ac}]

2. 콘덴서 운전전동기의 기동전류는 전부하 전류에 비해 얼마가 큰가?

설명 : 전류 비 $= \dfrac{\text{기동전류(\quad)[A]}}{\text{전부하전류(\quad)[A]}} = (\quad)$배

3. 콘덴서 운전전동기의 기동 및 운전 특성을 분상기동형 단상전동기, 콘덴서 기동전동기의 기동 및 운전 특성과 비교한다.

설명 : ______________________________

____

4. 콘덴서 운전전동기의 회전방향을 바꾸는 방법은?

설명 : [그림 37-1]의 우측 그림과 같이 콘덴서 기동 전동기의 주권선과 용량성 리액턴스(X_C)를 직렬로 연결한 후에 보조(기동)권선과 병렬로 연결한다.

또는 콘덴서 기동 전동기의 주 권선(단자 1과 2)이나, 또는 보조 권선(단자 3과 4)의 단자를 서로 바꾼다.

실험 38. 반발기동형 단상 유도전동기

1) 실험 목적

1. 반발기동형 단상 유도전동기의 구조
2. 부하시의 특성
3. 다른 단상전동기와의 기동특성 비교

2) 개 요

콘덴서 기동전동기의 사용이 높은 기동 토크를 필요로 하는 적용분야에 보편화되기 전에는 반발 기동 유도전동기가 사용되었다. 비록 반발 기동 유도전동기가 다른 단상전동기들에 비해 값은 비싸지만, 기동 토크가 크고 기동 전류가 작은 장점을 가진다.

회전자의 구조는 분상기동형 단상전동기의 농형보다 훨씬 더 복잡하다. 회전자는 직류기의 **전기자 권선**, 특별히 고안된 정류자, 그리고 전동기가 그 정격속도에 도달했을 시에는 [그림 38-1]의 (a)와 같이 모든 **정류자**들을 단락시키는 원심력장치를 갖추고 있다.

[그림 38-4]의 (c) 톰슨형에서 반발기동형 유도전동기의 고정자는 단지 한 개의 권선이 사용된다는 점을 제외하고는 분상기동형 단상전동기의 고정자와 같다. 보조권선은 없다.

[그림 38-1]의 (b)와 같이 정격속도의 80[%]가 되는 속도에서 정류자는 단락되는데, 이 작용으로 인하여 전기적으로 **농형**이 되어서, 분상기동형 단상전동기의 동작 특성과 유사하다.

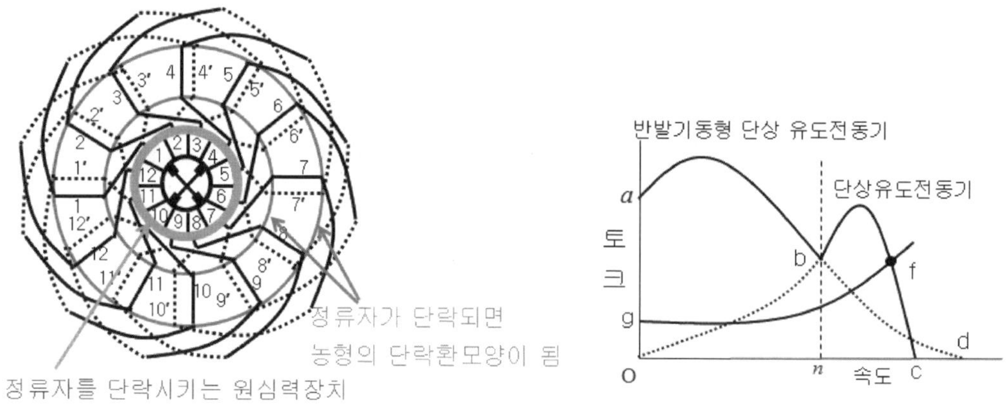

(a) 정류자를 단락시키는 원심력장치　　　(b) 토크-속도곡선

[그림 38-1] 반발기동형 단상 유도전동기

1. 직류 직권전동기에서 각 권선의 축

[그림 38-2]에서와 같이 직류직권전동기에서 교류일 때에도 회전방향은 변함이 없으므로 교류와 직류 겸용으로 만든 것이 단상 직권전동기(만능전동기)이다.

전기자권선의 축과 보상권선의 축은 서로 일치되어 있지만 계자권선의 축과는 수직인 관계가 된다.

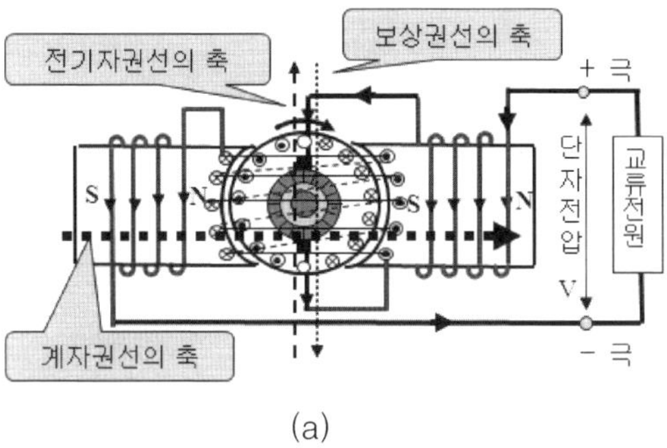

[그림 38-2] 직류 직권전동기에서 각 권선의 축

2. 단상 직권전동기의 종류

단상 직권전동기에는 [그림 38-3]과 같이 **직권형, 보상 직권형, 유도보상 직권형** 등이 있다. {실험 42, 43에서 실험함}

보상직권형의 전기자 A와 보상권선 C는 [그림 38-2]와 같이 자기축이 일치되어 있기 때문에 마치 변압기의 1차권선과 2차권선의 관계와 같다. 따라서 [그림 38-3]의 (b)와 같이 A와 C를 직렬로 접속하지 않고 그림 (c)와 같이 C를 A에서 분리 한 후 단락하여도 A의 유도작용에 의하여 C에는 전류가 흐르므로 A의 전기자 반작용은 거의 해소된다. 이것을 **유도보상 직권형**이라고 한다.

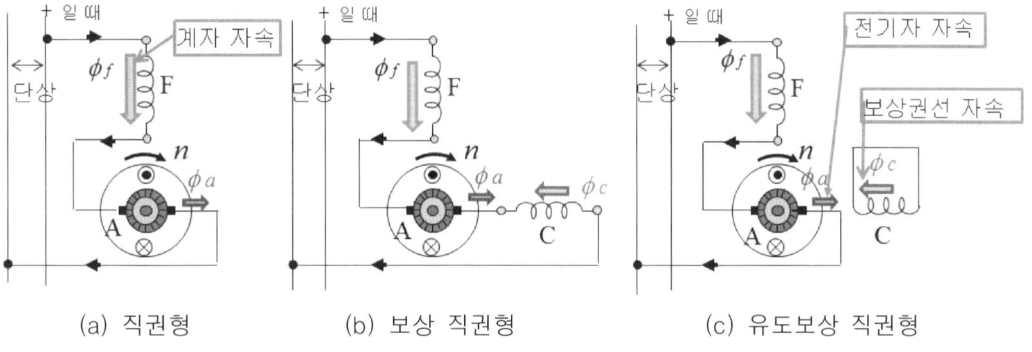

[그림 38-3] 단상 직권전동기의 종류

3. 단상 반발전동기의 종류

단상 반발전동기는 분포권의 권선이 있는 고정자와 정류자가 있는 회전자로 구성되며 정류자에 접촉된 브러시는 단락되어 있다. 이 전동기는 단상 직권정류자전동기에서 분화된 것이라고 생각하면 쉽게 이해된다.

전기자권선의 전압은 전원전압에는 관계없이 자유로이 선정할 수 있으므로 제작이 편리하다. C와 F는 자기축이 직교되었으므로 [그림 38-4] (c)와 같이 이들을 1조의 권선으로 바꾸어 놓을 수 있다. 이것이 단상반발전동기이다.

[그림 38-4]의 (b)와 같은 구조를 **아트킨손형**, (c)를 **톰슨형**, (d)를 **데리형**이라 한다.

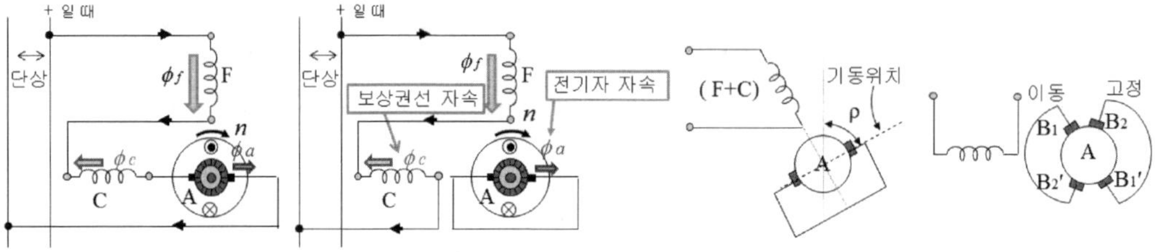

(a) (b) 아트킨손형 (c) 톰슨형 (d) 데리형

[그림 38-4] 단상 반발전동기의 종류

4. 톰슨형 단상반발전동기

[그림 38-5]에서 권선 $F+C$가 만드는 자속을 Φ_o라 하면, 계자권선 F의 자속 $\Phi_f = \Phi_o \cos\rho$에 상당하고, 보상권선 C의 자속은 $\Phi_c = \Phi_o \sin\rho$으로 작용을 하여 전기자 권선 A에 2차 전류 I_2을 보낸다. 따라서 ρ의 크기에 의하여 C와 F의 유효 권선비가 결정되므로 브러시를 이동함으로써 기동이나 속도제어도 자유롭게 할 수 있다.

① $\rho = 0^\circ$인 경우에 Φ_o는 전기자권선과 직교하므로 브러시 사이의 유도기전력은 0이 된다.(이 위치가 기동위치인데 이 장비의 본체 중앙에 붉은색 점으로 표시됨)

② 브러시를 시계방향으로 이동해서 ρ를 점점 크게 하면, 토크는 차차 커지고 기동이 원활하게 이루어지며 대개 $\rho = 70 \sim 80^\circ$에서 동기속도가 된다.

ρ를 다시 증대하면 동기속도이상이 되나 정류가 악화되므로 동기속도의 120[%]이상에서 사용하는 일은 적다.

***역회전**- 브러시를 반 시계방향으로 이동하면 단상반발전동기는 반 시계 방향으로 회전한다.

③ $\rho = 90^\circ$인 경우에 전류 I_2는 최대가 되나(이 위치를 단락위치라고 한다), 토크가 생기는 Φ_f는 0이 되므로 토크는 0이 된다.

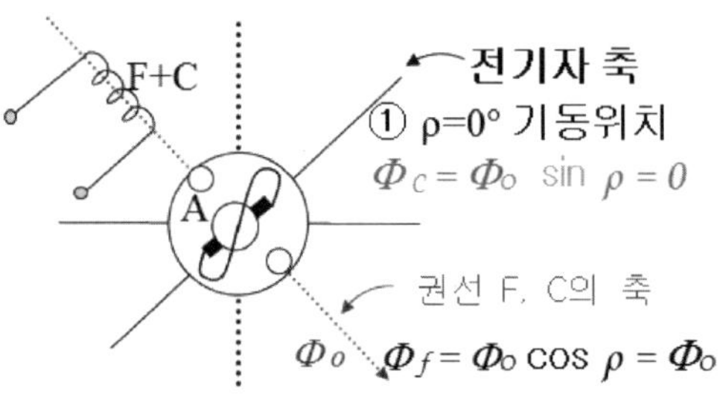

(a) $\rho = 0^\circ$ 기동위치 (전기자권선의 축과 계자권선의 축과는 수직인 관계)

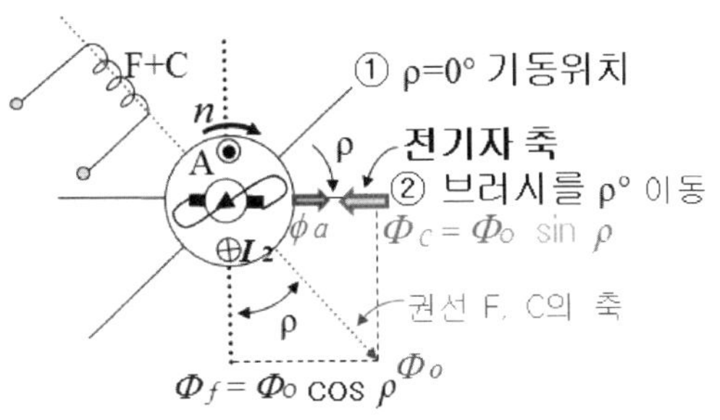

(b) $\rho = 70 \sim 80^\circ$ 동기속도

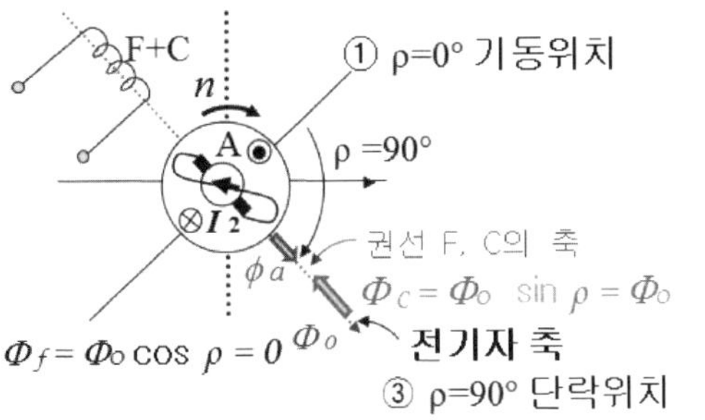

(c) $\rho = 90^\circ$ 단락위치 (전기자권선의 축과 계자권선의 축과는 평행인 관계)

[그림 38-5] 톰슨형 반발전동기의 회전

3) 장비 및 부품

전원공급장치 모듈(0-120[V_{ac}])	EMS 8821	전기동력계	EMS 8911
반발기동 유도전동기	EMS 8255	단상 전력계(750[W])	EMS 8431
교류전류계 (2.5/8/25[A_{ac}])	EMS 8425	회전 속도계	EMS 8920
교류전압계 (250[V_{ac}])	EMS 8426	타이밍 벨트	EMS 8942
리드선	EMS 8951		

4) 실험 순서

1. 전동기, 브러시, 결선단자, 결선에 주목하며, 반발 기동형 유도전동기(EMS 8255)의 구조를 살펴본다.
2. 모듈의 뒷면으로부터 전동기를 볼 때
   a) 고정자에 몇 개의 극이 있는가? 설명 : 4극
   b) 기동권선이 있는가? 설명 : 없다.
   c) 회전자의 구조를 살펴보면 전기자권선이 직류전동기의 전기자권선과 유사한가? 설명 : 유사하다.
3. 모듈의 정면으로부터 전동기를 볼 때
   a) 정류자, 브러시와 원심 단락장치를 찾는다.
   b) 브러시와 브러시는 서로 단락되었으며 이동이 가능한가? 설명 : 가능하다.
4. 모듈의 표면판을 볼때
   a) 고정자권선은 단자 1 과 2 으로 결선된다.
   b) 4개의 브러시들이 단락되었는가? 설명 : 단락되었다.
   c) 반발 기동 유도전동기의 브러시와 전기자에는 결선단자가 없는 이유는?
   설명 : 결선단자가 없어도 고정자권선의 교번자계에 의해 전기자 권선에는 기전력이 유도되어서 큰 단락전류가 흐르며 이 전류(I_2)와 계자자속(Φ_f)의 작용에서 토크가 발생한다.

*** 반발기동형 단상 유도전동기의 기동 실험**

5. 반발기동 유도전동기, 전원공급 장치, 전기동력계, 교류전압계, 교류전류계를 사용하여 [그림 38-6]과 같이 결선한다.

6. a) 타이밍 벨트를 사용하여 전기동력계와 전동기를 커플링 한다.
   b) 전기동력계를 전원공급 장치의 고정 120[V_{ac}] 단자 ①와 Ⓝ에 결선한다.
   c) 반발기동 유도전동기에 최대 기동부하를 걸어 주려고 전기동력계의 토크조정기를 시계방향으로 끝까지 돌린다.

7. a) 전원을 켠 후, 가변 단자 ④와 Ⓝ의 전압을 120[V_{ac}]로 조정한다.
   b) 전동기의 표면 판을 앞으로 열어둔다.
   c) 최대토크로 전동기가 시계방향으로 회전을 하게끔 브러시의 기동위치(본체에 붉은 점으로 표시됨)에서 시계방향으로 이동한다.(브러시의 위치에 따라 기동전류와 토크가 심하게 변화한다.)
   d) 전동기의 전류와 발생된 기동토크를 측정해서 기록한다.
      $I_{(기동)}$ = _______ [A_{ac}], 기동토크 = _______ [lbf · in]

8. a) 전기동력계의 토크조정기를 반시계방향으로 이동시켜서 전동기의 부하를 점차적으로 감소시키면 전동기는 정격속도(1,570[rpm])에 도달할 것이다. 정류자편이 단락될 때, 원심장치가 찰칵거리는 소리를 들을 수 있는가? 설명 : 들리지 않는다.
   b) 전압을 0[V_{ac}]으로 한 후에 전원을 끈다.

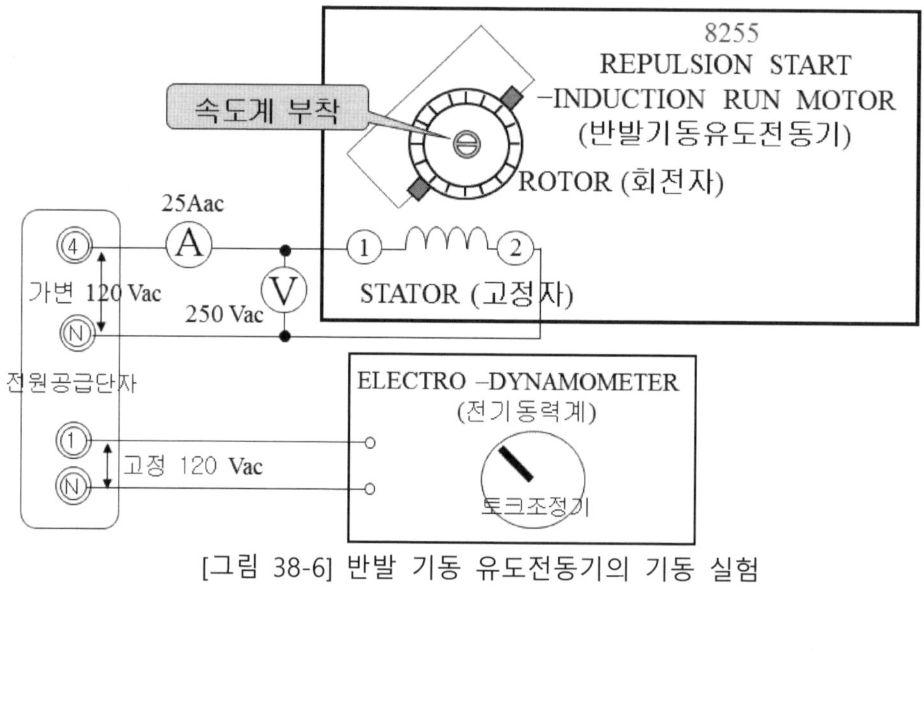

[그림 38-6] 반발 기동 유도전동기의 기동 실험

*** 반발기동형 단상 유도전동기의 부하 실험**

9. a) 전력계를 사용하여 [그림 38-7]과 같이 결선한다.
   b) 반발기동 유도전동기에 최소 기동부하를 걸어 주려고 전기동력계의 토크조정기를 반시계방향으로 끝까지 돌린다.

10. a) 전원공급 장치를 켠 후, 120[V_{ac}]로 조정한다.
   b) 전류, 전력, 전동기 속도들을 측정하여 [표 1]에 기록한다.
   c) 입력전압을 120[V_{ac}]로 유지시킨 채, [표 1]에 열거된 각 토크에 대해 b)를 반복한다.
   d) 전압을 0[V_{ac}]으로 한 후에 전원을 끈다.

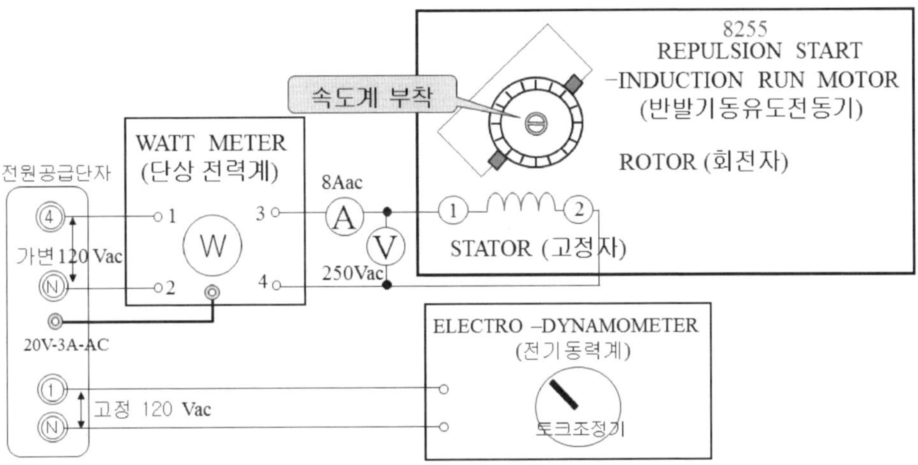

[그림 38-7] 반발 기동 유도전동기의 부하 실험

[표 1] 반발기동형 단상 유도전동기의 부하 실험 결과

토 크 [lbf · in]	V [V]	전 류 [A_{ac}]	속 도 [rpm]	유효 전력 P[W]	피상 전력 P_a[VA]	무효 전력 Q[Var]	역률 [%]	출 력 P_o[HP]	출력 P_o[W]	효율 η[%]	손실 [W]
3	120										
6	〃										
9	〃										

11. 아래 공식을 이용하여 각 각 토크에 대한 다음 값을 계산해서 [표 1]에 기록한다.
   a) 유효 전력 : P (단상전력계의 지시)=(   )[W]
   b) 피상 전력 : $P_a = V_1 I_1 = (\quad) \times (\quad) = (\quad)$[VA]
   c) 무효 전력 : $Q = \sqrt{(P_a)^2 - P^2} = \sqrt{(\quad)^2 - (\quad)^2} = (\quad)$[Var]

d) 역 률 : $\cos\theta = \frac{P}{P_a} \times 100 = \frac{(\ \ )}{(\ \ )} \times 100 = (\ \ )[\%]$

e) 출 력 : $P_o = \frac{1.59 \times (\quad)[rpm] \times (\quad)[lbf \cdot in]}{100,000}[HP] = (\quad)[HP]$,

$P_o = 746 \times (\quad [HP]) = (\quad)[W]$

f) 효 율 : $\eta = \frac{출력[W]}{입력[W]} \times 100 = (\quad)[\%]$

g) 손실=입력(　　)[W]−출력(　　)[W] =(　　)[W]

5) 연구 및 검토

1. 반발기동형 단상 유도전동기의 전부하 전류는? $I_{(전부하)}$ = ____ [A_{ac}]

2. 반발기동형 단상 유도전동기의 전부하 전류보다 기동전류는 얼마만큼 큰가?

설명 : 전류 비 = $\frac{기동전류(\quad)[A]}{전부하전류(\quad)[A]} = (\quad)$배

3. 다른 단상 전동기의 결과값과 비교한다.

설명 : 반발 기동 전동기는 적은 기동전류가 흐르지만 큰 기동토크가 발생한다. 전부하에서 전력손실이 크다. 역률과 효율은 다른 단상전동기에 비해 약간 낮다.

4. 반발 기동 전동기의 회전방향을 바꾸려면 어떻게 하는가?

설명 : 브러시의 이동을 기동위치에서 반대방향으로 이동한다.

5. 토크발생을 위해서 브러시가 기동 위치로부터 이동되어야 하는 이유를 설명하시오.

설명 : 브러시가 기동위치에 있을 때에는 전기자 축이 계자권선의 축과 수직인 상태에 있다. 그러므로 전기자권선에는 기전력이 유도되지 않아서 전류가 흐르지 않으므로 토크가 발생하지 않는다.

실험 39. 유도 동기 주파수 변환기

1) 실험 목적

1. 권선형 유도전동기를 회전주파수 변환기로 사용할 때의 무부하, 전부하 특성
2. 3ϕ 농형 전동기를 120[Hz] 전원으로부터 동작하는 법.

2) 개 요

이 실험에서 4극의 권선형 유도전동기의 고정자는 60[Hz]인 주파수의 전원으로 결선되며, 회전자계의 속도는 $N_s = \dfrac{120 \times 60}{4} = 1,800[\mathrm{rpm}]$이다. 회전자는 동기 전동기에 의해서 회전자계의 방향과 반대 방향으로 1,800[rpm]로 구동된다.

권선형 유도전동기의 슬립 $s = \dfrac{N_s + N}{N_s} = \dfrac{1,800 + 1,800}{1,800} = 2$

권선형 유도전동기의 회전자 출력전압의 주파수 $f_{2s} = sf_1 = 2 \times 60 = 120[\mathrm{Hz}]$

결과적으로 회전자 출력전압의 주파수는 120[Hz]이다. 즉 권선형 유도전동기는 일종의 주파수변환기가 되는 것이다.

또 1차 전압이 일정하면 회전자의 한상 전압(E_{2s})은 $E_{2s} = sE_2$가 된다.

여기서 E_2는 회전자가 정지시의 한상 전압이며 $E_2 = 100[\mathrm{V}]$이다.

이 **유도 주파수변환기**는 권선형 유도전동기 단독으로 2차주파수를 얻을 수도 있지만, 보통 회전자는 다른 전동기로 구동시켜준다. 유도전동기 구동하면 **유도 비동기 주파수변환기**, 동기전동기로 구동하면 **유도 동기 주파수변환기**라고 한다.

권선형 유도전동기의 회전자에서 부하로 사용한 저항에 전달된 전력은 다음의 2가지로부터 나온다.

a) 권선형 유도전동기의 고정자 권선에 공급되는 전기적 전원

b) 권선형 유도전동기의 회전자 축을 회전시켜주는데 전달된 기계력(이 실험에서 사용한 동기전동기의 출력)

권선형 유도전동기의 회전자 주파수가 2배로 된 경우, a)와 b)는 같다.

따라서 주파수 변환기(권선형 유도전동기)는 고정자가 받는 전력의 2배 만큼을 부하로 전달한다.

이런 종류의 회전주파수 변환기가 산업사회에서 널리 쓰이는데 그 이유는 소형의 고속 유도전동기를 구동하는데 필요한 높은 주파수를 발생하기 때문이다.

3) 장비 및 부품

전원공급장치(120/208[V_{ac}], 3ϕ, 120[V_{dc}])	EMS 8821	리드선	EMS 8951
동기전동기/발전기	EMS 8241	회전속도계	EMS 8920
교류전압계 (250/250[V_{ac}])	EMS 8426	3상 전력계	EMS 8441
교류전류계 (2.5/2.5/2.5[A_{ac}])	EMS 8425	저항기	EMS 8311
3ϕ 권선형 유도전동기	EMS 8231	타이밍 벨트	EMS 8942
농형 유도전동기	EMS 8221		

4) 실험 순서

1. 동기전동기, 권선형 유도전동기, 3ϕ 전력계, 저항기, 전원공급 장치, 전압계, 전류계 등을 사용하여 [그림 39-1]의 회로를 꾸민다.

동기전동기의 고정자는 전원공급 장치의 3ϕ 고정 208[V_{ac}] 단자 ①, ②, ③으로 결선된다.

동기전동기의 회전자는 전원공급 장치의 고정 120[V_{dc}] 단자 ⑧과 Ⓝ에 결선된다.

전원공급 장치의 3ϕ 가변 208[V_{ac}] 단자 ④, ⑤, ⑥은 전력계를 거쳐서 권선형 유도전동기의 고정자로 결선된다. 유도전동기의 회전자권선은 Δ 결선된 저항부하 R_L에 결선한다.

*** 권선형 유도전동기(주파수변환기)의 무 부하실험**

2. a) 타이밍벨트를 사용하여 동기전동기와 권선형 유도전동기(주파수변환기)의 회전자를 커플링 한다.
   b) 부하저항의 스위치를 모두 열어둔다.
   c) 만일 동기전동기에 스위치 S가 장착되어 있지 않으면, 동기 전동기의 계자전류를 최소로 하기위해서 계자 저항기를 반시계방향으로 끝까지 돌린다.(최대저항 150[Ω])
   d) 만일 동기전동기에 스위치 S가 장착되어 있으면, 열어둔다.

3. a) 전원을 켠다. 동기전동기가 회전하여야 한다.
   b) 만일 동기전동기에 스위치 S가 장착되어 있으면, 이 순간 닫는다.
   c) 권선형 유도전동기의 고정자 전압이 V_1 = 208[V_{ac}]가 될 때까지 조정한다.

만일 E_{2s}가 0이면, 권선형 유도전동기의 회전자는 고정자의 회전자계와 같은 방향으로 회전하는 상태이고, 슬립은 $s = \dfrac{N_s - N}{N_s} = \dfrac{1,800 - 1,800}{1,800} = 0$ 이고,

회전자의 한상 전압은 $E_{2s} = s\,E_2 = 0[V_{ac}]$가 되는 경우이다.

이 때에는 전원을 끈 후, 동기전동기 고정자의 임의의 두 결선을 바꾼다.

(두 결선을 을 바꾸면 동기 전동기의 회전방향이 바뀌게 된다.)

d) 전원을 켠다. 동기전동기의 고정자 전류 I_3가 최소값이 되도록 동기전동기의 계자 저항기를 회전시켜가며 직류 계자전류를 조정한다. 나머지 실험에서도 이 과정은 반드시 거친다. (동기전동기의 고정자 전류가 최소일 때는 역률이 1이다. [그림 16 -1] 위상특성곡선에서 설명함)

e) E_{2s}, I_1, I_2, W_1, W_2 를 측정해서 [표 1]에 기록한다. [권선형 유도전동기의 회전자는 Y결선이므로 **회전자 한상 전압** $E_{2s} = \dfrac{(V_2\text{의 지시})}{2}$ **가 된다.**]

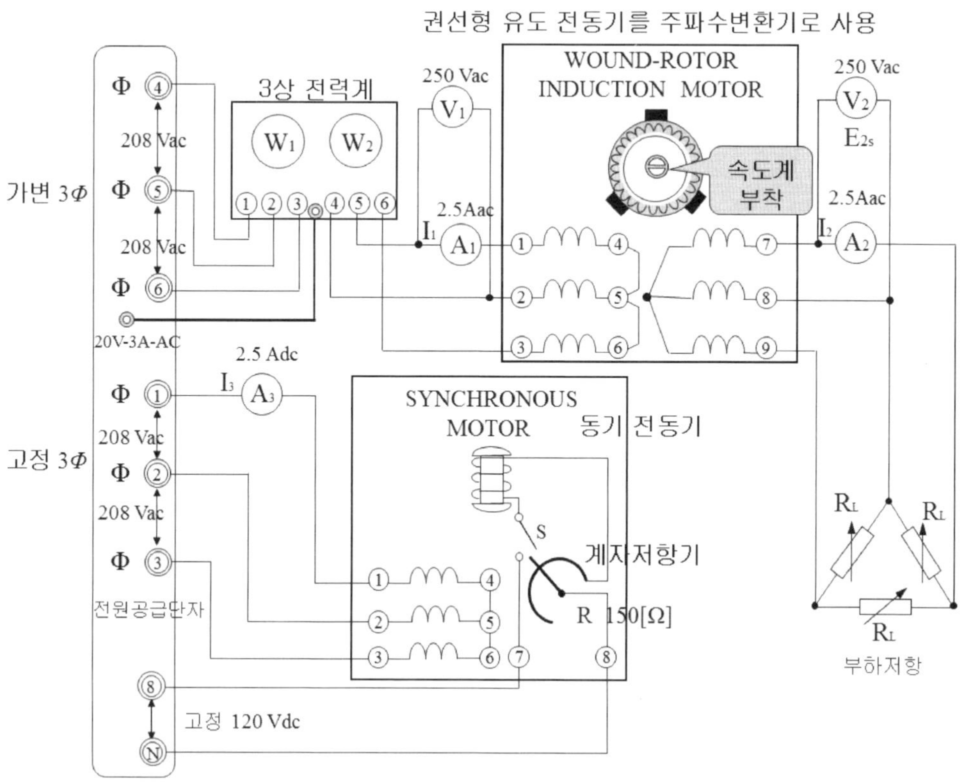

[그림 39-1] 권선형 유도전동기를 주파수변환기로 사용하고 부하는 저항을 사용

*** 권선형 유도전동기(주파수변환기)의 저항부하실험**

4. a) 각 저항을 240[Ω](1,200과 300을 병렬)으로 조정함으로써 3ϕ 저항부하를 점차적으로 증가시킨다.

b) E_{2s}, I_1, I_2, W_1, W_2를 측정해서 [표 1]에 기록한다.

c) 저항스위치를 열어서 무부하로 한다.

d) 전압을 0[V_{ac}]으로 한 후에 전원을 끈다.

*** 권선형 유도전동기(주파수변환기)의 부하를 농형 유도전동기로 사용할 때**

5. [그림 39-2]와 같이 Y결선된 농형 유도전동기를 부하로 사용한다.

6. a) 전원을 켠 후, V_1 = 208[V_{ac}]가 될 때까지 조정한다.
   b) 농형유도전동기의 속도, E_{2s}, I_1, I_2, W_1, W_2 를 측정해서 [표 1]에 기록한다.
   c) 전압을 0[V_{ac}]으로 한 후에 전원을 끈다.

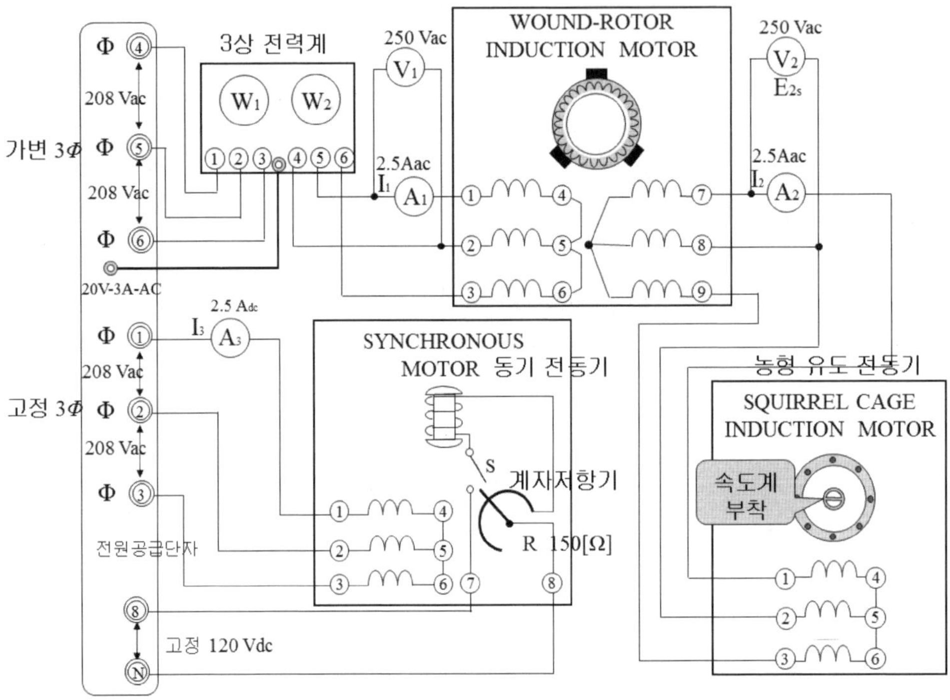

[그림 39-2] 권선형 유도전동기를 주파수변환기로 사용하고 부하는 농형 유도전동기를 사용

[표 1] 주파수변환기의 실험 결과

	V_1 [V_{ac}]	$E_{2s} = \frac{V_2 지시}{2}$ [V_{ac}]	I_1 [A_{ac}]	I_2 [A_{ac}]	W_1 [W]	W_2 [W]	농형유도전동기의 속도[rpm]
실험 3. 무 부하실험	208						
실험 4. 저항 부하실험	208						
실험 6. 부하를 농형 유도전동기로 사용할 때	208						

5) 연구 및 검토

1. 실험순서 4에서 권선형 유도전동기의고정자에 전달된 유효전력과 Δ결선된 부하에 전달된 유효전력을 계산하시오.

   a) 권선형 유도전동기의 고정자 입력 : $W_1 + W_2$=(　　)+(　　)=_____[W]

   b) 부하의 전력 : $\sqrt{3} \times V_2 \times I_2 = \sqrt{3} \times$(　　)×(　　) = (　　)[W]

   c) 부하의 전력이 권선형 유도전동기의 고정자 입력을 초과할 수 있는 이유를 설명하시오. [**참고 : 보고서에는 설명이 추가되어 있음]

   설명 : ____________________

2. 실험순서 6에서 농형유도전동기가 빠르게 회전하는 이유는?
   [**참고** : 보고서에는 설명이 추가되어 있음]

   설명 : ____________________

3. 만일 권선형 유도전동기의 회전자가 900[rpm]으로 회전한다면 권선형 유도전동기에 의해 발생되는 주파수는? [**참고** : 보고서에는 설명이 추가되어 있음]

   설명 : ____________________

4. 1,200[rpm]의 동기속도를 갖는 6극인 권선형 유도전동기를 **유도 비동기 주파수변환기**로 사용하기위해서 3,600[rpm]의 농형유도전동기에 의해 구동된다고 하자.
   [**참고** : 보고서에는 설명이 추가되어 있음]

   a) 이 결합으로 얻을 수 있는 최대 주파수는?

   설명 : ____________________

   b) 최소 주파수는?

   설명 : ____________________

실험 40. 주파수변화에 따른 리액턴스변화

1) 실험 목적

1. 주파수가 2배로 증가되면 유도성 리액턴스(X_L)도 2배로 된다.
2. 주파수가 2배로 증가되면 용량성 리액턴스(X_C)는 1/2배로 된다.

2) 개 요

1. 유도리액턴스

직류 유도 회로에서 코일의 인덕턴스를 L[H]이라 하면, 인덕턴스는 전류의 값이 변화할 때에만 전류의 흐름에 영향을 주는데 직류회로에 전원이 연결되는 순간에 인덕턴스는 전류의 증가를 방해한다. 반면 전원의 연결이 끊기는 순간에 인덕턴스는 전류의 감소를 방해한다. 그러나 전원의 연결이 지속되는 동안에 전류의 흐름은 회로의 저항 값에 반비례한다.

이와 같이 인덕턴스는 전류의 변화를 방해하는 역기전력이 유도되는데 이러한 전압을 **리액턴스전압** e_r 이라고 하며 e_r 의 크기는

$$e_r = -L\frac{di}{dt}[\mathrm{V}] \tag{1}$$

교류 회로에서, 전류는 계속적으로 변하므로 자기유도에 의한 기전력(e_r)을 계속적으로 유도한다. 이 유도된 기전력은 전류흐름의 연속적 변화에 방해하기 때문에 유도성 리액턴스라 하며 X_L[Ω]로 나타낸다.

유도성 리액턴스 (X_L[Ω])만을 포함하는 회로내의 흐르는 전류는

$$I = \frac{V}{X_L} \tag{2}$$

I : 실효전류 [A_{ac}], V : 실효전압 [V_{ac}], X_L : 유도성 리액턴스 [Ω]

유도성 리액턴스의 값은 회로의 인덕턴스와 공급전압의 주파수에 비례한다.
유도성 리액턴스(X_L[Ω])는 다음 식으로 계산된다.

$$X_L = \omega L = 2\pi f L[\Omega] \tag{3}$$

π : 3.1415927, f : 주파수[Hz], L : 인덕턴스 [H]

2. 용량성 리액턴스

용량성 리액턴스 (X_C [Ω])만을 포함하는 회로 내에 흐르는 전류는 커패시턴스 및 공급 전압의 크기에 비례한다.

$$I = \frac{V}{X_C} = \frac{V}{\frac{1}{2\pi f C}} = 2\pi f C V \qquad (4)$$

I : 실효전류[A_{ac}], V : 실효전압[V_{ac}], X_C : 용량성 리액턴스 [Ω]

따라서 주어진 회로의 주파수 또는 커패시턴스가 증가하면 전류흐름이 증가한다.

용량성 리액턴스(X_C [Ω])는 커패시턴스 또는 주파수에 반비례하며 다음 식으로 계산된다.

$$X_C = \frac{1}{\omega C} = \frac{1}{2\pi f C} \ [\Omega] \qquad (5)$$

π : 3.1415927, f : 주파수[Hz], C : 캐패시턴스 [F]

3) 장비 및 부품

전원공급 장치(0−120/208[V_{ac}], 3ϕ, 120[V_{dc}])	EMS 8821	리드선	EMS 8951
동기전동기/발전기	EMS 8241	타이밍 벨트	EMS 8942
3ϕ 권선형 유도전동기	EMS 8231	저항기	EMS 8311
교류전압계 (100[V_{ac}])	EMS 8426	콘덴서	EMS 8331
교류전류계 (0.5/0.5/0.5[A_{ac}]) 3대	EMS 8425	인덕턴스	EMS 8321

4) 실험 순서

1. 콘덴서, 저항기, 인덕턴스, 전원공급 장치, 전압계, 전류계를 사용하여 [그림 40−1]과 같이 결선한다. 병렬로 연결된 저항기, 콘덴서, 인덕턴스는 전원공급 장치 (60[Hz])의 가변 120[V_{ac}]의 단자 ④와 Ⓝ에 결선한다.

2. a) 저항 부하를 300[Ω], 용량부하를 300[Ω], 유도부하를 300[Ω]으로 조정한다.
   b) 전원을 켠 후, 전압계의 지시가 75[V_{ac}]로 되도록 전압조정기를 조정한다.
   c) 부하전류(I_R, I_C, I_L)를 측정해서 [표 1]에 기록한다.
   d) 전압을 0[V_{ac}]으로 한 후에 전원을 끈다.

3. a) 실험순서2의 결과를 이용하여, (60[Hz] 부하값에서) 저항, 용량부하, 유도부하를 계산해서 [표 1]에 기록한다.
   b) 계산된 부하 값이 열거된 부하 값과 비교가 되는가?
   설명 : ______________________________
   ____

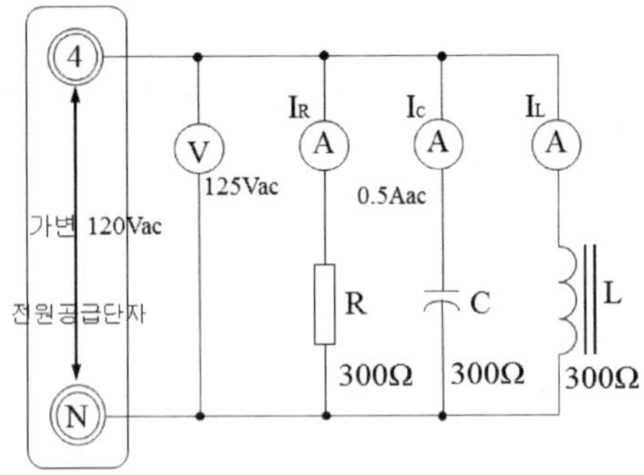

[그림 40-1]

4. a) [그림 40-2]와 같이 결선한다.
   b) 용량부하를 1,200[Ω]으로 조정한다.
   c) 유도부하를 300[Ω]으로 조정한다.
   d) 전원을 켠 후, $V_2 = 75[V_{ac}]$가 되도록 전압조정기를 조정한다.
   e) 전체전류(I_T)와 부하전류(I_C, I_L)를 측정해서 [표 1]에 기록한다.
   f) (60[Hz] 부하값에서) 용량성 부하, 유도성 부하를 계산해서 [표 1]에 기록한다.
   g) 전압을 0[Vac]으로 한 후에 전원을 끈다.

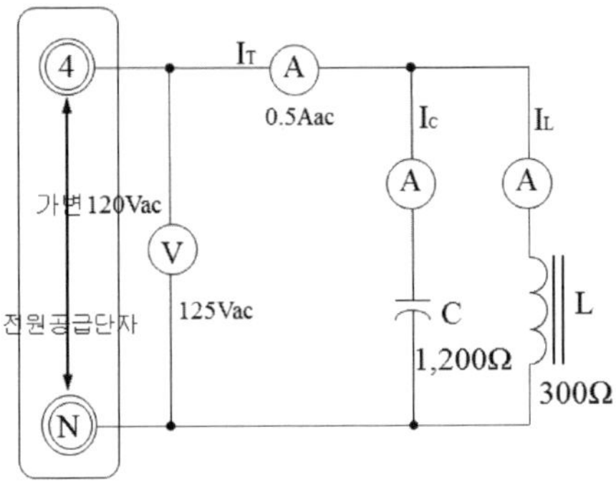

[그림 40-2]

[표 1] 실험결과

		I_R [Aac]	I_C [Aac]	I_L [Aac]	$R=\frac{V_2}{I_R}$ [Ω]	$X_C=\frac{V_2}{I_c}$ [Ω]	$X_L=\frac{V_2}{I_L}$ [Ω]
실험순서 2 [그림40-1]	75[Vac], 60[Hz], 저항 300[Ω], 용량부하 300[Ω], 유도부하 300[Ω]						
실험순서 4 [그림40-2]	75[Vac], 60[Hz], 용량부하 1,200[Ω], 유도부하300[Ω]	전체전류 I_T=					

*** 유도전동기를 주파수 변환기로 사용해서 120[Hz]의 주파수를 부하에 공급**

5. [그림 40-1]의 부하회로를 [그림 40-3]에 나타난 주파수 변환기의 출력단자(7과 9)에 결선하고, 권선형 유도전동기, 동기전동기를 사용하여 [그림 40-3]과 같이 결선한다. 동기전동기의 고정자는 전원공급 장치의 3ϕ 고정 208[V_{ac}] 단자 ①, ②, ③으로 결선된다.

동기전동기의 회전자는 전원공급 장치의 고정 120[V_{dc}] 단자 ⑧과 Ⓝ에 결선된다.

권선형 유도전동기의 고정자는 전원공급 장치의 3ϕ 가변 208[V_{ac}] 단자 ④, ⑤, ⑥와 결선한다. 75[V_{ac}], 120[Hz] 전원을 사용하여 실험순서 2와 4를 반복할 것이다.

6. a) 타이밍벨트를 사용하여 동기전동기와 권선형 회전자의 주파수 변환기를 커플링 한다.
   b) 만일 동기전동기에 스위치 S가 장착되어 있지 않으면, 동기전동기의 계자전류를 최소로 하기위해서 계자저항기를 반시계방향으로 끝까지 돌린다.(최대저항150[Ω])
   c) 동기전동기의 스위치 S를 열어둔다.
   d) 부하의 스위치를 열어둔다.

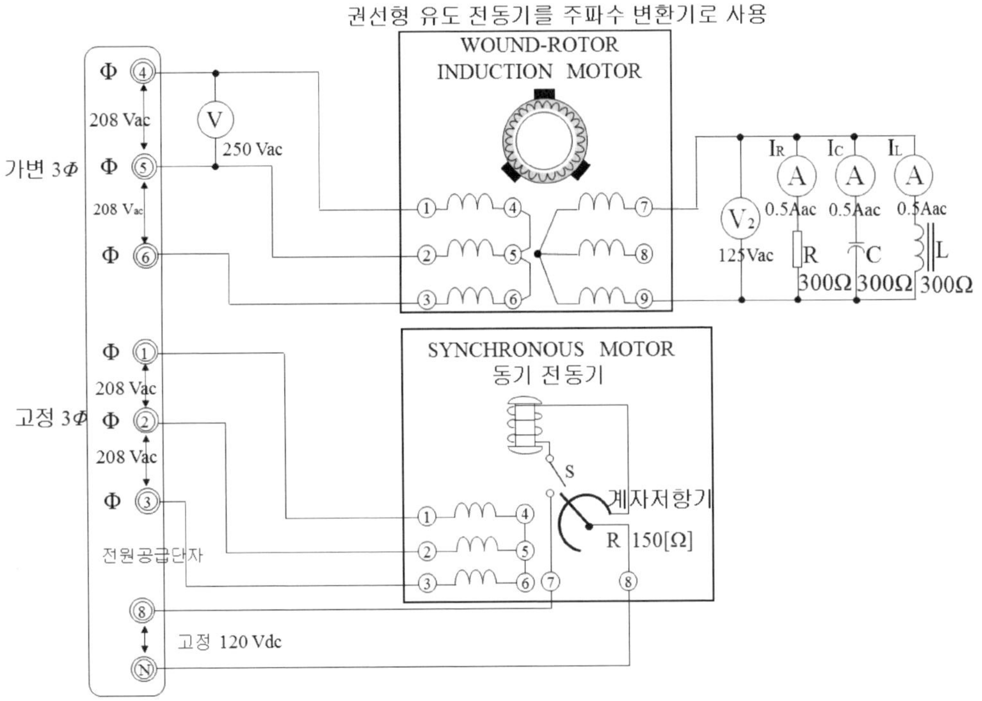

[그림 40-3] 권선형 유도전동기를 주파수 변환기로 사용해서 120[Hz]의 주파수를 부하에 공급할 때의 실험

7. a) 전원을 켠다. 동기전동기는 회전을 하여야 한다.
   b) 만일 동기전동기에 스위치 S가 장착되어 있으면, 이 순간은 닫는다.
   c) 부하전압 V_2= 75[V_{ac}]가 될 때까지 전원공급 장치의 전압 조정기를 조정한다.

♣ **주목** : 만일 V_2가 0이면, 회전자는 고정자의 회전자계와 같은 방향으로 회전하는 상태이다. 전원을 끈 후, 유도전동기의 고정자단자 중 임의의 두 단자을 바꾼다. 그러면 회전자는 고정자의 회전자계와 반대 방향으로 회전하는 상태가 되며

슬립은 $s = \dfrac{N_s + N}{N_s} = \dfrac{1,800 + 1,800}{1,800} = 2$ 이고,

회전자 출력전압의 주파수 $f_{2s} = sf_1 = 2 \times 60 = 120[\mathrm{Hz}]$가 된다.

8. a) 저항부하를 300[Ω]으로 조정한다.
   b) 용량부하를 300[Ω]으로 조정한다.
   c) 유도부하를 300[Ω]으로 조정한다.
   d) V_2가 75[V_{ac}]로 유지되도록 전원공급 장치의 전압 조정기를 조정한다.
   e) 120[Hz]에서의 부하전류(I_R, I_C, I_L)를 측정해서 [표 2]에 기록한다.
   f) 부하스위치를 모두 열어둔다.
   g) 전압을 0[V_{ac}]으로 한 후에 전원을 끈다.

[표 2] 실험결과

		I_R [A_{ac}]	I_C [A_{ac}]	I_L [A_{ac}]	$R = \dfrac{V_2}{I_R}$ [Ω]	$X_C = \dfrac{V_2}{I_c}$ [Ω]	$X_L = \dfrac{V_2}{I_L}$ [Ω]
실험순서 8 [그림40-3]	75[V_{ac}], 120[Hz], 저항 300[Ω] 용량부하 300[Ω] 유도부하 300[Ω]						

9. a) 실험순서 8의 결과를 이용하여 120[Hz]에서의 부하시 저항, 용량성 부하, 유도성 부하를 계산해서 [표 2]에 기록한다.
   b) 실험순서 2의 [표 1]에서 계산한 60[Hz]의 부하값과 실험순서 8 [표 2]에서 계산한 120[Hz]의 부하값을 비교하시오.
   설명 : ____________________

* **병렬공진실험**

10. [그림 40-2]의 부하회로를 [그림 40-4]에 나타난 주파수 변환기의 출력단자(7과 9)에 결선한다. 실험순서는 실험순서 5, 6, 7과 같이 실험한다. [120[Hz]에서 실험함]
   a) 용량부하를 1,200[Ω], 유도부하를 300[Ω]으로 조정한다.
   b) 전원을 켠 후, 부하전압 V_2= 75[V_{ac}]가 될 때까지 전원공급 장치의 전압 조정기를 조정한다.
   c) 120[Hz]에서의 전체전류(I_T)와 부하전류(I_C, I_L)를 측정해서 [표 3]에 기록하시오.
   d) 전압을 0[V_{ac}]으로 한 후에 전원을 끈다.
11. a) 실험순서 10의 결과를 이용하여 120[Hz]에서의 용량성 부하, 유도성 부하를 계산해서 [표 3]에 기록한다.
   b) 실험순서 4의 [표 1]에서 계산한 60[Hz]의 부하값과 실험순서 10의 [표 3]에서 계산한 120[Hz]의 부하값을 비교하시오.
   설명 : ______________________________

   ____
   c) 전체전류(I_T)는 $I_T = I_C$(진상 무효전류)$-$ I_L(지상 무효전류)의 관계가 되는가? 설명 : 예
   d) 병렬공진(parallel resonance)의 조건이 되는가? 설명 : 예

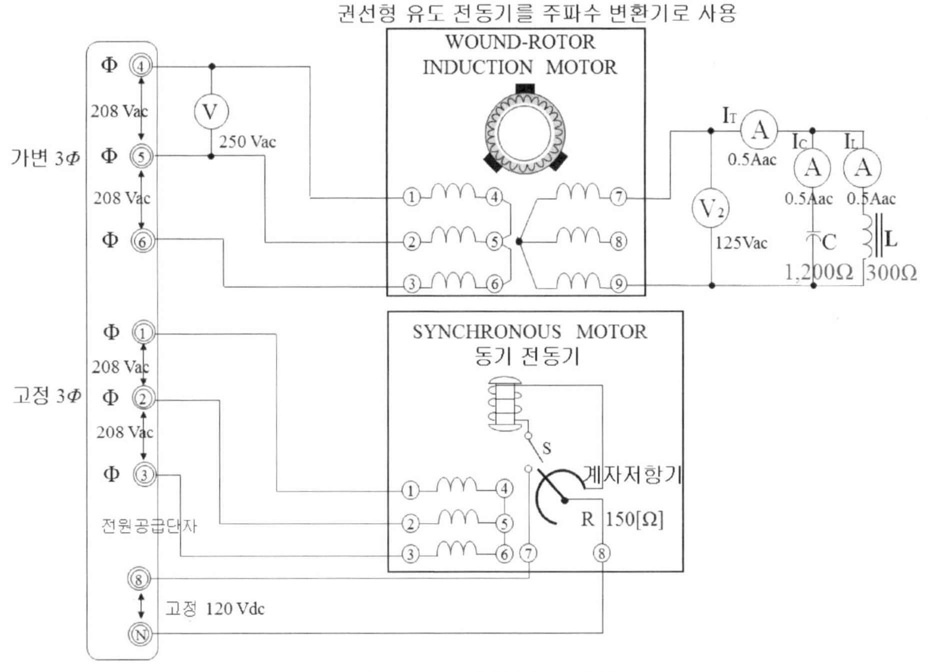

[그림 40-4] 병렬공진실험

[표 3] 실험결과

			I_C [A_{ac}]	I_L [A_{ac}]	$R=\frac{V_2}{I_R}$ [Ω]	$X_C=\frac{V_2}{I_c}$ [Ω]	$X_L=\frac{V_2}{I_L}$ [Ω]
실험순서 10 [그림40-4]	75[V_{ac}], 120[Hz], 용량부하1,200[Ω] 유도부하 300[Ω]	전체전류 I_T =					

5) 연구 및 검토

1. 위의 실험에서 주파수의 변화가 다음 부하값에 영향을 주는가?
   - a) 저항 ? 설명 : ________
   - b) 콘덴서 ? 설명 : ________
   - c) 인덕턴스 ? 설명 : ________
   - d) 용량성 리액턴스 ? 설명 : ________
   - e) 유도성 리액턴스 ? 설명 : ________

2. 유도성 리액턴스가 주파수에 비례하여 변화하는가? 설명 : ________________

3. 용량성 리액턴스가 주파수에 비례하여 변화하는가? 설명 : ________________

4. 실험순서 4에서는 60[Hz]에서 용량부하를 1,200[Ω], 유도부하를 300[Ω]으로 조정하였다. 이 부하에서 240[Hz]시 120[V_{ac}]의 공급전압에 대한 I_L, I_C, I_T를 계산하시오.
   설명 : ____

실험 41. 셀신시스템에 의한 원격제어

1) 실험 목적

셀신시스템을 이용한 원격조절

2) 개 요

구조가 똑같은 A, B두 개의 싱크로 장치를 [그림 41-1]과 같이 두 기계의 고정자 권선을 접속하고, 회전자권선에 교류전압을 가하면, 두 기계의 회전자권선에는 여자전류가 유입하고 교번자속이 생긴다.

이 자속 때문에 변압기작용으로 고정자 권선의 각 상에는 기전력이 유도되지만 그림과 같이 두 기계의 회전자가 똑같은 관계위치인 정지상태에서는 고정자의 유도기전력은 서로 평형을 유지하며 이 회로에는 전류가 흐르지 않는다.

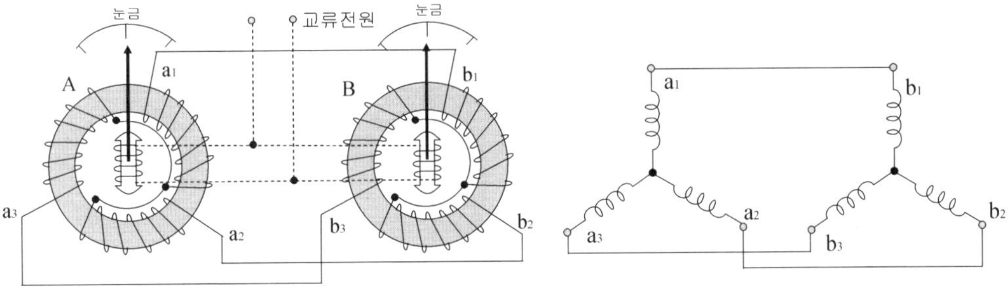

(a) 셀신` 시스템 (b) 두 기계의 고정자 권선

[그림 41-1] 셀신시스템의 접속

가령 A기계의 회전자를 각도 θ만큼 오른쪽으로 움직였다면, 두 고정자사이의 유도기전력이 서로 다른 상태가 되어서 두 기계의 고정자권선사이에 전류가 흐르고, 이 전류와 B 기계의 교번자속과의 작용으로 토크가 발생한다. 그러면, 이 토크 때문에 B기계의 회전자도 오른쪽으로 θ만큼 움직여서 회전자와 고정자의 관계위치가 A, B 두 기계에서 같게 되며, 다시 두 개의 고정자권선 안에 있는 유도기전력이 평형을 이루게 된 다음 B기계는 정지한다.

이 경우 A기계의 쪽을 **송량기**, B기계의 쪽을 **수량기**라고 한다.

지시싱크로는 원격신호, 원격측정, 원격제어 등 각 방면에 널리 사용되고 있다. 수위계나 발전용 수차입구 개구도의 원격지시, 자동 급탄장치 등에 쓰인다. 셀신 전송장치와 수신장치는 그 크기가 작은데 그 이유는 위치정보(레이다 안테나 방향, 풍향지시 등)만이 전송되기 때문이다.

3) 장비 및 부품

전원공급장치 모듈(0-120[V_{ac}])	EMS 8821	3ϕ권선형유도전동기 2대	EMS 8231
교류전압계(250/250/250[V_{ac}])	EMS 8426	리드선	EMS 8951
교류전류계(2.5/2.5/2.5[A_{ac}])	EMS 8425		

4) 실험 순서

1. 권선형 유도전동기, 전원공급 장치, 전압계를 사용하여 [그림 41-2]와 같이 결선한다. 회전자 단자 7과 8은 전원공급 장치의 가변 120[V_{ac}] 단자 ④와 Ⓝ에 결선한다.

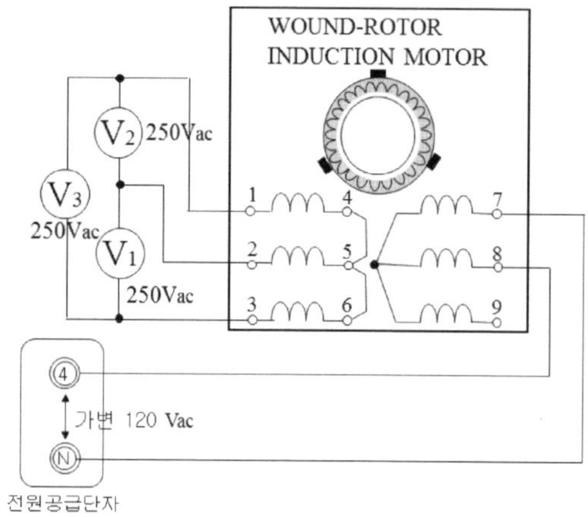

[그림 41-2] 셀신시스템의 고정자 전압측정

[표 1] 셀신시스템의 고정자 전압측정

	V_1 [V_{ac}]	V_2 [V_{ac}]	V_3 [V_{ac}]
V_1이 최대값일 때			
V_2가 최대값일 때			
V_3이 최대값일 때			

* 셀신시스템의 고정자 전압측정

2. a) 전동기의 표면판을 앞으로 열어둔다.
   b) 전원을 켠 후, 전원공급 장치의 전압계 상의 눈금이 50[V_{ac}]로 되도록 조정한다.
   c) 세 고정자 전압 V_1, V_2, V_3를 살펴본다.
   d) 회전자 축을 손으로 서서히 돌린다. 회전자가 돌때 세 고정자 전압의 값이 어떻게 변화하는지 살펴본다.
   e) V_1이 최대값에 이를 때까지 회전자 축을 돌린다. 세 고정자 전압을 측정해서 [표 1]에 기록한다.
   f) V_2가 최대값에 이를 때까지 회전자 축을 돌린다. 세 고정자 전압을 측정해서 [표 1]에 기록한다.
   g) V_3가 최대값에 이를 때까지 회전자 축을 돌린다. 세 고정자 전압을 측정해서 [표 1]에 기록한다.
   h) 전압을 0[V_{ac}]으로 한 후에 전원을 끈다.

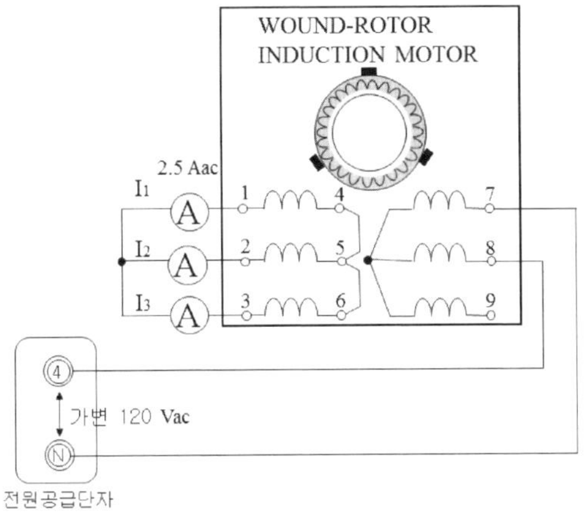

[그림 41-3] 셀신시스템의 고정자 전류측정

[표 2] 셀신시스템의 고정자 전류측정

	I_1 [A_{ac}]	I_2 [A_{ac}]	I_3 [A_{ac}]
I_1 가 최대값일 때			
I_2 가 최대값일 때			
I_3 가 최대값일 때			

*** 셀신시스템의 고정자 전류측정**

3. [그림 41-3]의 회로를 결선한다. 전류계가 각 고정자 권선과 직렬로 연결한다.

4. a) 전동기 모듈의 표면판을 내린다.
   b) 전원을 켠 후, 전원공급 장치의 전력계 상의 눈금이 50[V_{ac}]로 되도록 조정한다.
   c) 회전자 축을 손으로 돌린다. 회전자가 돌때 세 고정자 전류의 값이 어떻게 변화하는가를 살펴본다.
   d) I_1이 최대값에 이를 때까지 회전자 축을 돌린다. 세 고정자 전류를 측정해서 [표 2]에 기록한다.
   e) I_2가 최대값에 이를 때까지 회전자 축을 돌린다. 세 고정자 전류를 측정해서 [표 2]에 기록한다.
   f) I_3가 최대값에 이를 때까지 회전자 축을 돌린다. 세 고정자 전류를 측정해서 [표 2]에 기록한다.
   g) 전압을 0[V_{ac}]으로 한 후에 전원을 끈다.

*** 셀신시스템을 이용한 원격조절**

5. 권선형 유도전동기 2대를 사용하여 [그림 41-4]와 같이 결선한다. 각 전동기의 고정자 권선은 상호간에 결선되어 있다. 회전자 권선은 병렬 연결되며 전원공급 장치의 가변 120[V_{ac}] 단자 ④와 Ⓝ에 결선한다.

6. a) 한 전동기의 표면판을 내린다.
   b) 전원을 켠 후, 전원공급 장치의 전압계상의 눈금이 100[V_{ac}]로 되도록 조정한다.
   c) 송신장치의 회전자 축을 돌려 수신장치의 회전자가 이에 따르는가를 살펴본다.

d) 송신장치를 완전히 한바퀴 돌린다. 수신장치 또한 한 바퀴 도는가?

설명 : ______________________

e) 수신장치의 표면판을 내린다.

f) 수신장치의 회전자 축을 붙잡은 채로 송신장치의 회전자 축을 돌린다.

g) 토크발생이 있는가?

설명 : ______________________

h) 송신장치를 완전히 한 바퀴 돌리며 손으로 수신장치의 회전자를 제동할 때, 세 고정자전류의 움직임을 살펴본다.

설명 : ______________________

i) 회전자가 정렬되면 세 고정자 전류는 0이 된다.

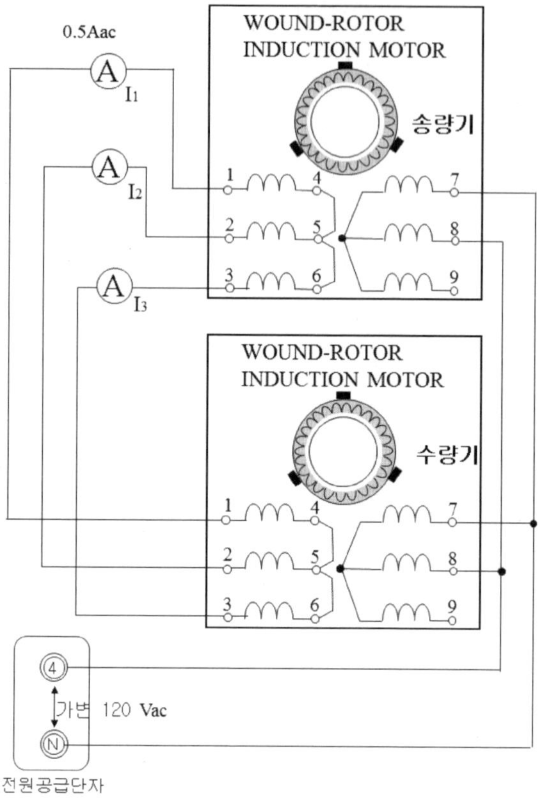

[그림 41-4] 셀신시스템을 이용한 원격조절

5) 연구 및 검토

1. 송신장치와 수신장치의 거리가 10[m], 100[m]일 경우에도 작동하는가?

설명 : ______________________

2. 셀신제어가 쓰이는 응용분야를 4가지만 열거하시오.

설명 : ______________________

실험 42. 만능 전동기(보상직권형)의 부하특성

1) 실험 목적

1. 만능 전동기의 구조 관찰
2. 교류/직류에서 보상 직권형 만능전동기의 부하특성 실험.
3. 교류와 직류로 사용할 때 기동 토크의 비교

2) 개 요

직류직권전동기에서는 계자권선과 전기자권선이 직렬로 접속되어 있으므로 권선에 교류를 통하면 두 권선을 지나는 전류의 방향은 [그림 42-1]과 같이 동시에 바뀐다. 따라서 동일한 방향으로 토크가 생겨서 운전을 계속할 수 있기 때문에 교류전압을 가해도 전동기로 사용할 수 있게 되는 것이다. **단상 직권정류자전동기**는 교류, 직류 양쪽 모두 사용되므로 **교직양용전동기** 또는 **만능전동기**(universal motor)라고 한다.

또한, 전기자권선의 축과 보상권선의 축은 서로 일치되어 있지만 계자권선의 축과는 수직인 관계가 된다.

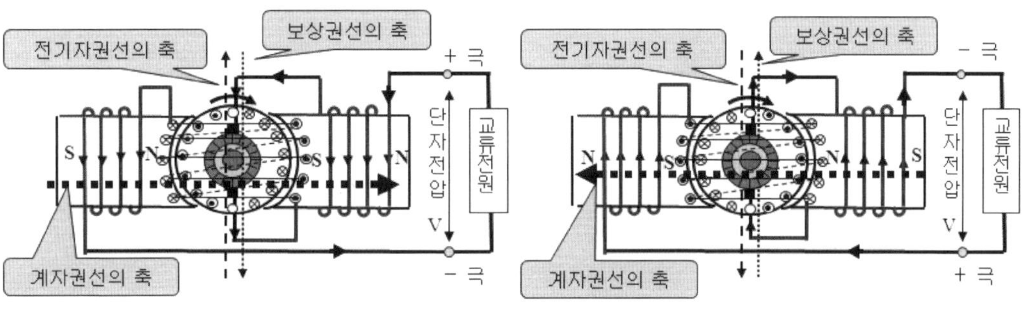

[그림 42-1] 직류 직권전동기에서 교류일 때의 회전방향 및 각 권선의 축

직류 직권전동기가 교류에서 사용할 때 성능이 저조한데 그 이유는

① 전기자 및 계자권선의 리액턴스 값이 크므로 교류 전류를 직류 전류보다 훨씬 제한한다.

② 전기자 및 계자에는 교번 자속에 의한 맴돌이 전류(와전류)로 인하여 큰 와류손이 생기므로 방지책으로 성층철심을 사용한다.

직류용의 직권전동기를 그대로 교류용에 사용하면 역률과 효율이 모두 나쁘고 토크 는 약해져 정류는 불량하게 된다. 그러므로 교류용의 단상직권전동기에서는 다음과 같은 대책을 강구하여 좋은 특성을 갖도록 하고 있다.

(1) 자기회로의 자속은 교번자속이므로, 철손이 크게 되기 때문에 전기자 뿐 만 아니라 계자에도 성층철심을 사용하여 원통형 고정자로 한다.

(2) 전기자나 계자권선의 리액턴스강하 때문에 역률이 대단히 낮아지므로 계자 권선의 권수를 적게 하고 계자자속을 적게 한다. 이에 따른 토크의 감소를 보충하기 위하여 전기자 권선을 많이 감아야 하므로 전기자가 커지고 정류자편의 수도 많아진다.

(3) 전기자 권선수가 증가하면 전기자 반작용이 커지므로 보상권선을 설치한다.

(4) 브러시에서 단락되는 코일에는 인덕턴스에 의한 유도기전력($e_r = -L\dfrac{di}{dt}$) 이외에, 주자속의 교번에 의하여 변압기작용에 의한 변압기기전력($e_r = -w\dfrac{d\phi}{dt}$)이 유도되고, 단락전류가 크므로 정류작용은 악화된다.

이것을 개선하기 위해서 브러시에 접촉저항이 어느 정도 큰 것을 사용해서 저항정류를 하고, 또 대형으로 된 것은 보극을 설치하거나 전기자 코일과 정류자편 접속에 고저항의 도선을 사용하여 단락전류를 제한하기도 한다.

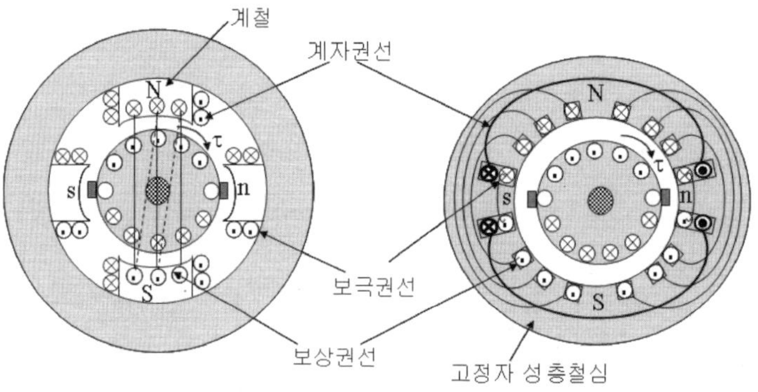

(a) 직류직권전동기　　　(b) 단상 직권정류자전동기(만능전동기)

[그림 42-2] 구조상의 비슷한 점

단상 직권정류자전동기에는 [그림 42-3]과 같이 **직권형, 보상 직권형, 유도보상 직권형** 등 세 가지 기본적인 형이 있다.

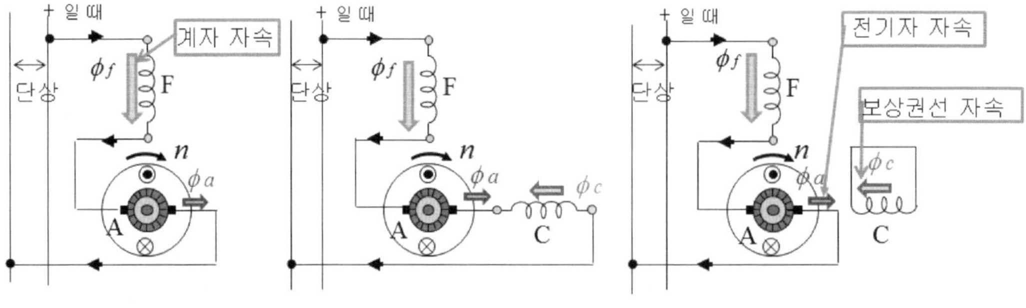

(a) 직권형　　　(b) 보상 직권형　　　(c) 유도보상 직권형

[그림 42-3] 단상 직권전동기(만능전동기)의 종류

고정자에 보상권선을 설치하면 전기자 및 계자권선의 자속을 상쇄하기 때문에 전기자 권선의 리액턴스를 낮출 수 있다. 보상권선을 전기자권선과 직렬로 연결한 것을 **보상 직권형**이라고 한다. 보상권선만을 단락한 것(변압기에서 단락된 2차권선과 흡사하다)을 **유도보상 직권형**이라 한다. 고속, 대전력, 소형의 특징을 만족시켜야 하는 전기드릴, 톱, 진공청소기, 전기 믹서 등에는 교류/직류 **만능전동기**가 사용된다.

3) 장비 및 부품

전원공급장치(120[V_{dc}], 0-120[V_{ac}])	EMS 8821	전기동력계	EMS 8911
만능 유도전동기	EMS 8254	리드선	EMS 8951
교류전류계(2.5/5/8[A_{ac}])	EMS 8425	회전 속도계	EMS 8920
교류전압계 모듈(125[V_{ac}])	EMS 8426	타이밍 벨트	EMS 8942
직류전압전류계(200[V_{dc}], 5[A_{dc}])	EMS 8412		

4) 실험 순서

1. 전동기, 브러시, 연결 단자, 결선 등에 주목하며 만능전동기의 구조를 살펴본다.
2. 모듈의 뒷면에 전기자 권선, 고정자, 계자권선, 보상 권선을 살펴본다.
3. 모듈의 정면에서 정류자와 브러시를 살펴본다.
 a) 브러시의 전기적 중성축 위치는 **적색선**으로 전동기 계철에 표시되어 있다.
 b) 브러시를 적색선의 좌측 또는 우측으로 레버의 움직여 본 후 다시 전기적 중성축 위치에 놓는다.
4. 모듈의 표면을 살펴 볼 때
 a) 계자 권선은 단자 _3_과_4_에 연결되어 있다.
 b) 보상 권선은 단자 _5_과 _6_에 연결되어 있다.
 c) 브러시는 단자 _1_과 _2_에 연결되어 있다.

*** 전기적 중성축의 위치 찾기 실험**

5. 전원공급 장치, 교류전류계, 만능전동기를 [그림 42-4]와 같이 결선한다.
 a) 전원을 켠 후, 80[V_{ac}]가 전기자에 가해질 때까지 전압조정기로 조정한다. 전기자에 흐르는 교류 전류에 의해 보상권선에는 교류전압이 유도된다.
 b) 브러시의 위치를 한 쪽 끝에서 다른 쪽 끝으로 이동하면서 보상권선의 유도전압이 최대 80[V_{ac}]일 때의 위치가 바로 만능전동기의 전기적 중성축의 위치가 된다.
(**적색선**으로 전동기 계철에 표시되어 있음) 즉 전기자권선의 축과 보상권선의 축은 서로 일치되어 있기 때문에 보상권선에는 유도전압이 최대가 된다.
{# [그림 1-1]에서는 전기자권선의 축과 계자권선의 축이 수직일 때에 0[V_{ac}]가 되며 이 위치가 직류기의 전기적 중성축의 위치이다.}
 브러시는 항상 전기적 중성축에 놓은 후, 전동기를 사용해야 한다.
 c) 전압을 0[V_{ac}]으로 한 후에 전원을 끈다.

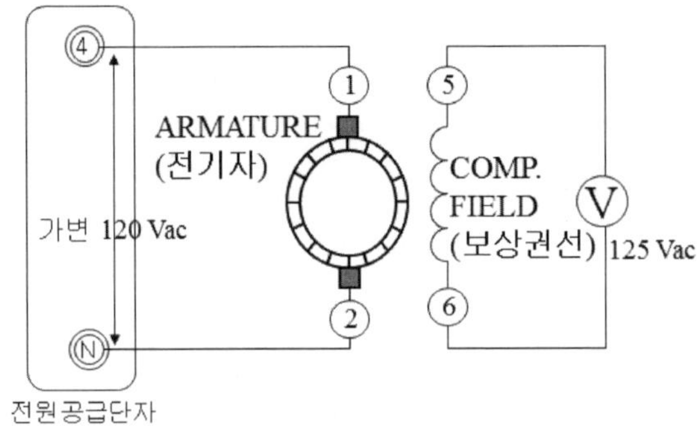

[그림 42-4] 전기적 중성축의 위치 찾기 실험 { [그림1-1]과 결선이 다름 }

*** 보상권선의 결선확인 실험**

9. [그림 42-5]와 같이 전원공급 장치의 가변 120[V_{ac}] 단자 ④와 Ⓝ에는 전기자와 보상권선을 직렬로 연결한다.

10. a) 전원을 켠 후, 30[V_{ac}]에 맞춘다.

 b) 만일 30[V_{ac}]가 가해진 상태에서 전류가 1[A_{ac}]보다 훨씬 작다면, 보상권선의 자속(ϕ_c)은 전기자의 자속(ϕ_a)과 <u>같은 방향</u>으로 자속을 발생하는 상태가 된다.
 이런 경우가 발생하면 전기자 또는 보상권선의 단자를 바꾼다. 그러면 [그림 42-3]과 같이 보상권선의 자속(ϕ_c)은 전기자의 자속(ϕ_a)을 <u>감소하는 방향</u>으로 자속을 발생하는 상태가 된다.

 c) 측정한 전류가 3.8[A_{ac}]정도이면, 보상권선의 결선이 정상으로 된 것이다.

 [참고] 이 때 전기자가 회전하면 브러시가 정확히 중성축 위치에 놓이지 않았음 을 의미하므로 전기적 중성축의 위치 찾기 실험을 다시 해서 중성축 위치가 정확한가를 확인한다.

 d) 전압을 0[V_{ac}]으로 한 후에 전원을 끈다.

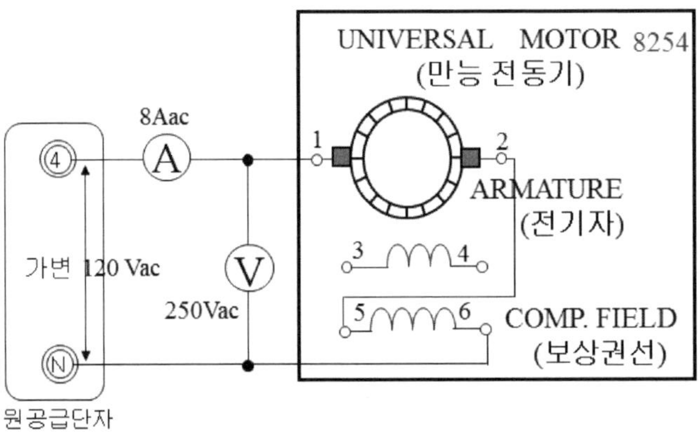

[그림 42-5] 보상권선의 결선확인 실험

*** 교류로 보상직권형 실험**

11. 교류 전압/전류계, 전기동력계 등을 추가로 사용하여 [그림 42-6]과 같이 결선한다.

12. a) 타이밍벨트를 사용하여 전기동력계를 만능전동기와 커플링 한다.
   b) 전기동력계의 입력단자를 전원공급 장치의 고정 120[V_{ac}]단자 ①과 Ⓝ에 결선한다.
   c) 만능전동기의 최소 부하를 걸기 위해서 전기동력계의 토크조정기를 반시계방향으로 끝까지 돌린다.

13. a) 전원을 켠 후, 120[V_{ac}]에 맞춘다.
   b) 전압, 전류, 전동기 속도를 측정하여 [표 1]에 기록한다.(브러시에서 약간의 불꽃이 일어난다.)
   c) 입력전압을 120[V_{ac}]로 유지하면서 각 각의 토크에 대하여 (b)를 반복한다.
   d) 전압을 0[V_{ac}]으로 한 후에 전원을 끈다.

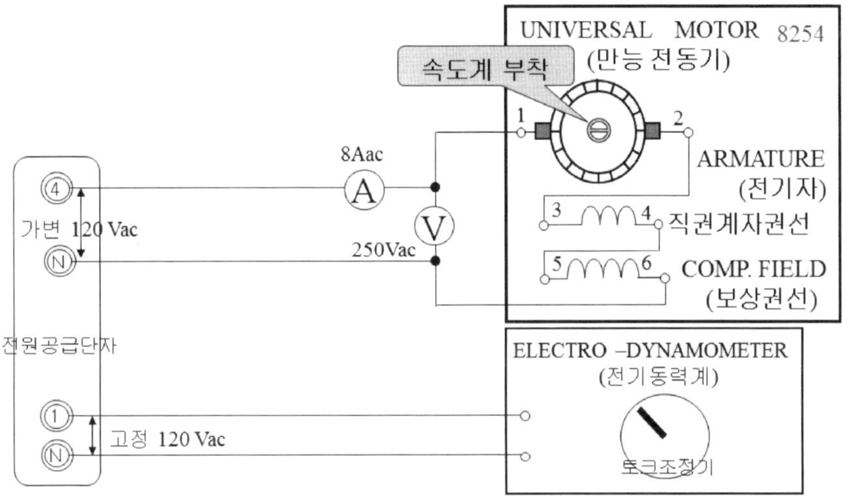

[그림 42-6] 교류로 보상직권형 만능전동기의 실험

[표 1] 교류로 보상 직권형 만능전동기의 실험결과

토 크 [lbf · in]	전압 [V_{ac}]	전 류 [A_{ac}]	속 도 [rpm]	출 력 P_o[HP]	출력 P_o[W]	
3	120					실험 43의 [표 1]에서 비교에 사용
6	120					
9	120					실험 43의 [표 2]에서 비교에 사용

14. 아래 공식을 이용하여 각 각 토크에 대한 다음 값을 계산해서 [표 1]에 기록한다.

$$\text{출 력} : P_o = \frac{1.59 \times (\quad)[\text{rpm}] \times (\quad)[\text{lbf} \cdot \text{in}]}{100,000}[\text{HP}] = (\quad)[\text{HP}],$$

$$P_o = 746 \times (\quad [\text{HP}]) = (\quad)[\text{W}]$$

*** 교류로 보상직권형의 기동토크실험**

15. a) [그림 42-6]에서 전원을 켠 후, 전압을 30[V_{ac}]로 조정한다.

b) 만능전동기에 최대 기계적인 부하를 걸어 주려고 전기동력계의 토크조정기를 시계 방향으로 끝까지 돌린다. 최대 기계적인 부하시 전동기전류와 토크를 측정하고 기록한다.

I = [A_{ac}], 토크= [Ibf · in]

c) 전압을 0[V_{ac}]으로 한 후에 전원을 끈다.

*** 직류로 보상직권형 실험**

16. [그림 42-7]과 같이 교류 전압/전류계를 직류 전압/전류계로 교체해서 결선한다.

17. a) 전원을 켠 후, 120[V_{dc}]에 맞춘다.

b) 전류, 전압, 전동기 속도를 측정하여 [표 2]에 기록한다.

c) 입력전압을 120[V_{dc}]로 유지하면서 각 각의 토크에 대하여 (b)를 반복한다.

d) 전압을 0[V_{dc}]으로 한 후에 전원을 끈다.

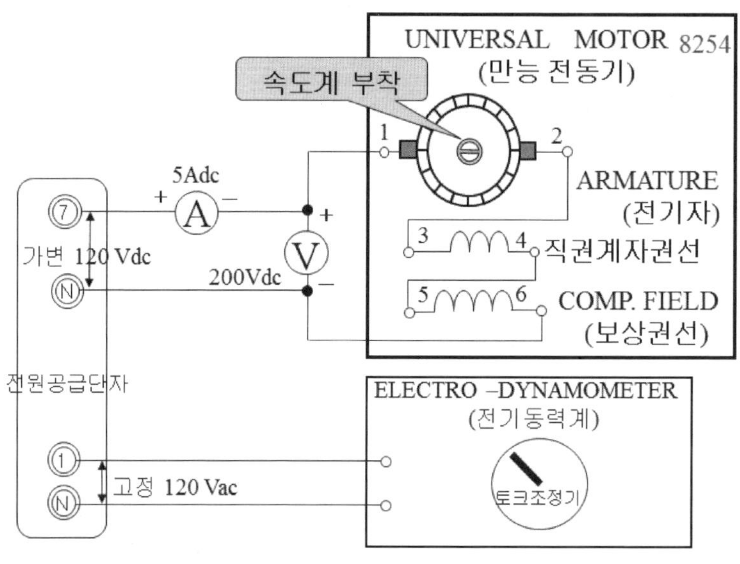

[그림 42-7] 직류로 보상 직권형 만능전동기의 실험

[표 2] 직류로 보상 직권형 만능전동기의 실험결과

토 크 [lbf · in]	전압 [V_{ac}]	전 류 [A_{ac}]	속 도 [rpm]	출 력 P_o[HP]	출력 P_o[W]	
3	120					실험 43의 [표 3]에서 비교에 사용
6	120					
9	120					

*** 직류로 보상 직권형의 기동 토크 실험**

18. a) [그림 42-7]에서 전원을 켠 후, 전압을 30[V_{dc}]로 조정한다.

b) 만능전동기에 최대 기계적인 부하를 걸어 주려고 전기동력계의 토크조정기를 시계 방향으로 끝까지 돌린다. 최대 기계적인 부하시 전동기전류와 토크를 측정하고 기록한다.

I = [A_{dc}], 토크= [Ibf · in]

c) 전압을 0[V_{dc}]으로 한 후에 전원을 끈다.

*** 보상 직권형에서 직류와 교류로 기동 토크 실험한 결과를 비교**

19. 실험 순서 15와 실험 순서 18의 결과를 비교해서 설명한다.

설명 : 보상직권형 만능전동기가 교류에서 사용할 때 성능이 저조하다. 전기자 및 계자권선의 유도성 리액턴스는 교류로 운전시 계자전류를 제한하므로 교류시 기동토크는 직류시 기동토크보다 훨씬 적다.

5) 연구 및 검토

1. 교류와 직류를 사용하여 만능전동기를 운전하였을 때 각 각의 경우 특성은 ?

설명 : ______

2. 직류 직권전동기에서 전기자권선의 축, 보상권선의 축과 계자권선의 축은 어떤 위치의 관계인가?

설명 : ______

3. 단상 직권 정류자 전동기의 종류를 설명하시오.

설명 : ______

4. 만능전동기가 사용되는 용도를 열거하시오.

설명 : ____________________

5. 직류용의 직권전동기를 그대로 교류로 사용하면 역률과 효율이 모두 나쁘고 토크는 약해서 정류는 불량하게 된다. 그러므로 교류용의 단상직권 전동기에서는 어떤 대책을 강구하는가?

설명 :

(1) 자기회로의 자속은 교번자속이므로, 철손이 크게 되기 때문에, 전기자 뿐 만 아니라 계자에도 성층철심을 사용하여 원통형 고정자로 한다.

(2) 전기자나 계자권선의 리액턴스강하 때문에 역률이 대단히 낮아지므로 계자 권선의 권수를 적게 하고 계자속을 적게 하며 이에 따른 토크의 감소를 보충하기 위하여 전기자 권선수를 크게 한다. 이 때문에 전기자가 커지고 정류자편의 수도 많아진다.

(3) 전기자 권선수가 증가하면 전기자 반작용이 커지므로, 보상권선을 설치한다.

(4) 브러시에서 단락되는 코일에는 인덕턴스에 의한 유도기전력 이외에, 주자속의 교번에 의하여 변압기작용에 의한 **변압기기전력**이 유도되고, 단락전류가 크므로 정류작용은 직류기의 경우보다 악화된다. 이것을 개선하기 위해서 브러시에 접촉저항이 어느 정도 큰 것을 사용해서 저항정류를 하고, 또 대형으로 된 것은 보극을 설치하거나 전기자 코일과 정류자편 접속에 고저항의 도선을 사용하여 단락전류를 제한하기도 한다.

6. 교류 정류자 전동기의 속도기전력(speed e,m,f)에 관하여 설명하시오.

설명 : 지금 주자속의 최대치를 Φ_m, 자극수를 P, 전기자 병렬회로수를 a, 전기자의 전도체수를 Z, 전기자의 속도를 N[rpm] 이라 하면

속도기전력의 최대치 E_{rm} 은 $E_{rm} = \frac{P}{a} Z \frac{N}{60} \Phi_m$ [V] 이고,

주자속이 정현파이라면 실효치 E_r 은 $E_r = \frac{E_{rm}}{\sqrt{2}} = \frac{1}{\sqrt{2}} \frac{P}{a} Z \frac{N}{60} \Phi_m$ [V]

7. 교류정류자기 종류에 관하여 분류하시오.

설명 : ____________________

실험 43. 만능 전동기(유도보상형)의 부하특성

1) 실험 목적

1. 보상권선을 제거하였을 때의 효과
2. 유도보상 직권형 만능전동기의 제반 특성을 이해한다.

2) 개 요

만능전동기의 기동 토크는 전기자와 계자 권선을 통해 흐르는 전류에 의해 결정된다. 이 권선들의 유도성 리액턴스 때문에 교류 기동전류는 항상 직류 기동전류보다 작다. 교류전력일 때의 기동 토크는 같은 전압에서 직류 전력일 때의 기동 토크보다 작다. (42장. 실험순서 19에서 설명됨)

보상권선은 전동기의 전체 리액턴스를 줄이는 중요한 역할을 하며 전기자 반작용을 상쇄시키는 중요한 역할도 동시에 하므로 정류자의 정류조건을 개선시킨다.

보상권선이 없는 경우에는 전력의 대부분이 손실로 된다. 브러시에서는 불꽃이 크게 발생한다.

3) 장비 및 부품

전원공급장치(0-120[V_{dc}], 0-120[V_{ac}])	EMS 8821	전기동력계	EMS 8911
만능 유도전동기	EMS 8254	리드선	EMS 8951
교류전류계 (2.5/8[A_{ac}])	EMS 8425	회전 속도계	EMS 8920
교류전압계 (125/250[V_{ac}])	EMS 8426	타이밍 벨트	EMS 8942
직류전압전류계(200[V_{dc}], 2.5/5[A_{dc}])	EMS 8412		

4) 실험 순서

*** 교류로 유도 보상형 실험(보상권선이 없는 경우)**

1. [그림 43-1]과 같이 보상권선을 제거한 회로를 결선한다. (즉 보상권선의 단자 5와 6을 단락하지 않는다)
2. a) 만능전동기에 최소 기동부하를 공급하기 위해 전기동력계의 토크조정기를 반시계방향으로 끝까지 돌린다.
   b) 전원을 켠 후, 전압을 120[V_{ac}]로 조정한다.
   c) 전압계의 지시를 120[V_{ac}]로 유지 하면서 전기동력계의 부하(토크)를 아주 서서히 3[Ibf · in]로 증가시킨다. (측정시간이 오래 걸린다.)
   d) 전동기 전류와 속도를 측정한 후 [표 1]에 기록 한다.
   e) 브러시의 불꽃을 살펴본다.
   f) 전압을 0[V_{ac}]으로 한 후에 전원을 끈다.

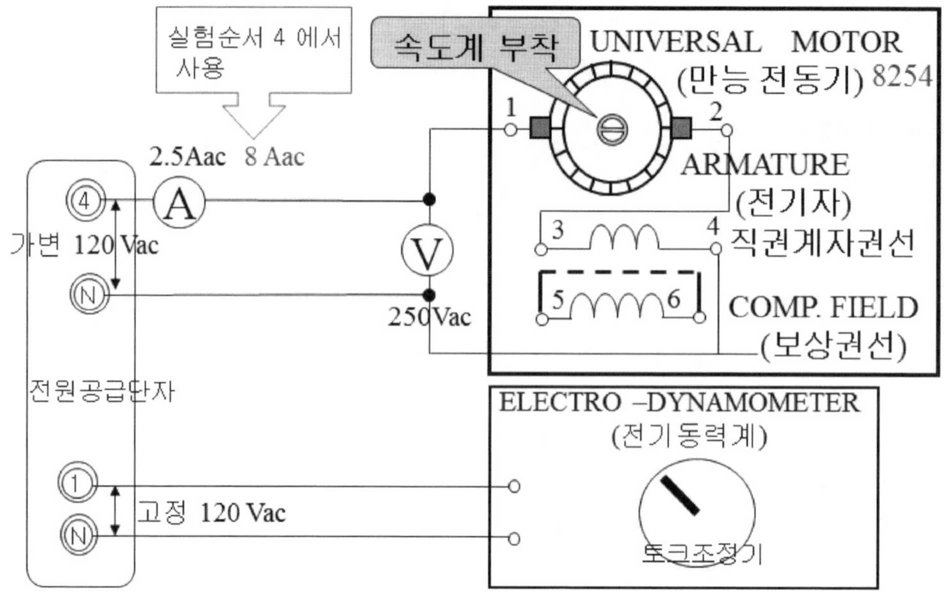

[그림 43-1] 교류로 유도 보상형 실험
(보상권선이 없는 경우와 있는 경우에 실험)

3. a) **실험 42. 만능전동기의 부하특성 실험**에서 [표 1] 교류로 보상직권형 실험의 결과와 [그림 43-1] 교류로 유도 보상형 실험의 결과(보상권선이 **없는** 경우)를 3[Ibf · in]일 때에 서로 비교한다.

설명 : 전류는 거의 일치하지만 속도는 크게 뒤진다. 보상권선이 없는 경우에 전동기는 낮은 출력을 발생한다.

b) 브러시의 불꽃은 어떠한가?

설명 : 보상권선이 없는 경우에 브러시에서 불꽃이 많이 발생한다.

[표 1] 교류로 보상 직권형 실험과 유도 보상형 실험(보상권선 무)의 결과를 비교

	토 크 [lbf · in]	전압 $[V_{ac}]$	전 류 $[A_{ac}]$	속 도 [rpm]	출 력 P_o[HP]	출력 P_o[W]
실험 42. [표 1] 교류로 보상직권형 실험의 결과	3					
실험 43.[그림 43-1]교류로 유도보상형 실험의 결과(보상권선이 **없는** 경우)	3					

*** 교류로 유도 보상형 실험(보상권선이 있는 경우)**

4\. a) 전동기가 교류에서 운전할 때 보상권선을 사용함으로써 얻어지는 효과를 관찰한다.

b) [그림 43-1]과 같이 교류로 운전할 때의 회로로 재 결선하며 전류계는 8[A_{ac}]를 사용한다.

유도보상형으로 하기위해 보상권선의 단자 5와 6을 리드선으로 **단락한다**.

c) 전원을 켠 후 전압계를 120[V_{ac}]로 조정한다.

d) 9[Ibf · in]의 토크가 발생하도록 토크조정기를 조정한다.

e) 전동기 전류, 전동기속도, 토크들을 측정한 후 [표 2]에 기록한다.

(이 실험에서 브러시의 불꽃이 심하게 발생함)

f) 브러시의 불꽃은 어떠한가?

설명 : 약간 발생한다.

g) 전동기가 동작할 때 보상권선의 단락선을 제거한다.

\# 절연 콘넥터로 단락선을 잡는다. 노출단자를 건드리지 말 것

h) 보상권선의 단락선을 제거한 후에 나타난 현상에 대해 설명한다.

설명 : 단락선이 제거됨과 동시에 전동기는 멈춘다. 실험순서 2에서는 부하가 3[Ibf · in]에서 1,000[rpm]으로 회전하였지만 여기서는 9[Ibf · in]로 부하가 더 크므로 전동기는 멈춘다.

i) 전압을 0[V_{ac}]으로 한 후에 전원을 끈다.

5\. a) **실험 42. 만능전동기의 부하특성 실험**에서 [**표 1**] 교류로 보상직권형 실험의 결과와 [**그림 43-1**] 교류로 유도 보상형 실험의 결과(보상권선이 **있는** 경우)를 9[Ibf · in]일 때에 서로 비교한다.

설명 : 비슷하다.

b) 브러시의 불꽃은 어떠한가?

설명 : 약간 발생한다.

[표 2] 교류로 보상 직권형 실험과 유도보상형 실험(보상권선 유)의 결과를 비교

	토 크 [lbf · in]	전압 [V_{ac}]	전 류 [A_{ac}]	속 도 [rpm]	출 력 P_o[HP]	출력 P_o[W]
실험 42. [표 1] 교류로 보상직권형 실험의 결과	9					
실험 43.[그림 43-1]교류로 유도보상형 실험의 결과(보상권선이 **있는** 경우)	9					

*** 직류로 유도 보상형 실험(보상권선이 없는 경우)**

6. [그림 43-2]와 같이 **직류**로 운전하기 위한 회로로 재 결선한다.(보상권선의 단자 5와 6을 **단락하지 않는다.**)

7. a) 만능전동기에 최소 기동부하를 공급하기 위해 전기동력계의 토크조정기를 반시계방향으로 끝까지 돌린다.
   b) 전원을 켠 후, 전압을 120[V_{dc}]로 조정한다.
   c) 전압계의 지시를 120[V_{dc}]로 유지하면서 전기동력계의 부하(토크)를 3[lbf · in]로 증가시킨다.
   d) 전동기 전류와 속도를 측정한 후 [표 3]에 기록 한다.
   e) 브러시의 불꽃을 살펴본다.
   f) 전압을 0[V_{dc}]으로 한 후에 전원을 끈다.

8. a) **실험 42. 만능전동기의 부하특성 실험**에서 [표 2] 직류로 보상직권형 실험의 결과와 [그림 43-2] 직류로 유도 보상형 실험의결과(보상권선이 **없는** 경우)를 3[lbf · in]일 때에 서로 비교한다.
   설명 : 보상권선이 없이 직류로 운전하면 전류가 더 흐르며 저속으로 회전한다.
   b) 브러시의 불꽃은 어떠한가?
   설명 : 불꽃도 많이 발생한다.

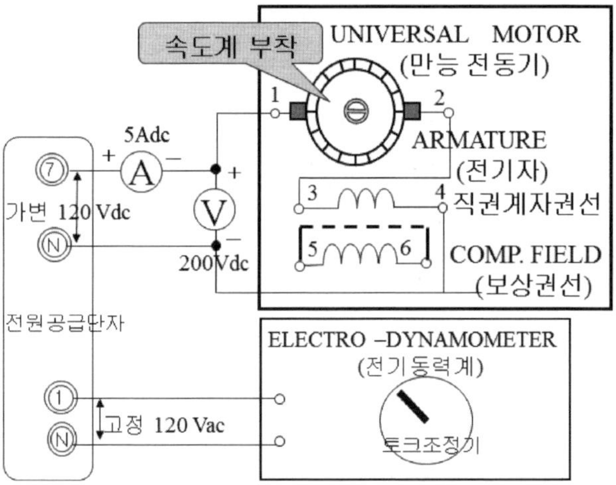

[그림 43-2] 직류로 유도 보상형 실험
(보상권선이 **없는** 경우와 **있는** 경우)

[표 3] 직류로 보상 직권형 실험과 유도보상형 실험(보상권선 무)의 결과를 비교

	토크 [lbf · in]	전압 [V_{dc}]	전류 [A_{dc}]	속도 [rpm]	출력 P_o[HP]	출력 P_o[W]
실험 42. [표 2] 직류로 보상직권형 실험의 결과	3					
실험 43.[그림 43-2]직류로 유도보상형 실험의 결과(보상권선이 **없는** 경우)	3					

*** 직류로 유도 보상형 실험(보상권선이 있는 경우)**

9. a) [그림 43-2]에서 **유도보상형**으로 하기위해 보상권선의 단자 5와 6을 **리드선으로 단락한다.**
   b) 전원을 켠 후 전압계를 120[V_{dc}]로 조정한다.
   c) 9[Ibf · in]의 토크가 발생하도록 토크조정기를 조정한다.
   d) 전동기 전류, 전동기속도, 토크들을 측정한 후 [표 4]에 기록한다.
   I= [A_{dc}], 속도= [rpm], 토크= [Ibf · in]
   e) 브러시의 불꽃은 어떠한가? 설명 : 브러시의 불꽃이 심하게 발생한다.
   f) 전동기가 동작할 때 보상권선의 단락선을 제거한다.
   g) 보상권선의 단락선을 제거한 후에 나타난 현상에 대해 설명한다. 설명 : 없다.
   h) 전압을 0[V_{ac}]으로 한 후에 전원을 끈다.

10. [표 2]의 교류로 유도 보상형 만능전동기(보상권선이 **있는** 경우)를 9[Ibf · in]의 토크에서 실험한 결과와 [표 4]의 직류로 유도 보상형 만능전동기(보상권선이 **있는** 경우)를 실험한 결과를 서로 비교하시오.
    설명 : ______________________________

[표 4] 교류, 직류로 유도보상형 실험(보상권선 유)의 결과를 비교

	토크 [lbf · in]	전압 [V_{ac}]	전류 [A_{ac}]	속도 [rpm]	출력 P_o [HP]	출력 P_o [W]
실험 43.[그림 43-1]**교류**로 유도보상형 실험의 결과(보상권선이 **있는** 경우)	9					
실험 43.[그림 43-2]**직류**로 유도보상형 실험의 결과(보상권선이 **있는** 경우)	9					

5) 연구 및 검토

1. 유도보상형과 보상직권형 만능전동기의 차이점은?
   설명 : 유도보상형은 보상권선이 단락된 것이며 보상권선의 자속이 전기자 자속을 상쇄하기 때문에 전기자 리액턴스를 감소 또는 소멸시켜준다.
   보상직권형은 보상권선이 전기자 권선과 직렬로 연결된 것이다.
2. 만능전동기에 보상권선이 필요한 이유를 설명하시오.
   설명 : 보상권선은 전기자 리액턴스를 감소 또는 소멸시켜주는데 필요하다.
3. 만능전동기는 교류 60[Hz]의 전력원일 때보다 25[Hz]의 전력원일 때를 비교하면 동작상의 차이점은 어떻게 다른가?
   설명 : 동작이 더 잘 된다. 유도 리액턴스가 주파수에 비례하므로 주파수가 낮을수록 전류의 흐름을 방해하는 리액턴스도 적어진다. 효율과 출력이 증가하고 정류는 개선된다.

실험 44. 저항부하, 유도성 및 용량성 부하에 대한 역률

1) 실험 목적

저항부하, 유도성 부하 및 용량성 부하에 대한 역률

2) 개 요

저항부하에서는 [그림 44-1]의 (a)와 같이 전압과 전류파형의 위상이 같은 동상이 되며 역률각은 0($\phi = 0$)이 되어서 역률은 1($\cos 0° = 1$)이 된다.

유도성 부하(X_L)에서는 (c)와 같이 전압보다 전류파형의 위상이 90° 뒤진전류가 흐르며(지상) 역률각은 90° ($\phi = 90°$)이 되어서 역률은 0($\cos 90° = 0$)이 된다.

저항부하와 직렬로 유도성 부하(X_L)를 결선하고 유도성 부하(X_L)를 증가시키면 (b)와 같이 전류의 위상은 점점 뒤진전류가 흐르며(지상), 역률각은 증가되어서 역률은 나빠진다.(역률은 적어진다)

또한 [그림 44-2]의 (c)와 같이 R과 X_L의 부하에서 벡터도에서 R에 걸리는 전압 V_R은 전류 I와 평행이고, X_L에 걸리는 전압 V_{X_L}은 전류 I보다 위상이 90° 빠르다거나 전류 I는 X_L에 걸리는 전압 V_{X_L}보다 위상이 90° 늦다고 한다.

역률은 $\cos\varphi = \dfrac{R}{Z} = \dfrac{R}{\sqrt{r^2 + {X_L}^2}}$ 또는 $\cos\varphi = \dfrac{\text{유효전력[W]}}{\text{피상전력[VA]}}$로 구한다.

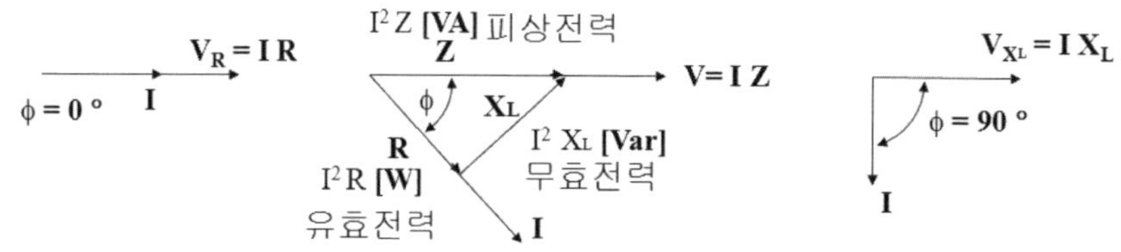

(a) R만의 부하 (b) R과 X_L일 때 (c) X_L만의 부하

[그림 44-1] 부하의 종류에 따른 역률각

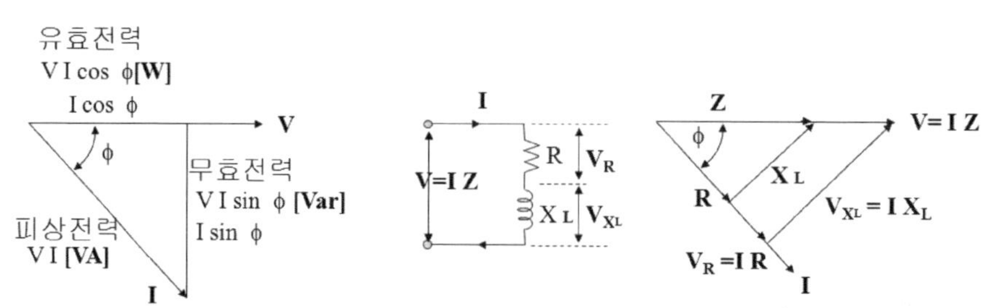

(a) 전력의 벡터도 (b) R과 X_L의 전압 (c) 전압의 벡터도

[그림 44-2] R과 X_L의 부하시의 벡터도

[표 1] 저항부하와 직렬로 유도성 부하(X_L)를 결선할 때의 역률

부 하	역률각(ϕ)	역률($\cos\phi$)	$\cos\phi \times 100[\%]$
R만의 부하 [그림 44-1의 (a)]	$\phi=0^\circ$	$\cos 0^\circ = 1$	100[%]
$R > X_L$일때 [그림 44-1의 (b)]	$\phi=30^\circ$이라면	$\cos 30^\circ = \frac{\sqrt{3}}{2} = 0.866$	86.6[%]
$R = X_L$일때 [그림 44-1의 (b)]	$\phi=45^\circ$	$\cos 45^\circ = \frac{1}{\sqrt{2}} = 0.707$	70.7[%]
$R < X_L$일때 [그림 44-1의 (b)]	$\phi=60^\circ$이라면	$\cos 60^\circ = \frac{1}{2} = 0.5$	50[%]
X_L만의 부하 [그림 44-1의 (c)]	$\phi=90^\circ$	$\cos 90^\circ = 0$	0[%]

용량성 부하(X_C)에서는 [그림 44-3]의 (c)와 같이 전압보다 전류파형의 위상이 90° 앞선전류가 흐르며(진상) 역률각은 90° ($\phi=-90^\circ$)이 되어서 역률은 0 ($\cos(-90^\circ) = \cos(90^\circ) = 0$)이 된다.

저항부하와 직렬로 용량성 부하(X_C)를 결선하고 용량성 부하(X_C)를 증가시키면 전류의 위상은 점점 앞선전류가 흐르며(진상), 역률각은 증가되어서 이 때도 역률은 나빠진다.(역률은 적어진다)

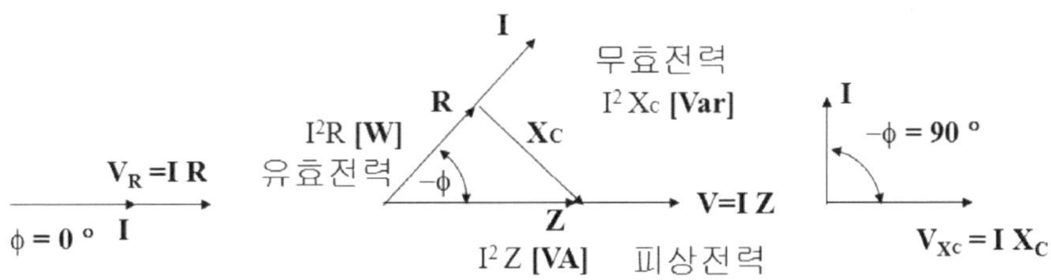

(a) R만의 부하 (b) R과 X_C 일 때 (c) X_C만의 부하

[그림 44-3] 부하의 종류에 따른 역률각

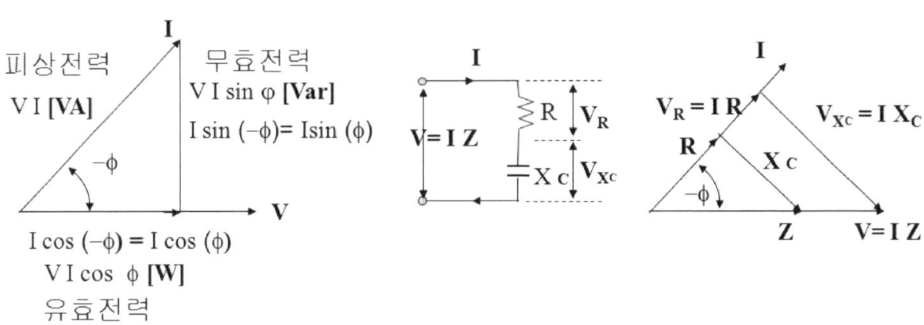

(a) 전력 (b) R과 X_C의 전압 (c) 전압의 벡터도

[그림 44-4] R과 X_C의 부하시의 벡터도

[표 2] 저항부하와 직렬로 유용량성 부하(X_C)를 결선할 때의 역률

부 하	역률각(ϕ)	역률($\cos\phi$)	$\cos\phi \times 100[\%]$
R만의 부하 [그림 44-3의 (a)]	$\phi=0°$	$\cos 0° = 1$	100[%]
$R > X_C$일때 [그림 44-3의 (b)]	$\phi=30°$이라면	$\cos 30° = \frac{\sqrt{3}}{2} = 0.866$	86.6[%]
$R = X_C$일때 [그림 44-3의 (b)]	$\phi=45°$	$\cos 45° = \frac{1}{\sqrt{2}} = 0.707$	70.7[%]
$R < X_C$일때 [그림 44-3의 (b)]	$\phi=60°$이라면	$\cos 60° = \frac{1}{2} = 0.5$	50[%]
X_C만의 부하 [그림 44-3의 (c)]	$\phi=90°$	$\cos 90° = 0$	0[%]

역률을 개선하라는 말은 무효전력을 줄이라는 뜻이며 유도성 리액턴스 (X_L)의 값을 줄이거나 용량성 리액턴스 (X_C), 또는 동기조상기 등을 사용하여 역률각(ϕ)은 줄여줌에 따라 역률($\cos\phi$)는 큰 값으로 되는데 우리는 역률이 좋다고 말한다.

---

3) 장비 및 부품

전원공급 장치 (0-120[V_{ac}])	EMS 8821	저항기 모듈(R)	EMS 8311
변압기 모듈	EMS 8341	유도기 모듈(X_L)	EMS 8321
교류전압계 (250/250[V_{ac}])	EMS 8426	용량기 모듈(X_C)	EMS 8331
교류전류계 (0.5/0.5[A])	EMS 8425	리드선	EMS 8951

4) 실험 순서

*** 저항부하(R)에 직렬로 연결된 유도성 부하(X_L)일 때의 역률 실험**

1. 전력계, 변압기, 전원공급 장치, 저항기, 유도성 부하(모듈 EMS 8321), 교류전압/전류계를 이용하여 [그림 44-5]와 같이 결선한다.

2. a) 부하전류를 0[A_{ac}]으로 하기 위해 저항기와 유도성 부하의 모든 스위치를 열어 둔다.
   b) 전압 조정기를 반시계 방향으로 돌려 0[V_{ac}]에 놓여 있는가를 확인한 후 전원 공급 장치의 스위치를 켠다. 전압계 V_1의 입력 전압이 120[V_{ac}]로 조절한다.
   c) [표 1]에 기록된 저항과 유도성부하(X_L)의 값으로 조절하면서 V_1, I_1, V_2, I_2, W를 측정하고 [표 1]에 기록한다. 입력 전압이 정확히 120[V_{ac}]로 되도록 다시 조절한다.
   d) 전압 조정기를 반시계 방향으로 돌려 전압을 0[V_{ac}]로 하고 전원을 끈다.

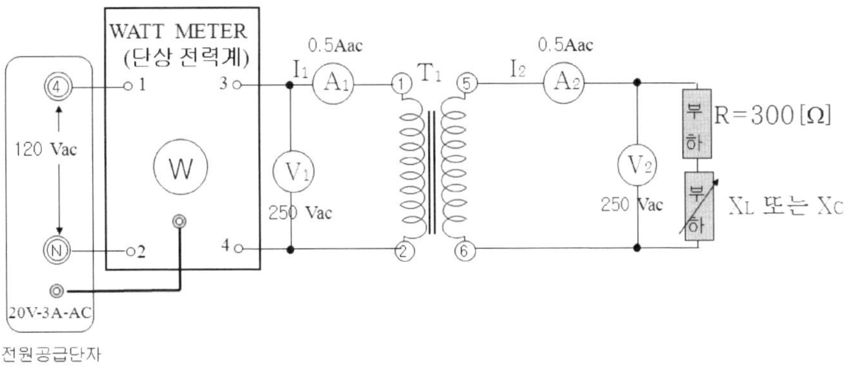

[그림 44-5] 저항부하와 직렬로 연결된 유도성, 용량성 부하에서의 역률 실험

[표 3] 저항부하와 직렬로 연결된 유도성 부하(X_L)에서의 역률 실험

저항부하 $R[\Omega]$	유도부하 $X_L[\Omega]$	V_1 [V_{ac}]	I_1 [A_{ac}]	W[W]	V_2 [V_{ac}]	I_2 [A_{ac}]	$\cos\phi = \frac{W}{V_1 I_1}$	$\phi = \cos^{-1}\left(\frac{W}{V_1 I_1}\right)$
300[Ω]	0[Ω]단락							
300[Ω]	200[Ω] (300[Ω]과 600[Ω]을 병렬결선)							
300[Ω]	300[Ω]							
300[Ω]	600[Ω]							
300[Ω]	1,200[Ω]							

*** 저항부하(R)에 직렬로 연결된 용량성 부하(X_C)일 때의 역률 실험**

3. 전력계, 변압기, 전원공급 장치, 저항기, 용량성 부하(모듈 EMS 8331), 교류전압/전류계를 이용하여 [그림 44-5]와 같이 결선한다.

4. a) 부하전류를 0[A_{ac}]으로 하기 위해 저항기와 용량성 부하의 모든 스위치를 열어 둔다.
   b) 전압 조정기를 반시계 방향으로 돌려 0[V_{ac}]에 놓여 있는가를 확인한 후 전원공급 장치의 스위치를 켠다. 전압계 V_1의 입력 전압이 120[V_{ac}]로 조절한다.
   c) [표 1]에 기록된 저항과 용량성 부하(X_C)의 값으로 조절하면서 V_1, I_1, V_2, I_2, W를 측정하고 [표 2]에 기록한다. 입력전압이 120[V_{ac}]로 되도록 다시 조절한다.
   d) 전압 조정기를 반시계 방향으로 돌려 전압이 0[V_{ac}]가 되게 한 후 전원을 끈 다.

[표 4] 저항부하와 직렬로 연결된 용량성 부하(X_C)에서의 역률 실험

저항부하 $R[\Omega]$	용량부하 $X_C[\Omega]$	V_1 [Vac]	I_1 [Aac]	W[W]	V_2 [Vac]	I_2 [Aac]	$\cos\phi = \frac{W}{V_1 I_1}$	$\phi = \cos^{-1}\left(\frac{W}{V_1 I_1}\right)$
300[Ω]	0[Ω]단락							
300[Ω]	200[Ω] (300[Ω]과 600[Ω]을 병렬결선)							
300[Ω]	300[Ω]							
300[Ω]	600[Ω]							
300[Ω]	1,200[Ω]							

5. [표 3]과 [표 4]에서 1차역률을 계산하고 1차역률과 1차전류 I_1의 곡선을 [그림 44-6]에 그리시오.

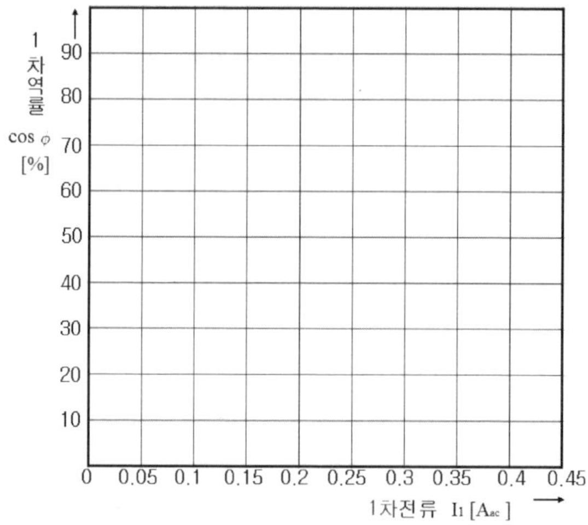

[그림 44-6] 1차역률과 1차전류 I_1의 곡선

5) 연구 및 검토

1. 저항부하와 직렬로 연결된 유도성 부하에서 유도성 부하를 증가해가면 역률은 어떻게 변하는가?
   설명 : ______________________________

   ____

2. 저항부하와 직렬로 연결된 용량성 부하에서 용량성 부하를 증가해가면 역률은 어떻게 변하는가?
   설명 : ______________________________

   ____

실험 45. 3권선 변압기를 이용한 역률개선

1) 실험 목적

단상에서 3권선 변압기의 2차권선에는 저항부하(R)에 직렬로 연결된 유도성부하(X_L)를 결선하고 3차권선에는 용량성부하(X_C)를 결선하면 1차측의 역률이 개선된다.

3상에서는 3권선 변압기 3대를 사용하고 1차권선은 Y결선하고, 2차권선도 Y결선 해서 저항부하(R)에 직렬로 연결된 유도성부하(X_L)를 Y결선하고, 3차권선은 Δ로 결선하고 3차권선에 용량성부하(X_C)를 Δ 결선하면 1차측의 역률이 개선된다.

3상에서의 $Y-Y-\Delta$결선은 복잡하므로 실험은 생략한다.

2) 개 요

3권선변압기(three-winding transformer)는 [그림 45-1]과 같이 한 개의 변압기에 3개의 권선이 있는 것이다.

*** 단상에서의 3권선변압기**

1차와 2차 및 3차기전력을 각각 E_1, E_2, E_3 또한 권수를 각각 w_1, w_2, w_3이라 하면

$$E_2 = \frac{w_2}{w_1}E_1, \quad E_3 = \frac{w_3}{w_1}E_1 \qquad (47-1)$$

2차권선과 3차권선에 부하를 건 경우의 전류를 $\dot{I_2}$, $\dot{I_3}$라고 하면, 1차전류는 이에 대응하여 흐르는 전류와 여자전류 $\dot{I_o}$의 벡터합이다.

$$\dot{I_1} = \dot{I_2}' + \dot{I_3}' + \dot{I_o} = \frac{w_2}{w_1}\dot{I_2} + \frac{w_3}{w_1}\dot{I_3} + \dot{I_o} \qquad (47-2)$$

따라서, 2차권선에 지상역률의 부하가 있는 경우에는 3차권선에 앞선 역률의 부하를 접속하면 1차측의 역률을 개선할 수 있다.

3권선변압기를 1차로 환산한 간이등가회로는 [그림 45-2]와 같이 나타낼 수 있다.

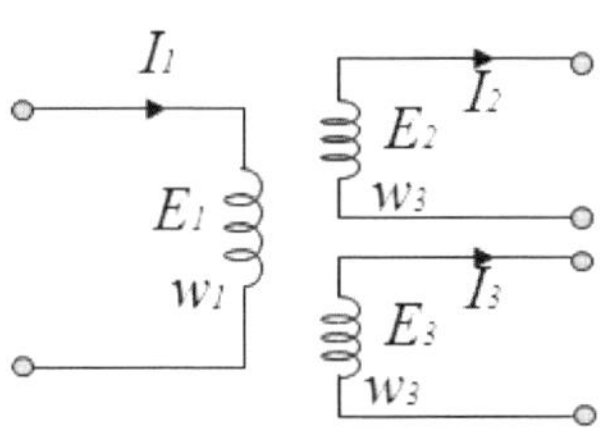

[그림 45-1] 단상에서의 3권선변압기

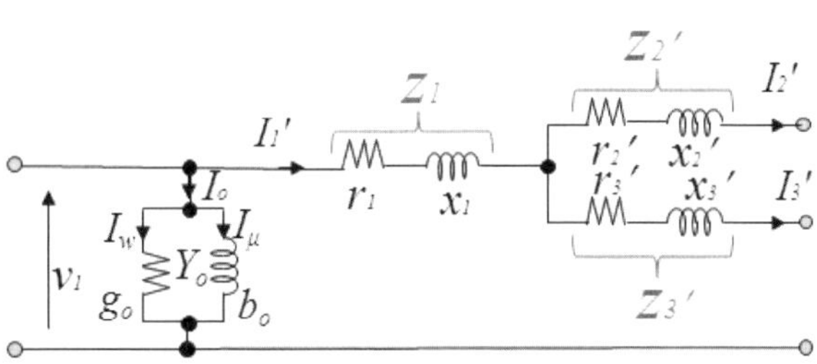

[그림 45-2] 단상에서의 3권선변압기의 등가회로

역률을 개선하라는 말은 무효전력을 줄이라는 뜻이며 유도성 리액턴스 (X_L)의 값을 줄이거나 용량성 리액턴스 (X_C), 또는 동기조상기 등을 사용하여 역률각(φ)은 줄여줌에 따라 역률($\cos\varphi$)는 큰 값으로 되는데 우리는 역률이 좋다고 말한다.

3차권선의 목적은 3상에서 3대의 변압기를 뱅크($Y-Y-\Delta$ 결선)로 했을 때

(1) 변압기의 결선이 $Y-Y$이면 제3고조파 전압이 생겨서 파형이 변형하기 때문에 소용량의 제3의 권선을 별도로 설치하여 이것을 Δ 결선으로 해서 파형의 변형을 방지하는 것이 주 목적이다.

(2) 3차권선에 조상기를 접속하여 송전선의 전압조정과 역률개선에 사용된다.

(3) 3차권선에서 발전소내용 전력 등 별개의 계통으로 전력을 공급한다. 또는 반대로 3권선중 2권선을 1차로 하고 다른 것을 2차로 하여 각각 다른 계통에서 전력을 받을 수도 있다.

3) 장비 및 부품

전원공급장치 (0-120[V_{ac}])	EMS 8821	저항기 모듈(R)	EMS 8311
3상 변압기 모듈	EMS 8348	유도기 모듈(X_L)	EMS 8321
교류전압계 (250/250[V_{ac}])	EMS 8426	용량기 모듈(X_C)	EMS 8331
교류전류계 (0.5/0.5[A]	EMS 8425	리드선	EMS 8951
단상 전력계	EMS 8431		

4) 실험 순서

*** 2차권선에는 저항부하에 직렬로 연결된 유도성부하를 걸고 3차권선에 용량성 부하를 걸고 역률 실험**

1. 전력계, 변압기, 전원공급 장치, 저항기, 유도성부하(모듈 EMS 8321), 교류전압/전류계를 이용하여 [그림 45-3]과 같이 결선한다.

2. a) 부하전류를 0[A_{ac}]으로 하기 위해 저항기와 유도성부하 및 용량성부하의 모든 스위치를 열어 둔다.

   b) 전압 조정기를 반시계 방향으로 돌려 0[V_{ac}]에 놓여 있는가를 확인한 후 전원 공급 장치의 스위치를 켠다. 전압계 V_1의 입력 전압이 120[V_{ac}]로 조절한다.

   c) [표 1]에 기록된 저항과 유도성부하(X_L)을 고정하고 용량성부하(X_C)의 값을 조절하면서 V_1, I_1, V_2, I_2, V_3, I_3, W를 측정하고 [표 1]에 기록한다.

   d) 전압 조정기를 반시계 방향으로 돌려 전압이 0[V_{ac}]가 되게 한 후 전원을 끈다.

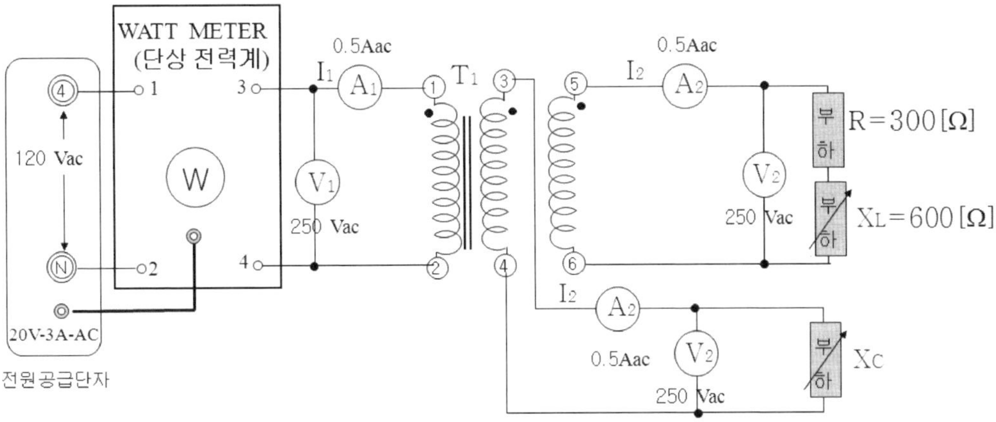

[그림 45-3] 단상에서의 3권선변압기의 역률개선 실험

[표 1] 3권선변압기에서의 역률 실험

저항부하 $R[\Omega]$	유도부하 $X_L[\Omega]$	용량부하 $X_C[\Omega]$	V_1 [Vac]	I_1 [Aac]	W [W]	V_2 [Vac]	I_2 [Aac]	V_3 [Vac]	I_3 [Aac]	$\cos\phi = \frac{W}{V_1 I_1}$
300[Ω]	600[Ω]	200[Ω] (300[Ω]과 600[Ω]을 병렬결선								
300[Ω]	600[Ω]	300[Ω]								
300[Ω]	600[Ω]	600[Ω]								
300[Ω]	600[Ω]	1,200[Ω]								

3. [표 1]에서 1차역률을 계산하고 1차 역률과 1차전류 I_1의 곡선을 [그림 45-4]에 그리시오.

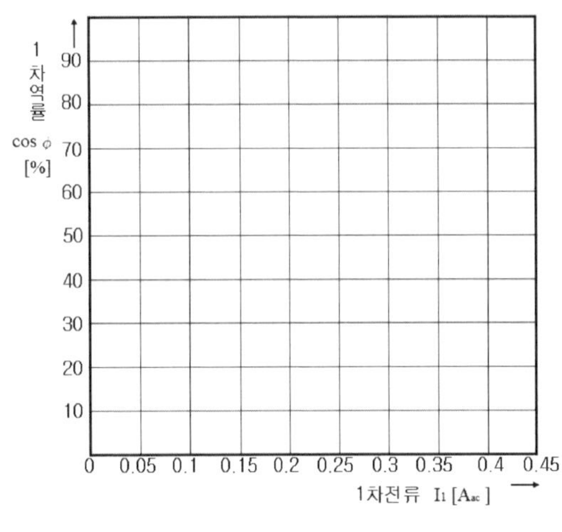

[그림 45-4] 1차역률과 1차전류 I_1의 곡선

5) 연구 및 검토

1. 실험 44에서 저항부하 300[Ω]과 직렬로 결선된 유도성부하 600[Ω]일 때와 실험 45에서 3권선변압기에서 3차권선에 연결된 용량성부하를 증가할 때의 데이터를 비교하면서 역률은 어떻게 변하는지 설명하시오.

설명 : 실험 44에서 저항부하 300[Ω]과 직렬로 결선된 유도성부하 600[Ω]일 때의 역률은 (   )이 되지만 실험 45에서 3권선변압기에서 3차권선에 연결된 용량성부하를 증가할 때에는 [표 1과 같이 역률이 (   )을 알 수 있다.

기사문제

2. 3권선변압기의 3차권선을 설치하는 목적은 무엇이며 어떠한 경우에 사용되는가?

설명 : ______________________________

____

3. 1차 Y결선 100[kV], 20[MVA]와 2차 Y결선 66[kV], 22[MVA], 3차 Δ결선 11[kV], 10[MVA]의 3권선변압기 뱅크가 있다. 2차에는 역률 80[%]이며, 15[MW]의 부하가 있고, 3차에는 10[MVA]의 정전 콘덴서를 접속한 경우, 1차에는 어떠한 전류가 흐르는가?

또, 역률은 어떤가? 단, 여자전류와 손실은 무시한다.

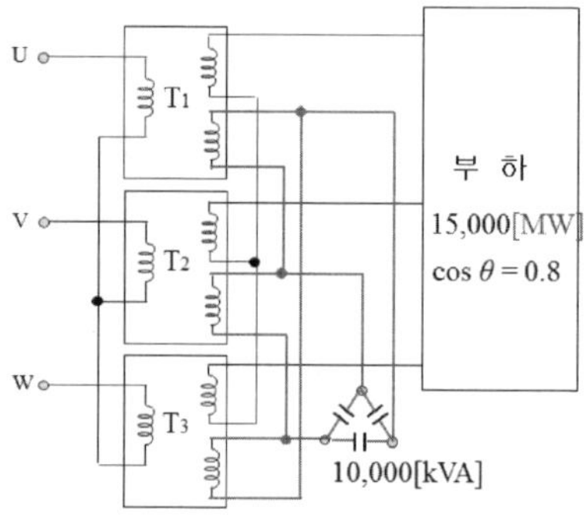

[그림 45-문 3] 결선도

설명 : $Y-Y-\Delta$결선에서 2차유효전력 15[MW]

2차 무효전력 $\frac{15}{0.8}\times 0.6 = 11.25[\text{MVar}]$지상

1차 무효전력 $11.25-10=1.25[\text{MVar}]$지상

1차 피상전력 $\sqrt{15^2+1.25^2}=15.052[\text{MVA}]$

$\cos\theta = 15/15.052 = 0.9965$

$$I_1 = \frac{15.052\times 10^6}{\sqrt{3}\times 100\times 10^3} = 87[\text{A}]$$

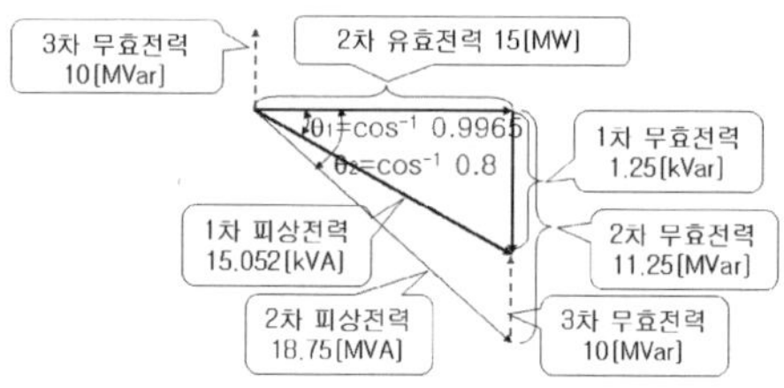

[그림 45-문 3] 벡터도

4. 3상 3권선변압기가 있다. 1차, 2차 및 3차의 선간전압은 각각 60[kV], 30[kV] 및 10[kV]이다. 권선결선은 1차 Y형, 2차 Δ형, 3차 Δ형으로 하고, 2차는 뒤진 역률 80[%]의 부하 5,000[kVA]를 공급하고, 3차는 진상 콘덴서를 접속하고, 1차측을 역률 95[%]로 개선하는 경우 접속하는 콘덴서의 용량 [kVar]는 얼마인가?

또, 1차, 2차 및 3차권선에 흐르는 전류는 얼마인가?

설명 : $Y-\Delta-\Delta$ 결선에서 60, 30, 10[KV]의 전압임

$P = 5{,}000\times 0.8 = 4{,}000[\text{kW}]$

개선전(2차) 무효전력 $P_1 = \dfrac{4,000}{0.8} \times \sqrt{1-0.8^2} = 3,000[\text{kVar}]$

개선후(1차) 무효전력 $P_2 = \dfrac{4,000}{0.95} \times \sqrt{1-0.95^2} = 1,314[\text{kVar}]$

콘덴서 용량(3차 무효전력) $P_c = 3,000 - 1,314 = 1,686[\text{kVar}]$

Y결선 1차선전류(상전류) $= \dfrac{\dfrac{4,000}{0.95}(\text{1차측개선후 피상})}{\sqrt{3}\times 60(\text{선간전압})} = 40.5[\text{A}]$

$\{※\ \text{1차 피상}\ \sqrt{4,000^2+1,314^2} = 4,210\}$

$\left\{\text{또는}\ \dfrac{4,000}{0.95} = 4,210[\text{kVA}]\right\}$

Δ결선 2차상전류

$= \dfrac{5,000(\text{2차측 피상})}{3\times 30(\text{상전압})} = 55.6[\text{A}]$

Δ결선 3차상전류

$= \dfrac{1,686}{3\times 10(\text{상전압})} = 56.2[\text{A}]$

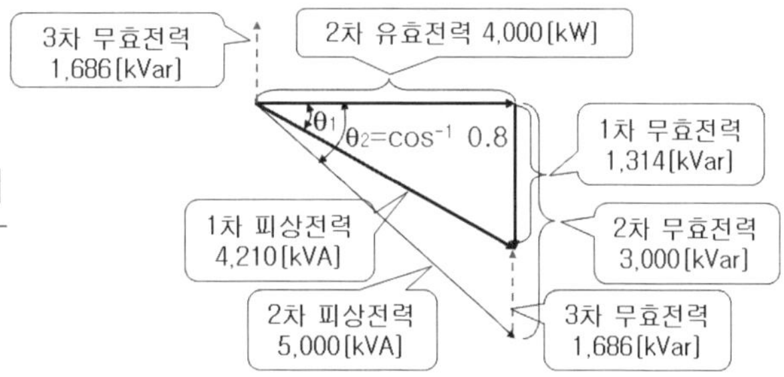

[그림 45-문 4]

5. 3권선 변압기가 있다. 1차 60[kV], 2차 20[kV], 3차 6[kV]이다. 2차측에 역률 80[%]의 유도성 부하 4,000[kVA]를 걸었고, 3차측에 용량성 무효전력 1,500[kVar]의 부하를 걸었을 때 1차측의 피상전력 및 역률을 구하라.

설명 : 2차측의 유효분은 $4,000\times 0.8 = 3,200[\text{kW}]$

2차측의 무효분은 $4,000\times 0.6 = 2,400[\text{kvar}]$ (지상)

3차권선의 부하는 진상 $1,500[\text{kvar}]$ 이므로

1차측의 무효분은 $2,400 - 1,500 = 900[\text{kvar}]$

1차측의 유효분은

$3,200[\text{kW}]$

∴ 1차측의 피상전력

$= \sqrt{3,200^2+900^2} = 3,324[\text{kVA}]$

∴ 1차측의 역률

$\cos\theta_1 = \dfrac{3,200}{3,324} = 0.963$

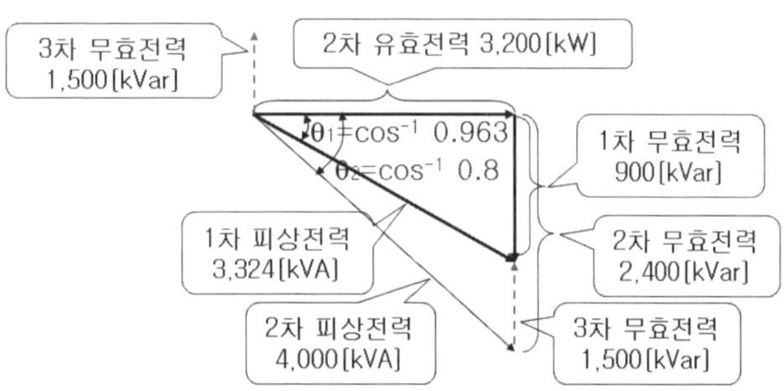

[그림 45-문 5]

실 험 보 고 서	실험조	실험일자 : 월 일	제출일자 : 월 일	검 인
	조	학년 반 번 성명:		

실험 1. 직류 발전기/전동기의 구조와 권선의 저항측정

6\. 설명 : 분권 계자전압 $V_f = (\quad)[V_{dc}]$

설명 : 분권 계자저항 $R_f = \frac{(V_f)[V]}{(I_f)[A]} = \frac{(\quad)[V]}{(\quad)[A]} = (\quad)[\Omega]$

설명 : 분권 계자동손 $P_f = I_f^2 R_f = (\quad)^2 \times (\quad) = (\quad)[W]$

7\. 설명 : 직권 계자전압 $V_s = (\quad)[V_{dc}]$

설명 : 직권 계자저항 $R_s = \frac{(V_s)[V]}{(I_s)[A]} = \frac{(\quad)[V]}{(\quad)[A]} = (\quad)[\Omega]$

설명 : 직권 계자동손 $P_s = I_s^2 R_s = (\quad)^2 \times (\quad) = (\quad)[W]$

8\. 설명 : 전기자 전압 $V_a = (\quad)[V_{dc}]$

설명 : 전기자 저항 $R_a = \frac{(V_a)[V]}{(I_a)[A]} = \frac{(\quad)[V]}{(\quad)[A]} = (\quad)[\Omega]$

설명 : 전기자 동손 $P_a = I_a^2 R_a = (\quad)^2 \times (\quad) = (\quad)[W]$

9\. 설명 : $V_a = (\quad)[V_{dc}]$, $R_a = \frac{(V_a)[V]}{(I_a)[A]} = \frac{(\quad)[V]}{(\quad)[A]} = (\quad)[\Omega]$,

$P_a = I_a^2 R_a = (\quad)^2 \times (\quad) = (\quad)[W]$

10\. 설명 : $V_a = (\quad)[V_{dc}]$, $R_a = \frac{(V_a)[V]}{(I_a)[A]} = \frac{(\quad)[V]}{(\quad)[A]} = (\quad)[\Omega]$,

$P_a = I_a^2 R_a = (\quad)^2 \times (\quad) = (\quad)[W]$

11\. (브러시를 포함한) 전기자 저항은 실질적으로 전기자의 모든 회전위치에서 같은가? 그 이유를 전기자, 정류자와 브러시를 그려서 설명하시오.

설명 : 예. [그림 1-5]와 같이 전기자 권선은 정류자 주위를 돌면서 폐회로를 이루고 있으므로 전기자 저항은 실질적으로 전기자의 모든 회전위치에서 같다.

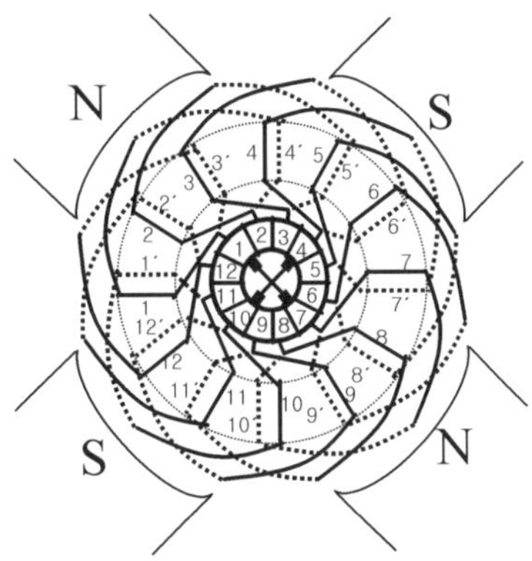

[그림 1-5] 전기자, 정류자와 브러시

5) 연구 및 검토

1. 만일 분권계자권선이 120[V_{dc}]에 의해 여자 된다면 발전기의 분권 계자전류는?

   설명 : $I_f = \dfrac{V_f\,[\mathrm{V}]}{R_f\,[\Omega]} = \dfrac{(\quad)[\mathrm{V}]}{(\quad)[\Omega]} = (\quad)[\mathrm{A_{dc}}]$

2. 만일 발전기의 직권 계자권선에 3[A_{dc}]의 전류가 흐른다면 전압강하의 값은?

   설명 : $V = IR_s = (\quad)\times(\quad) = (\quad)[\mathrm{V_{dc}}]$

3. 계자저항기를 분권권선과 직렬로 연결하고 120[V_{dc}]전압이 걸리면 얻을 수 있는 분권계자전류의 변화는?

   설명 : 최소 분권 계자전류 $I_f = \dfrac{V_f[\mathrm{V}]}{R_f[\Omega] + \text{계자저항}\, FR\,[\Omega]} = \dfrac{(\quad)[\mathrm{V}]}{(\quad)+(\quad)} = (\quad)[\mathrm{A_{dc}}]$,

   최대 분권 계자전류 $I_f = \dfrac{V_f[\mathrm{V}]}{R_f[\Omega] + \text{계자저항}\, FR\,[\Omega]} = \dfrac{(\quad)[\mathrm{V}]}{(\quad)+(\quad)} = (\quad)[\mathrm{A_{dc}}]$

4. 발전기의 브러시가 구리대신 탄소(카본)으로 만들어지는 이유는?

   설명 :

5. 브러시가 중성축에 있을 때 전기자권선의 축과 분권권선의 축은 서로 어떤 위치로 구성되어 있는가?

   설명 :

6. 직류 발전기의 중성축 위치를 찾는 방법은?

   설명 : 참조 [그림 1-1]

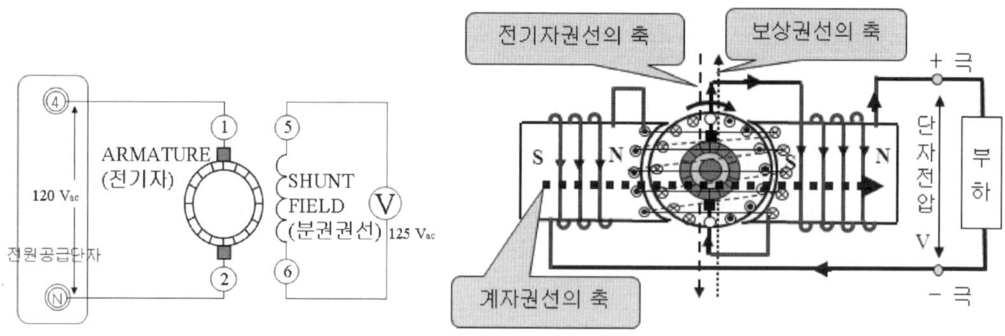

(a) (b) 직류 직권발전기에서 각 권선의 축

[그림 1-1] 브러시의 중성축 위치 찾기

<table>
<tr><td rowspan="2">실 험 보 고 서</td><td>실험조</td><td>실험일자 : 월 일</td><td>제출일자 : 월 일</td><td>검 인</td></tr>
<tr><td>조</td><td colspan="2">학년 반 번 성명:</td><td></td></tr>
</table>

실험 2. 직류 타여자 발전기

4.

e) 계자전류가 0[A_{dc}]임에도 불구하고 전기자의 유도기전력(E)가 유도되는 이유를 설명하시오.

설명 : ____________________

f) 계자전류가 증가함에 따라 곡선이 구부러지는 이유를 설명하시오.

설명 : ____________________

____

____

[표 1] 무부하 실험 결과

I_f[mA_{dc}]	$V_o = E$[V]
0	잔류자기만 존재
50	
100	
150	
200	
250	
300	
350	
400	

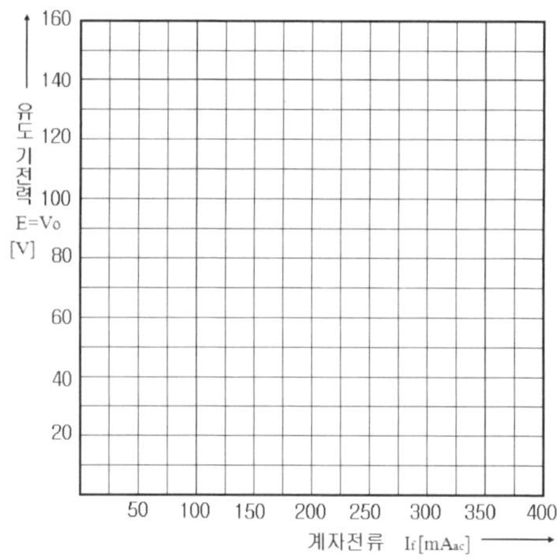

[그림 2-4] 직류 타여자 발전기의 무부하 특성곡선

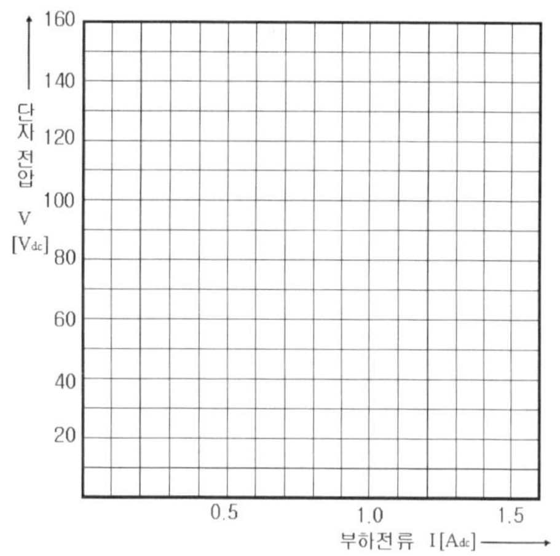

[그림 2-8] 외부특성곡선

* 계자의 극성을 바꾼경우

5. d) 무부하시 단자전압을 측정해서 기록한다. $V_o = E$ = ___ [V_{dc}]

e) 극성이 바뀐 것을 제외하고는, 단자전압은 실험 4의 값과 같은가? 설명 : _____

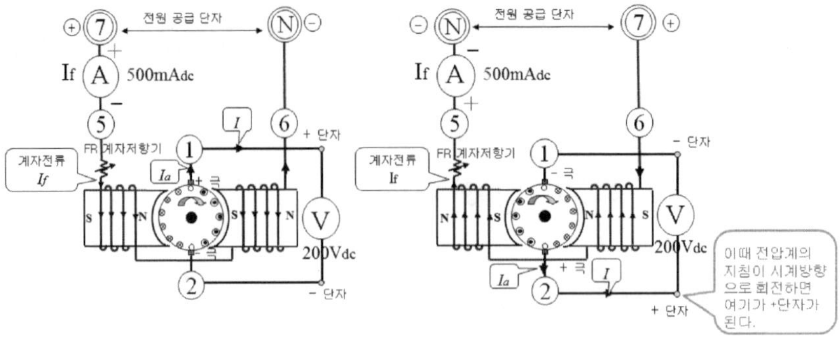

(a) 계자의 극성을 바꾸기 전 (b) 계자의 극성을 바꾼 후

[그림 2-5] 계자의 극성을 바꾼 경우

*** 회전방향을 바꾼경우**

6. d) 무부하시 단자전압을 측정해서 기록한다. $V_o = E =$ ____ [V_{dc}]

e) 극성이 바뀐 것을 제외하고는, 단자전압은 실험 5의 값과 같은가?

설명 : ________________________________

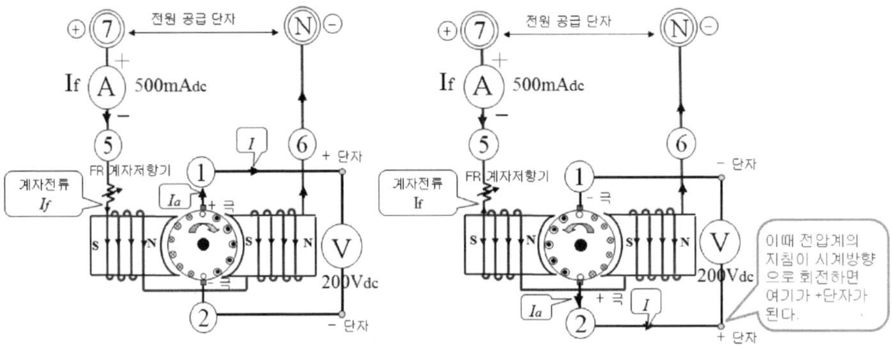

(a) 시계방향으로 회전시 (b) 반 시계방향으로 회전시

[그림 2-6] 직류 타여자 발전기의 회전방향 변경시

[표 2] 부하 실험의 결과

	부하저항 $R_L[\Omega]$	부하전류 I [A_{dc}]	단자전압 V [V_{dc}]	출력 P_o [W]
무부하시	∞[Ω]	$I_o = 0$	(V_o = E)=	
부하시	600[Ω]	$I =$	단자전압(V)=	
"	300[Ω]	$I =$	단자전압(V)=	
"	200[Ω]	$I =$	단자전압(V)=	
"	150[Ω]	$I =$	단자전압(V)=	
"	120[Ω]	전부하전류 $I_n =$	단자전압(V)=	정격출력 P_n [W]
과부하시	100[Ω]	$I =$	단자전압(V)=	
"	80[Ω]	$I =$	단자전압(V)=	
"	75[Ω]	$I =$	단자전압(V)=	

*** 발전기의 전기자 단자를 단락한 경우**

11. d) 동기 전동기가 정지할 때의 타여자 발전기의 계자전류 I_f 의 값은?

I_f = ____ [mA$_{dc}$]

f) 타여자 발전기에서 전기자를 단락하면 동기 전동기가 정지하게 되는 이유를 설명하시오.(참조 [그림 2-9])

설명 : 발전기에 기계적인 힘을 가하여 회전시키면 [그림 2-10]과 같이 플레밍의 오른손법칙을 적용하면 기전력이 유도되고, 전기자권선에는 전기자전류가 흐른다.

이 전류와 자계와의 작용하는 힘의 방향은 [그림 2-11]과 같이 플레밍의 왼손법칙을 적용하면 발전기의 회전방향과는 반대가 된다. 따라서 전기자 전류가 증가하면 전동기를 정지시킬 만큼 강한 제동효과가 생긴다.

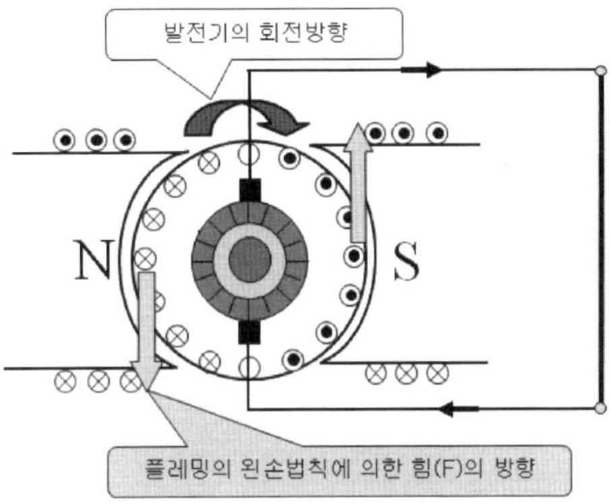

[그림 2-9] 발전기의 회전방향과 힘의 방향

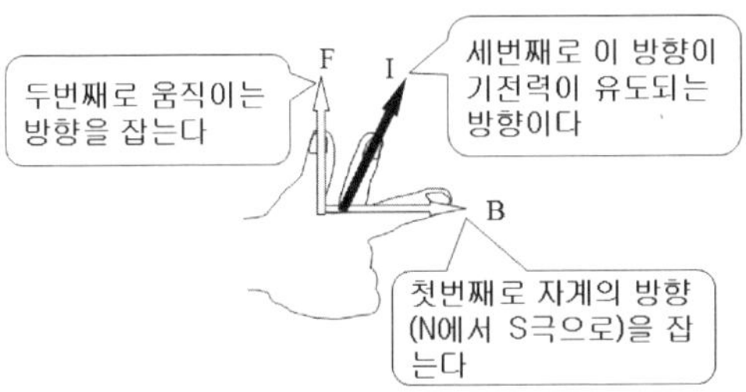

[그림 2-10] 플레밍의 왼손법칙

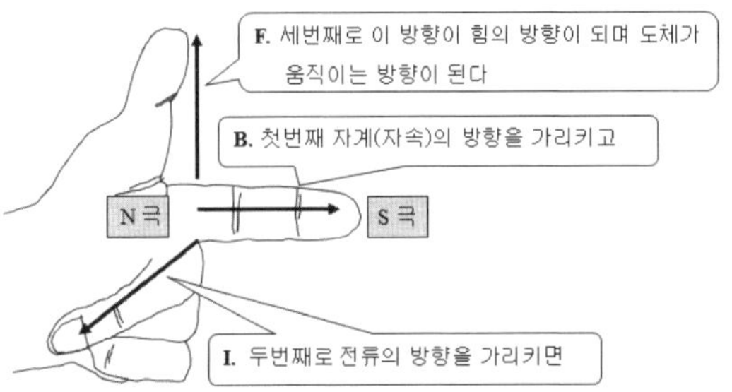

[그림 2-11] 플레밍의 왼손법칙

5) 연구 및 검토

1. 직류 타여자 발전기에서 유도 기전력(E)의 극성을 바꾸는 두 가지 방법은?

설명 : ______________________________

2. 무부하로부터 전부하(1.0[A$_{dc}$])까지의 전압 변동률을 계산하시오.

설명 : 전압 변동률 $= \dfrac{V_o - V_n}{V_n} = \dfrac{(\quad) - (\quad)}{(\quad)} = (\qquad)$ [%]

실 험 보 고 서	실험조	실험일자 : 월 일	제출일자 : 월 일	검 인
	조	학년 반 번 성명:		

실험 3. 직류 분권발전기

*** 무부하 실험**

4. e) 부하저항을 개방하고 전기자 의 유도 기전력(E)을 측정한다. $E = V_o =$___ [V_{dc}]

5. 분권발전기의 계자저항기를 변화시킬 때 전기자의 유도 기전력(E)가 어떻게 변화하는가를 살펴보고 설명하시오.

설명 : ______________________________

____

*** 부하 실험**

7. e) [그림 3-4]에 직류 분권 발전기의 V 대 I 곡선(외부특성곡선)을 나타내어라.

설명 : ______________________________

f) 부하에서 전부하(1.0[A_{dc}])까지의 변동률을 계산한다.

설명 : 전압 변동률 =

$$\frac{V_o - V_n}{V_n} = \frac{(\quad) - (\quad)}{(\quad)} = (\quad)[\%]$$

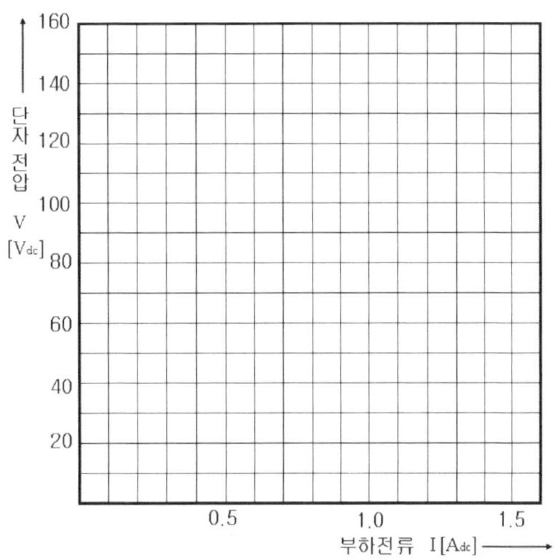

[그림 3-4] 직류 분권 발전기의 V - I 곡선(외부특성곡선)

[표 1] 부하 실험의 결과

	부하저항 $R_L[\Omega]$	부하전류 I [A_{dc}]	단자전압 V[V_{dc}]	출력 P_o[W]
무부하시	∞[Ω]	$I_o = 0$	($V_o = E$)=	
부하시	600[Ω]	$I =$	단자전압(V)=	
"	300[Ω]	$I =$	단자전압(V)=	
"	200[Ω]	$I =$	단자전압(V)=	
"	150[Ω]	$I =$	단자전압(V)=	
"	120[Ω]	전부하전류I_n =	단자전압(V)=	정격출력P_n [W]
과부하시	100[Ω]	$I =$	단자전압(V)=	
"	80[Ω]	$I =$	단자전압(V)=	
"	75[Ω]	$I =$	단자전압(V)=	

회전방향을 바꾼경우

8. c) 발전기 전압은 형성되었는가? 설명하시오.
   설명 : ____________________

5) 연구 및 검토

1. 만일 자여자 발전기에서 모든 잔류자기가 소멸되었다면, 전압이 발생하는가?
   설명 : ____________________

2. 모든 잔류자기를 잃은 발전기를 정상으로 동작시키려면 어떻게 하는가?
   설명 : ____________________

3. 오랫동안 발전기를 사용하지 않으면 잔류자기가 서서히 소멸되는가?
   설명 : ____________________

4. 자여자 분권 발전기의 전압변동률과 타여자 발전기의 전압변동률을 비교한다.
   설명 : ____________________

5. 자여자 분권 발전기와 타여자 발전기의 전압변동률에서 차이가 나타나는 이유는?
   설명 : ____________________
   ____
   ____
   ____

6. 분권 발전기의 운전 중에 분권 계자권선의 단자를 순간적으로 개방하면 어떤 현상이 발생되는가? 또한 이에 대한 대책은?(참조 [그림 3-문6])
   설명 : ____________________
   ____

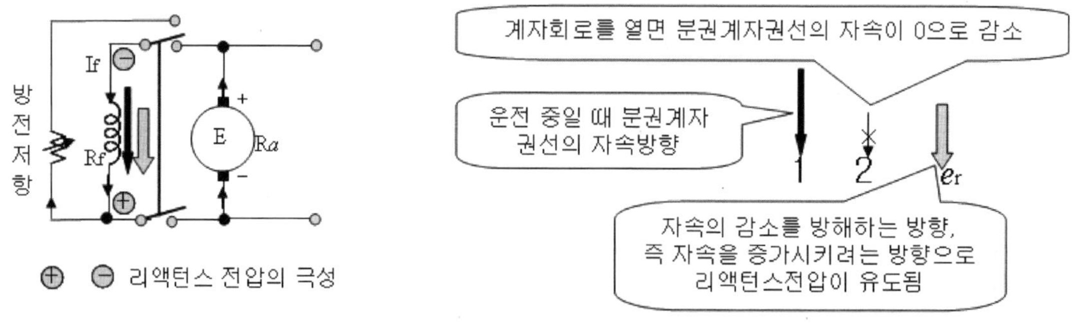

[그림 3-문6] 방전저항과 계자개폐기

실 험 보 고 서	실험조	실험일자 : 월 일	제출일자 : 월 일	검 인
	조	학년 반	번 성명:	

실험 4. 직류 직권 발전기

4. c) 무 부하상태에서의 전압계의 지시는 발전기의 유도 기전력 E을 나타내는데 측정해서 [표 1]에 기록한다. E = ____ [V_{dc}]

d) 이 발전기의 유도 기전력 E은 무엇에 의해 발생하는가?

설명 : ______________________________

[표 1] 직권 발전기의 부하실험 결과

	부하저항 $R_L[\Omega]$	부하전류 I [A_{dc}]	단자전압 $V[V_{dc}]$	출력 P_o [W]
무부하시	∞[Ω]	$I_o = 0$	$(V_o = E)$=	
부하시	40.0[Ω]	$I =$	단자전압(V)=	
"	37.5[Ω]	$I =$	단자전압(V)=	
"	35.3[Ω]	$I =$	단자전압(V)=	
"	33.3[Ω]	전부하전류I_n =	단자전압(V)=	정격출력P_n [W]
과부하시	31.5[Ω]	$I =$	단자전압(V)=	
"	30.0[Ω]	$I =$	단자전압(V)=	
"	28.5[Ω]	$I =$	단자전압(V)=	

6. [그림 4-4]에 [표 1]의 값을 사용해서 단자 전압(V) 대 부하전류(I)곡선(외부특성 곡선)을 그린다.

7. 무부하로부터 전부하(1.0[A_{dc}])까지의 변동률을 계산한다.

설명 : 전압 변동률 =

$$\frac{V_o - V_n}{V_n} = \frac{(\quad) - (\quad)}{(\quad)} \times 100$$

=(   )[%]

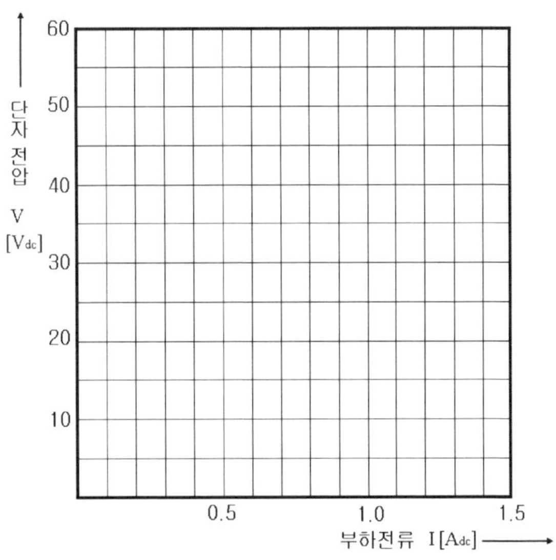

[그림 4-4] 단자 전압(V) 대 부하전류(I) 곡선(외부특성곡선)

*** 송전선에 승압기가 없을 때 실험 [실험 생략 가능]**

10. 무부하로부터 전부하(1.0[A_{dc}])까지의 부하 R_L의 전압변동률은?

설명 : 전압 변동률 $= \dfrac{V_o - V_n}{V_n} = \dfrac{(\quad) - (\quad)}{(\quad)} = (\qquad)$ [%]

[

[표 2] 실험결과

R_L [Ω]	승압기가 없을 때		승압기를 사용할 때	
	I [A_{dc}]	V_2 [V_{dc}]	I [A_{dc}]	V_2 [V_{dc}]
∞				
600 [Ω]				
240 [Ω]				
150 [Ω]				
100 [Ω]				
80 [Ω]				

*** 송전선에 승압기를 사용할 때 실험 [실험 생략 가능]**

13. 직권 발전기가 없는 경우와 직권 발전기가 있는 경우의 전압변동을 비교하시오.

설명 : ______________________________

5) 연구 및 검토

1 만일 직류발전기가 부하에 180[W]를 전달하면, 발전기의 구동에 필요한 동기전동기의 출력은 몇 [HP]인가? (발전기 효율은 100[%], 1[HP]=746[W])

설명 : 발전기 출력$= \dfrac{180[W]}{746} =$ [HP]

발전기 효율 $= \dfrac{\text{발전기 출력}}{\text{발전기 입력}} \times 100[\%]$에서

발전기 입력(전동기의 출력) $= \dfrac{\text{발전기 출력}}{\text{발전기 효율}} \times 100[\%] = \dfrac{(\quad)}{(\quad)} \times 100[\%] =$ [HP]

2. 부하가 걸려 있는 직권 발전기를 역회전하면 어떤 현상이 일어나는가?
(참조 [그림 4-5])

설명 : [그림 4-5]의 (b)와 같이 직권발전기를 역회전하면 잔류자기가 소멸되므로 기전력이 유도되지 않는다. 그러므로 계자권선 단자 3에 +, 단자 4에 −전압을 외부에서 직류를 흐르게 해서 잔류자기를 만든 후에 정상회전방향으로 회전하면 기전력이 유도된다.

실 험 보 고 서	실험조	실험일자 : 월 일	제출일자 : 월 일	검 인
	조	학년 반 번 성명:		

실험 5. 직류 복권 발전기

4. c) 가동 복권발전기의 유도 기전력 E이 전압계에 나타나는가? 설명 : ______
   e) 무부하에서의 유도 기전력을 측정한다. E = _____ [V_{dc}]

5. 계자저항기를 변화시킬 때 유도 기전력 E가 어떻게 변화하는가를 살펴본다.
   설명 : ____

[표 1] 가동 복권발전기의 측정값

	부하저항 R_L [Ω]	부하전류 [A_{dc}]	단자전압 V [V_{dc}]	출력 P_o [W]
무부하시	∞[Ω]	$I_o = 0$	$(V_o = E)$=	
부하시	600[Ω]	I =	단자전압(V)=	
"	300[Ω]	I =	단자전압(V)=	
"	200[Ω]	I =	단자전압(V)=	
"	150[Ω]	I =	단자전압(V)=	
"	120[Ω]	전부하전류 I_n =	단자전압(V)=	정격출력 P_n [W]
과부하시	100[Ω]	I =	단자전압(V)=	
"	80[Ω]	I =	단자전압(V)=	
"	75[Ω]	I =	단자전압(V)=	

8. [그림 5-3]에 가동 복권발전기의 단자 전압(V) 대 부하전류(I) 곡선(외부특성곡선)을 그린다.
   [표 1]의 측정값을 이용한다.

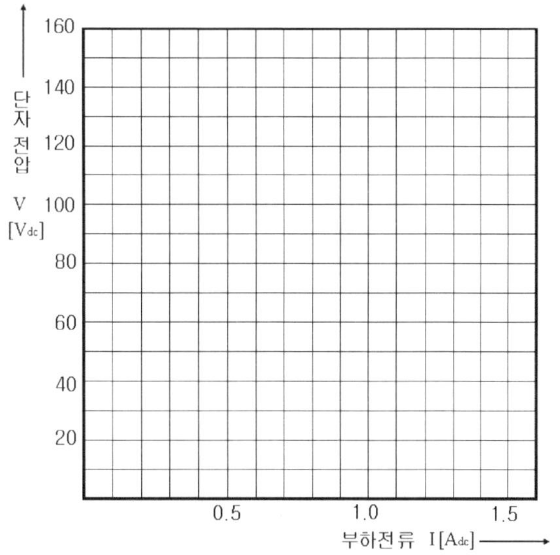

[그림 5-3] 가동 복권발전기의 외부특성곡선(평복권인 상태)

[표 2] 차동 복권발전기의 측정값

	부하저항 R_L [Ω]	부하전류 [A_{dc}]	단자전압 V [V_{dc}]	출력 P_o [W]
무부하시	∞[Ω]	$I_o = 0$	$(V_o = E)=$	
부하시	600[Ω]	$I =$	단자전압(V)=	
"	300[Ω]	$I =$	단자전압(V)=	
"	200[Ω]	$I =$	단자전압(V)=	
"	150[Ω]	$I =$	단자전압(V)=	
"	120[Ω]	전부하전류 I_n =	단자전압(V)=	정격출력 P_n [W]
"	100[Ω]	$I =$	단자전압(V)=	
"	80[Ω]	$I =$	단자전압(V)=	
"	75[Ω]	$I =$	단자전압(V)=	

12. [그림 5-5]에 차동 복권발전기의 단자 전압(V) 대 부하전류(I) 곡선(외부특성곡선)을 그린다. [표 2]의 측정값을 이용한다.

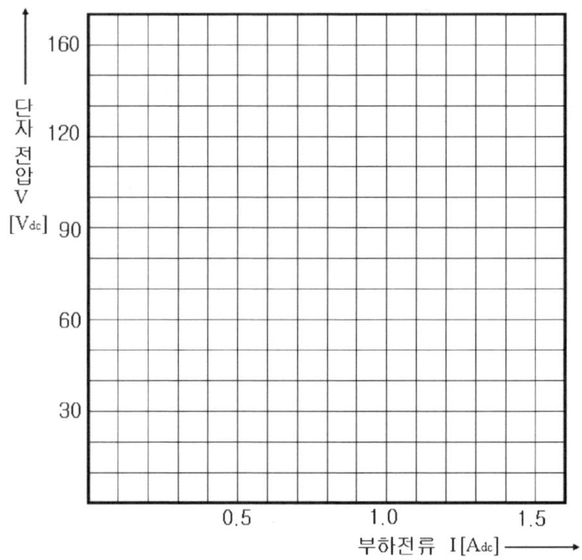

[그림 5-5] 차동 복권발전기의 외부특성곡선

5) 연구 및 검토

1. 차동 복권발전기의 어느 전압 범위에서 부하전류가 일정한가?

   설명 : ______ [V_{dc}]에서 _____ [V_{dc}]

2. 가동 복권발전기의 무 부하에서 전부하(1.0[A_{dc}])까지 전압변동률을 계산한다.

   설명 : 전압 변동률 = $\frac{V_o - V_n}{V_n} \times 100 = \frac{(\quad)-(\quad)}{(\quad)} \times 100 = (\quad)[\%]$

3. 가동 복권발전기 · 자여자 분권발전기 · 타여자 발전기의 전압변동률을 비교한다.
   설명 : ______________________________

4. 가동 복권발전기에서 부하가 증가됨에도 불구하고 전압이 감소되지 않는 이유는?
   설명 : ______________________________
   ____

5. 부하가 걸려 있는 내분권 가동 복권발전기를 역회전하면 어떤 현상이 일어나는가? (참조 [그림 5-문5])
   설명 : ______________________________
   ____

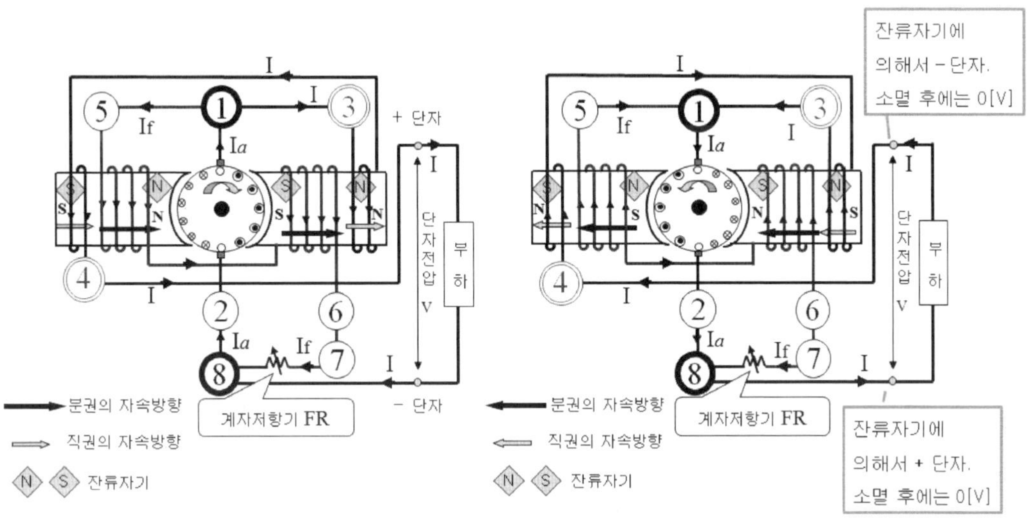

(a) 시계방향으로 회전시　　(b) 반시계방향으로 회전시 (잔류자기가 소멸됨)

[그림 5- 문5] 내분권 가동 복권발전기의 회전방향 변경시

실 험 보 고 서	실험조	실험일자 : 월 일	제출일자 : 월 일	검 인
	조	학년 반 번 성명:		

실험 6. 직권, 분권 전동기의 운전특성

* 직권 전동기

4. a) N = ________ [rpm]　　　회전방향 : ________방향

 b) 전압을 감소　　설명 : ______________________________

* 직권 전동기의 전원 단자를 바꾼 경우

5.　N = ______[rpm],　　　회전방향 : ______방향

* 직권 전동기의 전기자 단자를 바꾼 경우

6.　N = ________ [rpm],　　　회전방향 : ________방향

* 분권 전동기

7. a) 전동기의 계자전류를 최대　　N = ________ [rpm]

 b) 전동기의 계자전류를 최소　　N = ________ [rpm]　회전방향 : ________방향

* 분권 전동기의 전원 단자를 바꾼 경우

8.　N = ________ [rpm]　회전방향 : ______________________

* 분권 전동기의 전기자 단자를 바꾼 경우

9.　N = ________ [rpm]　회전방향 : ________ 방향

* 타여자 전동기

10. [표 1] 타여자 전동기의 실험결과

전압 [V_{dc}]	속도[rpm]
0	
30	
60	
90	
120	

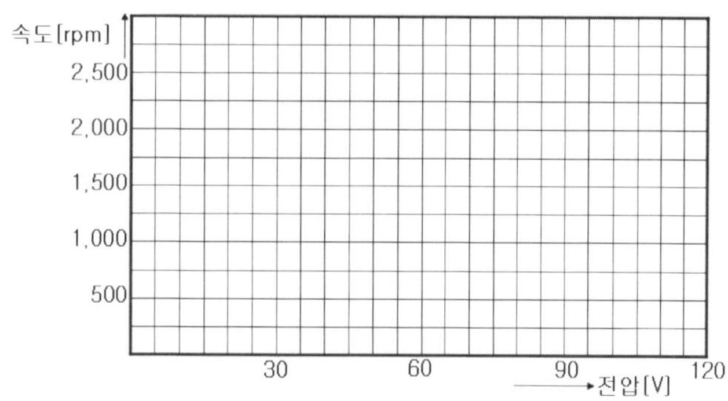

[그림 6-8] 타여자 전동기의 속도곡선

5) 연구 및 검토

1. 만일 전기자에만 전류가 흐른다면 전동기는 회전하겠는가?
   설명 : ______________________________

2. 무부하 상태의 직류 직권전동기에 전력을 공급하면 위험하게 되는 이유는?
   설명 : ______________________________

3. 직류 분권전동기의 회전방향을 바꿀 수 있는 두 가지 방법은?
   설명 : ______________________________

4. 직류 전동기의 속도를 변화시키는 두 가지 방법은?
   설명 : ______________________________

5. 타여자 전동기에서 전기자전압이 2배로 될 때 전동기의 속도도 대략 2배로 되는가? 그 이유는?
   설명 : ______________________________

6. 만일 전기자 단자에 120[V_{dc}]전압을 걸면 몇 [A]의 전류가 흐르는가? 이렇게 큰 전류는 전기자권선을 소손할 우려가 있기 때문에 기동시 큰 기동전류를 방지하기 위하여 전기자권선에 직렬로 넣어주는 가변저항을 무엇이라고 하는가?
   단, 전기자 저항 R_a를 8.3[Ω]이라고 하자.

설명 : $I = \dfrac{(V - k\Phi n)\,[\mathrm{V}]}{(R_a) + (\text{기동저항}\ ST)} = \dfrac{(\quad)[\mathrm{V}]}{(\quad) + (\quad)} = (\quad)[\mathrm{A_{dc}}]$, 가변저항= ________

7. 공칭전압 또는 공칭전류의 의미는?
   설명 : ______________________________

실 험 보 고 서	실험조	실험일자 : 월 일	제출일자 : 월 일	검 인
	조	학년 반 번 성명:		

실험 7. 전기 동력계

6. 전기동력계의 토크가 9 [lbf·in]일 때의 전동기 전류와 속도를 측정하고, 분권 전동기의 출력을 계산하시오.

I = ________ [A_{dc}], 속 도 = ________ [rpm]

$$출력 = \frac{1.59\times(\quad)[rpm]\times(\quad)[lbf \cdot in]}{100,000} = (\quad)[HP]$$

7. 전기동력계의 토크조절기를 돌려서 전동기가 멈출 때까지 부하를 점차로 증가시킨다. 신속히 탈출토크을 측정한 후 신속히 전원을 끈다.

탈출토크 = ____________ [lbf·in]

5) 연구 및 검토

1. 전기동력계와 프로니 브레이크 중 어느 것이 사용하기에 더 용이한가?

설명 : 전기동력계

2. 전동기의 출력을 측정하기 위해 전기동력계를 직결하였고 전동기가 3,600[rpm]으로 회전하였다. 이 때 동력계가 346.9 [lbf·in]를 지시하였다면 출력 P_o[kW]는 얼마인가 ?

설명 : $$출력 = \frac{1.59\times(\quad)[rpm]\times(\quad)[lbf \cdot in]}{100,000} = (\quad)[HP]$$

출력 : $P_o = 746\times(\quad)[HP] = (\quad)[W] = (\quad)[kW]$

실 험 보 고 서	실험조	실험일자 : 월 일	제출일자 : 월 일	검 인
	조	학년 반 번 성명:		

실험 8. 직류 분권전동기의 토크 대 속도특성

[표 1] 직류 분권전동기의 실험결과

전압 [V_{dc}]	전류 [A_{dc}]	속도[rpm]	토크 [lbf·in]
120			0
120			3
120			6
120			9정격부하
120			12

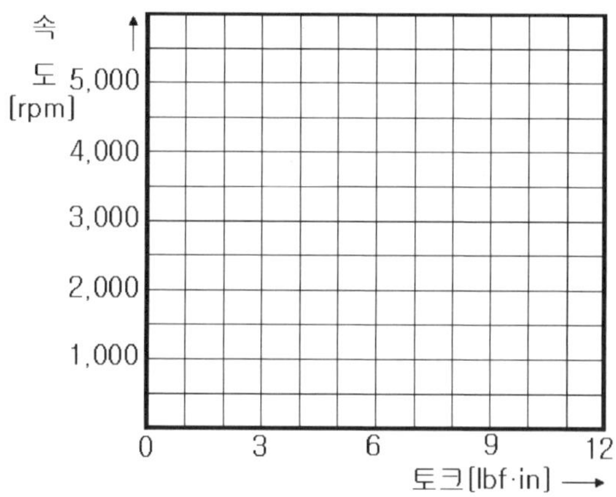

[그림 8-3] 직류 분권전동기의 토크 대 속도특성

8. 속도 변동률(전부하시의 토크가 9 [lbf·in]일 때)을 계산한다.

설명 : $\text{속도변동률} = \frac{\text{무부하 속도} - \text{전부하 속도}}{\text{전부하 속도}} \times 100 = \frac{(\quad) - (\quad)}{(\quad)} \times 100 = (\quad)[\%]$

10. 직류전압 V_{dc} = ______[V_{dc}], 기동토크 = ______[lbf·in]

11. 설명 : $\text{분권전동기의 단자저항} = \frac{(\quad)[V]}{(\quad)[A]} = (\quad)[\Omega]$

$\text{기동전류} = \frac{(\quad)[V]}{(\quad)[\Omega]} = (\quad)[A]$

5) 연구 및 검토

1. 전 부하시의 토크가 9 [lbf·in]일 때, 분권전동기에서 발생된 출력을 계산하시오.

설명 : $\text{출력} = \frac{1.59 \times (\quad)[rpm] \times (\quad)[lbf \cdot in]}{100,000} = (\quad)[HP]$

2. 1[HP]이 746[W]일 때, 분권전동기의 출력은 몇 [W]인가?

설명 : $P_o = (\quad)[HP] \times (\quad) = (\quad)[W]$

{참고 모듈판 표시 $P_n = 175[W]$}

3. 이 때 분권전동기의 전기적 입력은 몇[W]인가?

설명 : $P_{in} = (\quad)[V] \times (\quad)[A] = (\quad)[W]$

4. 분권전동기의 효율은?

설명 : $\text{효율} = \frac{\text{출력}[W]}{\text{입력}[W]} \times 100 = \frac{(\quad)}{(\quad)} \times 100 = (\quad)[\%]$

5. 분권전동기의 손실은 몇[W]인가?

설명 : 손실=(　　)−(　　)=(　　)[W]

6. 분권전동기의 손실들이 발생할 수 있는 곳들을 열거하시오.

설명 : ______

7. 만일 냉각 팬이 전동기의 축에 장착된다면 손실은 감소하겠는가?

설명 : ______

8. 전동기에서 손실이 바람직하지 않은 두 가지 이유를 열거하시오.

설명 : ______

9. 기동전류는 전부하 전류와 비교할 때 몇 배인가?

설명 : $\frac{\text{기동전류}(\quad)[A]}{\text{전부하전류}(\quad)[A]} = (\quad)\text{배}$

<table>
<tr><td rowspan="2">실 험 보 고 서</td><td>실험조</td><td>실험일자 : 월 일</td><td>제출일자 : 월 일</td><td>검 인</td></tr>
<tr><td>조</td><td colspan="2">학년 반 번 성명:</td><td></td></tr>
</table>

실험 9. 직류 직권전동기의 토크 대 속도특성

[표 1] 직류 직권전동기의 실험결과

전압 [V_{dc}]	전류 [A_{dc}]	속도[rpm]	토크 [lbf·in]
120			0
120			3
120			6
120			9 정격부하
120			12

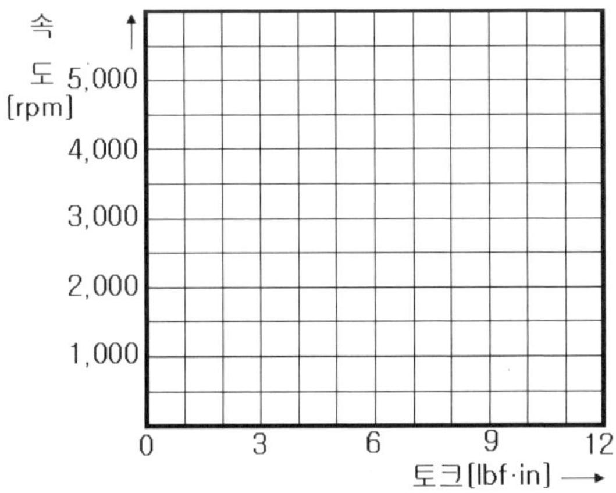

[그림 9-3] 직류 직권전동기의 토크 대 속도특성

6. 속도 변동률(전부하시의 토크가 9 [lbf·in]일 때)을 계산한다.

설명: 속도변동률$=\dfrac{\text{무부하 속도}-\text{전부하 속도}}{\text{전부하 속도}}\times 100=\dfrac{(\quad)-(\quad)}{(\quad)}\times 100=(\quad)[\%]$

8. 직류전압 = ______[V_{dc}], 기동토크 = ______[lbf·in]

9. 설명 : 직권전동기의 단자저항$=\dfrac{(\quad)[V]}{(\quad)[A]}=(\quad)[\Omega]$

기동전류 $=\dfrac{(\quad)[V]}{(\quad)[\Omega]}=(\quad)[A]$

5) 연구 및 검토

1. 전부하시의 토크가 9 [lbf·in]일 때, 직권전동기에서 발생된 출력을 계산하시오.

   설명 : 출력 $\text{출력} = \dfrac{1.59\times(\quad)[\text{rpm}]\times(\quad)[\text{lbf}\cdot\text{in}]}{100{,}000} = (\quad)[\text{HP}]$

2. 1[HP]이 746[W]일 때, 직권전동기의 출력은 몇 [W]인가?

   설명 : $P_o = (\quad)[\text{HP}]\times(\quad) = (\quad)[\text{W}]$

3. 이 때의 직권전동기의 전기적 입력은 몇[W]인가?

   설명 : $P_{in} = (\quad)[\text{V}]\times(\quad)[\text{A}] = (\quad)[\text{W}]$

4. 직권전동기의 효율은?

   설명 : $\text{효율} = \dfrac{\text{출력}[\text{W}]}{\text{입력}[\text{W}]}\times 100 = \dfrac{(\quad)}{(\quad)}\times 100 = (\quad)[\%]$

5. 직권전동기의 손실은 몇[W]인가?

   설명 : 손실=(　　) − (　　) = (　　)[W]

6. 기동전류는 전부하 전류와 비교할 때 몇 배인가?

   설명 : $\dfrac{\text{기동전류}(\quad)[\text{A}]}{\text{전부하전류}(\quad)[\text{A}]} = (\quad)\text{배}$

7. 직류 분권전동기와 직류 직권전동기를 아래의 관점에서 비교하시오.(〈 , 〉로 표시)

   a) 기동토크 설명 : 직권전동기 [lbf·in] (　　)분권전동기 [lbf·in]

   b) 기동전류 설명 : 직권전동기 [A] (　　) 분권전동기 [A]

   c) 효 율 설명 : 직권전동기 [%] (　　) 분권전동기 [%]

   d) 속도 변동률 설명 : 직권전동기 [%] (　　) 분권전동기 [%]

실 험 보 고 서	실험조	실험일자 : 월 일	제출일자 : 월 일	검 인
	조	학년 반 번 성명:		

실험 10. 가동 복권전동기의 토크 대 속도특성

[표 1] 가동 복권전동기의 실험결과

전압 [V_{dc}]	전류 [A_{dc}]	속도[rpm]	토크 [lbf·in]
120			0
120			3
120			6
120			9 정격부하
120			12

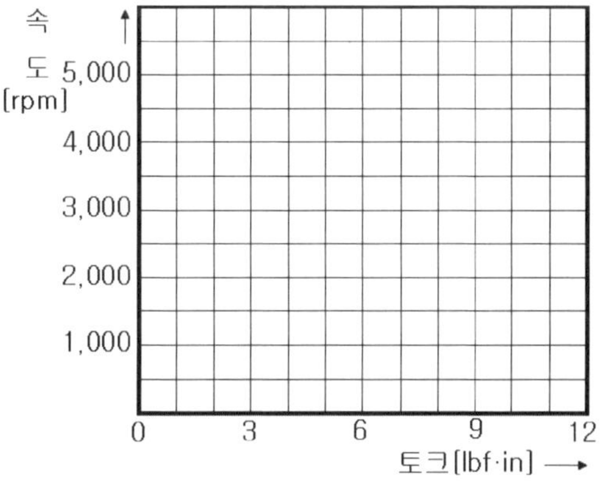

[그림 10-3] 가동 복권전동기의 토크 대 속도특성

7. 속도 변동률(전부하시의 토크가 9 [lbf·in]일 때)을 계산한다.

설명 : 속도변동률$=\dfrac{\text{무부하 속도}-\text{전부하 속도}}{\text{전부하 속도}}\times 100=\dfrac{(\quad)-(\quad)}{(\quad)}\times 100=(\quad)[\%]$

9. 직류전압 = ______[V_{dc}], 토크 = ______[lbf·in]

10. 설명 : 복권전동기의 단자저항$=\dfrac{(\quad)[V]}{(\quad)[A]}=(\quad)[\Omega]$

기동전류 $=\dfrac{(\quad)[V]}{(\quad)[\Omega]}=(\quad)[A]$

5) 연구 및 검토

1. 전부하시의 토크가 9 [lbf·in]일 때, 가동 복권전동기에서 발생된 출력을 계산하여라.

   설명 : 출력 $P_o = \dfrac{1.59 \times (\quad)[\text{rpm}] \times (\quad)[\text{lbf} \cdot \text{in}]}{100{,}000} = (\quad)[\text{HP}]$

2. 1[HP]이 746[W]일 때, 가동 복권전동기의 출력은 몇 [W]인가?

   설명 : $P_o = (\quad)[\text{HP}] \times (\quad) = (\quad)[\text{W}]$

3. 이 때의 가동 복권전동기의 전기적 입력은 몇[W]인가?

   설명 : $P_{in} = (\quad)[\text{V}] \times (\quad)[\text{A}] = (\quad)[\text{W}]$

4. 가동 복권전동기의 효율은?

   설명 : 효율 $= \dfrac{\text{출력}[\text{W}]}{\text{입력}[\text{W}]} \times 100 = \dfrac{(\quad)}{(\quad)} \times 100 = (\quad)[\%]$

5. 가동 복권전동기의 손실은 몇[W]인가?

   설명 : 손실=(　　)−(　　)=(　　)[W]

6. 기동전류는 일반 전부하 전류와 비교할 때 몇 배인가?

   설명 : $\dfrac{\text{기동전류}(\quad)[\text{A}]}{\text{전부하전류}(\quad)[\text{A}]} = (\quad)$배

7. 가동 복권전동기는 분권전동기보다 안정되어 있으며, 그 기동특성도 좋았는데 그 이유는?

   설명 : ______________________________

   ____

8. 복권, 분권, 직권전동기를 아래의 관점에서 비교하여라.

   a) 기동토크

   설명 : ______________________________

   b) 기동전류

   설명 : ______________________________

   c) 효율

   설명 : ______________________________

d) 속도변동률
설명 : ____________________

9. 다음의 직류발전기에 동일극성의 전압을 가하고, 직류전동기로 사용할 때 발전기의 회전방향은 어느 방향으로 회전하는가?

① 분권발전기　　② 직권발전기　　③ 가동복권발전기

설명 : ① 분권발전기 : B지점을 단락하면 전기자에만 전류의 방향이 바뀌므로 회전방향은 같은 방향

② 직권발전기 : A지점을 개방하면 전기자와 계자의 전류방향이 바뀌므로 회전방향은 반대 방향

③가동복권발전기 : [그림 10-문9]와 같이 회전방향은 같은 방향이며 차동복권전동기가 됨

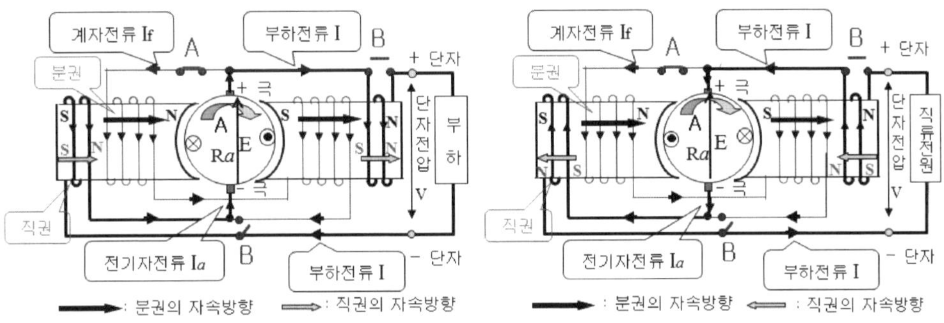

(a) 가동복권발전기　　(b) 차동복권 전동기

[그림 10-문9] 가동복권 발전기와 차동복권 전동기

10. [그림 10-문10] (a)의 결선은 [그림 10-1]와 같이 외분권 가동복권전동기로 결선한 것이며, 계자저항기와 직렬로 연결된 분권계자권선의 단자를 1과 4에 연결된 것을 [그림10-문10]의 (b)와 같이 단자 1와 2에 연결하면 내분권 가동복권전동기가 된다. 외분권 가동복권전동기와 내분권 가동복권 전동기의 차이점에 관하여 설명하라.

설명 : ______________________________

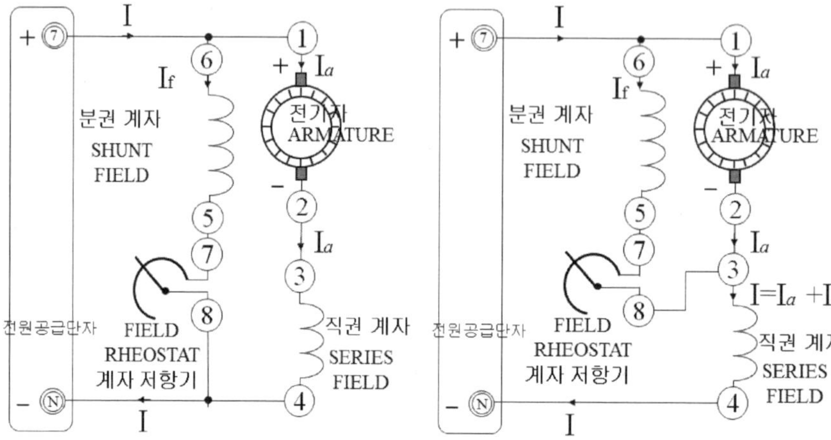

(a) 외분권 가동복권전동기 (b) 내분권 가동복권전동기

[그림 10-문10]

11. [그림 10-문10]의 (a) 외분권 가동복권전동기와 (b) 내분권 가동복권전동기를 [그림10-문11]에 (a) 외분권 차동복권전동기와 (b) 내분권 차동복권전동기로 그려보시오. 설명 : [그림 10-문11]의 그림과 같음

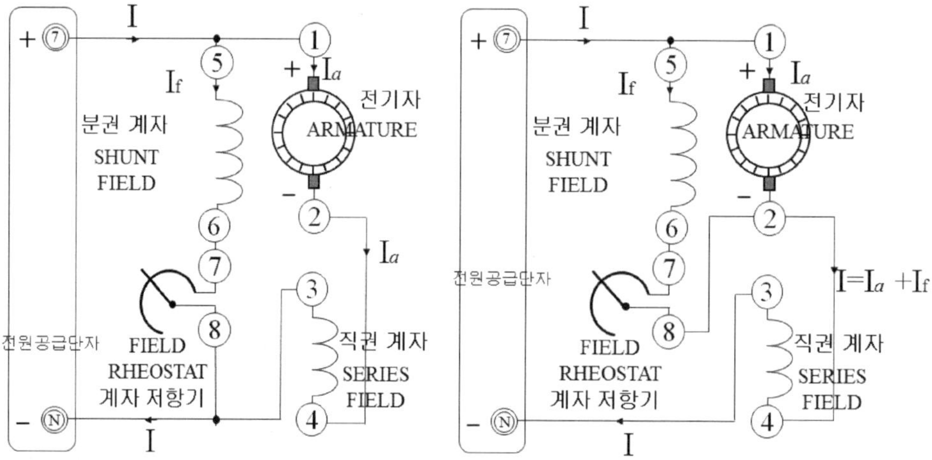

(a) 외분권 차동복권전동기 (b) 내분권 차동복권전동기

[그림 10-문11]

실 험 보 고 서	실험조	실험일자 : 월 일	제출일자 : 월 일	검 인
	조	학년 반 번 성명:		

실험 11. 동기 발전기의 무부하 포화곡선과 단락곡선

[표 1] 동기 발전기의 무부하 실험결과

I_f [A_{dc}]	전압계V_1 V_{1-3}[V_{ac}]	전압계V_2 V_{1-2}[V_{ac}]	전압계V_3 V_{2-3}[V_{ac}]	평균 선간전압 V_l [V_{ac}]	실험순서 8의 단락전류측정 I_s [A_{ac}]	동기임피던스 $Z_s = \frac{V_l/\sqrt{3}}{I_s}$ [Ω]
0.0						
0.1						
0.2						
0.3						
0.4						
0.5						
	V_{1-2} = 208[V_{ac}]일 때 I_f = 0.58 [A_{dc}]				실험순서 8의 c)	
0.6						
0.7						
0.8						
0.85~0.9						

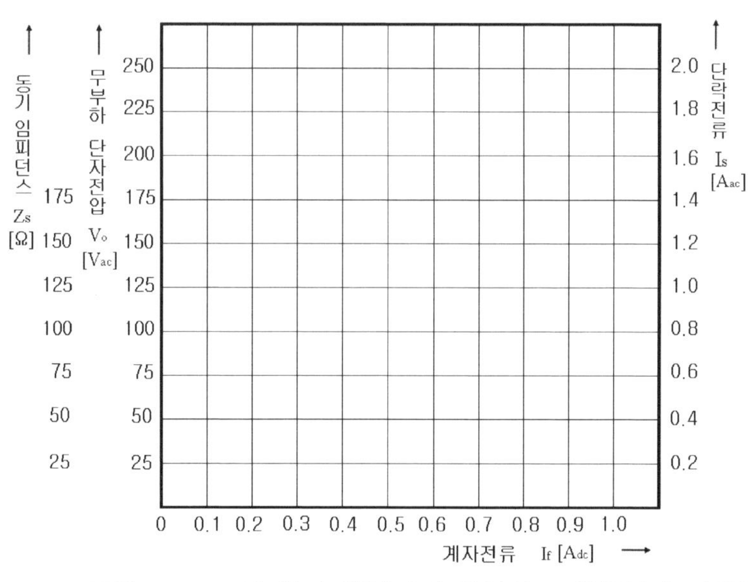

[그림 11-4] 3상 동기 발전기의 무부하 포화곡선과 단락곡선

*** 상전압과 선간전압의 측정**

6. a) I_f = ____[Adc], V_{1-3} = ____[Vac], V_{1-2} =____[Vac], V_{2-3} =____[Vac]
   각 상전압 E_{1-4} = ____[Vac], E_{2-5} = ____[Vac], E_{3-6} =____[Vac]

8. c) 동기발전기의 계자전류(I_f)를 측정한다.
   I_f =____[Adc]
   f) 증가된 I_s 의 피크값은? I_s =____[Aac]

5) 연구 및 검토

1. 동기발전기에서 직류 계자전류 I_f 가 없는 상태에서도 교류전압이 발생되는 이유를 설명하시오.
   설명 : ____________________

2. 동기발전기에서 Y결선된 고정자권선의 각 선간전압은 상전압의 몇 배인가?
   설명 : $\frac{\text{선간전압}}{\text{상전압}} = \frac{(\quad)}{(\quad)} = (\qquad)$배가 됨

3. a) [표 1]의 결과치를 이용하여, [그림 11-4]에 유도기전력(평균전압값) 대 계자전류 I_f 값의 그래프(무부하포화곡선)를 그린다. 단락곡선과 동기임피던스곡선도 그린다.
   b) 몇 볼트까지 그래프가 직선으로 나타나는가? V = ______[Vac]
   c) 동기기의 계자전류가 증가할 때 전압이 완만하게 증가하는 이유는?.
   설명 : ____________________
   ____
   ____
   d) 무부하 포화곡선상에 정격전압 208[V]의 1.2배는 249[V]이지만 이 실험에서는 최대의 유도기전력인 상태에서 **포화계수**를 구하시오.
   설명 : $\sigma = \frac{(\quad)}{(\quad)} = (\quad)$ 이다.

4. 직류 분권 발전기에 비해, 동기 발전기는 지속된 단락회로에서 덜 소손하게 되는 이유를 설명하시오.
   설명 : ____________________
   ____
   ____

5. 3상 동기발전기의 결선은 일반적으로 Y 접속으로 하고 △ 접속을 사용하지 않는다. 그 이유를 설명하시오.

설명 : ______

______

______

6. 회전계자형 동기발전기란 어떤 구조의 발전기이며, 회전계자형을 사용하는 이유는?

설명 : (a) ______

______

______

(b) ______

(c) ______

<table>
<tr><td rowspan="2">실 험 보 고 서</td><td>실험조</td><td>실험일자 : 월 일</td><td>제출일자 : 월 일</td><td>검 인</td></tr>
<tr><td>조</td><td colspan="2">학년 반 번 성명:</td><td></td></tr>
</table>

실험 12. 동기 발전기의 전기자 반작용

[표 1] 전압변동률 계산을 위한 실험결과

<table>
<tr><td rowspan="2"></td><td colspan="2">c) 정격전압
V_n =208[V_{ac}]일 때</td><td colspan="2">d) 무부하시</td><td rowspan="2">전압 변동률
[%]</td></tr>
<tr><td>I_f [A_{dc}]</td><td>I_1 [A_{ac}]</td><td>V_o [V_{ac}]</td><td>I_f [A_{dc}]</td></tr>
<tr><td>300[Ω]의 저항부하</td><td></td><td></td><td></td><td></td><td></td></tr>
<tr><td>300[Ω]의 유도성 리액턴스(X_L) 부하</td><td></td><td></td><td></td><td></td><td></td></tr>
<tr><td>300[Ω]의 용량성 리액턴스(X_C) 부하</td><td></td><td></td><td></td><td></td><td></td></tr>
</table>

[표 2] 외부특성곡선 실험결과

<table>
<tr><td rowspan="2"></td><td colspan="2">d) 무부하시</td><td rowspan="2"></td><td rowspan="2">1,200
[Ω]</td><td rowspan="2">600
[Ω]</td><td rowspan="2">400[Ω]</td><td rowspan="2">300
[Ω]</td><td rowspan="2">240[Ω]</td></tr>
<tr><td>V_o
[V_{ac}]</td><td>I_f
[A_{dc}]</td></tr>
<tr><td rowspan="2">저항부하</td><td rowspan="2"></td><td rowspan="2"></td><td>V_1 [V_{ac}]</td><td></td><td></td><td></td><td></td><td></td></tr>
<tr><td>I_1 [A_{ac}]</td><td></td><td></td><td></td><td></td><td></td></tr>
<tr><td rowspan="2">유도성 리액턴스(X_L) 부하</td><td rowspan="2"></td><td rowspan="2"></td><td>V_1 [V_{ac}]</td><td></td><td></td><td></td><td></td><td></td></tr>
<tr><td>I_1 [A_{ac}]</td><td></td><td></td><td></td><td></td><td></td></tr>
<tr><td rowspan="2">용량성 리액턴스(X_C) 부하</td><td rowspan="2"></td><td rowspan="2"></td><td>V_1 [V_{ac}]</td><td></td><td></td><td></td><td></td><td></td></tr>
<tr><td>I_1 [A_{ac}]</td><td></td><td></td><td></td><td></td><td></td></tr>
</table>

* 유도성 리액턴스(X_L) 부하를 증가하는 경우

7. c) 전기자 전류가 증기함에 따라 전기자 반작용은 어떤 작용을 하는가?
   설명 : ______________________________

*** 용량성 리액턴스(X_C) 부하를 증가하는 경우**

8. c) 전기자 전류가 증가함에 따라 전기자 반작용은 어떤 작용을 하는가?
설명 : ______________________________

9. c) V_{2-3} = ____[V_{ac}], V_{1-2}= ____[V_{ac}]
E_{1-4} = ____[V_{ac}], E_{2-5} = ____[V_{ac}], E_{3-6}= ____[V_{ac}]
e) 단상부하가 큰 불평형을 초래했는가? 설명 : ____________

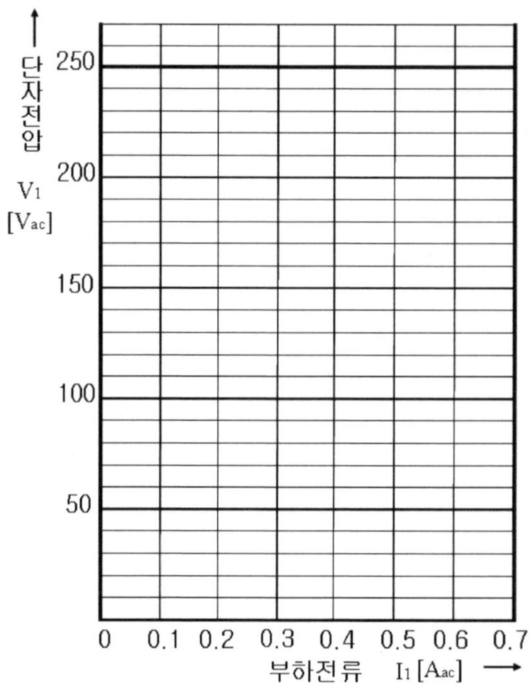

[그림 12-6] 외부특성곡선

5) 연구 및 검토

1. 용량부하를 증가하면 동기 발전기의 전압이 함께 증가하는 이유는?
설명 : ______________________________
____
____

2. 동기기를 긴 송전라인(long transmission)에 결선하는 것이 위험한가?
설명 : ______________________________
____

3. 동기 발전기의 자기여자 방지법에는 어떠한 방법이 있는가?

설명 :

4. 동기 발전기의 회전자가 정격전력일 때 높은 역률부하보다 낮은 역률부하에서 더 많은 열을 발생하는 이유는?

설명 :

5. 동기발전기의 전기자 반작용은 역률에 따라 어떻게 변하는가?

설명 :

6. 동기 발전기의 뒤진역률(유도성 부하)인 경우와 앞선역률(용량성 부하)인 경우에 전압 변동률은 ?

설명 :

7. 만일 전력회사에서 큰 단상부하를 삼상전력선에 결선했을 때, 부하가 평형임에도 불구하고 불평형 3상전력을 얻게 되는 이유는?

설명 :

실 험 보 고 서	실험조	실험일자 : 월 일	제출일자 : 월 일	검 인
	조	학년 반 번	성명:	

실험 13. 동기 발전기의 동기화

*** 동기 발전기와 전력회사 측의 전압의 위상이 같을 때와 약간 같을 때의 실험**

4. a) 동기화가 완성된 상태(세 개의 동기 검정등이 소등, **위상이 같을 때**)에서 동기스위치를 좌측(on상태)으로 닫고, 그 순간 I_1의 움직임을 주목한다.

   설명 : ______________________________

   b) 동기스위치를 열어둔다(우측으로 닫으면 off됨).

   직류전동기의 계자저항기를 조정해서 직류전동기의 속도를 1,750[rpm]이 되도록 재조정한 후에 (세 개의 동기 검정등이 희미할 때, **위상이 약간 같을 때**) 동기스위치를 좌측(on상태)으로 닫고, 그 순간 I_1의 움직임을 주목한다.

   설명 : ______________________________

*** 동기 발전기의 기전력 크기를 변경할 때의 실험**

5. a) 동기화가 완성된 상태에서 동기 발전기의 출력전압 V_1 =240 [V_{ac}]가 될 때까지 동기 발전기의 계자전류를 조정한다.

   b) 세 개의 동기 검정등이 가장 희미해 질 때 동기스위치를 좌측(on상태)으로 닫고, 그 순간 I_1에 미치는 영향을 살펴본다.

   설명 : ______________________________

*** 동기 발전기의 상순을 반대로 할 때의 실험**

6. a) 분권 전동기의 계자단자를 서로 바꾸어서 결선하면, 전동기의 회전방향이 반대 로 회전하게 된다. 동기 발전기와 전력회사 측은 **상순이 서로 반대로 된다.**

   b) 전원을 켠 후에 직류 전동기의 속도가 1,800[rpm]이 되도록 계자저항기를 조정한 후에 동기 발전기의 출력전압 V_1=208[V_{ac}]가 될 때까지 동기 발전기의 계자전류를 조정한다.

   c) 불빛이 어떻게 나타나는가? 설명 : 불빛이 순차적으로 점멸한다.

   d) 이를 어떤 의미로 해석해야 하는가?

   설명 : 전력회사의 상순(phase sequence)과 동기 발전기의 상순은 다르다.

   e) 동기스위치를 좌측(on상태)으로 닫고, 그 순간 I_1의 움직임을 주목한다.

   설명 : 고정자 전류는 일순간 2.0[A_{ac}]로 올랐다가 다시 0[A_{ac}]이 된다.

5) 연구 및 검토

1. 동기 발전기를 기존의 3ϕ 전력선과 동기화시키는 조건은 ?
   설명 : ________________________________

2. 동기 발전기를 전력선과 동기화시키는 과정에서 동기 발전기가 기계적으로 심하게 손상될 수 있다.
   이것이 발생될 수 있는 2가지 조건은?
   설명 : a)________________
   b)________________

3. 3ϕ 발전기를 병렬 운전하는 경우에 필요한 4가지의 조건을 쓰시오.
   설명 : (1)________________
   (2)________________
   (3)________________
   (4)________________

기사문제

4. 10,000[kVA], 11[kV], 동기임피던스가 5[Ω]인 두 대의 동기발전기가 병렬운전 중에 각 상의 유도기전력사이에 30°의 위상차가 생겼다면 이때의 동기화 전류와 1상의 수수전력은 얼마인가 ?
   설명 : ________________________________
   ____
   ____

실 험 보 고 서	실험조	실험일자 : 월 일	제출일자 : 월 일	검 인
	조	학년 반 번	성명:	

실험 14. 동기 발전기의 전력

*** 동기발전기를 전력선과 동기화한 경우(실험시간이 많이 소요됨)**

3. d) V_1 =208 [V_{ac}], I_1 =0.01 [A_{ac}], I_f =0.6 [A_{dc}], W_1 =0[W], W_2 =0[W], V_2 =208 [V_{ac}]

f) V_1 =208 [V_{ac}], I_1 =0.02 [A_{ac}], I_f =0.58[A_{dc}], W_1 =4 [W], W_2 =−4 [W], V_2 =208 [V_{ac}]

*** 직류 계자전류(I_f)만을 서서히 증가시킨 경우(실험시간이 많이 소요됨)**

4. a) V_1 =208 [V_{ac}], I_1 =0.33[A_{ac}], I_f = 0.65[A_{dc}], W_1 =−8[W], W_2 =12 [W], V_2 =208 [V_{ac}]

b) 동기 발전기에 의해 전달된 피상전력과 유효전력을 계산하시오.

피상전력 : $\sqrt{3}\ V_1 I_1 = \sqrt{3} \times (208) \times (0.33) = 119[\mathrm{VA}]$

유효전력 : $W_1 + W_2 = (-32) + (32) = 0[\mathrm{W}]$

c) 직류 계자전류(I_f)의 증가는 동기 발전기에 의해 전달된 유효 또는 무효전력 중 어느 것에 영향을 주는가? 설명 : 무효전력

d) 무효전력은 진상인가? 지상인가? 설명하시오. 설명 : 무효전력은 진상이다.

f) 전압을 0[V_{dc}]으로 한 후에 전원을 끈다.

*** 직류 계자전류(I_f)만을 서서히 감소시킨 경우(실험시간이 많이 소요됨)**

6. a) V_1 =210 [V_{ac}], I_1 =0.33[A_{ac}], I_f =0.56[A_{dc}], W_1 =8 [W], W_2 = 0[W], V_2 =208 [V_{ac}]

b) 동기 발전기에 의해 전달된 피상전력과 유효전력을 계산하시오.

피상전력 : $\sqrt{3}\ V_1 I_1 = \sqrt{3} \times (210) \times (0.33) = 120[\mathrm{VA}]$

유효전력 : $W_1 + W_2 = (22.5) + (-20) = 2.5[\mathrm{W}]$

c) 계자전류의 감소가 동기 발전기에 의해 전달된 유효 또는 무효전력 중 어느 것에 영향을 주는가? 설명 : 무효전력

d) 무효전력은 진상인가? 지상인가? 설명하시오. 설명 : 무효전력은 지상이다.

[표 1] 동기 발전기의 전력실험 결과

		V_1 [V_{ac}]	I_1 [A_{ac}]	I_f [A_{dc}]	W_1 [W]	W_2 [W]	V_2 [V_{ac}]	유효전력 [W]	피상전력 [VA]
실험 3	d) **동기화**시킨 후	208	0.01	0.6	0	2	208	2	3.6
	f) **동기스위치**를 좌측 (on상태)	208	0.2	0.58	4	−4	208	0	72
실험 4	b) I_f 을 증가시킨 경우	208	0.33	0.65	−8	−12	208	−20	119
실험 6	b) I_f 을 감소시킨 경우	208	0.33	0.56	8	0	208	8	119

*** 직류전동기의 속도를 증가시킨 경우(실험시간이 많이 소요됨)**

8. a) I_1 = 0.33[A_{ac}]가 될 때까지, 직류전동기의 직류 계자전류를 약간 감소시켜서 속도를 증가시킨다. V_1, I_1, I_f, W_1, W_2, V_2를 측정해서 [표 2]에 기록한다.

V_1 =210[V_{ac}], I_1 =0.33[A_{ac}], I_f =0.58[A_{dc}], W_1 =−10 [W], W_2 =−10 [W], V_2 =208 [V_{ac}]

b) 동기 발전기에 의해 전달된 피상전력과 유효전력을 계산하시오.

피상전력 : $\sqrt{3}\ V_1 I_1 = \sqrt{3} \times (210) \times (0.33) = 119[VA]$

유효전력 : $W_1 + W_2 = (-10) + (-10) = -20[W]$

c) 속도의 증가가 동기 발전기에 의해 전달된 유효 또는 무효전력 중 어느 것에 영향을 주는가? 설명 : 유효전력

*** 동기 발전기의 역률이 50[%]에서 직류 계자전류(I_f)를 가감할 때**

[표 2] 동기 발전기의 전력실험 결과

		V_1 [V_{ac}]	I_1 [A_{ac}]	I_f [A_{dc}]	W_1 [W]	W_2 [W]	유효전력 [W]	피상전력 [VA]
실험 8	속도를 **증가**시킨 경우	208	0.33	0.58	−10	−10	−20	119
실험 10	역률 50[%], 60[W]인 경우	208	0.88	0.58	−32	−28	−60	317
실험 10 a)	과여자된 동기발전기	208	1.23	07	−50	−10	−60	443.1
실험 10 b)	부족여자된 동기발전기	208	1.27	0.48	−18	−45	−63	457.5
실험 11	역률 0[%], 0[W]인 경우 동기발전기가 **콘덴서**역할	208	0.8	0.7	−20	22	2	288.2
실험 12	역률 0[%], 0[W]인 경우 동기발전기가 **리액터**역할	208	0.46	0.55	8	−8	0	165.7

5) 연구 및 검토

1. 원동기에 의해 구동되는 동기 발전기는 역률 95[%], 10,000[KVA]인 전력을 부하에 공급한다.

a) 만일 계자전류가 감소된다면, 피상전력은 증가할 것인가? 또는 감소할 것인가?

설명 : 유효전력은 변함이 없고, 뒤진 무효전류가 증가되므로 무효전력도 감소되기 때문에 피상전력도 증가된다.

b) 만일 계자전류가 증가된다면, 피상전력은 증가할 것인가 또는 감소할 것인가?

설명 : 유효전력은 변함이 없고, 앞선 무효전류가 증가되므로 무효전력도 증가되기 때문에 피상전력도 증가된다.

실 험 보 고 서

실험조	실험일자 : 월 일	제출일자 : 월 일	검 인
조	학년 반 번 성명:		

실험 15. 동기전동기의 구조와 기동특성

8. c) 전원을 켠 후, V_1, V_2, I_1 와 발생 기동토크를 신속히 측정한다. 전원을 끈다.

V_1 =_____[V_{ac}], V_2 =_____[V_{ac}], I_1 =_____[A_{ac}],

기동토크=_____[lbf·in] × 0.113=________[N·m]

9. 기동토크시 전동기의 피상전력은? $\sqrt{3}$×_____×_____= ________[VA]

10. 동기 전동기의 동기속도가 1,800[rpm]이고 1/4 [HP : 마력]에 해당되는 전부하 토크는 얼마인가?

$$\tau = \frac{P_o}{2\pi n} = \frac{60}{2\pi} \times \frac{P_o}{N} = \frac{60}{2\pi} \times \frac{(\quad) \times 746}{(\quad)} = \underline{\qquad\qquad} [\text{N·m}],$$

$$\frac{(\qquad)[\text{N} \cdot \text{m}]}{(\qquad)} = (\qquad)[\text{lbf} \cdot \text{in}]$$

11. 동기 전동기에서 전부하 토크에 대한 기동토크의 비율은?

$$\frac{(\quad)[\text{lbf} \cdot \text{in}]}{(\quad)[\text{lbf} \cdot \text{in}]} \times 100 = \frac{(\quad)[\text{N} \cdot \text{m}]}{(\quad)[\text{N} \cdot \text{m}]} \times 100 = \underline{\qquad\qquad} [\%]$$

5) 연구 및 검토

1. 동기 전동기의 기동시 회전자권선 내에 큰 교류전압이 유도되는 이유를 설명하시오.

설명 : ____

____

____

2. 전원을 켠 후 전기동력계의 토크조절기를 반시계방향으로 돌려서 부하를 줄이면 동기 전동기는 전속도에 도달하게 되어 농형유도전동기와 같이 회전하게 된다.
이 때 회전자전압 V_2가 감소되는 이유는?

설명 : ____

____

____

3. 동기전동기의 기동시 주의해야 할 사항은 ?

설명 : a)

b)

4. 만일 회전자에 제동권선이 없다면 동기전동기는 자체로서 기동하는가?

설명 :

5. 동기전동기의 회전자권선이 기동시 외부저항으로 결선하는 이유 2가지를 설명하라.

설명 : a)

b)

6. 제동권선에 대해 설명하시오.

설명 :

7. 동기전동기의 기동방법의 종류를 들고 간단히 설명하시오.

설명 : a)

b)

실 험 보 고 서	실험조	실험일자 : 월 일	제출일자 : 월 일	검 인
	조	학년 반 번 성명:		

실험 16. 동기전동기의 위상특성

2. c) 계자전류가 최소일 때 무효전력은 ?

$$\text{무효전력} = \sqrt{(\qquad)^2 - (\qquad)^2} = (\qquad)[\text{var}]$$

역률이 진상(leading)인가 지상(lagging)인가? 설명 : ________

3. e) 고정자전류가 최소일 때의 무효전력을 계산하시오.

$$\text{무효전력} = \sqrt{(\qquad)^2 - (\qquad)^2} = (\qquad)[\text{var}]$$

4. b) 계자전류가 최대일 때 무효전력은 ?

$$\text{무효전력} = \sqrt{(\qquad)^2 - (\qquad)^2} = (\qquad)[\text{var}]$$

역률이 진상(leading)인가 지상(lagging)인가? 설명 : ________

5. [표 1]의 값을 [그림 16-3]에 전기자 전류 I_1 와 역률곡선을 그리고, 두 곡선의 모양을 보고 설명을 하시오.

설명 : ________________________________

____

[표 1] 3상 동기전동기의 위상특성 실험결과

I_f [A_{dc}]	전기자전압 V_1 [V_{ac}]	I_1 [A_{ac}]	피상전력 [VA]	W_1 [W]	W_2 [W]	유효전력 [W]	역 률[%]
0							
0.1							
0.2							
0.3							
0.4							
0.5							
0.6							
0.7							
0.8							

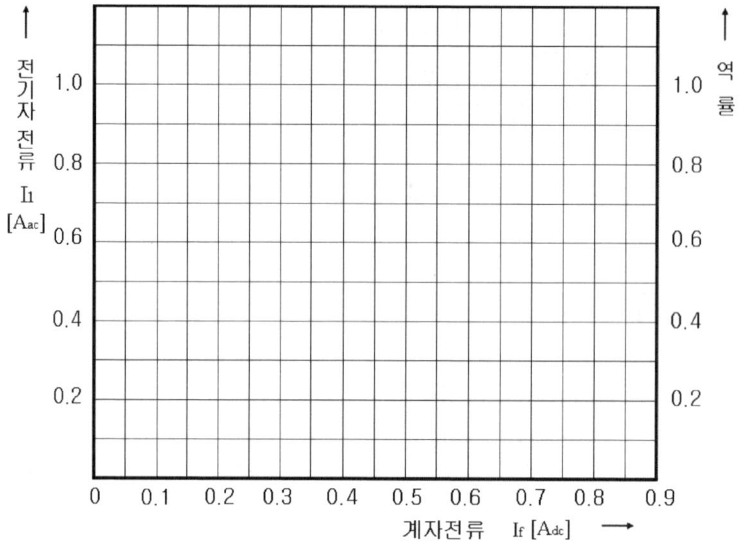

[그림 16-3] 3상 동기전동기의 위상특성

5) 연구 및 검토

1. 동기전동기는 경우에 따라 동기조상기로 작용하는 것을 설명하시오.

   설명 : ______________________________

   ____

   ____

   ____

2. 동기 전동기에 의해 소모된 유효전력에 대해 설명하시오.

   설명 : ______________________________

   ____

실 험 보 고 서	실험조	실험일자 : 월 일	제출일자 : 월 일	검 인
	조	학년 반 번 성명:		

실험 17. 동기전동기의 전부하 특성과 탈출토크

*** 동기 전동기의 전부하 토크가 9[lbf·in]일 때**

3. [**참고** 동기전동기의 정격전류(I_{1n})는 0.8[A_{ac}]이고 [그림 16-3]에서 I_f는 0.4[A_{dc}] 일 때 I_1이 최소가 되며 이 때의 역률은 1이 됨]

c) I_1, I_f, V_f, W_1, W_2를 측정해서 기록한다.

I_1 = 0.78 [A_{ac}], I_f = 0.5[A_{dc}], V_f = 125[V_{dc}], W_1 = 140 [W], W_2 = 140 [W]

d) 탈출토크 = (　)[lbf · in] × (0.113) = (　)[N · m]

4. 실험순서 3의 동기전동기의 전부하 토크가 9[lbf·in] 될 때의 특성을 계산하라.

a) 피상전력 : $\sqrt{3}\,V_1 I_1 = \sqrt{3}\times(\quad)\times(\quad)=(\quad)$[VA]

b) 유효전력 : (　) + (　) = (　)[W]

c) 무효전력 $=\sqrt{(\quad)^2-(\quad)^2}=(\quad)$[var]

d) 역 률 : $\frac{(\quad)}{(\quad)}\times100=(\quad)$[%]

e) 직류전력{계자단자 전압(V_f) × 계자전류(I_f)} : (　) × (　) = (　)[W]

f) 출력 $=\frac{1.59\times(\quad)[\text{rpm}]\times(\quad)[\text{lbf}\cdot\text{in}]}{100{,}000}=(\quad)$[HP]

g) 효 율 : $\frac{(\text{출력})\times746}{\text{유효전력}+\text{직류전력}}\times100=\frac{(\quad)\times746}{(\quad)+(\quad)}\times100=$ ______ [%]

h) 전부하 토크에 대한 탈출토크의 비 = $\frac{(\quad)}{(\quad)}=(\quad)$배

*** 동기 전동기의 전부하 토크가 9[lbf·in]로 유지한 후, 계자전류가 0.8[A_{dc}]가 될 때까지 증가한 상태 (과여자 상태)**

5. c) I_1, I_f, V_f, W_1, W_2를 측정해서 기록한다.

I_1 = ______ [A_{ac}], I_f = 0.8 [A_{dc}], V_f = ______ [V_{dc}], W_1 =약 205[W], W_2 =약 95[W]

d) 이 때의 역률은 진상(leading)이 되는가? 지상(lagging)이 되는가?

설명 : 진상 (∵ I_f = 0.4[A_{dc}]일 때 역률이 1이 었는데 I_f = 0.8[A_{dc}]은 과여자 이므로 진상상태이다.)

e) 탈출토크 = (　)[lbf · in] × (　) = (　)[N · m]

6. 실험순서 5의 결과치를 이용하여 동기전동기의 전부하 토크가 9[lbf·in] 될 때의 특성을 계산하시오.

a) 피상전력 : $\sqrt{3}\,V_1 I_1 = \sqrt{3} \times (\quad) \times (\quad) = (\quad)$[VA]

b) 유효전력 : $(\quad) + (\quad) = (\quad)$[W]

c) 무효전력 $= \sqrt{(\quad)^2 - (\quad)^2} = (\quad)$[var]

d) 역 률 : $\dfrac{(\quad)}{(\quad)} \times 100 = (\quad)$[%]

e) 직류전력{계자단자 전압(V_f)×계자전류(I_f)} : $(\quad) \times (\quad) = (\quad)$[W]

f) 출력 $= \dfrac{1.59 \times (\quad)[\text{rpm}] \times (\quad)[\text{lbf} \cdot \text{in}]}{100{,}000} = (\quad)$[HP]

g) 효 율 : $\dfrac{(\text{출력}) \times 746}{\text{유효전력} + \text{직류전력}} \times 100 = \dfrac{(\quad) \times 746}{(\quad) + (\quad)} \times 100 =$ ________ [%]

h) 전부하 토크에 대한 탈출토크의 비 = $\dfrac{(\quad)}{(\quad)} = (\quad)$배

5) 연구 및 검토

1. 동기전동기의 탈출토크는 계자전류의 크기에 의해 어떻게 영향을 받는지 설명하시오.

설명 : 실험 3. d)에서 I_f가 ( )[A_{dc}]일 때 탈출토크는 ( )[lbf·in]이고,

실험 5. e)에서 I_f가 ( )[Adc]일 때 탈출토크는 ( )[lbf·in]이다.

I_f가 클수록 탈출토크는 커진다.

실 험 보 고 서	실험조	실험일자 : 월 일	제출일자 : 월 일	검 인
	조	학년 반 번 성명:		

실험 18. 단상 변압기의 전압과 전류관계

[참고]

이 변압기의 권선수는

N_{1-2}사이는 500[권수]

N_{5-6}사이는 500[권수]

N_{3-4}사이는 865[권수]

로 되어 있다.

$$\frac{I_1}{I_2} \fallingdotseq \frac{1}{a}, \quad \frac{V_1}{V_2} \fallingdotseq \frac{N_1}{N_2} = a$$

$$\frac{V_2}{V_1} \fallingdotseq \frac{N_2}{N_1} = \frac{1}{a}$$

[표 1] 전압실험 결과

V_1	I_o	각 단자사이의 전압		
[V_{ac}]	[mA_{ac}]	단자	정격전압[V_{ac}]	측정전압[V_{ac}]
120		단자 1-2	$V_{n1-2}=120$	$V_{1-2}=$
120		단자 3-4	$V_{n3-4}=208$	$V_{3-4}=$
120		단자 5-6	$V_{n5-6}=120$	$V_{5-6}=$
120		단자 3-7	$V_{n3-7}=104$	$V_{3-7}=$
120		단자 7-8	$V_{n7-8}=76$	$V_{7-8}=$
120		단자 8-4	$V_{n8-4}=28$	$V_{8-4}=$
120		단자 5-9	$V_{n5-9}=60$	$V_{5-9}=$
120		단자 9-6	$V_{n9-6}=60$	$V_{9-6}=$

[표 2] 전압, 전류 및 권수비의 관계실험 결과

	측정값	전류비$=\frac{I_1}{I_2}$	$\frac{1}{a}$	전류비는 권수비의 역과 일치하는가?	전압비 $=\frac{V_1}{V_2}$	권수비(a)	전압비는 권수비와 일치하는가?
실험[1]	V_1=( )[V]	$\frac{(\ )}{(\ )}=(\ )$	$\frac{(\ )}{(\ )}=(\ )$		$\frac{(\ )}{(\ )}=(\ )$	$\frac{(\ )}{(\ )}=(\ )$	
	I_1=( )[A]						
	V_2=( )[V]						
	I_2=( )[A]						
실험[2]	V_1=( )[V]	$\frac{(\ )}{(\ )}=(\ )$	$\frac{(\ )}{(\ )}=(\ )$		$\frac{(\ )}{(\ )}=(\ )$	$\frac{(\ )}{(\ )}=(\ )$	
	I_1=( )[A]						
	V_2=( )[V]						
	I_2=( )[A]						

* 철심의 포화실험

[표 3] 철심의 포화실험 결과

V_1 [Vac]	I_o [mAac]	V_2 [Vac]	$\frac{V_1}{V_2}$
25			
50			
75			
100			
125			
150			
175			
200			

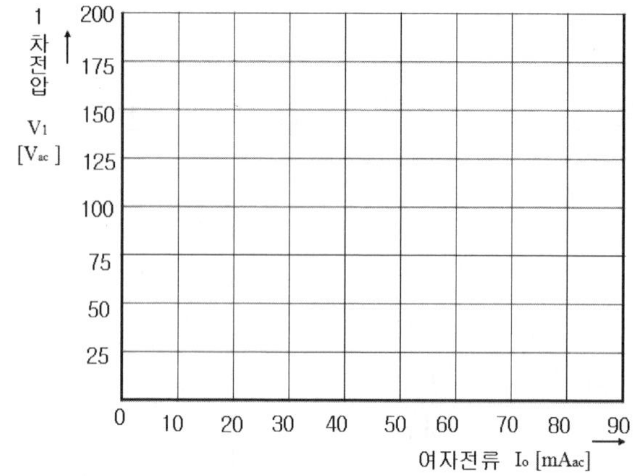

[그림 18-5] 철심의 포화실험

4. f) [그림 18-5]에서 여자(자화)전류가 입력전압이 어느 값에 도달한 후에는 완만하게 증가하는가?

설명 : ______________________________

g) 1차 권선과 2차 권선 사이의 전압비는 철심의 포화에 영향을 받게 되는가?

설명 : ______________________________

5) 연구 및 검토

1. 만일 [그림 18-문1]에서 변압기 2차권선 단자 9와 6사이의 권선에 전류가 1[Aac]이었다면 1차권선 단자 1과 2사이의 권선에 흐르는 전류는 몇 [A]가 되는가?

설명 : $N_{5-6} = 500$[권수], $N_{9-6} = N_{5-6} \times \frac{1}{2} = (\quad) \times \frac{(\quad)}{(\quad)} = (\quad)$[권수]

$\frac{I_{1-2}}{I_{9-6}} = \frac{N_{9-6}}{N_{1-2}}$, $I_{1-2} = I_{9-6} \times \frac{N_{9-6}}{N_{1-2}} = (\quad) \times \frac{(\quad)}{(\quad)} = (\quad)[A_{ac}]$

[참고]

이 변압기의 권선수는

N_{1-2}사이는 500[권수]

N_{5-6}사이는 500[권수]

N_{3-4}사이는 865[권수]

로 되어 있다.

$\frac{I_1}{I_2} \fallingdotseq \frac{1}{a}$, $\frac{V_1}{V_2} \fallingdotseq \frac{N_1}{N_2} = a$

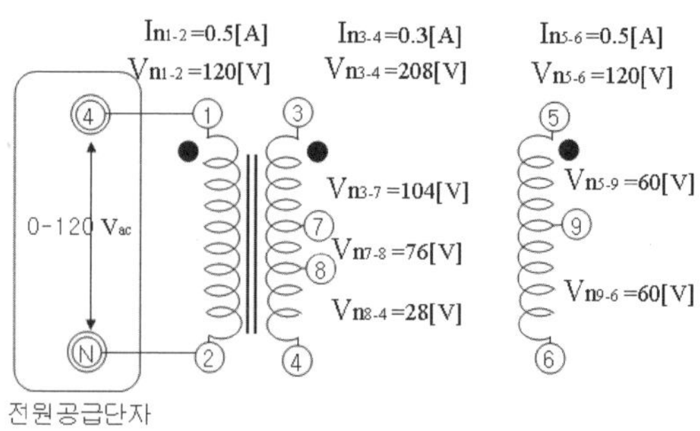

[그림 18-문1]

2. 만일 [그림 18-문1]에서 2차권선으로 사용한 단자 7과 8이 단락되어 있고 1차 권선으로 사용한 단자 5와 6에 0.5[A_{ac}]의 전류가 흐르게 하였다.

a) 2차권선 단자 7과 8사이에 흐르는 단락전류를 계산하시오.

설명 : $\frac{I_{7-8}}{I_{5-6}}=\frac{V_{5-6}}{V_{7-8}}$, $I_{7-8}=I_{5-6}\times\frac{V_{5-6}}{V_{7-8}}=(\quad)\times\frac{(\quad)}{(\quad)}=(\quad)[A_{ac}]$

b) 이들 실험이 가능한 신속히 이루어져야 하는 이유는 무엇인가?

설명 : ______

3. 만일 120[V_{ac}]가 권선 3과 4에 인가되었다면 아래 단자들 사이의 권선 전압은?

설명 : $\frac{V_{1-2}}{V_{3-4}}=\frac{N_{1-2}}{N_{3-4}}$, $V_{1-2}=(\quad)\times\frac{(\quad)}{(\quad)}=(\quad)[V_{ac}]$

$\frac{V_{5-9}}{V_{3-4}}=\frac{N_{5-9}}{N_{3-4}}$, $V_{5-9}=(\quad)\times\frac{(\quad)}{(\quad)}=(\quad)[V_{ac}]$

$\frac{V_{5-6}}{V_{3-4}}=\frac{N_{5-6}}{N_{3-4}}$, $V_{5-6}=(\quad)\times\frac{(\quad)}{(\quad)}=(\quad)[V_{ac}]$

* $\frac{V_{7-8}}{V_{3-4}}=\frac{V_{n7-8}}{V_{n3-4}}$, $V_{7-8}=(120)\times\frac{(76)}{(208)}=(43.85)[V_{ac}]$

4. 만일 [그림 18-6]에서 120[V]가 권선 1과 2에 공급되었고 권선 5와 6이 저항이 있는 선으로 단락되었고, $V_{5-6}=10[V_{ac}]$, $I_{1-2}=0.4[A]$이라고 한다면

a) 권선 5와 6에 흐르는 전류는?

설명 : $\frac{I_{5-6}}{I_{1-2}}=\frac{V_{1-2}}{V_{5-6}}$, $I_{5-6}=I_{1-2}\times\frac{V_{1-2}}{V_{5-6}}=(\quad)\times\frac{(\quad)}{(\quad)}=(\quad)[A_{ac}]$

b) 권선 5와 6에 흐르는 전류는 정격값보다 얼마나 더 많이 흐르는가?

설명 : 권선 5와 6의 정격전류는 $I_{n5-6}=0.5[A_{ac}]$이므로 $\frac{(\quad)}{(\quad)}=(\quad)$배

c) 권선이 단락 상태에서 발생한 열은 정상 상태 값보다 얼마나 더 많겠는가?

설명 : $\frac{0.24I'^2R}{0.24I^2R}=\frac{0.24(\quad)^2R}{0.24(\quad)^2R}=(\quad)^2=(\quad)$배

실 험 보 고 서	실험조	실험일자 : 월 일	제출일자 : 월 일	검 인
	조	학년 반 번	성명:	

실험 19. 단상 변압기의 전압변동률

[표 1] 각 종 부하에서의 전압 변동률 실험

	저항부하			유도성 부하			용량성 부하		
	I_1 [mA$_{ac}$]	$V_2=V_R$ [V$_{ac}$]	$I_2=I_R$ [mA$_{ac}$]	I_1 [mA$_{ac}$]	$V_2=V_L$ [V$_{ac}$]	$I_2=I_L$ [mA$_{ac}$]	I_1 [mA$_{ac}$]	$V_2=V_C$ [V$_{ac}$]	$I_2=I_C$ [mA$_{ac}$]
∞(무부하)		$V_{2o}=$			$V_{2o}=$			$V_{2o}=$	
1,200[Ω]									
600[Ω]									
400[Ω]									
300[Ω]									
[전부하]240[Ω]		$V_{2n}=$	$I_{2n}\fallingdotseq$		$V_{2n}=$	$I_{2n}\fallingdotseq$		$V_{2n}=$	$I_{2n}\fallingdotseq$
전압 변동률	______[%]			______[%]			______[%]		

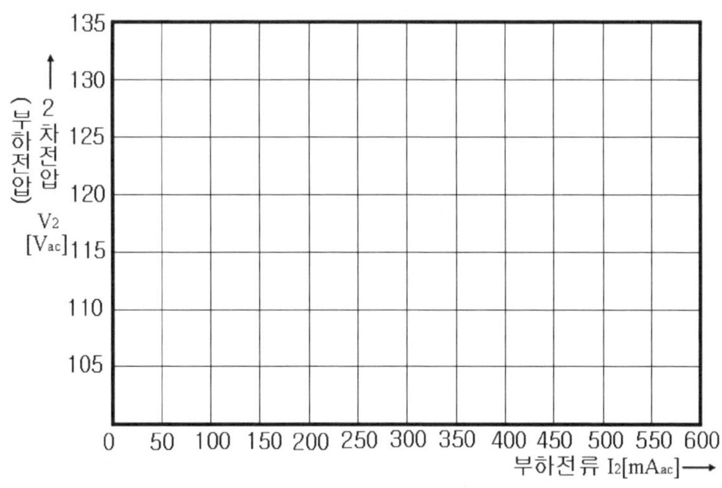

[그림 19-4] 각종 변압기 부하에 대하여 부하전압 V_2와 부하전류 I_2의 변동 곡선

5) 연구 및 검토

1. [그림 19-5]의 벡터도에 실험에서 얻은 전 부하시의 단자전압을 기록하시오.

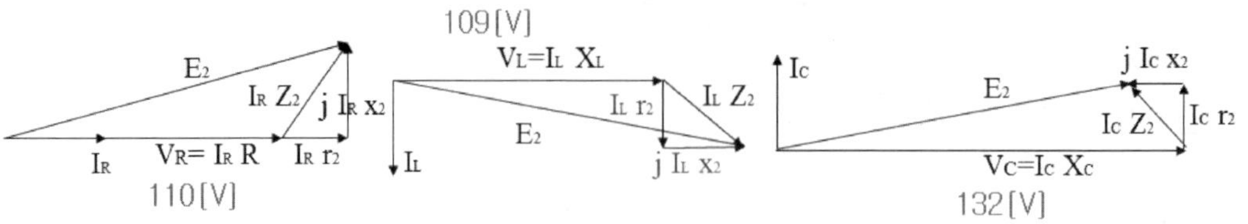

$V_R = E_2 - I_R Z_2$ $V_L = E_2 - I_L Z_2$ $V_C = E_2 - I_C Z_2$

(a) 저항부하(R) (b) 유도성 부하(X_L) (c) 용량성 부하(X_C)

[그림 19-문1] 각 부하시의 벡터도

2. 용량성 부하를 사용하면 출력전압이 증가하는 이유는 무엇인가?

설명 : 변압기의 2차권선의 저항을 r_2라 하고, 리액턴스를 x_2라 하면

240[Ω]의 R부하시 : $I_R = \dfrac{V_R}{\sqrt{(r_2+R)^2+(x_2)^2}} = \dfrac{(\quad)}{\sqrt{(r_2+240)^2+(x_2)^2}} = (\quad)$[A]

240[Ω]의 X_L부하시 : $I_L = \dfrac{V_L}{\sqrt{(r_2)^2+(x_2+X_L)^2}} = \dfrac{(\quad)}{\sqrt{(r_2)^2+(x_2+240)^2}} = (\quad)$[A]

240[Ω]의 X_C부하시 : $I_C = \dfrac{V_C}{(\sqrt{(r_2)^2+(x_2-X_C)^2}} = \dfrac{(\quad)}{(\sqrt{(r_2)^2+(x_2-240)^2}} = (\quad)$[A]

3. 변압기의 열용량은 같은 [VA](피상정격)의 저항부하, 유도성 부하와 용량성 부하에 대하여 대략 일치하는가?

설명 :

4. 변압기는 매우 낮은 임피던스(작은 r_2과 x_2)를 갖는다.

a) 변압기 권선의 임피던스는 전압 변동률에 어떠한 영향을 미치는가?

설명 :

b) 변압기 권선의 임피던스는 2차 단락전류(I_{2s})에 어떤 영향을 미치는가?

설명 :

5. 대형 변압기는 대개 관련된 회로 차단기를 적당한 크기로 하기 위해서 최적 변동률의 특성을 가지지 못하도록 설계된다. 그 이유를 설명하시오.

설명 :

6. 1차 권선의 피상전력[VA]와 2차 권선의 [VA]가 일치하는가? 설명하시오.

설명 :

실 험 보 고 서	실험조	실험일자 : 월 일	제출일자 : 월 일	검 인
	조	학년 반 번 성명:		

실험 20. 배전 변압기

[표 1] 측정결과

실험순서	$R_A[\Omega]$	$R_B[\Omega]$	$I_A[mA_{ac}]$	$I_B[mA_{ac}]$	$I_N[mA_{ac}]$	$V_A[V_{ac}]$	$V_B[V_{ac}]$	$V_{AB}[V_{ac}]$
2. c)	∞	∞						
3. b)	300	300						
4. b)	300	1,200						
5. b) 중간선개방	300	1,200						
6. e) 중간선연결	저항=400 (1,200과 600병렬)	X_L=400 (1,200과 600병렬)			$I_N =$ $I_N = \sqrt{I_A^2 + I_B^2}$			

3. c) 중간선의 전류가 0[A_{ac}]인 이유는?
   설명 : ____________________

4. d) 중간선 전류(I_N)와 선전류 간의 차이($I_A - I_B$)는 일치하는가?
   설명 : ____________________

5. d) 만일 부하 $R_A = 300[\Omega]$과 $R_B = 1{,}200[\Omega]$이라면 소비전력은 각 각 얼마인가?
   설명 : ____________________
   ____

6. g) 중간선 전류(I_N)와 선전류 간의 차이($I_A - I_B$)는 일치하는가를 설명하시오.
   설명 : ____________________
   ____
   ____

5) 연구 및 검토

1. 120/240[V_{ac}]의 전력 시스템을 갖춘 가정집에서 [그림 20-문1]과 같이 전기기기들을 사용하고 있다고 하자.

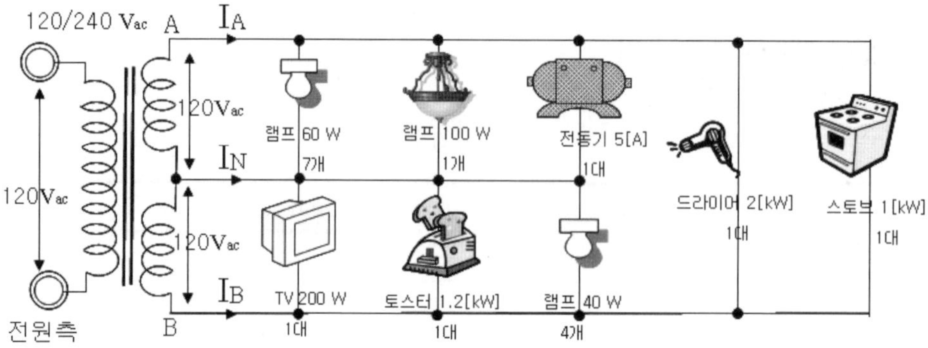

[그림 20-문1]

a) 선A, 선B 및 선N에서의 전류를 계산한다.(모든 기기의 역률이 100[%]이라고 함).

① 선 A의 경우

설명: $\underline{I_A = I_{A-N} + I_{A-B}}$

$$= \left\{7\times\frac{(\text{램프})[W]}{(\quad)[V]} + \frac{(\text{램프})[W]}{(\quad)[V]} + (\text{전동기})[A_{ac}]\right\} + \left\{\frac{(\text{드라이어}+\text{스토브})[W]}{(\quad)[V]}\right\}[A_{ac}]$$

$$= \left\{7\times\frac{(\quad)[W]}{(\quad)[V]} + \frac{(\quad)[W]}{(\quad)[V]} + (\quad)[A_{ac}]\right\} + \left\{\frac{(\quad + \quad)[W]}{(\quad)[V]}\right\} = (\quad)[A_{ac}]$$

② 선 B의 경우

설명 : $\underline{I_B = I_{B-N} + I_{B-A}}$

$$= \left\{\frac{(TV)[W]}{(\quad)[V]} + \frac{(\text{토스터})[W]}{(\quad)[V]} + 4\times\frac{(\text{램프})[W]}{(\quad)[V]}\right\} + \left\{\frac{(\text{드라이어}+\text{스토브})[W]}{(\quad)[V]}\right\}$$

$$= \left\{\frac{(\quad)[W]}{(\quad)[V]} + \frac{(\quad)[W]}{(\quad)[V]} + 4\times\frac{(\quad)[W]}{(\quad)[V]}\right\} + \left\{\frac{(\quad + \quad)[W]}{(\quad)[V]}\right\} = (\quad)[Aac]$$

③ 중간선의 경우

설명 : 중간선의 전류(I_N)는 두선 전류의 차이가 흐르므로 (　　)−(　　)
=(　　)[A_{ac}]가 흐른다.

b) 만일 중간선이 열리게 되면 어느 램프가 밝아지고 어느 램프가 어두워지는가?

설명 : 선A에서 램프 60[W]저항 $R = \frac{V^2}{P} = \frac{120^2}{60} = 240[\Omega]$인데 7개의 병렬합성

저항은 34[Ω], 램프 100[W]의 저항은 $R=\dfrac{120^2}{100}=144[\Omega]$,

전동기는 $R=\dfrac{120V}{5A}=60[\Omega]$이므로 전체 합성저항 18.86[Ω]이 된다.

선B에서 TV 200[W]의 저항은 $R=\dfrac{120^2}{200}=72[\Omega]$, 토스터 1.2[kW]의 저항 $R=\dfrac{120^2}{1{,}200}=12[\Omega]$, 램프 40[W]저항 $R=\dfrac{120^2}{40}=360[\Omega]$인데 4개의 병렬합성저항은 90[Ω]이므로 전체 합성저항 9.23[Ω]이 된다.

선A와 선B는 직렬로 연결되고 240[V]가 걸린다. 선A의 저항이 더 크므로 전압이 더 크며 밝기는 전압의 자승에 비례하므로 선A에 있는 램프가 더 밝다.

2. 1차 2,400[V_{ac}]이고 2차120/240[V_{ac}]의 배전용 변압기가 60[kVA] 용량을 갖는다면

a) 정격 2차(240[V_{ac}])측의 선전류는?

설명 : ______

b) 만일 모든 부하가 한 쪽으로만 치중된다면(선-중간, 120[V_{ac}]), 과열없이 변압기가 공급할 수 있는 최대부하는 얼마인가?

설명 : ______

실 험 보 고 서	실험조	실험일자 : 월 일	제출일자 : 월 일	검 인
	조	학년 반	번 성명:	

실험 21. 단상 변압기의 극성

2. 교류전압으로 감극성실험(A)

c) 다음 단자 전압을 측정하고 기록한다.

$V_{1-2}=(\quad)[V_{ac}]$, $V_{5-6}=(\quad)[V_{ac}]$, $V_{2-6}=(\quad)[V_{ac}]$

e) 직렬로 된 2개의 권선의 전압이 단자 1-2에서 60[Vac], 2-6에서 0[Vac]로 되는 이유를 설명하시오.

설명 : $V_{2-6}=V_{1-2}-V_{5-6}=(\quad)-(\quad)=(\quad)[V_{ac}]$

f) 같은 극성을 갖는 단자는 어느 단자인가? 설명 : 단자 ( )과 ( )

3. 교류전압으로 감극성실험(B)

c) 다음 단자 전압을 측정하고 기록한다.

$V_{1-2}=(\quad)[V_{ac}]$, $V_{5-6}=(\quad)[V_{ac}]$, $V_{2-5}=(\quad)[V_{ac}]$

e) 직렬로 된 2개의 권선의 전압이 단자 1-2에서 60[Vac], 2-5에서 120[Vac]로 되는 이유를 설명하시오.

설명 : $V_{2-5}=V_{1-2}+V_{5-6}=(\quad)+(\quad)=(\quad)[V_{ac}]$

f) 같은 극성을 갖는 단자는 어느 단자인가? 설명 : 단자 ( )과 ( )

5. e) 어느 단자가 같은 극성을 갖는가?

설명 : 단자 ( )과 ( )

[표 1] 실험결과

	측정 값[V]	예측 값을 얻은 식
[그림 21-6]에서	$V_{1-2}=\quad[V]$	권수비 $a=\frac{\text{1차 정격전압}}{\text{2차 정격전압}}=\frac{V_{n3-4}}{V_{n1-2}}=\frac{(\quad)[V]}{(\quad)[V]}=(\quad)$ $V_{1-2}\fallingdotseq\frac{V_{3-4}}{a}\fallingdotseq\frac{(\quad)[V]}{(\quad)}=(\quad)[V]$
	$V_{3-4}=\quad[V]$	$V_{3-4}=(\quad)-(\quad)=(\quad)[V]$
[그림 21-7]에서	$V_{1-2}=\quad[V]$	$V_{1-2}=(\quad)[V]$
	$V_{2-3}=\quad[V]$	$V_{2-3}=(\quad)+(\quad)=(\quad)[V]$

5) 연구 및 검토

1. 변압기의 모든 권선들의 전압이 명판에 표시 되는 값일 때 전원전압 120[V_{ac}]로 다음의 전압을 얻기 위하여 권선을 어떻게 연결하면 좋겠는가? 결선도를 그려보시오.

a) 240[V]

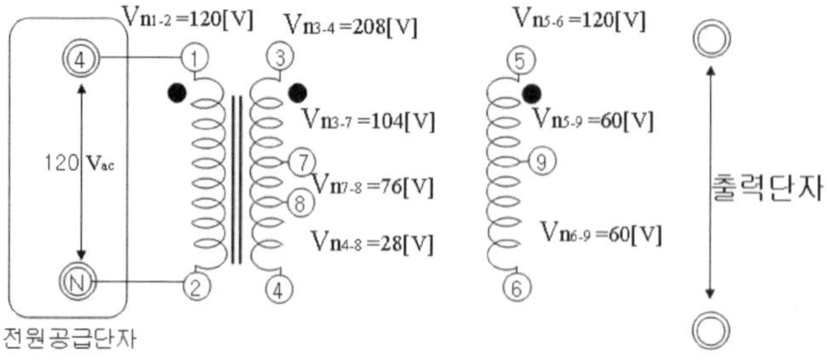

b) 180[v]

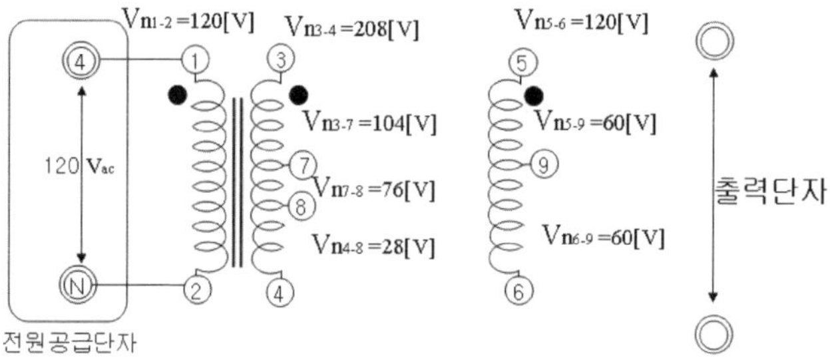

2. 3,150/210[V]의 단상변압기를 [그림 21-문2]와 같이 결선하고 극성시험을 할 때 고압측에 90[V] 전압을 가하면 가극성 및 감극성일 때에 전압계의 지시는 각각 몇 [V]인가?

설명 : ________________________________

____

____

____

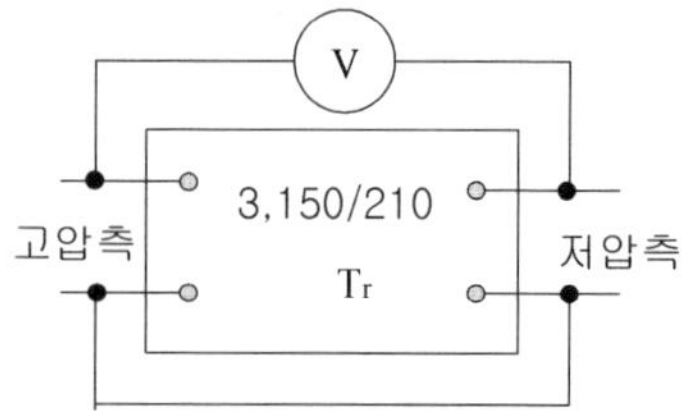

[그림 21-문2]

실 험 보 고 서	실험조	실험일자 : 월 일	제출일자 : 월 일	검 인
	조	학년 반 번 성명:		

실험 22. 단상 변압기의 3상 결선(△－△결선)

1. $\Delta-\Delta$ 결선의 2차측을 정상으로 한 경우
   전압계의 지시 $V=$ ______[V_{ac}]

2. $\Delta-\Delta$ 결선의 2차측 1상을 역으로 결선한 경우
   전압계의 지시 $V=$ ______[V_{ac}]

[표 1] Δ-Δ 결선의 측정값

1상의 부하저항	측정값				선간전압/상전압	선전류/상전류	출력
	2차 상전압 V_{2P}	2차 선간전압 V_{2l}	2차 상전류 I_{2P}	2차 선전류 I_{2l}	$\frac{V_{2l}}{V_{2P}}$	$\frac{I_{2l}}{I_{2P}}$	P_o[VA]
171.1[Ω]							
200[Ω]							
300[Ω]							

5) 연구 및 검토

1. $\Delta-\Delta$결선에서 2차 권선의 극성 중 하나가 역으로 결선 된다면 어떤 현상이 나타나겠는가?
   a) 완전 단락이 발생하는가?
   설명 : ____________________
   b) 변압기가 가열되는가?
   설명 : ____________________
   c) 1차측 전압이 불평형을 이루는가?
   설명 : ____________________
   d) 2차측 전압이 불평형을 이루는가?
   설명 : ____________________

2. $\Delta-\Delta$ 결선의 2차측 1상을 바르게 결선한 경우에 [그림 22-3]의 전압계에 나타나는 전압은 몇 [V]가 되는가?
   설명 : ______________________________

3. $\Delta-\Delta$ 결선의 2차측 1상을 역으로 결선한 경우에 [그림 22-4]의 전압계에 나타나는 전압은 상전압의 몇 배가 되는가?
   설명 : ______________________________

4. $\Delta-\Delta$ 결선에서 권선의 전압(상전압)과 선간전압의 크기를 비교하시오.
   설명 : ______________________________

5. $\Delta-\Delta$ 결선에서 2차 상전류(I_{2P})과 2차 선전류I_{2l}의 크기를 비교하시오.
   설명 : ______________________________

기사문제

6. 7.5[kVA], 3,000/100[V]의 단상변압기 3대를 $\Delta-\Delta$ 결선으로 하고 3상평형부하 15[kVA]를 걸었을 때, 1차 및 2차의 상전류 및 선전류를 구하라. 단, 변압기내의 저항, 리액턴스, 여자전류는 무시한다.
   설명 : ______________________________

7. 3,300[V], 210[V], 10[kVA]의 단상변압기 3대를 $\Delta-\Delta$ 접속하고 2차측의 두선간에 단상 전열부하를 접속한다. 접속할 최대전열부하 및 1차전류를 구하시오.
   설명 : ______________________________

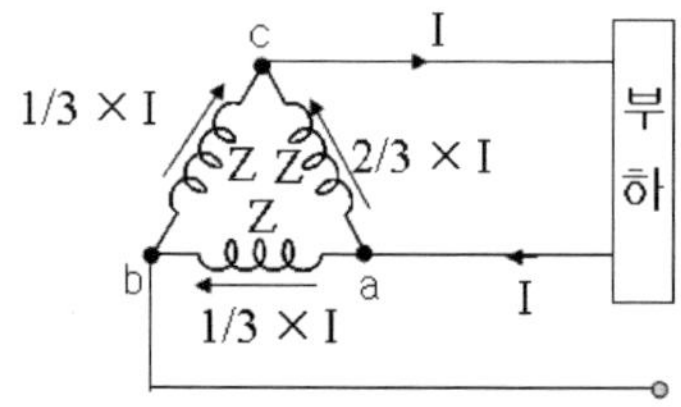

[그림 22-문7]

실 험 보 고 서	실험조	실험일자 : 월 일	제출일자 : 월 일	검 인
	조	학년 반 번 성명:		

실험 23. 단상 변압기의 3상결선(V-V결선)

[표 1] V결선과 역 V결선의 측정값

		측정값
V결선	1차 선간전압(V_{1l})	V_{UV} =______[Vac], V_{VW} =______[Vac], V_{WU} =______[Vac]
	2차 선간전압(V_{2l})	V_{uv} =______[Vac], V_{vw} =______[Vac], V_{wu} =______[Vac]
역 V결선	1차 선간전압(V_{1l})	V_{UV} =______[Vac], V_{VW} =______[Vac], V_{WU} =______[Vac]
	2차 선간전압(V_{2l})	V_{uv} =______[Vac], V_{vw} =______[Vac], V_{wu} =______[Vac]

[표 2] V-V 결선의 측정값

1상의 부하저항	측정값				$\frac{\text{선간전압}}{\text{상전압}}$	$\frac{\text{선전류}}{\text{상전류}}$	출력
	2차 상전압 V_{2P}	2차 선간전압 V_{2l}	2차 상전류 I_{2P}	2차 선전류 I_{2l}	$\frac{V_{2l}}{V_{2P}}$	$\frac{I_{2l}}{I_{2P}}$	P_o[VA]
171.1[Ω] (1,200[Ω], 600[Ω]과 300[Ω]을 병렬로 연결)							
200[Ω] (600[Ω]과 300[Ω]을 병렬로 연결)							
300[Ω]							

5) 연구 및 검토

1. 실험 22의 $\Delta-\Delta$결선과 실험 23의 V-V결선의 측정결과를 비교하시오.

   a) $\Delta-\Delta$결선과 V-V결선간의 전압의 차이가 있는가?

   설명 : ______

   b) $\Delta-\Delta$결선과 V-V결선의 정격 피상전력(VA)은 같은가?

   설명 : 1대의 정격 피상전력을 $V_n I_n$ [VA]이라면 $\Delta-\Delta$결선은 $3\,V_n I_n$ [VA]이고, V-V결선은 $\sqrt{3}\,V_n I_n$ [VA]이다.

2. V결선시 각 상의 전압은 평형이 되는가?

   설명 : ______

3. 역 V결선시 각 상의 전압은 평형이 되는가?

   설명 : ______

4. 출력은 V결선시에는 Δ결선시의 몇 [%]인가?

   설명 : ______

5. 용량이 100[KVA]인 단상 변압기 2대로 V결선할 때 출력은 몇 [KVA]가 되는가?

   설명 : ______

실 험 보 고 서	실험조	실험일자 : 월 일	제출일자 : 월 일	검 인
	조	학년 반 번 성명:		

실험 24. 단상 변압기의 3상 결선($Y-Y$ 결선)

[표 1] $Y-Y$ 결선의 측정값

1상의 부하저항	측정값				$\frac{선간전압}{상전압}$	$\frac{선전류}{상전류}$	출력
	2차 상전압 V_{2P}	2차 선간전압 V_{2l}	2차 상전류 I_{2P}	2차 선전류 I_{2l}	$\frac{V_{2l}}{V_{2P}}$	$\frac{I_{2l}}{I_{2P}}$	P_o[VA]
171.1[Ω]							
200[Ω]							
300[Ω]							

[표 2] 2차측의 E_w상을 반대로 결선하고 $Y-Y$ 결선을 한 경우

	측정값
1차 선간전압(V_{1l})	V_{UV} =____[V], V_{VW} =____[V], V_{WU} =____[V]
2차 상전압(V_{2P})	E_u =____[V], E_v =____[V], E_w =____[V]
2차 선간전압(V_{2l})	V_{uv} =____[V], V_{vw} =____[V], V_{wu} =____[V]

5) 연구 및 검토

1. 만일 $Y-Y$ 결선에서 2차 권선의 극성 중 E_v 상을 역으로 되면
   a) 완전단락이 발생하는가? 설명 : ____________________
   b) 변압기가 가열되는가? 설명 : ____________________
   c) 1차측 전압이 불평형을 이루는가? 설명 : ____________________
   d) 2차측 전압이 불평형을 이루는가? 설명 : ____________________

2. $Y-Y$ 결선에서 권선의 전압(상전압 V_P)과 선간전압(V_l)의 크기를 비교하시오.
   설명 : ____________________

3. $Y-Y$ 결선에서 2차 상전류(I_{2P})과 2차 선전류 (I_{2l})의 크기를 비교하시오.
   설명 : ____________________

어려운 문제

4. 단상변압기 3대로 $\Delta-\Delta$ 결선해서 운전 중 한 대가 고장일 때에는 이것을 제거하고 나머지 2대를 V 결선으로 하여 송전을 계속할 수 있지만, $Y-Y$ 결선은 V 결선으로 운전할 수 없는 이유는? [참고]의 그림을 보고 설명하시오.

설명 : [그림 22-1]의 $\Delta-\Delta$ 결선에서 1대(E_w)를 제거하면 [그림 23-1]의 정상으로 V결선으로 되어서 3상 평형 전력을 부하에 공급할 수 있다.

그러나 [그림 24-1]의 $Y-Y$ 결선에서 변압기 1대(E_w)를 제거하면 [그림 24-문4-B]가 되는데 여기에 V와 W단자를 넣고 선간전압을 나타낸 그림이 [그림 24-문4-C]가 되며 이 그림은 [그림 23-2]의 E_v 상을 역으로 결선한 역 V결선의 그림과 같으므로 선간전압 V_{wu} 는 상전압(E_u)의 $\sqrt{3}$ 배가 된다.

[참고]

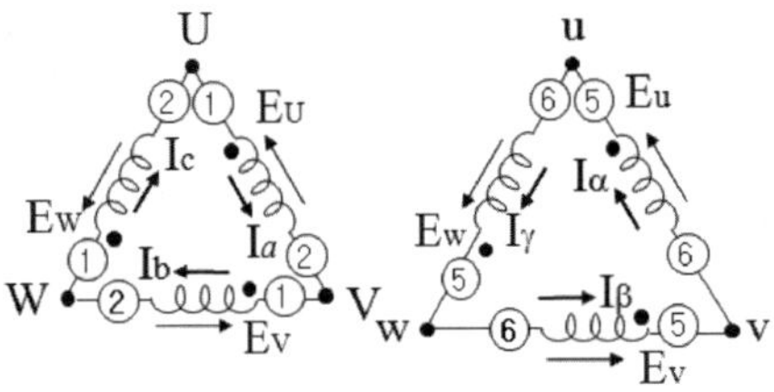

[그림 22-1] $\Delta-\Delta$ 결선

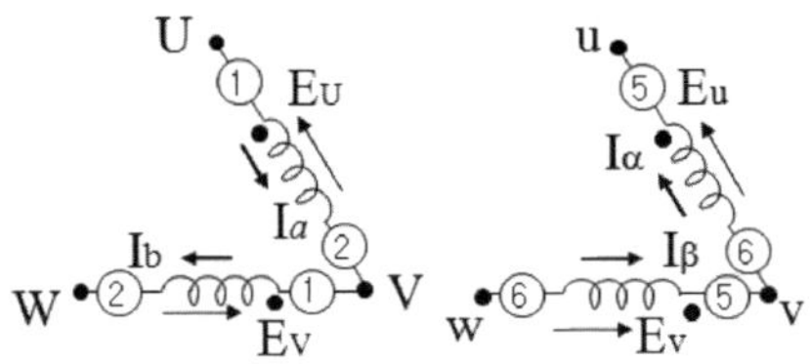

[그림 23-1] 정상으로 V결선

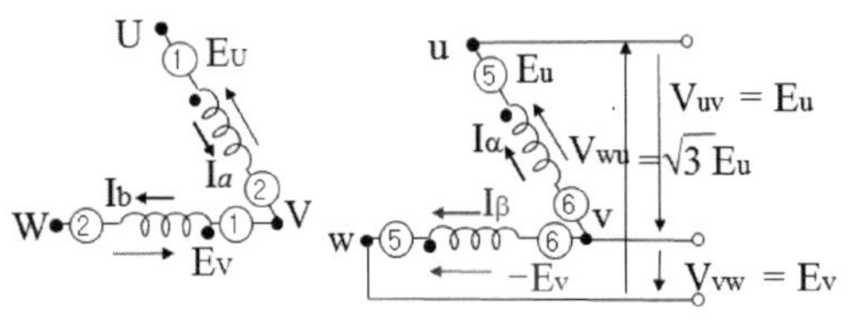

[그림 24-문4-A] 2차측 2대 중 E_v 상을 역으로 결선한 경우

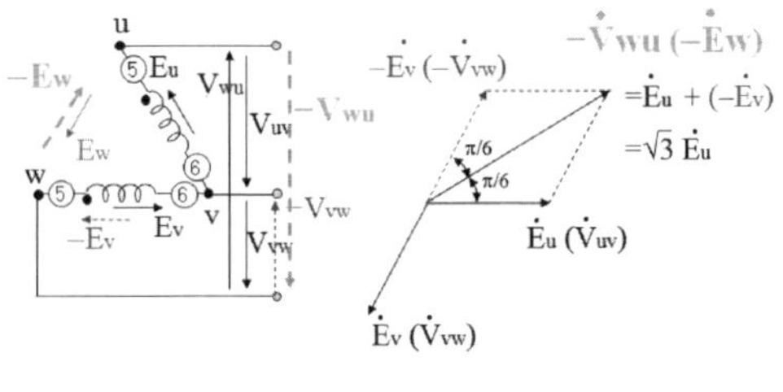

(a) E_v 상을 역으로 결선 (b) 2차측 벡터도

[그림 23-2] 역 V결선

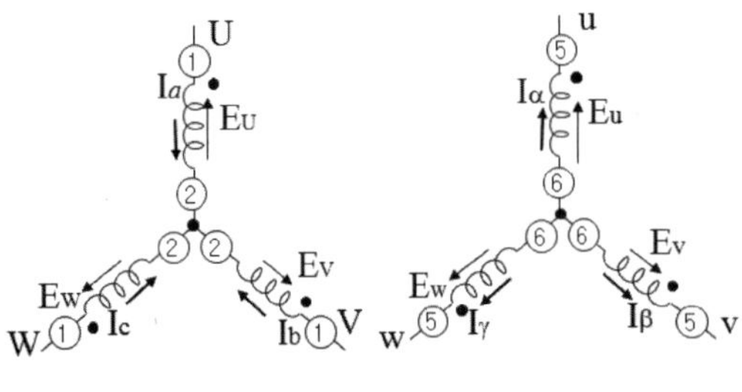

[그림 24-1] $Y-Y$ 결선

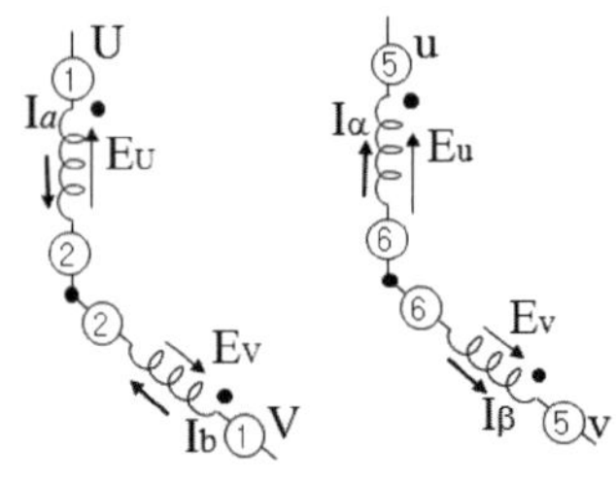

[그림 24-문4-B] $Y-Y$ 결선에서 1대(E_w)를 제거한 그림

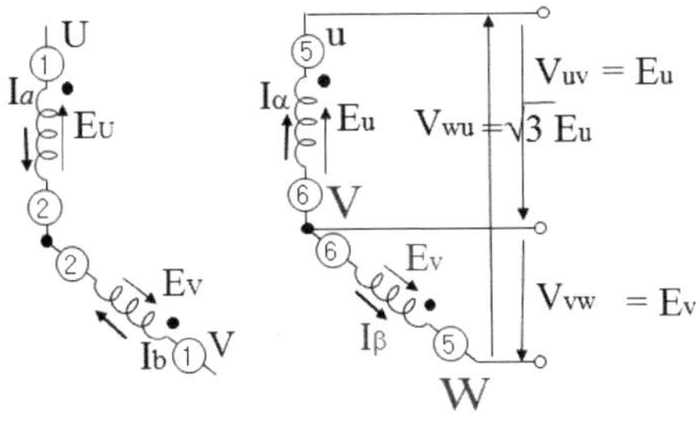

[그림 24-문4-C] $Y-Y$ 결선에서 1대(E_w)를 제거한 그림에 V와 W단자를 넣고 선간전압을 나타낸 그림

실 험 보 고 서	실험조	실험일자 : 월 일	제출일자 : 월 일	검 인
	조	학년 반 번 성명:		

실험 25. 단상변압기의 3상결선($\Delta-Y$와 $Y-\Delta$ 결선)

[표 1] $\Delta-Y$ 결선의 측정값

	1 차 측 (Δ 결선)				2 차 측 (Y 결선)				권수비 a	$\frac{1}{a}$
1상의 부하저항	전 압	전 류			전 압			전 류		
	$V_{1l}=V_{1p}$	선전류 I_{1l}	상전류 I_{1p}	$\frac{I_{1l}}{I_{1p}}$	선간 전압 V_{2l}	상 전압 V_{2p}	$\frac{V_{2l}}{V_{2p}}$	$I_{2l}=I_{2p}$	$\frac{V_{1p}}{V_{2p}}$	$\frac{I_{1p}}{I_{2p}}$
171.1[Ω]										
200[Ω]										
300[Ω]										

[표 2] $Y-\Delta$ 결선의 측정값

	1 차 측 (Y 결선)				2 차 측 (Δ 결선)				권수비 a	$\frac{1}{a}$
1상의 부하저항	전 압			전 류	전 압	전 류				
	선간 전압 V_{1l}	상 전압 V_{1p}	$\frac{V_{1l}}{V_{1p}}$	$I_{1l}=I_{1p}$	$V_{2l}=V_{2p}$	선 전류 I_{2l}	상 전류 I_{2p}	$\frac{I_{2l}}{I_{2p}}$	$\frac{V_{1p}}{V_{2p}}$	$\frac{I_{1p}}{I_{2p}}$
171.1[Ω]										
200[Ω]										
300[Ω]										

5) 연구 및 검토

1. 변압기를 Δ 결선 하였을 때 선간 전압과 상 전압, 선 전류와 상 전류의 관계를 말하시오.
   설명 : ______________________________
   ____

2. 변압기를 Y 결선 하였을 때 선간 전압과 상 전압, 선 전류와 상 전류의 관계를 말하시오.
   설명 : ______________________________
   ____

3. 어떤 공장의 수전 전원이 3상 3선식 220[V_{ac}]이다. 이 공장에 새로 설치한 기계의 전원으로 3상 4선식 380[V_{ac}]전원이 필요할 경우, 1차와 2차가 모두 220[V_{ac}]인 변압기 3대를 사용하여 3상 4선식($3\phi 4l$) 380[V_{ac}] 전원을 만들어 보시오.
   (단, 권수비는 1이다.)
   설명 : ______________________________
   ____

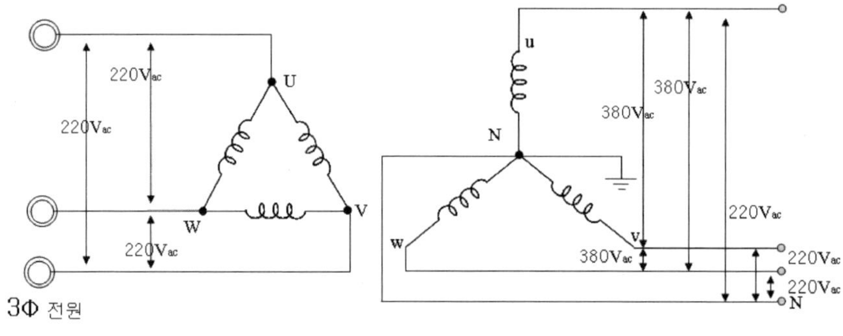

[그림 25 문 3] $3\phi 4l$식

4. 만일 각 변압기의 정격 용량이 60[kVA]이면 다음 5가지 결선의 경우 전체 3상 전력은 얼마나 얻겠는가?
   a) $Y-Y$ 결선 설명 : ______________________________
   b) $Y-\Delta$ 결선 설명 : ______________________________
   c) $\Delta-Y$ 결선 설명 : ______________________________
   d) $\Delta-\Delta$ 결선 설명 : ______________________________
   e) $V-V$ 결선 설명 : ______________________________

기사 문제

5. 특성이 같은 단상변압기 3대를 $\Delta - Y$ 결선 하여서 2,300[V]의 3상에서 3상 66[kV], 400[kW], 역률 70[%]의 부하에 전력을 공급할 때 단상 변압기의 전압, 전류, 용량을 구하시오.

설명 : ______________________________

____

____

____

____

6. 권수비 10 : 1 의 단상변압기 3대로 $Y - \Delta$ 결선으로 하여 3상변압을 하고 있다. 2차에 단자전압 200[V]의 평형부하 75[kVA]를 가할 때, 각 변압기의 1차권선, 2차권선에 흐르는 전류 및 1차 선간전압은 얼마나 되는가?
단, 변압기의 여자전류 및 임피던스는 무시한다.

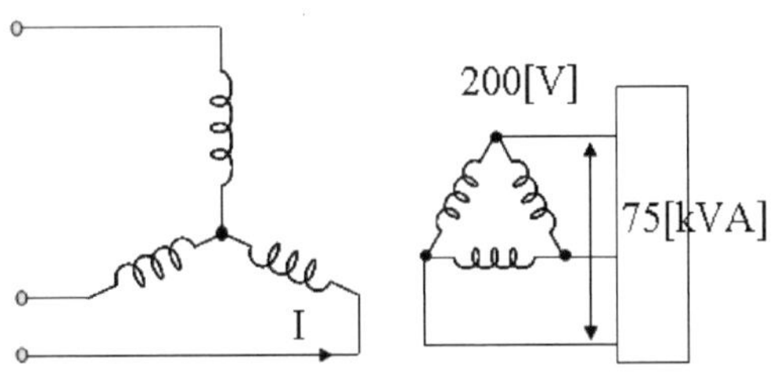

[그림 25-문6] $Y - \Delta$ 결선

설명 : ______________________________

____

____

____

실 험 보 고 서	실험조	실험일자 : 월 일	제출일자 : 월 일	검 인
	조	학년 반 번 성명:		

실험 26. 3상에서 2상으로의 변환방법(스코트 결선)

1. 3ϕ 입력과 2ϕ 출력 실험

e) 선전류 모두가 평형을 잘 이루었는가? 설명 : ______________________

f) 부하 전류와 전압이 평형을 잘 이루었는가? 설명 : ______________________

[표 1] 스코트 결선의 3ø입력과 2ø출력실험 결과

	I_4 [A_{ac}]	I_5 [A_{ac}]	I_6 [A_{ac}]	V_V [V_{ac}]	V_W [V_{ac}]	I_V [A_{ac}]	I_W [A_{ac}]
측정값							
각 부하의 전력계산	$P = V_V \times I_V$ =( )×( )=( )[VA]				2ϕ 의 총 전력 = ( )[VA]		
	$P = V_W \times I_W$ =( )×( )=( )[VA]						
3ϕ 입력[VA]	$P = \sqrt{3}\,VI = \sqrt{3}$ × ( )×( )=( )[VA]						

2. 2ϕ 의 출력전압 실험

f) V_{VW}의 측정값과 계산 값을 비교한다. 설명 : ______________________

[표 2] 스코트 결선의 2ø의 출력전압 실험 결과

	V_V [V_{ac}]	V_W [V_{ac}]	V_{VW} [V_{ac}]
측정값			
V_{VW} 전압 계산	$V_{VW} = \sqrt{(V_V)^2 + (V_W)^2} = \sqrt{(\quad)^2 + (\quad)^2}$ =( )[V]		

3. 스코트결선으로 콘덴서 운전 전동기를 운전 실험

e) 고정자 전류와 전압이 평형을 잘 이루었는가? 설명 : ______________________

f) 콘덴서 운전 전동기가 원활하게 동작되는가? 설명 : ______________________

[표 3] 스코트 결선으로 콘덴서 운전 전동기를 운전 실험 결과

	I_4 [A_{ac}]	I_5 [A_{ac}]	I_6 [A_{ac}]	V_V [V_{ac}]	V_W [V_{ac}]	I_V [A_{ac}]	I_W [A_{ac}]
측정값							
각 부하의 전력계산	$P = V_V \times I_V$ =( )×( )=( )[VA]				2ϕ 의 총 전력 = ( )[VA]		
	$P = V_W \times I_W$ =( )×( )=( )[VA]						
3ϕ 입력[VA]	$P = \sqrt{3}\,VI = \sqrt{3}$ × ( )×( )=( )[VA]						

5) 연구 및 검토

1. [표 1]과 [표 3]에서 3ϕ 전원에 의해 공급된 피상전력은 부하에 전달된 2ϕ의 피상전력보다 얼마만큼 큰가?
   설명 : ____________________

2. 2개의 단상 변압기를 사용해서 3ϕ 208[V] 전원으로부터 2ϕ 120[V] 출력을 얻으려고 한다. 결선도를 그려 보시오.
   설명 : [그림 26-4]와 같다.

3. [그림 26-3]은 3ϕ 전력으로부터 2ϕ 전력으로의 변환을 나타낸다. 만일 208[V_{ac}] 입력전력의 1ϕ이 개방될 때 (0[V_{ac}]), 2ϕ 출력이 아직도 존재하는가?
   설명 : ____________________

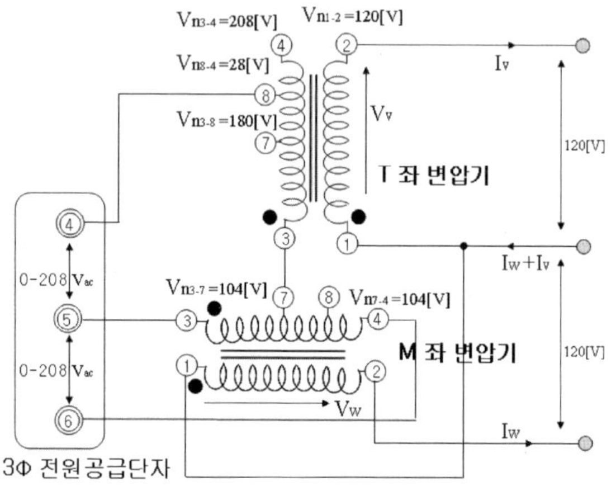

[그림 26-4]

4. 2ϕ 전력을 대체해서 3ϕ 전력으로 사용되는 이유를 설명하시오.
   설명 : ____________________

5. 단상변압기 2대를 사용하여 208[Vac]의 평형 3상식에서 120[Vac]의 평형 2상식으로 변전하는 경우에 각 변압기의 1차전압과 2차전압은 얼마인가?
   설명 : ____________________

6. 주좌와 T 좌변압기의 용량은 같고, T 좌 1차측 탭을 86.6 [%]에서 냈을 때의 이용률은 얼마인가?
   설명 : ____________________

7. 3ϕ 전력으로부터 2ϕ 전력으로 변환을 할 수 있는 변압기의 종류를 적으시오.
   설명 : ____________________

	실험조	실험일자 : 월 일	제출일자 : 월 일	검 인
실 험 보 고 서	조	학년 반 번 성명:		

실험 27. 단권 변압기의 전압과 전류관계

[표 1] 실험결과

	I_1 [A_{ac}]	V_1 [V_{ac}]	I_2 [A_{ac}]	V_2 [V_{ac}]	1차 입력 $V_1 I_1$[VA]	2 차 출 력 $V_2 I_2$[VA]	1차와 2차회로의 피상전력은 일치하는가?	승압인가? 또는 강압단권 변압기인가?
[그림 27-2] 에서								
[그림 27-3] 에서								

5) 연구와 검토

1. 정격 출력이 60[kVA]인 단상 변압기가 있다. 1차측 전압이 600[V]일 때 2차측 전압이 120[V]가 된다.

a) 각 권선의 정격 전류는 얼마인가?

설명 : ______________________________

b) 만일 1차 권선이 600[V]에 연결된다면 2차측 권선에 몇 [kVA] 부하를 연결할 수 있는가?

설명 : ______________________________

____

2. [문 1]과 같이 정격 출력이 60[kVA]인 단상 변압기가 입력전압이 600[V_{ac}]인 변압기로 연결된다.

a) 단권 변압기로 얻을 수 있는 출력전압은 얼마이며 결선도를 그려보시오.

설명 : (a) 720[V] (b) 480[V]

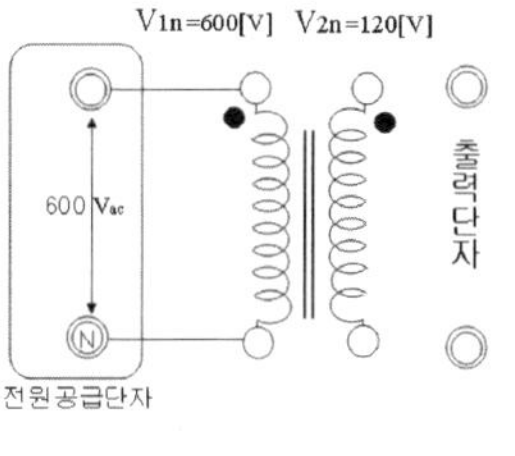

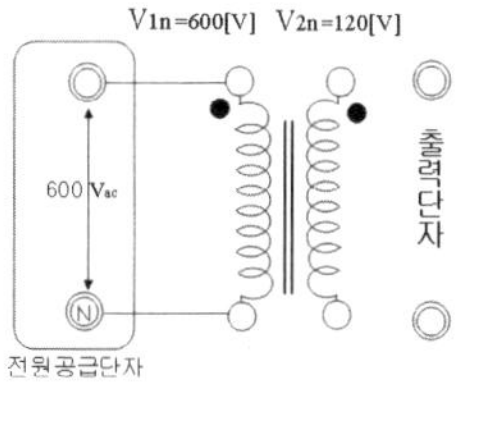

b) 각 각의 출력 전압에 공급할 수 있는 변압기의 부하[kVA]를 계산하시오.

설명 : (a) ______ (b) ______

c) 각 출력전압에 대하여 권선의 전류를 계산하하시오.

설명 : (a) ______

______

(b) ______

______

3. 변압기 모듈(EMS 8341)과 전원 전압 120[V_{ac}]의 고정공급전원을 이용하고, 모든 권선들의 전압이 명판에 표시 되는 값일 때 다음의 출력전압을 얻기 위해서는 권선을 어떻게 연결하면 좋겠는가? 결선도를 그려보시오.

a) 148[V]

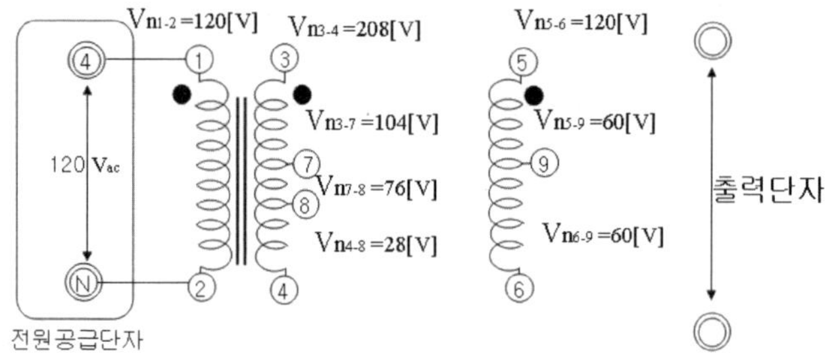

b) 328[V]

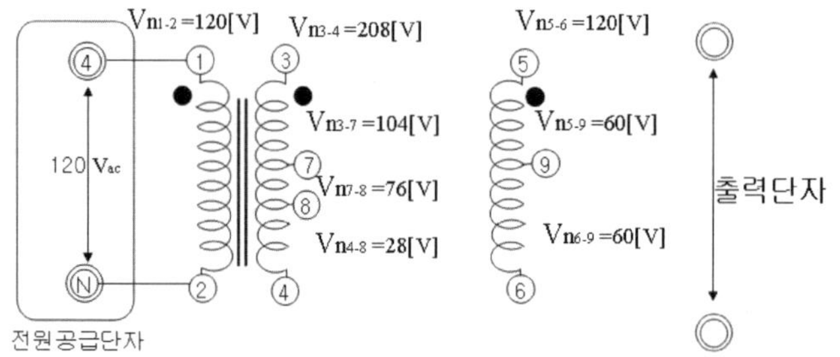

c) 224[V]

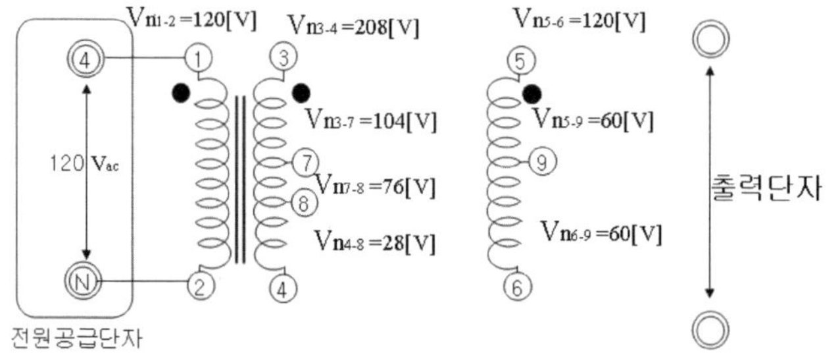

d) 300[V]

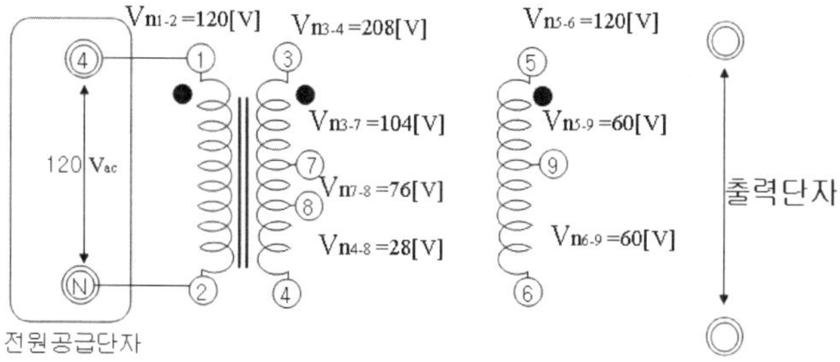

e) 44[V]

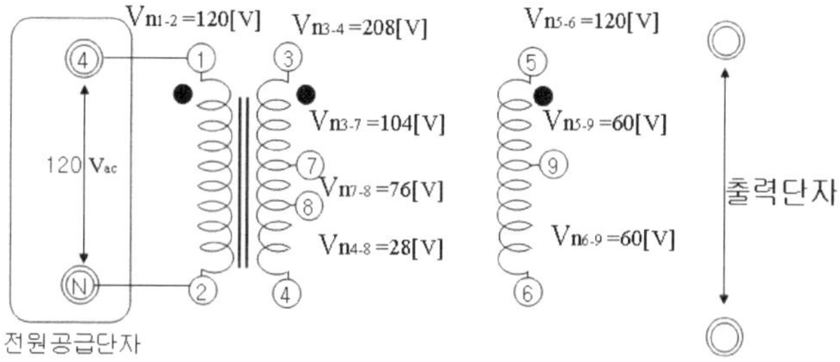

f) 92[V]

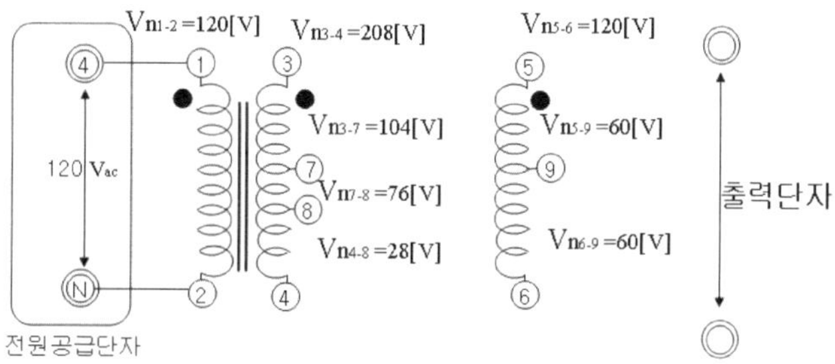

4. 권선 1-2와 권선 3-4를 사용해서 얻을 수 있는 3가지의 출력전압은?

설명 : ____________________

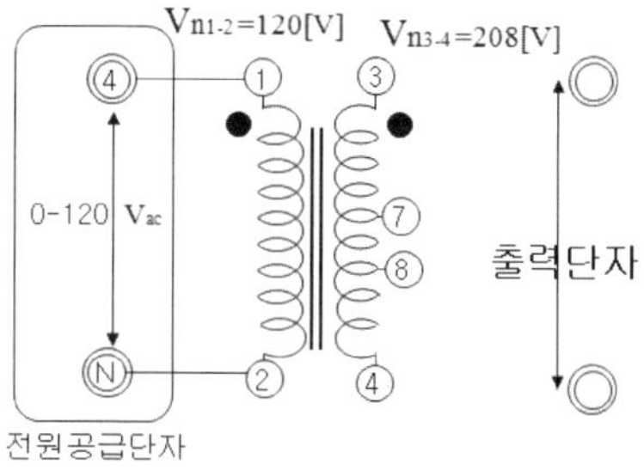

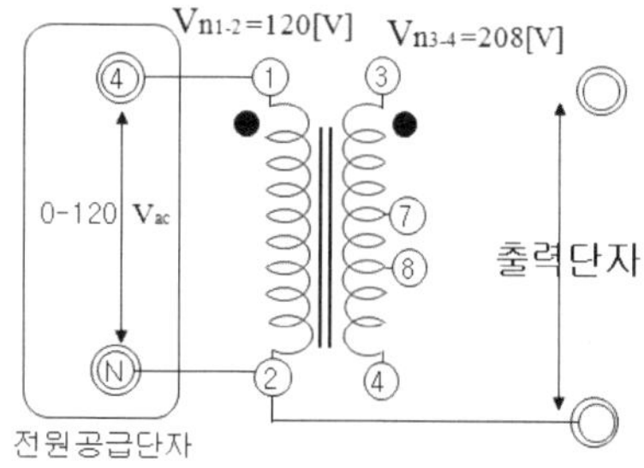

실 험 보 고 서	실험조	실험일자 : 월 일	제출일자 : 월 일	검 인
	조	학년 반 번 성명:		

실험 28. 단상 변압기의 병렬 운전

4. b) 부하에 걸린 전압, 부하전류, 변압기 2차 전류 그리고 입력전력 등을 측정하여 기록한다.

V_L =_____[V_{ac}], I_L =_____[A_{ac}], I_A =_____[A_{ac}], I_B =_____[A_{ac}], P_{in} = _____[W]

5. a) 부하전력을 계산한다. $V_L \times I_L$ = _____ × _____ = _____ [W]

b) 회로의 효율을 계산한다. 효율 $= \dfrac{P_{out}}{P_{in}} \times 100 = \dfrac{(\quad)}{(\quad)} \times 100 =$ _____ [%]

c) 변압기 손실을 계산한다. 손실 $= P_{in} - P_{out} =$ _____ − _____ = _____ [W]

d) 변압기 A에 의해 전달된 전력을 계산한다. $V_L \times I_A$ = _____ × _____ = _____ [W]

e) 변압기 B에 의해 전달된 전력을 계산한다. $V_L \times I_B$ = _____ × _____ = _____ [W]

5) 연구 및 검토

1. 변압기를 가열시키는 원인이 되는 손실들을 열거하시오.

설명 : a) ________________ b) ________________

c) ________________ d) ________________

2. [그림 28-3]에서 변압기들을 전원 및 부하에 어떻게 병렬로 연결시킬 것인가? 권선 1-2와 3-4는 정격전압이 2.4[kV_{ac}]이고 권선 5-6과 7-8은 정격전압이 40[V_{ac}]이다.

설명 :

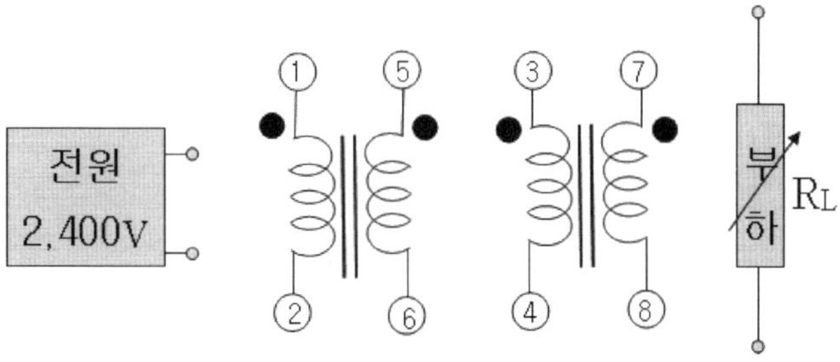

[그림 28-3]

3. 직류기와 변압기의 효율을 비교하시오.
   설명 : ______________________________

4. 단상변압기의 병렬운전조건과 3상 변압기의 병렬운전조건을 쓰시오.
   설명 : ______________________________

5. 변압기를 병렬로 운전하는 경우에 기전력이 서로 다를 때와 극성이 서로 다를 때에는 어떠한 현상이 생기는가?
   설명 : ______________________________

6. 단상변압기를 병렬로 운전하는 경우, 부하분담을 용량에 비례하기 위한 조건을 설명하시오.
   설명 : ______________________________

실 험 보 고 서	실험조	실험일자 : 월 일	제출일자 : 월 일	검 인
	조	학년 반 번 성명:		

실험 29. 3상 농형 유도 전동기의 특성 실험

[표 1] 무부하 및 부하시 실험결과

	토크 [lbf·in]	V_1 [V]	I_1 [A]	W_1 [W]	W_2 [W]	속도 [rpm]	유효 전력 P[W]	피상 전력 P_a[VA]	무효 전력 Q[Var]	역률 [%]	출력 P_o [HP]	출력 P_o [W]	효율 η [%]	슬립 s
무부하	0		I_o=											
부하시	3													
"	6													
전부하	9													
과부하	12													

h) 농형 유도 전동기의 실험 결과로 횡축에 1차 전류, 종축에 피상 전력, 유효전력, 역률의 특성 곡선을 그리시오.

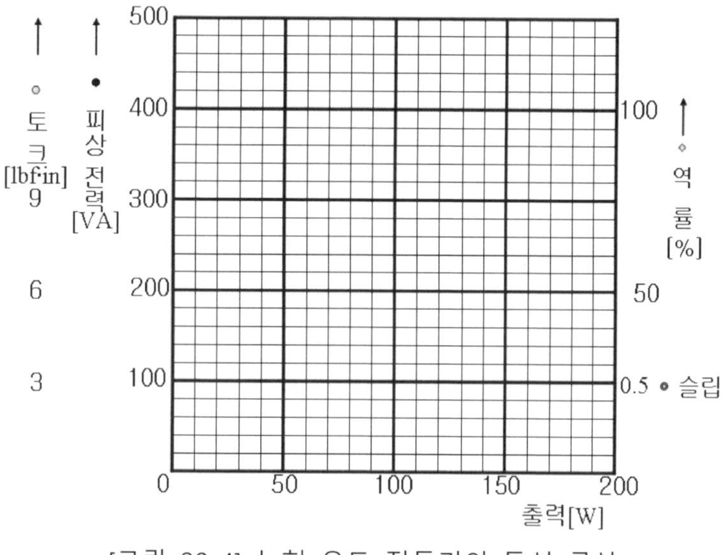

[그림 29-4] 농형 유도 전동기의 특성 곡선

4. 최대 부하시의 기동토크측정

최대부하시 토크= ___[lbf·in], V_1 = ___[V], I_1 = ____[A], 피상전력 P_a = ____[VA]

5) 연구 및 검토

1. 실험 결과를 이용하여 아래의 비율을 계산 하시오.

(a) 전부하전류에 대한 최대 부하시 전류의 비는?

설명 : 전류 비 $= \dfrac{\text{최대부하시 전류(} \quad \text{)[A]}}{\text{전부하 전류 (} \quad \text{)[A]}} = (\quad)$배

(b) 전부하 토크에 대한 최대 부하시 토크의 비는?

설명 : 토크 비 $= \dfrac{\text{최대부하시 토크(} \quad \text{)[lbf · in]}}{\text{전부하 토크 (} \quad \text{)[lbf · in]}} = (\quad)$배

(c) 무부하 전류와 전부하 전류의 비는?

설명 : 전류 비 $= \dfrac{\text{전부하시 전류(} \quad \text{)[A]}}{\text{무 부하 전류(} \quad \text{)[A]}} = (\quad)$배

2. 농형 유도 전동기의 동작 특성과 권선형 유도 전동기의 동작 특성을 비교할 때 크게 다른 점 2가지를 쓰시오.

① 설명 : ______________________

② 설명 : ______________________

3. 농형 유도 전동기를 산업사회에서 가장 많이 사용하고 있는 원인을 설명하시오.

설명 : ______________________

4. 만일 공급 전압의 주파수가 50[㎐]라고 하면

(a) 농형 전동기의 무부하 회전수는? 설명 : ______________ [rpm]

(b) 여자 전류는 60[㎐]일 때에 비해 어떻게 변화하겠는가?

설명 : ______________________

5. 3ϕ농형 전동기의 여자전류(I_o) 값은 회전자 속도에 따라 다른가?

설명 : ______________________

실 험 보 고 서	실험조	실험일자 : 월 일	제출일자 : 월 일	검 인
	조	학년 반 번	성명:	

실험 30. 권선형 유도전동기의 속도와 슬립

[표 1] 실험결과

	속도 N [rpm]	I_1 [A_{ac}]	V_1 [V_{ac}]	f_1 [Hz]	N_s [rpm]	회전자 상전압 E_{2s} [V_{ac}]	슬립 s	계산한 회전자 상전압 $E_{2s} = sE_2[V_{ac}]$	계산한 회전자주파수 $f_{2s} = sf_1$[Hz]
실험 3에서	같은방향으로 1,800[rpm]					E_{2s} =		E_{2s} =	
실험 4에서	같은방향으로 900[rpm]					E_{2s} =		E_{2s} =	
실험 5에서	정지시					E_2 =		E_2 =	
실험 6에서	반대방향으로 900[rpm]					E_{2s} =		E_{2s} =	
실험 7에서	반대방향으로 1,800[rpm]					E_{2s} =		E_{2s} =	

9. [그림 30-2]에 회전자 속도 대 회전자 전압의 그래프를 그린다. 직선 그래프인가?

설명 : ______________

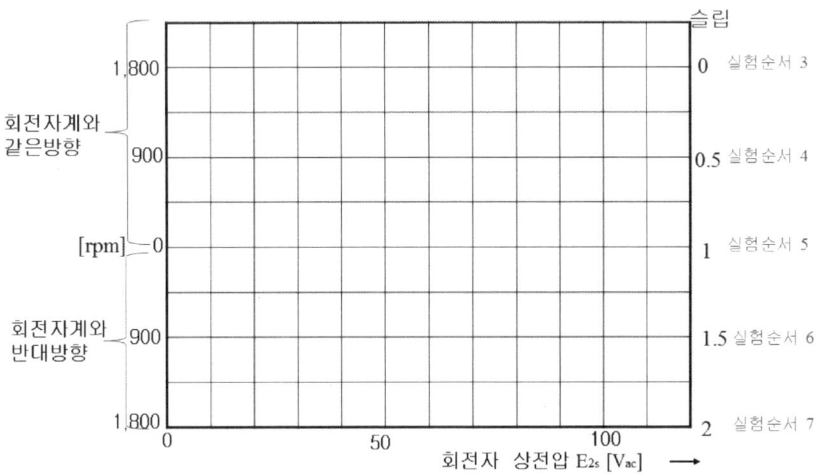

[그림 30-2] 회전자 속도 대 회전자 전압

5) 연구 및 검토

1. 4극인 유도전동기가 동기 속도로 회전할 때 회전자 권선내에 유도된 전압이 0[V_{ac}]라는 것을 알면, 이 전동기의 속도는?

   설명 : 속도= ________ [rpm]

2. 타여자 전동기로 유도전동기를 회전자계의 방향과 **같은방향**으로 2,700[rpm]으로 회전할 때 슬립은? 설명 : ________________

3. 유도전동기에서 부하를 점점 증가할 때 속도, 슬립, 2차 전류, 1차 전류, 역률이 어떻게 변화하는지 설명하시오. ([그림 30-문3] 유도전동기의 벡터도를 참조)

설명 : ____

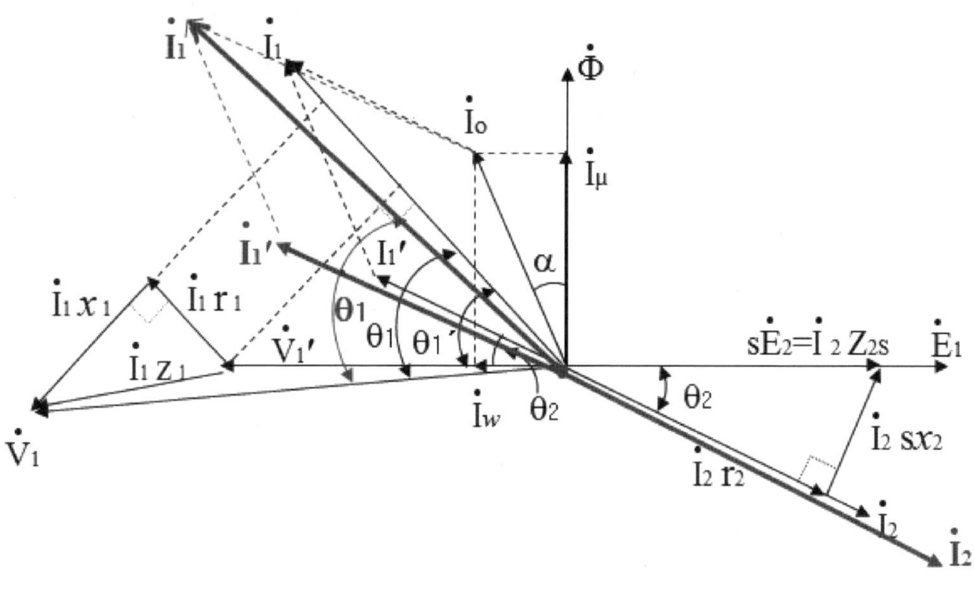

[그림 30-문3] 유도전동기의 벡터도

<table>
<tr><td rowspan="2">실 험 보 고 서</td><td>실험조</td><td>실험일자 : 월 일</td><td>제출일자 : 월 일</td><td>검 인</td></tr>
<tr><td>조</td><td colspan="2">학년 반 번 성명:</td><td></td></tr>
</table>

실험 31. 권선형 유도 전동기의 기동 특성

[표 1] 기동부하 실험 결과

	V_1 [V_{ac}]	I_1 [A_{ac}]	I_2 [A_{ac}]	토크 [lbf · in]	속도 [rpm]	피상전력 [VA]	$I_1 \fallingdotseq I_1' = \frac{I_2}{\alpha\beta}$
실험순서 3. **최대 기동 부하시** (100[V_{ac}])							
실험순서 4. **부하 감소시** (1[lbf · in])							
실험순서 5. **최대 기동 부하시** (208[V_{ac}])							

5) 연구 및 검토

1. 만일 권선형 유도전동기의 고정자전압이 정격전압의 50[%] 정도로 감소된다면

   a) 기동전류는 얼마만큼 감소되는가?

   설명 : $\frac{I_s'}{I_s} = \frac{\frac{1}{2}V}{V}$, $I_s' = \frac{1}{2}I_s = 0.5\,I_s$, 기동전류는 ( )[%]감소

   b) 피상전력은 얼마만큼 감소되는가?

   설명 : 피상전력= $\frac{P'}{P} = \frac{\sqrt{3}(\frac{1}{2}V_1)(\frac{1}{2}I_1)}{\sqrt{3}\,V_1 I_1} = \frac{1}{4} = 0.25$, 피상전력은 ( )[%]감소

   c) 기동토크는 얼마만큼 감소되는가?

   설명 : $\frac{\tau'}{\tau} = \frac{(\frac{1}{2}V_1)^2}{V_1^{\,2}} = \frac{1}{4} = 0.25$, 기동토크는 ( )[%]감소

2. 전동기의 부하가 감소함에 따라 전동기 속도는 증가하는가? 설명 : ______________

3. 전동기 속도가 증가함에 따라 회전자 전류는 감소하는가? 설명 : ______________

4. N_s[rpm] : 동기속도, f[Hz] : 전원 주파수, P : 고정자 극수이라면 이 유도전동기의 극수를 결정하시오. 설명 : $N_s = \frac{120f}{P}$[rpm], P =(   ) [극]

5. 전부하(1/4마력) 전동기속도가 1,500[rpm]일 때, 아래 식을 이용하여 전부하 토크의 값을 계산하시오.

설명 : 출력 $P_o = \frac{1.59 \times (1{,}500)[\text{rpm}] \times (\ x\ )[\text{lbf} \cdot \text{in}]}{100{,}000}[\text{HP}] = (\frac{1}{4})[\text{HP}]$

전부하 토크 $= \frac{(\frac{1}{4}[\text{HP}]) \times (100{,}000)}{(1.59) \times (1{,}500[\text{rpm}])} = (\qquad)[\text{lbf} \cdot \text{in}]$

6. 권선형 유도전동기의 전부하 토크에 대한 기동토크의 비를 계산하시오.

설명 : 토크 비 $= \frac{\text{기동 토크}(\qquad)[\text{lbf} \cdot \text{in}]}{\text{전부하 토크}(\qquad)[\text{lbf} \cdot \text{in}]} = (\quad)$배

7. 권선형 유도전동기의 각 상(phase)당 전부하 고정자전류가 1.2 [A_{ac}]일 때, 전부하 동작전류에 대한 기동전류비를 계산하시오.

설명 : 전류 비 $= \frac{\text{기동전류}(\quad)[\text{A}]}{\text{전부하전류}(\quad)[\text{A}]} = (\quad)$배

실 험 보 고 서	실험조	실험일자 : 월 일	제출일자 : 월 일	검 인
	조	학년 반 번 성명:		

실험 32. 권선형 유도전동기의 2차저항에 의한 속도 제어

[표 1] 외부저항기가 0[Ω]일 때

	토크 [lbf·in]	V_1 [V]	I_1 [A]	I_2 [A]	W_1 [W]	W_2 [W]	속도 [rpm]	유효전력 P[W]	피상 전력 P_a[VA]	무효 전력 Q[Var]	역률 [%]	출력 P_o [HP]	출력 P_o [W]	효율 η [%]	슬립 s
무부하시	0		$I_o=$												
부하시	3														
"	6														
전부하시	9														

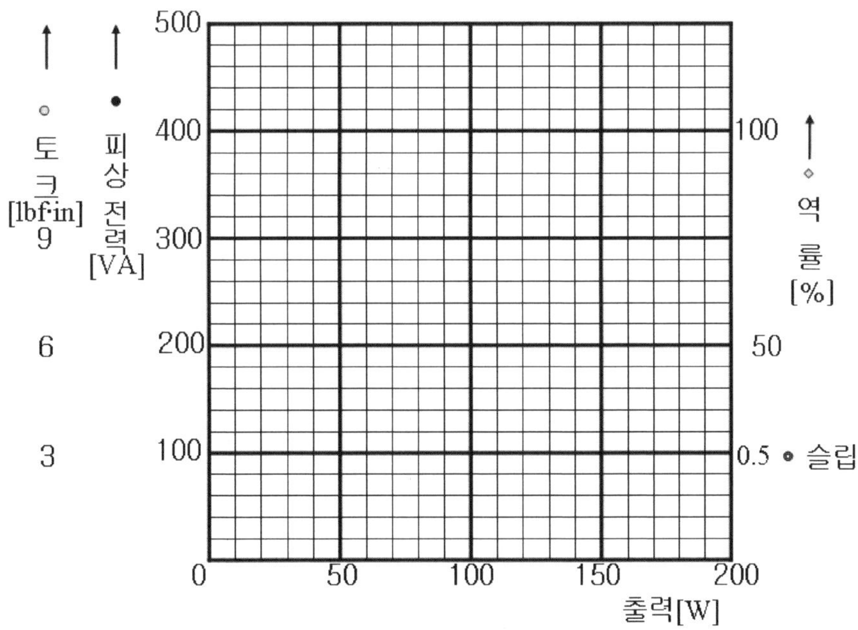

[그림 32-4] 권선형 유도전동기의 특성 곡선(외부저항기가 0[Ω]일 때)

[표 2] 외부저항기가 16[Ω]일 때

	토크 [lbf·in]	V_1 [V]	I_1 [A]	I_2 [A]	W_1 [W]	W_2 [W]	속도 [rpm]	유효전력 P[W]	피상전력 P_a[VA]	무효전력 Q[Var]	역률 [%]	출력 P_o [HP]	출력 P_o [W]	효율 η [%]	슬립 s
무부하시	0		I_o=												
부하시	3														
"	6														
전부하시	9														

비례추이

* 외부저항기의 저항을 변화시킬 때 속도의 변화

d) 외부저항기의 저항을 증가하면 유도전동기의 속도에 변화가 있는가?

설명 : ________________________________

[표 3] 비례추이 실험결과

	토크 [lbf·in]	동기속도 Ns[rpm]	회전속도 N[rpm]	단자간 테스터 로 측정한 저항값 [Ω]	계산한 저항값[Ω]	계산한 슬립 값
[표 1]에서 외부저항 0[Ω]	9	1,800		회전자 $r_2 = \frac{(10.6)}{2}$=(5.03)[Ω]		$s_1 =$
외부저항 6.1[Ω]	9	1,800		외부저항 $R = \frac{(12.2)}{2}$=(6.1)[Ω]	$R=$	$s_2 =$
외부저항 14.1[Ω]	9	1,800		외부저항 $R = \frac{(28.4)}{2}$=(14.1)[Ω]	$R=$	$s_2 =$
[표 2]에서 외부저항 16[Ω]	9	1,800		외부저항 $R = \frac{(32.8)}{2}$=(16.4)[Ω]	$R=$	$s_2 =$

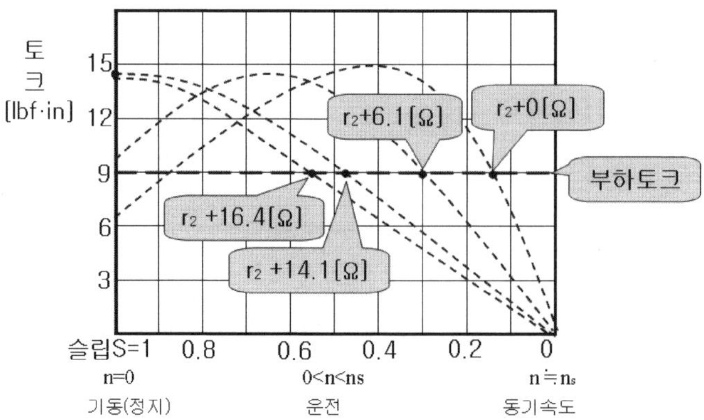

[그림 32-5] 비례추이 실험결과

*** 권선형 유도 전동기의 외부저항기가 16[Ω]일 때의 기동전류와 최대토크측정**

10.

d) 최대부하시 토크= ____[lbf·in], V_1 =____[V], I_1 = ___[A], 피상전력 P_a=____[VA]

5) 연구 및 검토

1. 실험결과를 이용하여 다음의 비율을 계산하시오.

   a) 전부하 전류에 대한 기동전류의 비는?

   설명 : 전류 비 = $\dfrac{\text{기동전류(}\quad\text{)[A]}}{\text{전부하전류(}\quad\text{)[A]}}$ = (　　)배

   b) 전부하 토크에 대한 기동토크의 비는?

   설명 : 토크 비 = $\dfrac{\text{기동 토크(}\quad\text{)[lbf · in]}}{\text{전부하 토크(}\quad\text{)[lbf · in]}}$ = (　　)배

   c) 무부하 전류에 대한 전부하 전류의 비는?

   설명 : 전류 비 = $\dfrac{\text{전부하 전류(}\quad\text{)[A]}}{\text{무 부하 전류(}\quad\text{)[A]}}$ = (　　)배

2. 외부저항이 권선형 유도전동기에 가해질 때 전동기의 효율이 훨씬 떨어지는 이유를 설명하시오.

   설명 : ______________________________

3. 권선형 유도전동기의 속도가 바뀌어도 유효전력은 전과 같은가?

   설명 : ______________________________

[표 1]의 유도기의 무부하실험에서 다음 물음에 답하시오.

4. 전동기 내에 자계를 형성하는데 필요한 전력은 무효전력이다. 얼마만큼의 전력이 필요한가? 설명 : __________ [Var]

5. 자계형성으로 인한 손실을 공급하는데 필요한 전력은 유효전력이다. 얼마만큼의 전력이 필요한가? 설명 : __________ [W]

 # 비례추이에 관한 문제

6. 6극의 권선형 유도전동기가 주파수 50[Hz]에서 960[rpm]으로 운전하고 있다. 지금 동일 토크로 회전수를 700[rpm]으로 하는 데는 2차측에 얼마의 저항을 넣으면 좋은가? 단, 2차권선은 성형결선이고, 각 상의 권선저항은 r_2[Ω] 이라 한다.

   설명 : ____

   ____

   ____

7. 슬립링이 부착된 3상 유도전동기가 있다. 50[Hz]의 회로에서 전부하의 회전속도가 1분간에 950이다. 지금 동일한 전압에서 전 부하 토크로 기동시키기 위해서는 회전자 회로의 각 상에 삽입하려는 저항은 얼마인가? 단, 회전자는 성형결선이며 각 상의 저항은 r_2 [Ω] 으로 한다.

설명 : ______________________________

____

____

8. 8극의 3상 권선형전동기를 200[V], 50[Hz]로 운전하고 있다. 이 전동기의 최대토크는 회전수 660[rpm]에서 생긴다. 2차는 Y 결선이며 각 상의 권선저항 r_2 [Ω] 의 몇 배의 저항을 외부에 접속하면 최대토크로 기동시킬 수 있는가?

설명 : ______________________________

____

실 험 보 고 서	실험조	실험일자 : 월 일	제출일자 : 월 일	검 인
	조	학년 반 번 성명:		

실험 33. 3상 유도전동기의 단상운전

[표 1] 운전실험 결과

	회전방향	V[V]	I_1[A_{ac}]	속 도[rpm]
모노사이클릭형	시계방향회전 시			
	반 시계방향회전 시			
3상 농형 유도 전동기의 단상운전	시계방향회전 시			
	반 시계방향회전 시			

* 1. 3상 농형 유도 전동기를 모노사이클릭형으로 운전실험
* 역회전실험

3. b) 회전방향이 바뀌는가? 설명 : ____________________

* 2. 3ϕ 농형 유도 전동기를 단상으로 운전실험
* 역회전실험

3. b) 회전방향이 바뀌는가? 설명 : ____________________

5) 연구 및 검토

1. 3ϕ 농형 유도 전동기를 모노사이클릭형으로 운전시에 회전방향을 바꾸려면 어떻게 하는가?
   설명 : ____

2. 3ϕ 농형 유도 전동기를 단상으로 운전시에 회전방향을 바꾸려면 어떻게 하는가?
   설명 : ____

실 험 보 고 서	실험조	실험일자 : 월 일	제출일자 : 월 일	검 인
	조	학년 반 번 성명:		

실험 34. 분상기동형 단상 유도 전동기의 원리 및 기동

*** 주권선에만 전압을 공급할 때 회전 여부 관찰**

2. c) 전동기가 소음을 내는가? 설명 : 예

d) 전동기가 회전하는가? 설명 : 아니오

3. a) 모듈의 표면 판을 빼서 앞으로 내린다. 전원스위치를 닫는 순간 손으로 전동기 축을 돌려본다.

c) 전동기의 회전방향을 결정하는 것은?

설명 : 교번자계에 의해서는 회전하지 않지만 손으로 회전시켜주면 회전한다.

*** 보조권선에만 전압 공급시 회전 여부 관찰**

4. c) 전원스위치를 닫았다가 3[초]이내에 연다.

d) 전동기가 소음을 내는가? 설명 : 예

e) 전동기가 회전하는가? 설명 : 아니오

f) 보조권선을 주 권선이라고 할 수도 있는가?

설명 : [그림 34-5]와 같이 보조권선은 주 권선과 기계적으로 45° 변위상태 (전기적으로는 90°)에 있다. 보조권선은 주 권선과 다르다.

*** 분상기동형 단상 유도전동기의 기동실험**

6. a) 전원스위치를 닫는다. 전압조정기는 100[V_{ac}]인 상태에서 고정되어야 한다.

b) 전동기가 기동하는가? 설명 : 예

c) 원심력스위치가 작동하는가? 설명 : 예

d) 회전방향을 확인한다. **{참조 [그림 34-7]}** 설명 : 시계방향

e) 회전속도계로 운전속도를 측정한다. 설명 : 1,790 [rpm]

f) 입력 전압을 80[V_{ac}]로 낮춘 후 운전속도를 측정한다. 설명 : 1,790 [rpm]

*** 역회전 실험**

주권선 또는 보조권선의 단자를 서로 바꾸고 전압 공급시 회전 여부 관찰

7. b) 회전방향을 확인한다. **{참조 [그림 34-9]}** 설명 : 반 시계방향

d) 분상기동형 단상전동기의 회전방향을 바꾸는 방법은?

설명 : 주권선 또는 보조권선의 단자를 전원에 대해 서로 반대로 결선하면 된다.

*** 원심력 스위치의 동작 상태 관찰**

9. a) 전원스위치를 닫고 발생되는 원심력스위치의 동작을 관찰한다. 마지막(기동이 끝난 후)에는 어떤 결과가 발생할 것인가?

설명 : 전동기가 기동되어서 속도가 약 1,350[rpm]정도 되면 원심 스위치가 개방되면서 속도는 감속된다. 속도가 800[rpm]로 감속되면 원심 스위치가 닫히며 속도는 다시 가속된다.

b) 어떤 속도에서 원심력스위치가 닫히는가? 설명 : 800[rpm]

c) 원심력스위치의 동작할 때 소리가 나는가? 설명 : 소리가 난다.

5) 연구 및 검토

1. 만일 분상기동형 단상 유도전동기가 주 권선에 2개의 극을 가지고 있다면, 보조권선에는 몇 개의 극이 필요한가? 설명 : 2 극

2. 분상기동형 단상 유도전동기에서 보조권선이 필요한 이유는?
설명 : ____________________

3. 분상기동형 단상 유도전동기에서 주 권선과 보조권선이 다른 이유는?
설명 : ____________________
____

4. 분상기동형 단상 유도전동기에서 만일 기동권선과 운전권선이 같다면 전동기는 회전하겠는가?
설명 : ____________________
____

5. 분상기동형 단상 유도전동기에서 주 권선은 보조권선에 비해 많은 권수를 갖고 있음에도 불구하고 저항은 낮다. 그 이유를 설명하시오.
설명 : ____________________
____

6. 만일 주 권선 또는 보조 권선 중 1개 권선에만 여자가 된다면, 단상 유도전동기가 기동되는가? 설명 : ________

7. 이미 기동된 단상 유도전동기는 1개 권선만으로도 운전이 가능한가? 설명 : ____

8. 분상기동형 단상 유도전동기에서 회전방향을 바꾸는 방법은?
   설명 : ______________________________

9. 분상기동형 단상 유도전동기에서 스프링이 원심스위치에 의해서 사용되는 스프링보다 2배 정도로 탄력이 강하다면 전원이 공급될 때 전동기에는 어떤 일이 발생하는가?
   설명 : ______________________________
   ____
   ____

10. 분상기동형 단상 유도전동기에서 주 권선과 보조 권선이 직렬연결 되었다면, 전동기가 회전할 것인가?
   설명 : ______________________________
   ____

11. 단상 유도전동기는 자기동이 되지 않는다. 그 이유를 설명하시오.
   설명 : ______________________________
   ____
   ____

12. 2전동기설에 의해 회전자에 존재하는 두 개의 주파수는?
   설명 : ______________________________

13. 단상 유도전동기의 **2전동기설**에 대해서 설명하시오.
   설명 : 단상유도전동기에서는 1차권선에 단상교류가 흐르면 권선의 축 방향으로 크기가 변화하는 **교번자계**가 생길 뿐이라서 기동토크는 발생하지 않고 또한, 기동할 수도 없게 된다.

[그림 34-1]과 같이 단상유도전동기의 1차권선이 만드는 교번자속은 그 크기가 원래 교번자속의 $1/2$과 같고, 서로 반대방향으로 동기속도 n_s로 회전하는 두 개의 회전자속 ϕ_a, ϕ_b로 나누어서 생각할 수 있다.

[그림 34-2]와 같이 단상 유도전동기는 하나의 축 위에 회전자속의 방향이 서로 다른 두 개의 2ϕ유도전동기 A, B가 직결되어 있는 것으로 생각할 수 있다. 이것을 **2전동기설**이라고 한다. [그림 34-3]과 같이 전동기가 정지하고 있을 때, 즉 $s=1$의 경우에 $\tau_a+(-\tau_b)=0$이 되고 기동토크는 생기지 않는다. 그런데 시계방향으로 회

전해주면, $\tau_a > \tau_b$가 되어서 시계방향의 토크가 생기기 때문에 시계방향으로 회전을 계속하고 무부하이면 거의 동기속도로 회전한다.

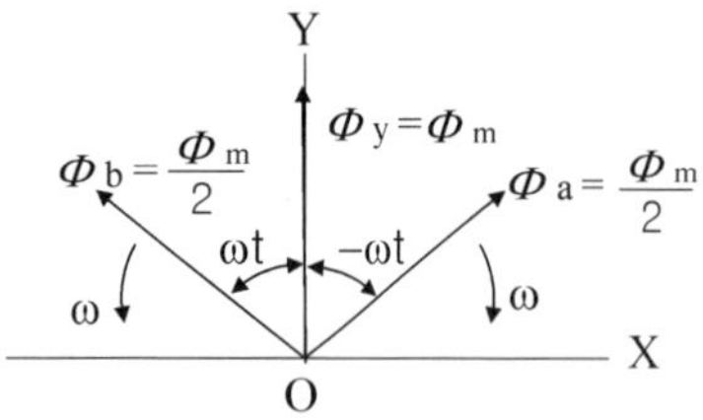

[그림 34-1] 교번자속의 분해

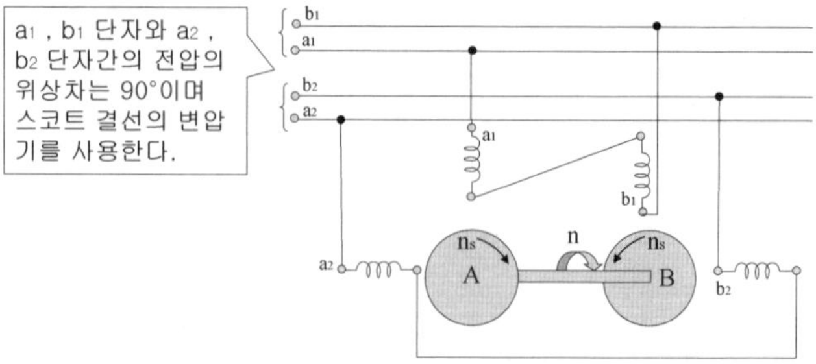

[그림 34-2] 단상 유도전동기의 설명 (2 전동기설)

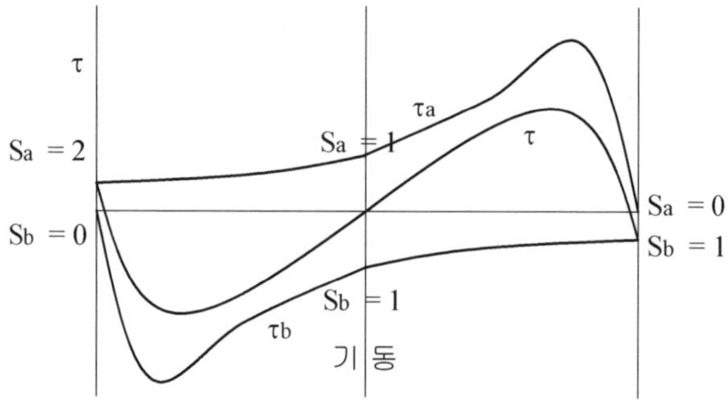

[그림 34-3] 단상유도전동기의 토크—속도곡선

실 험 보 고 서	실험조	실험일자 : 월 일	제출일자 : 월 일	검 인
	조	학년 반 번 성명:		

실험 35. 분상기동형 단상 유도 전동기의 기동과 운전 특성

[표 1] 무 부하실험 결과

전 압 V[V]	전 류 [A_{ac}]	유효전력P[w]	속 도 [rpm]	진동의 크기
120				심함
90				중간
60				약함
30				미약함

[표 2] 부하실험 결과

토 크 [lbf · in]	V [V]	전 류 [A_{ac}]	속 도 [rpm]	유효 전력 P[W]	피상 전력 P_a[VA]	무효 전력 Q[Var]	역률 [%]	출 력 P_o[HP]	출력 P_o[W]	효율 η[%]	손실 [W]
3											
6											
9											

*** 최대 기동토크측정**

10. d) 전원 스위치를 닫고, 전기동력계의 눈금 상에 나타난 토크를 신속히 측정한다. 전원스위치를 연다.

설명 : 기동토크 = ________ [lbf · in]

5) 연구 및 검토

1. 분상기동형 단상전동기의 전 부하 전류는 대략 얼마인가? $I_{(전부하\ 전류)}$ = ________ [A_{ac}]

2. 분상기동형 단상전동기의 기동 전류는 전 부하 전류보다 얼마나 큰가?

설명 : 전류 비 $= \dfrac{기동전류(\quad)[A]}{전부하전류(\quad)[A]} = (\quad)$배

3. 실험 순서 1, 2, 3에 의거하여, 분상기동형 단상전동기의 보조 권선이 주 권선보다 빨리 가열되는 이유는?

설명 : ______________________________

____

4. 분상기동형 단상 전동기의 무부하 속도는 공급전압의 변화에 따라 크게 변하는가?

설명 : ______________________________

5. 분상기동형 단상전동기의 기동토크는 전 부하 토크의 몇 배인가?

설명 : 토크 비 $= \dfrac{\text{기동 토크(}\quad\text{)[lbf}\cdot\text{in]}}{\text{전부하 토크(}\quad\text{)[lbf}\cdot\text{in]}} = (\quad)$배

6. 단상 유도전동기의 기동장치에 따라 분류하시오.

설명 : ______________________________

____

어려운 문제

7. 단상 유도전동기의 토크와 슬립에 관한 특성을 2차 저항에 따라 그려보시오.(참조 [그림 문7])

설명 : 단상유도전동기는 2차저항의 크기가 변화하면 최대토크가 생기는 슬립뿐만 아니라 최대토크의 크기도 변화한다. 따라서 비례추이를 하지 않는다. [그림 문7]은 단상유도전동기에서 x_2을 일정하게 하면, r_2을 크게 함에 따라 최대토크의 값은 감소하고 토크가 생기는 슬립은 증가한다. r_2을 어느 정도 이상으로 크게 하면 곡선 D와 같이 토크는 역토크가 되고 전동기의 회전방향과는 반대로 작용하는 토크가 생긴다.

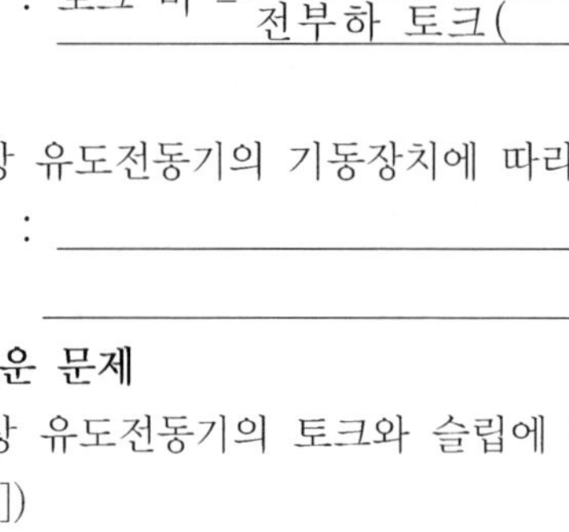

[그림 문7] 단상 유도전동기의 토크와 x_2/r_2의 관계

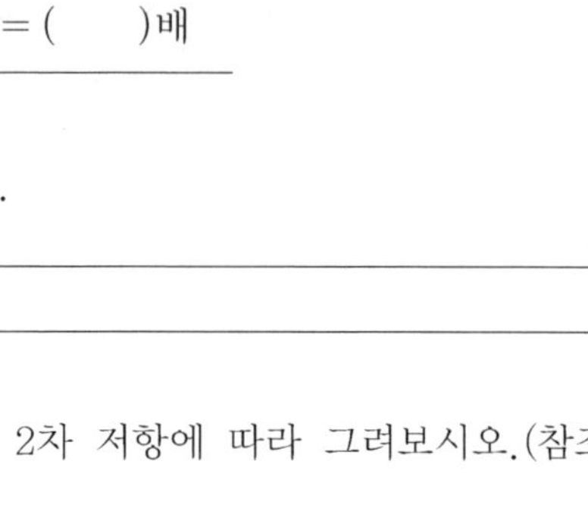

[그림 문8] 단상제동법의 접속

8. 단상제동에 관하여 설명하시오. (참조 [그림 문8])

설명 : [그림 문7]과 같이 3ϕ권선형 유도전동기의 1차측을 단상교류로 여자하고 2측에 적당한 크기에 저항 R을 넣으면, [그림 문8]과 같이 전동기의 회전과는 반대방향의 토크가 발생하기 때문에 제동이 이루어진다. 단상제동은 역 토크를 제동에 사용한다.

실 험 보 고 서	실험조	실험일자 : 월 일	제출일자 : 월 일	검 인
	조	학년 반 번 성명:		

실험 36. 콘덴서 기동 전동기

[표 1] 콘덴서 기동 전동기의 기동 및 운전실험 결과

토 크 [lbf · in]	V [V]	전 류 [A_{ac}]	속 도 [rpm]	유효 전력 P[W]	피상 전력 P_a[VA]	무효 전력 Q[Var]	역률 [%]	출 력 P_o[HP]	출력 P_o[W]	효율 η[%]	손실 [W]
3	120										
6	"										
9	"										

*** 역회전 실험**

6. c) 회전방향은 어떤 방향인가? 설명 : ________

 d) 콘덴서 기동 전동기의 회전방향을 바꾸는 방법은?

 설명 : [그림 36-4]의 우측의 그림과 같이 콘덴서 기동 전동기의 주권선과 용량성 리액턴스(X_C)를 직렬로 연결한 후에 주권선과 병렬로 연결한다.

*** 최대 기동토크 측정**

11. d) 설명 : 기동 토크 = [lbf · in]

5) 연구 및 검토

1. 콘덴서 기동전동기의 전 부하 전류는 대략 얼마인가? 설명 : $I_{(전부하)}$ = [A_{ac}]

2. 콘덴서 기동전동기의 기동전류는 전 부하 전류에 비해 얼마나 큰가?

 설명 : $전류\ 비 = \dfrac{기동전류(\quad)[A]}{전부하전류(\quad)[A]} = (\quad)배$

3. 분상 기동형 단상유도전동기와 콘덴서 기동 전동기의 기동시 회전자계는 어떤 모양 인가?

 설명 : 분상 기동형 단상유도전동기는 ( )형, 콘덴서기동 전동기는 ( )형이다.

	실험조	실험일자 : 월 일	제출일자 : 월 일	검 인
실 험 보 고 서	조	학년 반 번 성명:		

실험 37. 콘덴서 운전 전동기

[표 1] 콘덴서 운전 전동기의 기동 및 운전실험 결과

토 크 [lbf · in]	V [V]	전 류 [A_{ac}]	속 도 [rpm]	유효 전력 P[W]	피상 전력 P_a[VA]	무효 전력 Q[Var]	역률 [%]	출 력 P_o[HP]	출력 P_o[W]	효율 η[%]	손실 [W]
3	120										
6	"										
9	"										

*** 최대 기동토크 측정**

9. 기동토크 = ___ [lbf · in] 기동전류 = ___ [A_{ac}]

*** 역회전 실험**

10. a) [그림 37-1]의 우측 그림과 같이 콘덴서 기동 전동기의 주권선과 용량성 리액턴스(X_C)를 직렬로 연결한 후에 보조(기동)권선과 병렬로 연결한다.

c) 회전방향은 어떤 방향인가? 설명 : ________

5) 연구 및 검토

1. 콘덴서 운전전동기의 전부하 전류는 대략 얼마인가? 설명 : _____[A_{ac}]

2. 기동전류는 전부하 전류에 비해 얼마가 큰가?

설명 : 전류 비 = $\frac{\text{기동전류 (\quad)[A]}}{\text{전부하전류(\quad)[A]}}$ = (   )배

3. 콘덴서 운전전동기의 기동 및 운전 특성을 분상기동형 단상전동기, 콘덴서 기동전동기의 기동 및 운전 특성과 비교한다.

설명 : ______________________________

____

4. 콘덴서 운전전동기의 회전방향을 바꾸는 방법은?

설명 : ______________________________

____

실 험 보 고 서	실험조	실험일자 : 월 일	제출일자 : 월 일	검 인
	조	학년 반 번 성명:		

실험 38. 반발기동형 단상 유도전동기

7. d) 전동기의 전류와 발생된 기동토크를 측정해서 기록한다.
$I_{(기동)}$ = _____ [A$_{ac}$], 기동토크 = ___________ [lbf · in]

[표 1] 반발 기동형 단상유도전동기의 무부하, 전 부하 실험 결과

토 크 [lbf · in]	V [V]	전 류 [A$_{ac}$]	속 도 [rpm]	유효 전력 P[W]	피상 전력 P_a[VA]	무효 전력 Q[Var]	역률 [%]	출 력 P_o[HP]	출력 P_o[W]	효율 η[%]	손실 [W]
3	120										
6	"										
9	"										

5) 연구 및 검토

1. 반발 기동 유도전동기의 전부하 전류는? $I_{(전부하)}$ = 6.0 [A$_{ac}$]

2. 전부하 전류보다 기동전류는 얼마만큼 큰가?
설명 : 전류 비 = $\dfrac{기동전류(\quad)[A]}{전부하전류(\quad)[A]}$ = (　　)배

3. 다른 단상 전동기의 결과값과 비교한다.
설명 : 반발 기동 전동기는 적은 기동전류가 흐르지만 큰 기동토크가 발생한다. 전부하에서 전력손실이 크다. 역률과 효율은 다른 단상전동기에 비해 약간 낮다.

4. 반발 기동 전동기의 회전방향을 바꾸려면 어떻게 하는가?
설명 : 브러시의 이동을 기동위치에서 반대방향으로 이동한다.

5. 토크발생을 위해서 브러시가 기동 위치로부터 이동되어야 하는 이유를 설명하시오.
설명 : 브러시가 기동위치에 있을 때에는 전기자 축이 계자권선의 축과 수직인 상태에 있다. 그러므로 전기자권선에는 기전력이 유도되지 않아서 전류가 흐르지 않으므로 토크가 발생하지 않는다.

실 험 보 고 서	실험조	실험일자 : 월 일	제출일자 : 월 일	검 인
	조	학년 반 번 성명:		

실험 39. 유도 동기 주파수 변환기

[표 1] 주파수변환기의 실험 결과

	V_1 [Vac]	$E_{2s}=\frac{V_2 \text{지시}}{2}$ [Vac]	I_1 [Aac]	I_2 [Aac]	W_1 [W]	W_2 [W]	농형유도전동기의 속도[rpm]
실험 3. 무 부하실험	208						
실험 4. 저항 부하실험	208						
실험 6. 부하를 농형 유도전동기로 사용할 때	208						

5) 연구 및 검토

1. 실험 4에서, 권선형 유도전동기의고정자에 전달된 유효전력과 Δ 결선된 부하에 전달된 유효전력을 계산하시오.

a) 권선형 유도전동기의 고정자 입력 : $W_1 + W_2$=( )+( )=_____[W]

b) 부하의 전력 : $\sqrt{3}\times V_2 \times I_2 = \sqrt{3}\times(\quad)\times(\quad)=(\quad)$[W]

c) 부하의 전력이 권선형 유도전동기의 고정자 입력을 초과할 수 있는 이유를 설명하시오.

설명 : 부하의 전력은 유도전동기의 출력과 동기전동기의 출력의 합이다.

그러므로 유도전동기의 출력은 $\frac{1}{2}\times$부하의전력 $=\frac{1}{2}\times(\quad)=(\quad)$[W]이며

유도전동기의 고정자 입력-유도전동기의 출력=( )-( )=( )[W]는 유도전동기의 손실이다.

2. 실험 7에서 농형유도전동기가 빠르게 회전하는 이유는?

설명 : 권선형 유도전동기의 회전자계의 속도 $N_s=\frac{120\times 60}{4}=1,800$[rpm]

권선형 유도전동기의 슬립 $s=\frac{N_s+N}{N_s}=\frac{1,800+1,800}{1,800}=2$

권선형 유도전동기의 회전자 출력전압의 주파수는

$f_{2s}=sf_1=2\times 60=120$[Hz]이므로

농형 전동기가 주파수 변환기의 회전자로 부터 120[Hz] 전력을 받아들이므로 농형 전동기의 회전자계의 속도는 $N_s = \dfrac{120 \times 120}{4} = 3,600[\text{rpm}]$인데 농형 전동기의 회전자 속도는 3,500[rpm]으로 60[Hz]에서의 회전자계 속도의 2배보다 약간 느리다.

3. 만일 권선형 유도전동기의 회전자가 900[rpm]으로 회전한다면 권선형 유도전동기에 의해 발생되는 주파수는?

설명 : 권선형 유도전동기의 회전자가 회전자계와 같은 방향으로 900[rpm]으로 회전하면 슬립 $s = \dfrac{N_s - N}{N_s} = \dfrac{1,800 - 900}{1,800} = 0.5$

권선형 유도전동기의 회전자 출력전압의 주파수는

$f_{2s} = sf_1 = 0.5 \times 60 = 30[\text{Hz}]$의 주파수가 발생한다.

만일 반대 방향으로 900[rpm]으로 회전하면

슬립 $s = \dfrac{N_s + N}{N_s} = \dfrac{1,800 + 900}{1,800} = 1.5$

권선형 유도전동기의 회전자 출력전압의 주파수

$f_{2s} = sf_1 = 1.5 \times 60 = 90[\text{Hz}]$의 주파수가 발생한다.

4. 1,200[rpm]의 동기속도를 갖는 6극인 권선형 유도전동기를 **유도 비동기 주파수변환기**로 사용하기위해서 3,600[rpm]의 농형유도전동기에 의해 구동된다고 하자.

a) 이 결합으로 얻을 수 있는 최대 주파수는?

설명 : 권선형 유도전동기의 고정자 주파수 $f_1 = 60[\text{Hz}]$는 회전자계의 속도 $N_s = \dfrac{120 \times 60}{6} = 1,200[\text{rpm}]$를 발생시킨다. 만일 농형 유도전동기가 회전자계와 반대 방향으로 권선형 유도전동기의 회전자를 3,600[rpm]으로 회전시킨다면, 슬립 $s = \dfrac{N_s + N}{N_s} = \dfrac{1,200 + 3,600}{1,200} = 4$이고 권선형 유도전동기의 회전자 출력전압의 주파수 $f_{2s} = sf_1 = 4 \times 60 = 240[\text{Hz}]$의 주파수가 발생한다.

b) 최소 주파수는?

설명 : 만일 농형 유도전동기가 회전자계와 같은 방향으로 회전자를 3,600[rpm]으로 회전시킨다면, 회전자계와 회전자의 상대속도는 2,400[rpm]이고 슬립은 $s = \dfrac{N_s - N}{N_s} = \dfrac{1,200 - 3,600}{1,200} = -2$이 되며 $s < 0$인 경우는 유도발전기에 해당된다.

회전자 출력전압의 주파수 $f_{2s} = sf_1 = 2 \times 60 = 120[\text{Hz}]$의 주파수가 발생한다.

실 험 보 고 서	실험조	실험일자 : 월 일	제출일자 : 월 일	검 인
	조	학년 반 번 성명:		

실험 40. 주파수변화에 따른 리액턴스변화

3. b) 계산된 부하 값이 열거된 부하 값과 비교가 되는가?

설명 : ______

[표 1] 실험결과

		I_R [A_{ac}]	I_C [A_{ac}]	I_L [A_{ac}]	$R=\frac{V_2}{I_R}$ [Ω]	$X_C=\frac{V_2}{I_c}$ [Ω]	$X_L=\frac{V_2}{I_L}$ [Ω]
실험순서 2 [그림40-1]	75[V_{ac}], 60[Hz], 저항 300[Ω], 용량부하 300[Ω], 유도부하 300[Ω]						
실험순서 4 [그림40-2]	75[V_{ac}], 60[Hz], 용량부하 1,200[Ω], 유도부하300[Ω]	전체전류 $I_T=$					

[표 2] 실험결과

		I_R [A_{ac}]	I_C [A_{ac}]	I_L [A_{ac}]	$R=\frac{V_2}{I_R}$ [Ω]	$X_C=\frac{V_2}{I_c}$ [Ω]	$X_L=\frac{V_2}{I_L}$ [Ω]
실험순서 8 [그림40-3]	75[V_{ac}], 120[Hz], 저항 300[Ω] 용량부하 300[Ω] 유도부하 300[Ω]						

9. b) 실험순서 2의 [표 1]에서 계산한 60[Hz]의 부하값과 실험순서 8 [표 2]에서 계산한 120[Hz]의 부하값을 비교하시오.

설명 : ______

______

[표 3] 실험결과

			I_C [A_{ac}]	I_L [A_{ac}]	$R=\frac{V_2}{I_R}$ [Ω]	$X_C=\frac{V_2}{I_c}$ [Ω]	$X_L=\frac{V_2}{I_L}$ [Ω]
실험순서 10 [그림40-4]	75[V_{ac}], 120[Hz], 용량부하1,200[Ω] 유도부하 300[Ω]	전체전류 I_T =					

5) 연구 및 검토

1. 위의 실험에서 주파수의 변화가 다음 부하값에 영향을 주는가?
   a) 저항 ? 설명 : ______
   b) 콘덴서 ? 설명 : ______
   c) 인덕턴스 ? 설명 : ______
   d) 용량성 리액턴스 ? 설명 : ______
   e) 유도성 리액턴스 ? 설명 : ______

2. 유도성 리액턴스가 주파수에 비례하여 변화하는가? 설명 : ______

3. 용량성 리액턴스가 주파수에 비례하여 변화하는가? 설명 : ____________________

4. 실험순서 4에서는 60[Hz]에서 용량부하를 1,200[Ω], 유도부하를 300[Ω]으로 조정하였다. 이 부하에서 240[Hz]시 120[V_{ac}]의 공급전압에 대한 I_L, I_C, I_T를 계산하시오.
   설명 : ____________________

실 험 보 고 서	실험조	실험일자 : 월 일	제출일자 : 월 일	검 인
	조	학년 반 번	성명:	

실험 41. 셀신시스템에 의한 원격제어

[표 1] 셀신시스템의 고정자 전압측정

	V_1 [V_{ac}]	V_2 [V_{ac}]	V_3 [V_{ac}]
V_1 이 최대값일 때			
V_2 가 최대값일 때			
V_3 이 최대값일 때			

[표 2] 셀신시스템의 고정자 전류측정

	I_1 [A_{ac}]	I_2 [A_{ac}]	I_3 [A_{ac}]
I_1 가 최대값일 때			
I_2 가 최대값일 때			
I_3 가 최대값일 때			

6. d) 송신장치를 완전히 한바퀴 돌린다. 수신장치 또한 한바퀴 도는가?
   설명 : ________________

   g) 토크발생이 있는가?
   설명 : ________________

   h) 송신장치를 완전히 한바퀴 돌리며 손으로 수신장치의 회전자를 제동할 때, 세 고정자전류의 움직임을 살펴본다.
   설명 : ________________________________
   ____

5) 연구 및 검토

1. 송신장치와 수신장치의 거리가 10[m], 100[m]일 경우에도 작동하는가?
   설명 : ________________________________

2. 셀신제어가 쓰이는 응용분야를 4가지만 열거하시오.
   설명 : ________________________________

실 험 보 고 서	실험조	실험일자 : 월 일	제출일자 : 월 일	검 인
	조	학년 반 번	성명:	

실험 42. 만능 전동기(보상직권형)의 부하특성

[표 1] 교류로 보상 직권형 만능전동기의 실험결과

토 크 [lbf · in]	전압 [V_{ac}]	전 류 [A_{ac}]	속 도 [rpm]	출 력 P_o[HP]	출력 P_o[W]	
3	120					실험 43의 [표 1]에서 비교에 사용
6	120					
9	120					실험 43의 [표 2]에서 비교에 사용

*** 교류로 보상직권형의 기동토크실험**

15. b) $I=$ [A_{ac}], 토크= [Ibf · in]

[표 2] 직류로 보상 직권형 만능전동기의 실험결과

토 크 [lbf · in]	전압 [V_{ac}]	전 류 [A_{ac}]	속 도 [rpm]	출 력 P_o[HP]	출력 P_o[W]	
3	120					실험 43의 [표 3]에서 비교에 사용
6	120					
9	120					

*** 직류로 보상 직권형의 기동 토크 실험**

18. b) $I=$ [A_{dc}], 토크= [Ibf · in]

*** 보상 직권형에서 직류와 교류로 기동 토크 실험한 결과를 비교**

19. 실험 순서 15와 실험 순서 18의 결과를 비교해서 설명한다.

설명 : 보상직권형 만능전동기가 교류에서 사용할 때 성능이 저조하다. 전기자 및 계자권선의 유도성 리액턴스는 교류로 운전시 계자전류를 제한하므로 교류시 기동토크는 직류시 기동토크보다 훨씬 적다.

5) 연구 및 검토

1. 교류와 직류를 사용하여 만능전동기를 운전하였을 때 각 각의 경우 특성은 ?

설명 : ______

2. 직류 직권전동기에서 전기자권선의 축, 보상권선의 축과 계자권선의 축은 어떤 위치의 관계인가?

설명 : ______________________________

3. 단상직권전동기의 종류를 들고 간단히 설명하시오.

설명 : ______________________________

4. 만능전동기가 사용되는 용도를 알고 있는 대로 열거하시오.

설명 : ______________________________

5. 직류용의 직권전동기를 그대로 교류로 사용하면 역률과 효율이 모두 나쁘고 토크는 약해서 정류는 불량하게 된다. 그러므로 교류용의 단상직권 전동기에서는 어떤 대책을 강구하는가?

설명 : (1) 자기회로의 자속은 교번자속이므로, 철손이 크게 되기 때문에, 전기자 뿐만 아니라 계자에도 성층철심을 사용하여 원통형 고정자로 한다.

(2) 전기자나 계자권선의 리액턴스강하 때문에 역률이 대단히 낮아지므로 계자 권선의 권수를 적게 하고 계자속을 적게 하며 이에 따른 토크의 감소를 보충하기 위하여 전기자 권선수를 크게 한다. 이 때문에 전기자가 커지고 정류자편의 수도 많아진다.

(3) 전기자 권선수가 증가하면 전기자 반작용이 커지므로, 보상권선을 설치한다.

(4) 브러시에서 단락되는 코일에는 인덕턴스에 의한 유도기전력 이외에, 주자속의 교번에 의하여 변압기작용에 의한 **변압기기전력**이 유도되고, 단락전류가 크므로 정류작용은 직류기의 경우보다 악화된다. 이것을 개선하기 위해서 브러시에 접촉저항이 어느 정도 큰 것을 사용해서 저항정류를 하고, 또 대형으로 된 것은 보극을 설치하거나 전기자 코일과 정류자편 접속에 고저항의 도선을 사용하여 단락전류를 제한하기도 한다.

6. 교류 정류자 전동기의 속도기전력(speed e,m,f)에 관하여 설명하시오.

설명 : 지금 주자속의 최대치를 Φ_m, 자극수를 P, 전기자 병렬회로수를 a, 전기자의 전도체수를 Z, 전기자의 속도를 N[rpm] 이라 하면

속도기전력의 최대치 E_{rm} 은 $E_{rm} = \frac{P}{a} Z \frac{N}{60} \Phi_m$ [V] 이고,

주자속이 정현파이라면 실효치E_r 은 $E_r = \frac{E_{rm}}{\sqrt{2}} = \frac{1}{\sqrt{2}} \frac{P}{a} Z \frac{N}{60} \Phi_m$ [V]

7. 교류정류자기 종류에 관하여 분류하시오.

설명 : (1) 단상직권전동기와 단상반발전동기, (2) 3상 직권전동기와 3상 분권전동기, (3) 정류자형 주파수변환기

실험 43. 만능 전동기(유도보상형)의 부하특성

실 험 보 고 서	실험조	실험일자 : 월 일	제출일자 : 월 일	검 인
	조	학년 반 번 성명:		

3. a) **실험 42. 만능전동기의 부하특성 실험**에서 [표 1] 교류로 보상직권형 실험의 결과와 [그림 43-1] 교류로 유도 보상형 실험의 결과(보상권선이 **없는** 경우)를 3[Ibf・in]일 때에 서로 비교한다.

   설명 : 전류는 거의 일치하지만 속도는 크게 뒤진다. 보상권선이 없는 경우에 전동기는 낮은 출력을 발생한다.

   b) 브러시의 불꽃은 어떠한가?

   설명 : 보상권선이 없는 경우에 브러시에서 불꽃이 많이 발생한다.

[표 1] 교류로 보상 직권형 실험과 유도 보상형 실험(보상권선 무)의 결과를 비교

	토 크 [lbf · in]	전압 [V_{ac}]	전 류 [A_{ac}]	속 도 [rpm]	출 력 P_o [HP]	출력 P_o [W]
실험 42. [표 1] 교류로 보상직권형 실험의 결과	3					
실험 43.[그림 43-1]교류로 유도보상형 실험의 결과(보상권선이 **없는** 경우)	3					

*** 교류로 유도 보상형 실험(보상권선이 있는 경우)**

4. f) 브러시의 불꽃은 어떠한가?

   설명 : 약간 발생한다.

   h) 보상권선의 단락선을 제거한 후에 나타난 현상에 대해 설명한다.

   설명 : 단락선이 제거됨과 동시에 전동기는 멈춘다. 실험순서 2에서는 부하가 3[Ibf・in]에서 1,000[rpm]으로 회전하였지만 여기서는 9[Ibf・in]로 부하가 더 크므로 전동기는 멈춘다.

5. a) **실험 42. 만능전동기의 부하특성 실험**에서 [표 1] 교류로 보상직권형 실험의 결과와 [그림 43-1] 교류로 유도 보상형 실험의 결과(보상권선이 **있는** 경우)를 9[Ibf・in]일 때에 서로 비교한다.

   설명 : 비슷하다.

   b) 브러시의 불꽃은 어떠한가?

   설명 : 약간 발생한다.

[표 2] 교류로 보상 직권형 실험과 유도보상형 실험(보상권선 유)의 결과를 비교

	토 크 [lbf · in]	전압 [V_{ac}]	전 류 [A_{ac}]	속 도 [rpm]	출 력 P_o[HP]	출력 P_o[W]
실험 42. [표 1] 교류로 보상직권형 실험의 결과	9					
실험 43.[그림 43-1]교류로 유도보상형 실험의 결과(보상권선이 **있는** 경우)	9					

---

8. a) **실험 42. 만능전동기의 부하특성 실험**에서 [표 2] 직류로 보상직권형 실험의 결과와 [그림 43-2] 직류로 유도 보상형 실험의결과(보상권선이 **없는** 경우)를 3[Ibf · in] 일 때에 서로 비교한다.

   설명 : 보상권선이 없이 직류로 운전하면 전류가 더 흐르며 저속으로 회전한다.

   b) 브러시의 불꽃은 어떠한가?

   설명 : 불꽃도 많이 발생한다.

[표 3] 직류로 보상 직권형 실험과 유도보상형 실험(보상권선 무)의 결과를 비교

	토 크 [lbf · in]	전압 [V_{dc}]	전 류 [A_{dc}]	속 도 [rpm]	출 력 P_o[HP]	출력 P_o[W]
실험 42. [표 2] 직류로 보상직권형 실험의 결과	3					
실험 43.[그림 43-2]직류로 유도보상형 실험의 결과(보상권선이 **없는** 경우)	3					

---

* **직류로 유도 보상형 실험(보상권선이 있는 경우)**

9. d) 전동기 전류, 전동기속도, 토크들을 측정한 후 [표 4]에 기록한다.

   I= [A_{dc}], 속도= [rpm], 토크= [Ibf · in]

   e) 브러시의 불꽃은 어떠한가? 설명 : 브러시의 불꽃이 심하게 발생한다.

   g) 보상권선의 단락선을 제거한 후에 나타난 현상에 대해 설명한다. 설명 : 없다.

10. [표 2]의 교류로 유도 보상형 만능전동기(보상권선이 **있는** 경우)를 9[Ibf · in]의 토크에서 실험한 결과와 [표 4]의 직류로 유도 보상형 만능전동기(보상권선이 **있는** 경우)를 실험한 결과를 서로 비교하시오.

    설명 : ______________________________

    ____

[표 4] 교류, 직류로 유도보상형 실험(보상권선 유)의 결과를 비교

	토 크 [lbf · in]	전압 [V_{ac}]	전 류 [A_{ac}]	속 도 [rpm]	출 력 P_o[HP]	출력 P_o[W]
실험 43.[그림 43-1]교류로 유도보상형 실험의 결과(보상권선이 **있는** 경우)	9					
실험 43.[그림 43-2]직류로 유도보상형 실험의 결과(보상권선이 **있는** 경우)	9					

5) 연구 및 검토

1. 유도보상형과 보상직권형 만능전동기의 차이점은?

설명 : 유도보상형은 보상권선이 단락된 것이며 보상권선의 자속이 전기자 자속을 상쇄하기 때문에 전기자 리액턴스를 감소 또는 소멸시켜준다.
보상직권형은 보상권선이 전기자 권선과 직렬로 연결된 것이다.

2. 만능전동기에 보상권선이 필요한 이유를 설명하시오.

설명 : 보상권선은 전기자 리액턴스를 감소 또는 소멸시켜주는데 필요하다.

3. 만능전동기는 교류 60[Hz]의 전력원일 때보다 25[Hz]의 전력원일 때를 비교하면 동작상의 차이점은 어떻게 다른가?

설명 : 동작이 더 잘 된다. 유도 리액턴스가 주파수에 비례하므로 주파수가 낮을수록 전류의 흐름을 방해하는 리액턴스도 적어진다. 효율과 출력이 증가하고 정류는 개선된다.

실 험 보 고 서	실험조	실험일자 : 월 일	제출일자 : 월 일	검 인
	조	1학년 반 번	성명:	

실험 44. 저항부하, 유도성 및 용량성부하에 대한 역률

[표 3] 저항부하와 직렬로 연결된 유도성 부하에서의 역률 실험

저항부하 $R[\Omega]$	유도부하 $X_L\,[\Omega]$	V_1 [$\mathrm{V_{ac}}$]	I_1 [$\mathrm{A_{ac}}$]	W[W]	V_2 [$\mathrm{V_{ac}}$]	I_2 [$\mathrm{A_{ac}}$]	$\cos\phi = \frac{W}{V_1 I_1}$	$\phi = \cos^{-1}\left(\frac{W}{V_1 I_1}\right)$
300[Ω]	0[Ω]단락							
300[Ω]	200[Ω] (300[Ω]과 600[Ω]을 병렬결선)							
300[Ω]	300[Ω]							
300[Ω]	600[Ω]							
300[Ω]	1,200[Ω]							

[표 4] 저항부하와 직렬로 연결된 용량성 부하에서의 역률 실험

저항부하 $R[\Omega]$	용량부하 $X_C\,[\Omega]$	V_1 [$\mathrm{V_{ac}}$]	I_1 [$\mathrm{A_{ac}}$]	W[W]	V_2 [$\mathrm{V_{ac}}$]	I_2 [$\mathrm{A_{ac}}$]	$\cos\phi = \frac{W}{V_1 I_1}$	$\phi = \cos^{-1}\left(\frac{W}{V_1 I_1}\right)$
300[Ω]	0[Ω]단락							
300[Ω]	200[Ω] (300[Ω]과 600[Ω]을 병렬결선)							
300[Ω]	300[Ω]							
300[Ω]	600[Ω]							
300[Ω]	1,200[Ω]							

5. [표 3]과 [표 4]에서 1차역률을 계산하고 1차역률과 1차전류 I_1의 곡선을 [그림 44-6]에 그리시오.

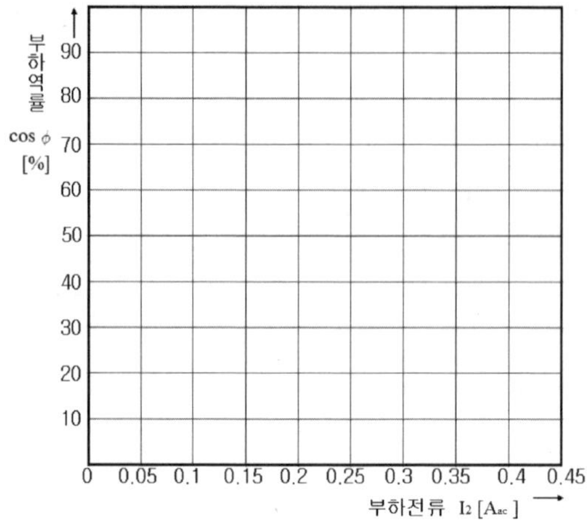

[그림 44-6] 1차역률과 1차전류 I_1의 곡선

5) 연구 및 검토

1. 저항부하와 직렬로 연결된 유도성 부하에서 유도성 부하를 증가해가면 역률은 어떻게 변하는가?

   설명 : ______________________________

   ____

2. 저항부하와 직렬로 연결된 용량성 부하에서 용량성 부하를 증가해가면 역률은 어떻게 변하는가?

   설명 : ______________________________

   ____

실험 45. 3권선 변압기를 이용한 역률개선

실 험 보 고 서

실험조	실험일자 : 월 일	제출일자 : 월 일	검 인
조	1학년 반 번 성명:		

[표 1] 3권선변압기에서의 역률 실험

저항부하 $R[\Omega]$	유도부하 $X_L[\Omega]$	용량부하 $X_C[\Omega]$	V_1 [V_{ac}]	I_1 [A_{ac}]	W [W]	V_2 [V_{ac}]	I_2 [A_{ac}]	V_3 [V_{ac}]	I_3 [A_{ac}]	$\cos\phi = \dfrac{W}{V_1 I_1}$
300[Ω]	600[Ω]	200[Ω] (300[Ω]과 600[Ω]을 병렬결선								
300[Ω]	600[Ω]	300[Ω]								
300[Ω]	600[Ω]	600[Ω]								
300[Ω]	600[Ω]	1,200[Ω]								

3. [표 1]에서 1차역률을 계산하고 1차역률과 1차전류 I_1 의 곡선을 [그림 45-4]에 그리시오.

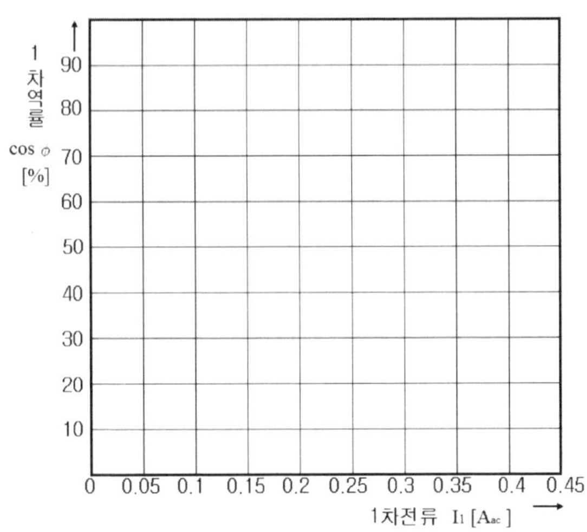

[그림 45-4] 1차역률과 1차전류 I_1 의 곡선

5) 연구 및 검토

1. 실험 46에서 저항부하 300[Ω]과 직렬로 결선된 유도성부하 600[Ω]일 때와 실험 47에서 3권선변압기에서 3차권선에 연결된 용량성부하를 증가할 때의 데이터를 비교하면서 역률은 어떻게 변하는지 설명하시오.

   설명 : 실험 46에서 저항부하 300[Ω]과 직렬로 결선된 유도성부하 600[Ω]일 때의 역률은 (　　　)이 되지만 실험 47에서 3권선변압기에서 3차권선에 연결된 용량성부하를 증가할 때에는 [표 1과 같이 역률이 (　　　　)을 알수 있다.

2. 3권선변압기의 3차권선을 설치하는 목적은 무엇이며 어떠한 경우에 사용되는가?

   설명 : ______________________________

3. 1차 Y결선 100[kV], 20[MVA]와 2차 Y결선 66[kV], 22[MVA], 3차 Δ결선 11[kV], 10[MVA]의 3권선변압기 뱅크가 있다. 2차에는 역률 80[%]이며, 15[MW]의 부하가 있고, 3차에는 10[MVA]의 정전 콘덴서를 접속한 경우, 1차에는 어떠한 전류가 흐르는가?

   또, 역률은 어떤가? 단, 여자전류와 손실은 무시한다.

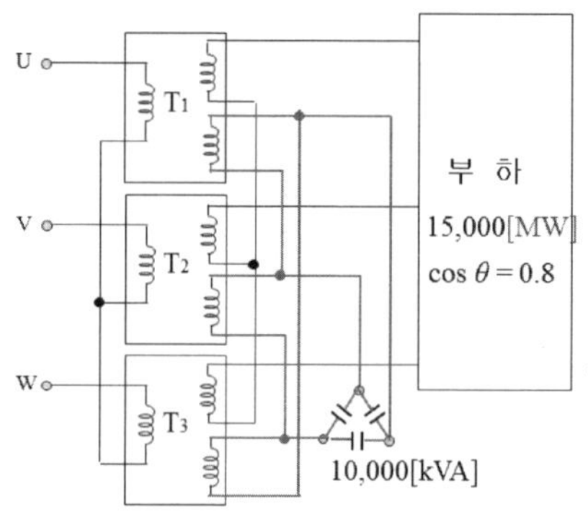

[그림 47 문 3] 결선도

설명 : $Y-Y-\Delta$결선에서 2차유효전력 15[MW]

$$2\text{차 무효전력 } \frac{15}{0.8}\times 0.6 = 11.25[\text{MVar}]\text{지상}$$

1차 무효전력 11.25−10=1.25[MVar]지상

$$1\text{차 피상전력 } \sqrt{15^2+1.25^2} = 15.052[\text{MVA}]$$

$$\cos\theta = 15/15.052 = 0.9965$$

$$I_1 = \frac{15.052\times 10^6}{\sqrt{3}\times 100\times 10^3} = 87[\text{A}]$$

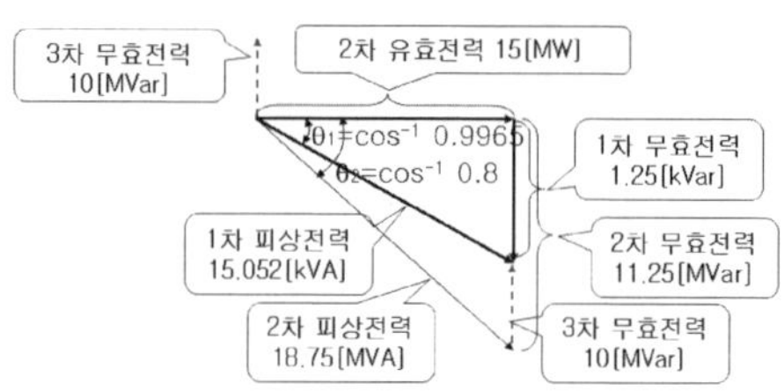

[그림 47 문 3] 벡터도

4. 3상 3권선변압기가 있다. 1차, 2차 및 3차의 선간전압은 각각 60[kV], 30[kV] 및 10[kV]이다. 권선결선은 1차 Y형, 2차 Δ형, 3차 Δ형으로 하고, 2차는 뒤진 역률 80[%]의 부하 5,000[kVA]를 공급하고, 3차는 진상 콘덴서를 접속하고, 1차측을 역률 95[%]로 개선하는 경우 접속하는 콘덴서의 용량 [kVar]는 얼마인가?

   또, 1차, 2차 및 3차권선에 흐르는 전류는 얼마인가?

설명 : $Y-\Delta-\Delta$ 결선에서 60, 30, 10[KV]의 전압임

$P=5{,}000\times0.8=4{,}000[\text{kW}]$

개선전(2차) 무효전력 $P_1=\dfrac{4{,}000}{0.8}\times\sqrt{1-0.8^2}=3{,}000[\text{kVar}]$

개선후(1차) 무효전력 $P_2=\dfrac{4{,}000}{0.95}\times\sqrt{1-0.95^2}=1{,}314[\text{kVar}]$

콘덴서 용량(3차 무효전력) $P_c=3{,}000-1{,}314=1{,}686[\text{kVar}]$

$$Y\text{ 결선 1차선전류(상전류)}=\frac{\dfrac{4{,}000}{0.95}(\text{1차측개선후 피상})}{\sqrt{3}\times60(\text{선간전압})}=40.5[\text{A}]$$

$\{$※ 1차 피상 $\sqrt{4{,}000^2+1{,}314^2}=4{,}210\}$

$\left\{\text{또는 }\dfrac{4{,}000}{0.95}=4{,}210[\text{kVA}]\right\}$

Δ 결선 2차상전류

$$=\frac{5{,}000(\text{2차측 피상})}{3\times30(\text{상전압})}=55.6[\text{A}]$$

Δ 결선 3차상전류

$$=\frac{1{,}686}{3\times10(\text{상전압})}=56.2[\text{A}]$$

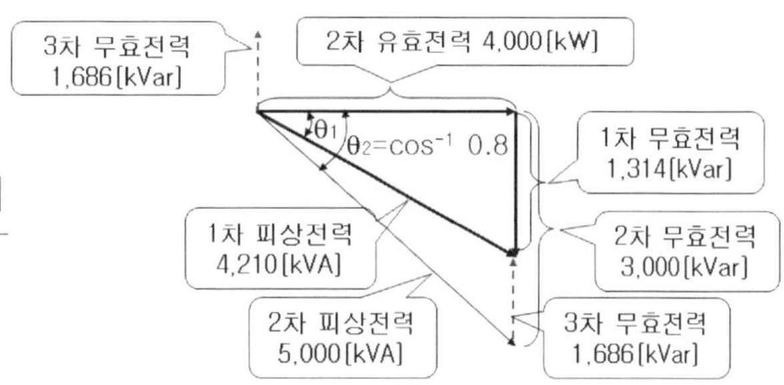

[그림 45-문 4]

5. 3권선 변압기가 있다. 1차 60[kV], 2차 20[kV], 3차 6[kV]이다. 2차측에 역률 80[%]의 유도성 부하 4,000[kVA]를 걸었고, 3차측에 용량성 무효전력 1,500[kVar]의 부하를 걸었을 때 1차측의 피상전력 및 역률을 구하라.

설명 : 2차측의 유효분은 $4{,}000\times0.8=3{,}200[\text{kW}]$

2차측의 무효분은 $4{,}000\times0.6=2{,}400[\text{kvar}]$ (지상)

3차권선의 부하는 진상 $1{,}500[\text{kvar}]$ 이므로

1차측의 무효분은 $2{,}400-1{,}500=900[\text{kvar}]$

1차측의 유효분은

$3{,}200[\text{kW}]$

∴ 1차측의 피상전력

$=\sqrt{3{,}200^2+900^2}=3{,}324[\text{kVA}]$

∴ 1차측의 역률

$\cos\theta_1=\dfrac{3{,}200}{3{,}324}=0.963$

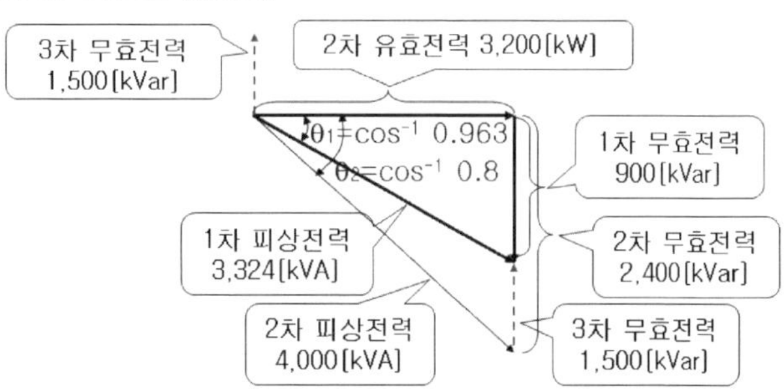

[그림 45-문 5]

개정 제3판

Lab Volt 전기기기의 실험

초 판 발 행 | 2007년 2월 20일
개정3판11쇄발행 | 2024년 12월 18일

저 자 | 신재화 · 권명현 · 김근수 · 김진선 · 박강식
손재현 · 신혜경 · 이승연 · 조선기 · 최명규

발 행 인 | 이성범
발 행 처 | 문운당
주 소 | 서울시 종로구 혜화로5길 16 (명륜1가 45-3)
출판등록 | 1962년 7월 4일 제 1-139
전 화 | (02)762-6010
팩 스 | 영업 (02)745-0265 / 편집 (02)762-8758
이 메 일 | 영업 munun2@daum.net
편집 munundang@naver.com
홈페이지 | http://munundang.co.kr

ISBN 979-11-5692-138-7 93560

정가 24,000원